高等职业院校互联网+新形态创新系列教材·计算机系列

SQL Server 数据库应用项目实践教程(微课版)

明素华　周从军　主　编

曹海平　杜成龙　杨　晓　管胜波　曹晓毅　副主编

清華大学出版社

北　京

内 容 简 介

本书以“目标先行，任务引领”为指导，采用双项目模式，精心设计了两个课程项目——商品管理系统数据库和学生成绩管理系统数据库。以商品管理系统数据库项目为主线，按照“以能力培养为中心，项目驱动为教学，理论够用，重在实践”的教学指导方针组织内容。本书特色是将需求分析、概要设计、逻辑设计、物理设计、创建数据库表、数据操纵、数据库的安全管理、备份及恢复等相关理论知识和数据库项目紧密结合，涉及的每个知识点和实践操作均有对应的微课，方便读者学习，同时将整个项目贯穿全过程，并分解成若干子任务，采用循序渐进的方式完成整个项目。拓展训练采用学生成绩管理系统数据库项目，从而达到知识的巩固和迁移的目的。

本书既可作为应用型、技能型人才培养的计算机专业及相关专业的教学用书，也可作为数据库初学者的入门教材、数据库系统工程师的培训教材并适合使用 SQL Server 进行应用开发的人员学习参考。

图书在版编目(CIP)数据

SQL Server 数据库应用项目实践教程：微课版/明素华，周从军主编. —北京：清华大学出版社，2022.9
高等职业院校互联网+新形态创新系列教材. 计算机系列
ISBN 978-7-302-61710-5

Ⅰ. ①S… Ⅱ. ①明… ②周… Ⅲ. ①关系数据库系统—高等职业教育—教材 Ⅳ. ①TP311.132.3

中国版本图书馆 CIP 数据核字(2022)第 151769 号

责任编辑：章忆文 李玉萍
封面设计：杨玉兰
责任校对：翟维维
责任印制：丛怀宇
出版发行：清华大学出版社
网 址：http://www.tup.com.cn, http://www.wqbook.com
地 址：北京清华大学学研大厦 A 座 邮 编：100084
社 总 机：010-83470000 邮 购：010-62786544
投稿与读者服务：010-62776969, c-service@tup.tsinghua.edu.cn
质量反馈：010-62772015, zhiliang@tup.tsinghua.edu.cn
课件下载：http://www.tup.com.cn, 010-62791865
印 装 者：三河市君旺印务有限公司
经 销：全国新华书店
开 本：185mm×260mm 印 张：19.75 字 数：726 千字
版 次：2022 年 9 月第 1 版 印 次：2022 年 9 月第 1 次印刷
定 价：59.00 元

产品编号：089272-01

前　言

数据库技术是计算机科学技术的重要分支、信息技术中的重要支撑，是衡量信息化程度的主要标志。

数据库的应用领域非常广泛。不论是政府部门、银行、学校、医院、公司或大型企业等，实施信息化都需要使用数据库。数据库与人们的学习、工作和生活密不可分。

数据库人才的需求呈快速增长趋势，人才市场提供的职位包括数据库管理、数据库应用系统开发等。

微软的 SQL Server 在数据库市场中占有一定的份额，因此掌握 SQL Server 数据库技术非常必要。本书面向 SQL Server 数据库管理员，以及从事基于 C/S、B/S 结构的数据库应用系统开发人员。

通过本书的学习，学生能了解数据库的相关概念，掌握数据库的设计和实施方法，具有在 SQL Server 上创建、管理数据库及其对象，以及对 SQL Server 数据库进行日常管理与维护的能力，同时还可以基本了解基于 SQL Server 数据库应用系统的开发技术，为后续课程的学习打下基础。

教材特色

1．本教材选取 SQL Server 作为教学内容的蓝本，贴近软件企业实际工作需求，充分体现了技术先进、实用性强的特点。

2．本教材以商品管理系统为项目载体，按照数据库设计的基本流程，即需求分析、概念设计、逻辑设计、物理设计、数据库实施和运行维护，以任务驱动、教学案例贯穿整个教学过程。教材改变以往平铺直叙的讲授方式，转变为项目化任务驱动教学模式，在结构上安排多个任务，每个任务分解为预备知识和若干子任务。预备知识为子任务的实践提供必要的理论知识积累，而子任务根据项目的实际需要完成特定的需求。

3．本教材在课后实训项目的选取上以学生耳熟能详的典型项目学生成绩管理系统为主线，贯穿整个教材。

4．本教材针对高职院校学生的特点，以“知识够用”为原则，适当降低教学内容的难度，避免出现过多的专业性术语，力求通俗易懂，简单易用，以适应高职学生学习的能力要求。

5．本教材配套的教学资源丰富。教材课程资源包括教学整体设计及单元设计、PPT 课件、习题参考答案、模拟试卷、脚本文件等，为教师授课和学生自学提供了优质的教学资源。

教材内容

本教材共包括 9 个项目，分别为：①设计商品管理系统数据库；②创建商品管理系统数据库；③创建和管理商品管理系统数据表；④实施商品管理系统数据库的数据完整性；⑤操作商品管理系统数据库的数据；⑥创建商品管理系统数据库索引；⑦查询商品管理系统数据库的数据；⑧商品管理数据库视图的创建和使用；⑨数据库的安全管理。

编　者

目　录

项目1　设计商品管理系统数据库

学习引导

一个数据库应用系统，如果没有合理的设计，用户在使用数据库应用系统进行复杂的业务处理时，就会碰到各种各样的问题，会严重影响用户对软件的体验感。所以，合理的数据库设计是数据库应用系统性能良好的基础和保证，通过数据库设计，可以创建一个具有良好性能的数据库模式，建立一个能有效、安全存储和管理数据及数据库对象的系统，以满足用户的应用需求。

本项目以商品管理系统数据库为依托，重点介绍需求分析、概要设计、逻辑设计和物理设计的方法，同时为了巩固学习效果，引入学生成绩管理系统数据库作为拓展项目，以便帮助读者更好地理解基本知识点。

1. 学习前准备

(1) 通过网络资源了解数据库的发展及相关特点。

(2) 发放“数据库设计”电子版文件，让学生独立阅读并小结数据库设计步骤。

(3) 提前学习需求分析、概要设计、逻辑设计等相关微课。

2. 与后续项目的关系

需求分析阶段是明确用户的各种需求，在此基础上确定新系统的功能；概要设计阶段是将需求分析阶段用户对现实世界的具体要求转换为信息世界的结构，其表现形式就是构建概念模型；逻辑设计阶段就是在概要设计的基础上，把概念模型转换成某个具体的DBMS所支持的数据模式，进行逻辑设计，构建关系数据模型；物理设计是以逻辑设计的结果作为输入，结合具体的DBMS的特点与存储设备的特性进行设计，对于给定的逻辑数据模型，选取一个最适合应用环境的物理结构。通过对四个阶段的数据库设计，从而为后续项目的实施提供理论支撑。

学习目标

1. 知识目标

(1) 理解数据库的基本概念。

(2) 掌握数据库设计过程。

(3) 了解需求分析的方法，能读懂需求文档，画出系统功能结构图。

(4) 读懂数据流图，了解数据字典的组成结构。

(5) 理解实体、属性、联系的概念及表示方法。

(6) 理解数据模型的分类特点。

(7) 理解关系模型的概念和特点。

(8) 掌握 E-R 图转化为关系模式的原则。

2. 能力目标

(1) 能根据需求分析确定系统功能结构图。
(2) 能根据需求分析结果找出实体、属性和联系，并确定联系类型。
(3) 能绘制概念数据模型(E-R 图)。
(4) 能理解关系、元组、属性、主码、域等关键字在关系模式中表示的含义。
(5) 能将 E-R 图转换为关系数据模型。

3. 素质目标

(1) 训练团队合作能力。
(2) 训练规范意识。
(3) 训练独立思考、自主学习的能力。

任务 1.1　商品管理系统需求分析

背景及任务

1. 背景

红星家电连锁企业由于业务需求不断扩大，原有商品管理系统已经不能满足企业日常业务的处理，需要重新开发一套功能更加强大的商品管理系统数据库以保证企业的各项业务能正常开展。该商品管理系统主要实现的功能如下。

(1) 采购人员：使用该系统主要完成商品基础信息的管理及信息查询，以及商品采购信息管理及信息查询。

(2) 销售人员：使用该系统主要完成商品销售管理以及销售信息查询。

(3) 管理人员：主要负责系统基础数据和数据存储管理工作，如供应商和客户基础数据的添加、修改和删除等操作。

欣欣软件公司接受委托开发此项目，按照企业要求，设计商品管理系统数据库。公司成立专门的项目小组，承担此项任务。在第一次项目小组会议上，项目经理大军就明确表示：“在系统设计与实施之前，首先要弄清用户需求，也就是通过需求调查，了解用户对开发产品的要求，做好需求调查是获取正确的软件需求的前提，正确的软件需求是项目成功的关键”。

2. 任务

(1) 项目小组按照需求调查方法制订需求调查计划，以红星家电连锁企业为调查访谈对象，调查完成后，撰写《商品管理系统用户需求说明书》。

(2) 根据《商品管理系统用户需求说明书》，画出商品管理系统功能结构图。

(3) 结合系统功能结构图，设计商品管理系统数据流图。

(4) 根据数据流图，编制商品管理系统数据库数据字典。

(请扫二维码查看 商品管理系统“需求分析”任务单)

预备知识

【知识点1】数据库系统的基本原理

(请扫二维码学习 微课“数据库概述”)

数据库技术是计算机科学技术的重要分支之一，它已经成为计算机信息系统和应用系统的重要技术支撑。数据库技术所研究的问题就是如何科学地组织和存储数据，如何高效地获取和处理数据，而数据处理的中心问题是数据管理。因此，数据管理的发展是数据库技术发展的一个重要标志。

一、数据库的基本概念

1. 数据(Data)

数据是描述事物的符号记录。数据的表现形式可以是多种多样的，不仅有数字、文字符号，还可以有图形、图像和声音等，即数据有多种形式，但它们都是经过数字化后存入计算机的。

如表1-1中客户的三条信息就是数据，是存储在数据库的数据表中的数据。

表1-1 数据的概念

客户编号	客户姓名	客户性别	出生日期	电话	地址	身份证号
kh1001	李思	女	1987-8-9	13879008970	武汉武昌区八一路武汉大学	420303000000000001
kh1002	王天	男	1996-9-12	13879008971	武汉洪山区珞喻东路华中科技大学	420303000000000002
kh1003	柳田	女	1993-4-1	13879008972	武汉汉阳区动物园路	420303000000000003

2. 数据库(Database，DB)

数据库是长期存放在计算机内、有组织的、可共享的相关数据集合，将数据按一定的数据模型组织、描述和存储，可被各类用户共享，具有较小的冗余度、较高的数据独立性和易扩展性。数据库中不仅存放数据，而且存放数据之间的联系。

数据库中的数据以文件的形式存储在存储介质上，它是数据库系统操作的对象和结果。数据库的作用如下。

(1) 结构化存储大量的数据信息，方便用户进行有效的检索和访问。

(2) 有效地保存数据信息的一致性、完整性，降低数据的冗余度。

(3) 满足应用的共享和安全方面的要求。

(4) 从中挖掘出规律性的信息，对人们的决策具有指导作用。

数据库和应用程序之间的关系如图1-1所示。

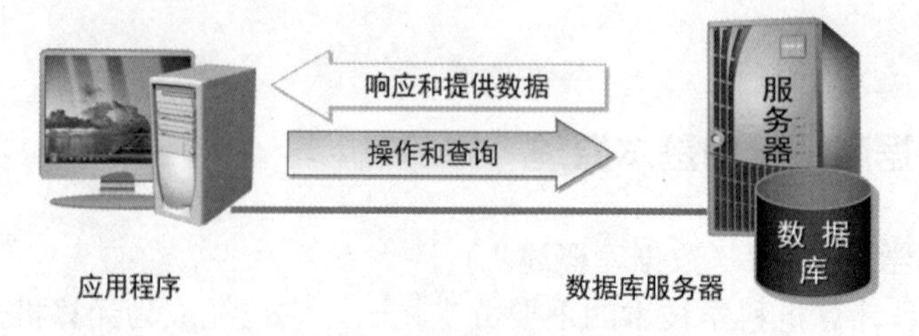

图 1-1 数据库和应用程序间的关系

3. 数据库管理系统(Database Management System, DBMS)

数据库系统是位于用户与操作系统之间的数据管理软件，它为用户和应用程序提供访问数据库的方法，包括数据库的建立、查询、更新及各种数据的控制，能够确保数据的完整性和安全性。

1) 数据库管理系统的特点

(1) 数据结构化。数据面向整个应用系统。

(2) 数据的独立性高。数据与程序相互不依赖，彼此独立。

(3) 数据的共享性好，冗余度低。

(4) 数据统一管理和控制。

(5) 有安全保密机制，防止数据被非法存取。

(6) 具有数据完整性保护机制。

(7) 能实现多用户并发操作。

(8) 数据可以备份和恢复。

2) 数据库管理系统的功能

(1) 数据定义。

数据定义是指定义数据库中数据的组织方式，即数据结构，如定义数据库、数据表、视图和索引等，还可定义数据的完整性约束。DBMS 提供数据定义语言，简称 DDL，用于实现数据的定义功能。

(2) 数据操纵。

数据操纵是指操纵数据库中的数据，实现对数据库中数据的插入、修改和删除等操作。数据库管理系统提供数据操纵语言，简称 DML，用于实现数据的操纵功能。

(3) 数据查询。

数据查询是指查询数据库中的数据，实现查询、统计和分析等各种查询操作。数据库管理系统提供数据查询语言，简称 DQL，用于实现数据的查询功能。

(4) DBS 运行管理。

DBS 运行管理是数据库管理系统的核心部分，也是数据库管理系统对数据库的保护功能。包括并发控制、安全性控制、数据库内部维护与恢复等。所有数据库的操作都要在这些控制程序的统一管理和控制下进行。

(5) 数据维护。

数据维护包括数据库数据的导入功能、转储功能、恢复功能、重新组织功能、性能监视和分析功能等，这些功能通常由数据库管理系统的实用程序提供给数据库管理员。

3) 目前常见的数据库

目前比较流行的数据库管理系统有 Oracle、SQL Server、MySQL 等。

(1) Oracle 数据库。

这是美国 Oracle(甲骨文)公司提供的以分布式数据库为核心的一组软件产品，是目前最流行的客户/服务器(Client/Server)或 B/S 体系结构的数据库系统之一。比如 SilverStream 就是基于数据库的一种中间件。Oracle 数据库是目前世界上使用最为广泛的数据库管理系统，作为一个通用的数据库系统，它具有完整的数据管理功能；作为一个关系数据库，它是一个完备关系的产品；作为分布式数据库，它实现了分布式处理功能。

(2) SQL Server 数据库。

这是美国 Microsoft 公司推出的一种关系型数据库系统。SQL Server 是一个可扩展的、高性能的、为分布式客户机/服务器计算所设计的数据库管理系统，实现了与 Windows NT 的有机结合，提供了基于事务的企业级信息管理系统方案。

(3) MySQL 数据库。

MySQL 是一种开放源代码的关系型数据库管理系统(RDBMS)，使用最常用的数据库管理语言——结构化查询语言(SQL)进行数据库管理。MySQL 是开放源代码的，因此任何人都可以在 General Public License 的许可下下载并根据个性化的需要对其进行修改。MySQL 因为其速度、可靠性和适应性而备受关注。大多数人都认为在不需要事务化处理的情况下，MySQL 是管理内容最好的选择。

4. 数据库应用系统(Database Application System, DBAS)

利用数据库技术管理各类数据的软件系统称为数据库应用系统。数据库应用系统的应用非常广泛，与人们的工作、学习和生活密不可分，如学校的教学管理系统、图书管理系统、用电自助管理系统，各种订票系统、购物系统、社交软件等，商品管理系统就是一种数据库应用系统。

5. 数据库系统(Database System, DBS)

数据库系统是指有组织地、动态地存储大量关联数据，方便多用户访问的计算机软、硬件和数据资源组成的系统，即采用了数据库技术的计算机系统。一般由数据库、数据库管理系统、数据库应用系统、数据库管理员(Database Administrator，DBA)和用户(User)组成。

数据库系统的构成如图 1-2 所示。

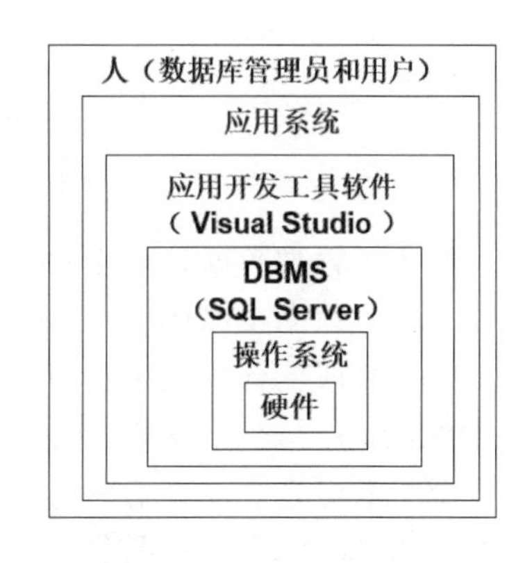

图 1-2 数据库系统的构成

数据库系统使得用户能够通过终端设备使用应用软件，向应用程序服务器发起数据请求，请求经过应用程序服务器流向下一级的数据库服务器，再到达数据库，经由数据库的响应和数据的层层返回，用户就能得到自己想要的数据了。其中，应用程序由开发人员开发，数据库服务器则由数据库管理员，也就是 DBA 专门管理，如图 1-3 所示。

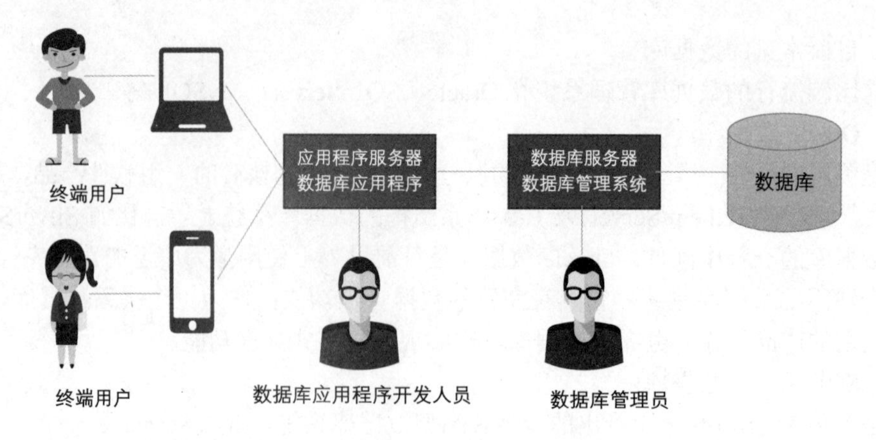

图 1-3 用户和数据库系统的关系

二、数据管理技术的发展

随着数据库技术的不断发展和完善，数据管理技术的发展主要经历了三个阶段：人工管理阶段、文件管理阶段和数据库系统阶段。

1. 人工管理阶段

人工管理阶段大约在 20 世纪 50 年代中期以前，当时的计算机主要用于科学计算，外存只有磁带、纸带和卡片等，软件只有汇编语言，尚无数据管理方面的软件，数据处理方式以批处理为主。这个时期的数据不保存在机器中，没有专用的软件对数据进行管理，数据与程序在一起，数据与程序对应。在人工管理阶段，应用程序与数据之间的对应关系可用图 1-4 来表示。

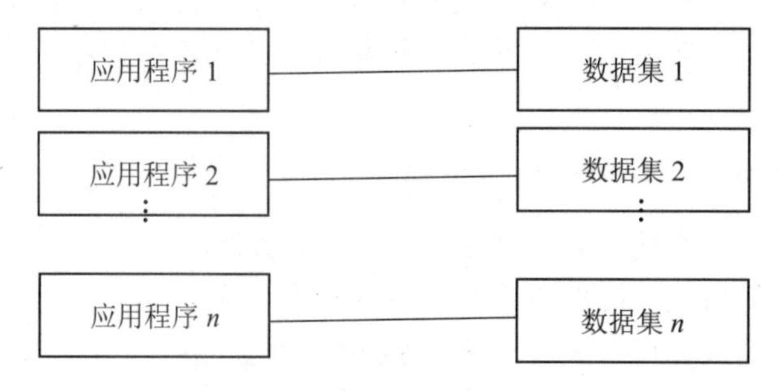

图 1-4 人工管理阶段应用程序与数据之间的对应关系

人工管理数据具有以下特点。

1) 数据不保存

此阶段的计算机主要用于科学计算，并不对数据进行其他操作，一般不需要将数据长期保存，只是在计算某一课题时将数据批量输入，数据处理完以后不保存原始程序和数据。计算机断电之后计算结果也会随之消失。

2) 应用程序管理数据

数据需要应用程序自己管理，没有相应的软件系统负责数据的管理工作。程序员不仅要规定数据的逻辑结构，而且要设计数据的物理结构，包括存储结构、存取方法和输入输出方式等，使得程序员负担很重。

3) 数据不共享

一组数据只能对应一个程序，数据是面向应用的。各个应用程序的数据各自组织，无法互相利用和互相参照，因此，程序与程序之间有大量的冗余数据。

4) 数据不具有独立性

数据的逻辑结构和物理结构都不具有独立性。当数据的逻辑结构或物理结构发生变化时，必须对应用程序做相应的修改，从而给程序员设计和维护带来繁重的工作。

2. 文件系统阶段

文件系统(File System)阶段大约在20世纪50年代后期至60年代中期，当时的计算机不仅用于科学计算，还用于信息管理。在软件方面，数据结构和数据管理软件迅速发展，出现了高级语言和操作系统；在硬件方面，已经有了磁盘、磁鼓等存储设备。在这一阶段，数据可长期保存在外存的磁盘上，数据的逻辑结构与物理结构有了区别，文件组织呈现多样化，有索引文件、链接文件和散列(hash)文件等。但文件之间相互独立，缺乏联系。数据不再属于某个特定的程序，可以重复使用。

随着数据管理规模的扩大和数据量急剧增加，文件系统显露出了一些缺陷，可能会造成数据冗余以及数据不一致等现象。这些问题促使人们研究新的数据管理技术，因此，在20世纪60年代末产生了数据库技术。

文件系统阶段应用程序与数据之间的关系如图1-5所示。

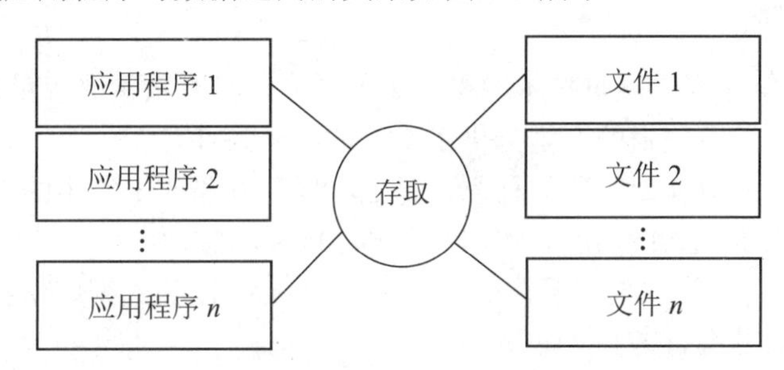

图1-5 文件系统阶段应用程序与数据之间的对应关系

1) 文件系统的优点

(1) 数据可以长期保存。

由于计算机大量用于数据处理，数据需要长期保留以便在外存上反复进行查询、修改、插入和删除等操作。

(2) 文件系统管理数据。

由专门的软件即文件系统进行数据管理，文件系统把数据组织成相互独立的数据文件，利用“按文件名访问，按记录进行存取”的管理技术，可以对文件中的数据进行修改、插入和删除等操作。文件系统实现了记录内的结构化，但就文件整体而言是无结构的。程序和数据之间由文件系统提供的存取方法进行转换，使应用程序与数据之间有了一定的独立性。程序员可以不必过多地考虑物理细节，将精力集中于算法。而且数据在存储上的改变不一定反映在程序上，这就大大节省了程序的维护工作。

2) 文件系统的缺点

(1) 数据的共享性差，冗余度高。

在文件系统中，数据的建立、存取都依赖于应用程序，基本是一个(或一组)数据文件对应一个应用程序，即数据仍然是面向应用的。当不同的应用程序具有部分相同的数据时，也必须建立各自的文件，而不能共享相同的数据，因此，数据的冗余度大，浪费存储空间。同时，由于相同数据的重复存储和各自管理，容易造成数据的不一致，给数据的修改和维护带来困难。

(2) 数据的独立性不足。

文件系统中的数据虽然有了一定的独立性，但是由于数据文件只存储数据，由应用程序来确定数据的逻辑结构，设计数据的物理结构，一旦数据的逻辑结构或物理结构需要改变，则必须修改应用程序；或者由于语言环境的改变需要修改应用程序时，也将导致文件数据结构的改变。因此，数据与应用程序之间的逻辑独立性不强。另外，要想对现有的数据再增加一些新的应用会很困难，系统不容易扩充。

(3) 并发访问容易产生异常。

文件系统缺少对并发操作进行控制的机制，虽然系统允许多个用户同时访问数据，但是由于并发的更新操作相互影响，容易导致数据的不一致。

(4) 数据的安全控制难以实现。

数据不是集中管理。在数据的结构、编码、表示格式、命名以及输出格式等方面不容易做到规范化、标准化，所以其安全性、完整性得不到可靠保证，而且文件系统难以实现对不同用户的不同访问权限的安全性约束。

3. 数据库系统阶段

在 20 世纪 60 年代末，磁盘技术取得了重要进展，具有数百兆容量和快速存取的磁盘陆续进入市场，为数据库技术的产生提供了良好的物质条件。

数据管理技术进入数据库阶段的标志，是 20 世纪 60 年代末发生的 3 件大事。

(1) 1968 年，美国 IBM 公司推出层次模型的 IMS 系统。

(2) 1969 年 10 月，美国数据系统语言协会(CODASYL)的数据库任务组(DBTG)发表关于网状模型的 DBTG 报告(1971 年通过)。

(3) 1970 年，E.F.Codd 连续发表论文，提出关系模型，奠定了关系数据库的理论基础。

20 世纪 70 年代以来，数据库技术迅速发展，不断有新的产品投入运行。数据库系统克服了文件系统的缺陷，使数据管理变得更有效、更安全。

数据库系统阶段的数据管理方式具有以下特点。

(1) 数据结构化。

数据结构化是数据库与文件系统的本质区别。数据库系统阶段采用复杂的数据模型来表示数据结构。

(2) 数据共享性高、冗余度低、易扩充。

数据库系统从整体角度看待和描述数据，数据不再是面向某个应用而是面向整个系统，因此，数据可以被多个用户、多个应用共享使用。数据共享可以大大减少数据冗余度，节约存储空间，还能够避免数据之间的不相容性与不一致性。所谓数据的不一致性是指同一数据不同拷贝的值不一样。采用人工管理或文件系统管理时，由于数据被重复存储，当不同的应用使用和修改不同的拷贝时，就很容易造成数据的不一致。在数据库中数据共享减少了因数据冗余造成的不一致问题。由于数据面向整个系统，是有结构的数据，不仅可以被多个应用共享使用，而且容易增加新的应用。这就使得数据库系统弹性大，易于扩充，可以适应各种用户的要求。可以选取整体数据的各种子集用于不同的应用系统，当应用需求发生改变或增加时，只要重新选取不同的子集便可满足新的需求。

(3) 数据独立性高。

数据独立性是数据库领域的一个常用术语，包括数据的物理独立性和数据的逻辑独立性。物理独立性是指用户的应用程序与存储在磁盘上的数据库中的数据是相互独立的。也就是说，数据在磁盘上的数据库中如何存储是由数据库管理系统管理的，用户程序不需要了解，应用程序要处理的只是数据的逻辑结构，这样，当数据的物理存储改变时，应用程序也不用改变。逻辑独立性是指用户的应用程序与数据库的逻辑结构是相互独立的。也就是说，数据的逻辑结构改变了，用户程序也可以不变。

数据与程序的独立把数据的定义从程序中分离出去，加上数据的存取由数据库管理系统负责，从而简化了应用程序的编写，大大减少了应用程序的维护和修改工作。

(4) 数据由数据库管理系统统一管理和控制。

数据库管理系统提供了以下几方面的数据控制功能。

① 数据的安全性保护。

数据的安全性是指保护数据，以防止不合法的使用造成数据的泄密和破坏，使每个用户只能按规定对某些数据以某些方式进行使用和处理。

② 数据的完整性检查。

数据的完整性是指数据的正确性、有效性和相容性。完整性检查将数据控制在有效的范围内或保证数据之间满足一定的关系。

③ 并发控制。

当多个用户的并发进程同时存取、修改数据库时，可能会发生相互干扰而得到错误的结果，或使得数据库的完整性遭到破坏，因此，必须对多用户的并发操作加以控制和协调。

④ 数据库恢复。

计算机系统的硬件故障、软件故障、操作员的失误以及故意的破坏都会影响数据库中数据的正确性，甚至造成数据库部分或全部数据的丢失。数据库管理系统必须具有将数据库从错误状态恢复到某一已知的正确状态的功能，这就是数据库的恢复功能。

数据库阶段的程序和数据的关系如图1-6所示。

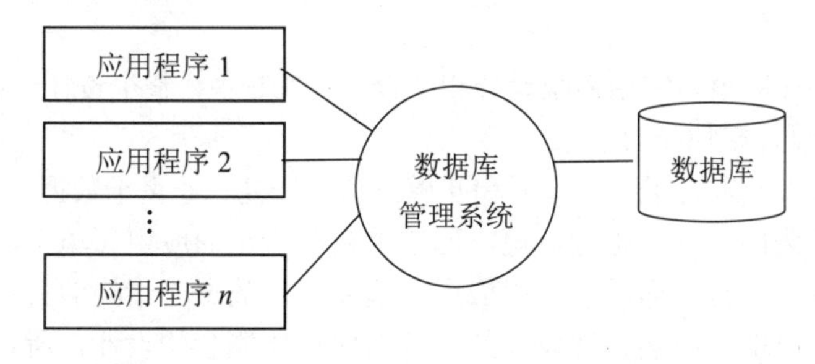

图1-6 数据库阶段应用程序与数据之间的对应关系

三、数据库设计概述

数据库设计(Database Design)是指根据用户的需求在某一具体的数据库管理系统上，设计数据库的结构和建立数据库的过程。数据库设计是建立数据库及其应用系统的技术，是信息系统开发和建设中的核心技术。由于数据库应用系统的复杂性，为了支持相关程序运行，数据库设计就变得异常复杂，因此最佳设计不可能一蹴而就，而只能是一种“反复探寻，逐步求精”的过程，也就是规划和结构化数据库中的数据对象以及这些数据对象之间关系的过程。

1. 数据库设计的任务

数据库设计是指根据用户需求研究数据库结构并应用数据库的过程。具体地说，数据库设计是指对于给定的应用环境，构造最优的数据库模式，创建数据库并建立其应用系统，使之能有效地存储数据，满足用户的信息要求和处理要求。也就是把现实世界中的数据，根据各种应用处理的要求，加以组织，使之能满足硬件和操作系统的特性，利用已有的数据库管理系统来创建能够实现系统目标的数据库。数据库设计的优劣将直接影响到信息系统的质量和运行效果。因此，设计一个结构优化的数据库是对数据进行有效管理的前提和正确利用信息的保证。

2. 数据库设计的内容

数据库设计的内容包括数据库的结构设计和数据库的行为设计两个方面。

(1) 数据库的结构设计是指根据给定的应用环境，进行数据库的模式设计或子模式设计，它包括数据库的概念设计、逻辑设计和物理设计，即设计数据库框架或数据库结构。数据库是静态的、稳定的，一经形成后，在通常情况下是不容易也不需要改变的，所以结构设计又称为静态模式设计。

(2) 数据库的行为设计是指数据库用户的行为和动作。在数据库系统中，用户的行为和动作是指用户对数据库的操作，这些要通过应用程序来实现，所以数据库的行为设计就是操作数据库的应用程序的设计，即设计应用程序、事务处理等。因此，行为设计是动态的，又称为动态模式设计。

3. 数据库设计的特点

数据库设计既是一项涉及多学科的综合性技术，又是一项庞大的工程项目，具有以下特点。

(1) 数据库设计是硬件、软件和干件(技术和管理的界面)的结合。这里着重讨论软件设计的技术。

(2) 数据库设计应该与应用系统设计相结合。也就是说，整个设计过程要把结构(数据)设计和行为(处理)设计密切结合起来。

早期的数据库设计致力于数据模型和建模方法的研究，着重于数据库结构特性的设计，而忽视对数据库行为的设计。也就是说，比较重视在给定的应用环境下，采用什么原则、方法来构造数据库的结构，而没有考虑应用环境要求与数据库结构的关系，因此，结构设计和行为设计是分离的。结构特性设计是指数据库总体概念的设计，所设计的数据库应该具有最小数据冗余度，能反映不同用户的需求，还能实现数据的充分共享。行为特性是指数据库用户的业务活动，通过应用程序去实现，用户通过应用程序访问和操作数据库，用户的行为和数据库是紧密相关的。

4. 数据库设计的步骤

按照规范化设计的方法，考虑数据库及其应用系统开发的全过程，将数据库的设计分为以下6个设计阶段：需求分析、概念结构设计、逻辑结构设计、数据库物理设计、数据库实施、数据库运行与维护。

在数据库设计中，前两个阶段是面向用户的应用需求，面向具体的问题，中间两个阶段是面向数据库管理系统，最后两个阶段是面向具体的实现方法。前四个阶段可以统称为“分析和设计阶段”，后两个阶段统称为“实现和运行阶段”。在进行数据库设计之前，首先必须选择参加设计的人员，包括系统分析人员、数据库设计人员、程序员、用户和数据库管理员。系统分析人员和数据库设计人员是数据库设计的核心人员，他们将自始至终参加数据库的设计，他们的水平决定了数据库系统的质量。用户和数据库管理员在数据库设计中也是举足轻重的人物，他们主要参加需求分析和数据库的运行与维护，他们的积极参与不但能加快数据库的设计，而且是决定数据库设计质量的重要因素。程序员则是在系统实施阶段参与进来，分别负责编写程序和配置软硬件环境。如果所设计的数据库应用系统比较复杂，还应该考虑是否需要使用数据库设计工具和CASE工具以提高数据库设计的质量并减少设计工作量，以及考虑选用何种工具。

数据库设计的6个阶段的具体说明如下。

(1) 需求分析阶段。

进行数据库设计首先必须准确了解和分析用户的需求(包括数据与处理)。需求分析是整个设计过程的基础，也是最困难、最耗时的一步。作为地基的需求分析做得是否充分与准确，决定了在其上构建数据库大厦的速度与质量。需求分析做得不好，可能会导致整个数据库设计的返工。

(2) 概念结构设计阶段。

概念结构设计是整个数据库设计的关键，它通过对用户的需求进行综合、归纳与抽象，形成一个独立于具体数据库管理系统的概念模型。

(3) 逻辑结构设计阶段。

逻辑结构设计是指将概念模型转换成某个数据库管理系统所支持的数据模型，并对其进行优化。

(4) 数据库物理设计阶段。

数据库物理设计是指为逻辑数据模型选取一个最适合应用环境的物理结构(包括存储结构和存取方法)。

(5) 数据库实施阶段。

在数据库实施阶段，设计人员运用数据库管理系统提供的数据语言及其宿主语言，根据逻辑设计和物理设计的结果创建数据库，编写与调试应用程序，组织数据入库，并进行试运行。

(6) 数据库运行与维护阶段。

数据库运行与维护是指对数据库应用系统正式投入运行。在数据库系统运行过程中必须不断地对其进行评价、调整与修改。

设计一个完善的数据库应用系统是不可能一蹴而就的，它往往是上述6个阶段的不断反复。需要指出的是，这个设计步骤既是数据库的设计过程，也是数据库应用系统的设计过程。在设计过程中把数据库的设计和对数据库中数据处理的设计紧密结合起来，将这两方面的需求分析、抽象、设计、实现在各个阶段同时进行，相互参照，相互补充，以完善两方面的设计。事实上，如果不了解应用环境对数据的处理要求，或者没有考虑如何去实现这些处理要求，是不可能设计出一个良好的数据库结构的。

【知识点 2】SQL Server 数据库系统概述

1. SQL Server 数据库管理系统的发展历程

1988 年，SQL Server 问世，这是微软与 Sybase 共同开发的、运行于 OS/2 上的联合应用程序。

1993 年，SQL Server 4.2 问世，这是一种功能较少的桌面数据库，数据库与 Windows 集成，界面易于使用并广受欢迎。

1995 年，SQL Server 6.05 发布，这是一款小型商业数据库，对核心数据库引擎做了重大的改写，这是一次“意义非凡”的发布。

1996 年，SQL Server 6.5 发布，SQL Server 逐渐突显实力，以至于 Oracle 推出了运行于 NT 平台上的 7.1 版本作为直接的竞争。

1998 年，SQL Server 7.0 发布，这是一种 Web 数据库，对核心数据库引擎进行了重大改写。

2000 年，SQL Server 2000 发布。该版本继承了 SQL Server 7.0 版本的优点，同时又增加了许多更先进的功能，具有使用方便、可伸缩性好、与相关软件集成度高等优点。

2005 年，SQL Server 2005 发布，由于引入了.NET Framework，允许构建.NET SQL Server 专有对象，从而使 SQL Server 具有灵活的功能。

2008 年，SQL Server 2008 发布，推出了许多新特性和关键改进，这也使得它成为当时最强大和最全面的 SQL Server 版本。

2010 年 4 月，SQL Server 2008 R2 版本正式发表，它是 SQL Server 2008 之后的一个次版本。主要增强了以下功能。

(1) 增强了报表服务，通过新的报表设计器可以制作地图报表。

(2) 引入了 PowerPivot 高级分析能力，包括 PowerPivot for Excel 和 PowerPivot for SharePoint。

(3) 增强了多服务器管理能力。

(4) 引入主数据服务，支持管理参照数据。

(5) 引入 StreamInsight，在将数据储存到数据库之前高速查询数据。

(6) 引入数据层应用程序，帮助用户将数据库应用程序打包作为应用程序开发项目的一部分。

2012 年，推出 SQL Server 2012 版本，它是微软的一个重大产品，是专门针对关键业务应用的多种功能与解决方案，可以提供最高级别的可用性与性能。

2014 年，推出 SQL Server 2014 版本，它可以满足企业当前的业务需求，并提供更高的可靠性和性能。

2016 年，推出 SQL Server 2016 版本，它主要有以下新特性和关键的改进。

(1) 全程加密技术，支持客户端应用所有者控制保密数据。

(2) 动态数据屏蔽，使未授权用户只能看到未屏蔽的部分数据。

(3) JSON 支持。

(4) 支持 R 语言。

(5) 支持内部数据库扩展到 Azure SQL。

(6) 提供了历史表，保存了基表中数据的旧版本信息。

(7) 纯 64 位软件，不再支持 32 位操作系统。

2019 年 11 月 4 日，SQL Server 2019 版本发布，与之前版本相比，新版本的 SQL Server 2019 具备以下重要功能：在 Linux 和容器中运行的能力，连接大数据存储系统的 PolyBase 技术。

2. SQL Server 的特点

SQL(Structured Query Language)是一种结构化查询语言，用于存取、查询、更新和管理数据，同时也是文件的扩展名。

SQL 最早是 IBM 的圣约瑟研究实验室为其 SystemR 开发的一种查询语言，它的前身是 Square 语言。SQL 语言结构简洁、功能强大，简单易学，所以自从推出以来，SQL 语言便得到了广泛的应用。如今无论是像 DB2、Informix、SQL Server 这些大型的管理系统，还是像 Visual FoxPro、PowerBuilder 这些 PC 上常用的数据库开发系统，都支持 SQL 语言作为查询语言。

美国国家标准协会也明确地规定对于关系型数据库管理系统而言，SQL 是最标准的语言，能够用 SQL 语句执行不同的操作，比如对数据进行更新、提取。目前，大部分的关系型数据库管理系统使用的语言都是 SQL。不过很多数据库都开发并且深入扩展了 SQL 语句，也就是说借助于 SQL 命令，对数据库进行的操作基本上都能够完成。为了对告警数据进行分析处理，许多管理信息系统使用了 Microsoft 公司的 SQL Server 数据库系统，并成功地实现了数据库的分布存储和访问，有效地降低了系统负担，大大提高了系统的稳定性。

美国 Microsoft 公司推出的关系型数据库系统 SQL Server，是一个可扩展的、高性能的、为分布式客户机/服务器计算所设计的数据库管理系统，实现了与 Windows NT 的有机结合，提供了基于事务的企业级信息管理系统方案。

SQL Server 是世界上用户最多的数据库管理系统，是一个既可以支持大型企业级应用，也可以用于个人用户甚至移动端的数据库软件。它不仅仅是一个常规的数据库引擎，而且内置了数据复制功能、强大的管理工具、与 Internet 的紧密集成和开放的系统架构，因此 SQL Server 定位于为广大的用户、开发人员和系统集成人员提供一个可靠、高性能、集成的数据平台，如图 1-7 所示。

SQL Server 的主要特性有以下几点。

(1) 高性能设计，可充分利用 Windows NT 的优势。

(2) 先进的系统管理，支持 Windows 图形化管理工具，支持本地和远程的系统管理和配置。

(3) 强大的事务处理功能，采用各种方法保证数据的完整性。

(4) 支持对称多处理器结构、存储过程、ODBC，并具有自主的 SQL 语言。

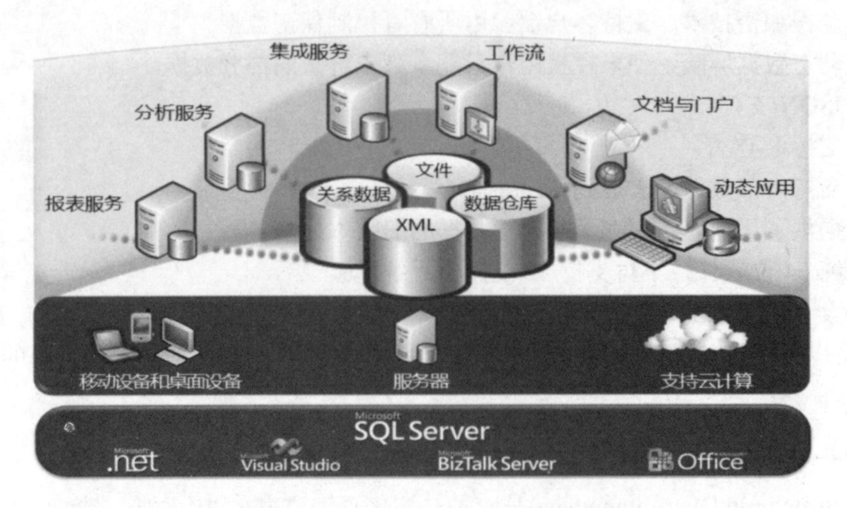

图 1-7　SQL Server 数据库管理系统结构图

3. SQL Server 的版本

SQL Server 的版本主要包括以下几种。

Enterprise Edition，即企业版，能够对 SQL Server 的所有功能予以支持。企业版使用的主要对象为大中型的产品类数据库服务器，对于大型网站要求的性能、对于企业的联机处理事务要求具备的相关性能、对于大型的 OLAP 要求的联机处理分析性能，该版本都能够实现并满足需求。

Standard Edition，即标准版，主要适用于规模较小的部门或者工作组。对于 SQL Server 的多数主要功能都能够支持，但却不支持大型的数据库，同时，对所有关系数据库的引擎也不具备支持功能。

Developer Edition，即开发者版，主要适用于对应用程序进行开发，对 SQL Server 具备的基本性能都可予以支持，但图形化的语言设置是一个例外。适用的主要情形为：程序员进行程序开发应用的过程中，SQL Server 被作为数据的存储区域，虽然对于开发人员而言，各种功能都比较齐备，但是其并非为产品服务器，而只是一个开发测试类型的系统。

Express 版本是入门级的免费数据库，是学习和构建桌面级小型服务器数据驱动应用程序的理想选择。它是独立软件供应商、开发人员和热衷于构建客户端应用程序的人员的最佳选择。如果您需要使用更高级的数据库功能，则可以将 SQL Server Express 无缝升级到其他更高端的 SQL Server 版本。SQL Server Express LocalDB 是 Express 的一种轻型版本，该版本具备所有可编程性功能，在用户模式下运行，并且具有快速的零配置安装和必备组件要求较少的特点。

子任务 1　商品管理系统的需求分析

(请扫二维码学习 微课“需求分析”)

【任务分析】

需求分析的任务是通过详细调查现实世界中的处理的对象(如组织、部门、企业等)，充分了解原系统(手工系统或计算机系统)的工作概况，明确用户的各种需求，然后在此基础上确定新系统的功能。

调查的重点是“数据”和“处理”，通过调查、收集与分析，获得用户对数据库的以下要求。

(1) 信息要求。指用户需要从数据库中获得信息的内容与性质。由用户的信息要求可以导出数据要求，即在数据库中需要存储哪些数据。

(2) 处理要求。指用户要求完成什么处理功能，对处理的响应时间有什么要求，处理方式是批处理还是联机处理。

(3) 系统要求。系统要求主要从以下三个方面考虑。①安全性要求：系统有几类用户使用，每一类用户的使用权限如何。②使用方式要求：用户的使用环境是什么，平均有多少用户同时使用，最高峰时有多少用户同时使用，有无查询响应时间的要求等。③可扩充性要求：对未来功能、性能和应用访问的可扩充性的要求。

进行需求分析的首要工作就是调查清楚用户的实际需求，与用户达成共识，然后分析与表达这些需求。

调查用户需求的具体步骤如下。

(1) 调查组织机构情况。包括了解该组织的部门组成情况、各部门的职责等，为分析信息流程做准备。

(2) 调查各部门的业务活动情况。包括了解各个部门输入和使用什么数据，如何加工处理这些数据，输出什么信息，输出到什么部门，输出结果的格式是什么，这些是调查的重点。

(3) 在熟悉了业务的基础上，协助用户明确对新系统的各种要求，包括信息要求、处理要求、安全性与完整性要求，这是调查的又一个重点。

(4) 确定新系统的边界。对前面调查的结果进行初步分析，确定哪些功能由计算机完成或将来准备让计算机来完成，哪些工作由人工完成。由计算机完成的功能就是新系统应该实现的功能。

在调查了解了用户的需求之后，还需要进一步分析和表达用户的需求。结构化分析(Structured Analysis，SA)方法是一种简单实用的方法。结构化分析方法是从最上层的系统组织入手，采用自顶向下、逐层分解的方法分析系统。这个分解过程可以采用数据流图和数据字典来描述，最终撰写需求规格说明书。

商品管理系统是某商场为了对商品的采购、销售以及库存实现计算机管理而开发的数据库应用系统，下面在对商场进行调查研究的基础上，收集商品管理系统的基础数据，确定数据存储、数据打印输出，了解系统的运行环境，明确用户的需求，确定系统的功能和功能边界，应用需求分析工具，绘制本系统的功能结构图、数据流图和数据字典。

【任务实施】

1. 对商品管理系统进行实地调查研究

项目组接受商品管理系统的开发设计任务，到商场进行深入的调查研究，设计了调查问卷并进行了现场咨询调查，主要获取以下信息。

(1) 商场有哪些部门，每个部门的职责是什么。

(2) 每个部门有哪些工作岗位，每个岗位的工作是什么。

(3) 哪些岗位的工作人员(后面简称用户)将使用商品管理系统。

(4) 用户要利用商品管理系统完成哪些处理功能。

(5) 用户需要从数据库中获得哪些信息，信息具有什么性质。

(6) 用户对信息处理的响应时间有什么要求。

(7) 用户对数据的安全性和完整性有哪些要求。

(8) 对系统费用与利益的限制及未来系统的发展方向有哪些要求。

2. 明确用户群和工作职责

经过调查研究发现，商品管理系统的主要用户群为：采购人员、销售人员和管理人员，这三类人员的主要工作职责如下。

1) 采购人员

经调查研究发现，采购人员主要负责商场的商品采购工作，与商品的供应商联系，进行商品基础信息的记录和检索，制定并向供应商发送采购订单，商品采购入库信息的记录和检索。在原始的采购管理模式下，通过电子表格或手工操作方式进行商品的采购管理，需要采购人员具备很强的 WPS、Office 等办公软件的应用能力，在商品信息的存储和查询过程中存在效率低下、容易出错、数据共享不方便等问题。他们希望通过商品管理系统的应用，保证数据能长期存储、随时进行商品检索和打印、避免出现数据错误、数据容易共享，从而提高商品采购的工作效率。

2) 销售人员

经调查研究发现，销售人员主要负责商场的商品的销售工作，与客户沟通联系，记录商品销售的信息和检索。在原始销售管理模式下，通过电子表格或手工方式进行商品销售信息的记录，需要销售人员具备很强的如 WPS、Office 等办公软件的应用能力，这种方法记录烦琐、查询效率低下、数据共享不方便。他们希望通过商品管理系统的应用，保证数据长期存储、销售商品操作简单，只需输入商品编码和数量即可实现快速销售，随时可进行商品销售信息的检索和打印。

3) 管理人员

管理人员主要负责商场供应商信息管理、客户信息管理、部门信息管理、岗位信息管理、员工信息管理和各种数据的存储工作，在现有的管理模式下，以上信息都是纸质材料登记记录或用电子表格记录，这种管理容易出现数据丢失、数据不能长期保存、检索效率低的问题，若用电子表格记录，又要求管理人员具有很强的办公软件应用能力。他们希望通过商品管理系统的应用，将供应商信息、客户信息、部门信息、岗位信息、员工信息等进行长期保存，使用方便，提高检索效率，同时能实现数据的备份与恢复工作。

3. 收集基础数据

通过对商场的组织结构以及用户群数据的调查和了解，收集了商品管理系统的基础数据如下。

1) 部门信息

部门基础数据主要包括部门编号、部门名称、部门职责等。

2) 岗位信息

岗位基础数据主要包括岗位编号、岗位名称、岗位职责等。

3)　员工信息

员工基础数据主要包括员工编号，员工姓名、性别、入职日期等。

4)　供应商信息

供应商基础数据主要包括供应商编号、供应商名称、供应商所在城市、联系人和联系电话等。

5)　客户信息

客户基础数据主要包括客户编号、客户姓名、客户性别、客户地址、联系电话、电子邮箱等信息。

6)　商品信息

商品信息主要存储商品的所有信息，基础数据主要包括商品编号、商品名称、库存量等。

7)　商品采购信息

商品采购表示采购人员从供应商购入商品时记录商品采购的相关信息，基础数据主要包括购入商品的采购单号、采购日期、采购商品编号、采购商品名称、采购数量、采购价格、供应商以及经手人等。

8)　商品销售信息

商品销售表示销售人员销售给客户商品并记录销售商品的相关信息，基础数据主要包括销售商品的销售单号、销售日期、销售商品编号、销售商品名称、销售数量、销售价格、客户编号、客户姓名以及经手人等。

4. 确定用户需求

商品管理系统主要用户群包括采购人员、销售人员和管理人员。采购人员使用该系统主要完成商品基础信息的管理及信息查询，以及商品采购信息管理及信息查询。销售人员使用该系统主要完成商品销售管理以及销售信息查询。管理人员主要负责系统基础数据和数据存储管理工作，如供应商和客户基础数据的添加、修改和删除等操作。

用户功能需求确定如下。

(1)　采购人员功能需求：商品基本信息的录入、导出，包括商品信息添加、修改和删除，以及商品采购信息的录入、修改、删除和查询，并负责打印采购单和入库单。

(2)　销售人员功能需求：商品销售信息的录入、修改、删除和查询，并负责打印销售单。

(3)　管理人员功能需求：供应商信息管理、客户信息管理、部门信息管理、岗位信息管理、员工信息管理、系统维护，包括供应商信息的添加、修改和删除，客户信息的添加、修改和删除，部门信息的添加、修改和删除，岗位信息的添加、修改和删除，员工信息的添加、修改和删除，以及系统数据库的初始化、备份和恢复工作。

5. 绘制数据流图和数据字典

项目组为了更好地与用户进行明确的交流，以便指导系统的设计，利用数据流图来描述系统功能与数据的关系，并用数据字典对数据流图中各个基本要素(数据流、数据存储、加工等)进行描述。

1)　数据流图

(1)　绘制商品管理系统顶层数据流图，如图 1-8 所示。

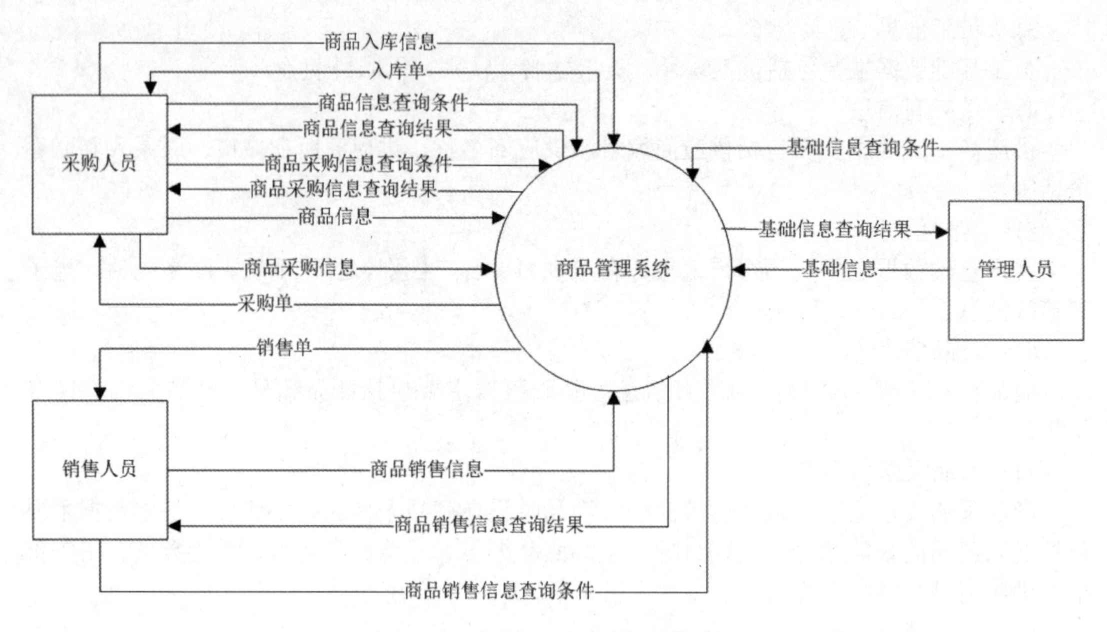

图 1-8　商品管理系统顶层数据流图

(2)　绘制商品管理系统第 0 层数据流图，如图 1-9 所示。

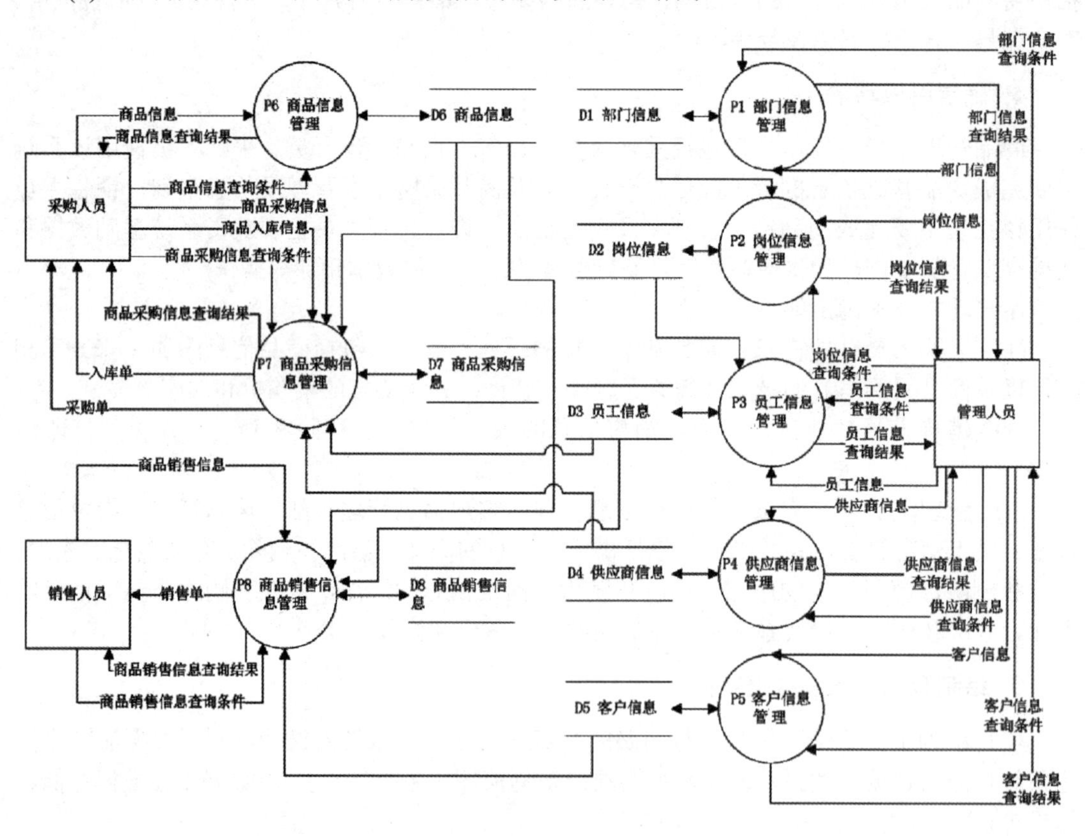

图 1-9　商品管理系统第 0 层数据流图

(3) 绘制商品管理系统第 1 层数据流图——商品信息管理数据流图，如图 1-10 所示。其他处理的数据流图，以及进一步分解的数据流图与此相似。

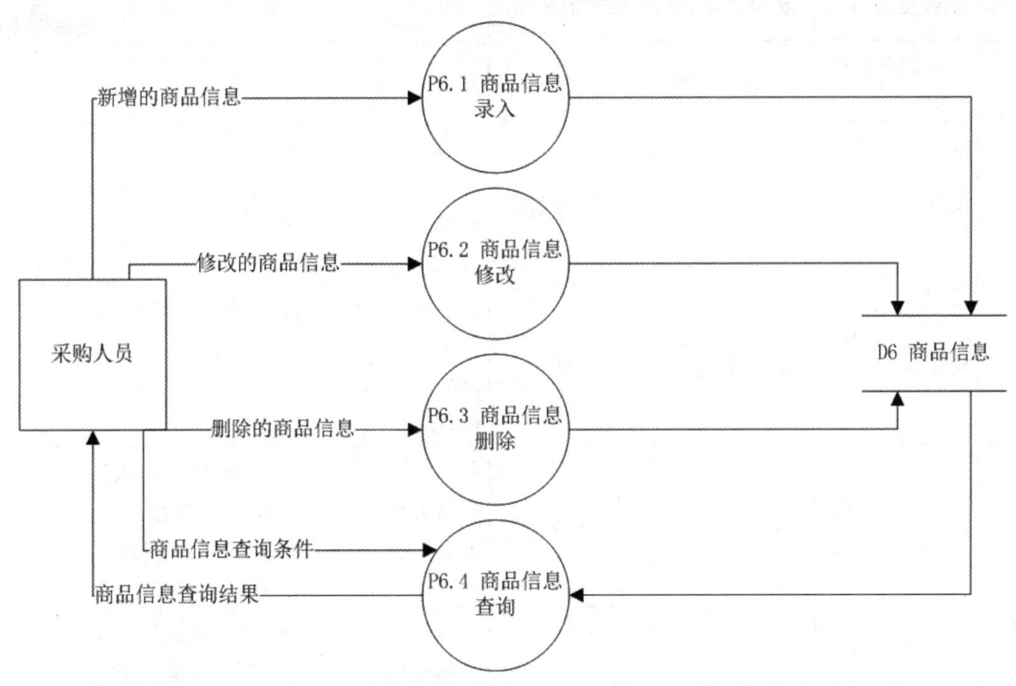

图 1-10 商品管理系统第 1 层数据流图——商品信息管理

2) 数据字典

(1) 顶层数据流图数据字典。

① 顶层数据流，如表 1-2 所示。

表 1-2 顶层数据流

序号	数据流名	数据流来源	数据流去向	组 成	平均流量与高峰期流量
1	基础信息	管理人员	商品管理系统	供应商信息|客户信息|部门信息|岗位信息|员工信息	
2	基础信息查询条件	管理人员	商品管理系统	供应商信息查询条件|客户信息查询条件|部门信息查询条件|岗位信息查询条件|员工信息查询条件	
3	基础信息查询结果	商品管理系统	管理人员	供应商信息查询结果|客户信息查询结果|部门信息查询结果|岗位信息查询结果|员工信息查询结果	
4	商品信息	采购人员	商品管理系统	商品编号+商品名称+备注	
5	商品信息查询条件	采购人员	商品管理系统	商品编号|商品名称|……	

续表

序号	数据流名	数据流来源	数据流去向	组　成	平均流量与高峰期流量
6	商品信息查询结果	商品管理系统	采购人员	商品信息|……	
7	商品采购信息	采购人员	商品管理系统	采购单号+供应商编号+供应商名称+采购人员编号+采购人员姓名+采购时间+{商品编号+商品名称+采购价格+采购数量}	
8	采购单	商品管理系统	采购人员	采购单号+供应商编号+供应商名称+采购人员编号+采购人员姓名+采购时间+{商品编号+商品名称+采购价格+采购数量}	
9	商品入库信息	采购人员	商品管理系统	入库单号+采购单号+供应商编号+供应商名称+采购人员编号+采购人员姓名+采购时间+入库时间+{商品编号+商品名称+采购价格+采购数量}	
10	入库单	商品管理系统	采购人员	入库单号+采购单号+供应商编号+供应商名称+采购人员编号+采购人员姓名+采购时间+入库时间+{商品编号+商品名称+采购价格+采购数量}	
11	商品采购信息查询条件	采购人员	商品管理系统	采购单号|入库单号|供应商编号|供应商名称|采购人员编号|采购人员姓名|采购时间|商品编号|商品名称|……	
12	商品采购信息查询结果	商品管理系统	采购人员	商品采购信息|商品入库信息|……	
13	商品销售信息	销售人员	商品管理系统	销售单号+客户编号+客户姓名+销售人员编号+销售人员姓名+销售时间+{商品编号+商品名称+销售价格+销售数量}	
14	销售单	商品管理系统	销售人员	销售单号+客户编号+客户姓名+销售人员编号+销售人员姓名+销售时间+{商品编号+商品名称+销售价格+销售数量}	
15	商品销售信息查询条件	销售人员	商品管理系统	销售单号|客户编号|客户姓名|销售人员编号|销售人员姓名|销售时间|商品编号|商品名称|……	
16	商品销售信息查询结果	商品管理系统	销售人员	商品销售信息|……	

② 顶层数据结构，如表1-3所示。

表1-3　顶层数据结构

序号	数据结构名	含义说明	组　成
1	部门信息	定义一个部门的基本信息	部门编号+部门名称
2	岗位信息	定义一个岗位的基本信息	岗位编号+岗位名称+所属部门编号+所属部门名称
3	管理人员	定义一个管理人员的基本信息	管理人员编号+管理人员姓名+员工性别+入职日期+身份证号+岗位编号+岗位名称
4	采购人员	定义一个采购人员的基本信息	采购人员编号+采购人员姓名+员工性别+入职日期+身份证号+岗位编号+岗位名称
5	销售人员	定义一个销售人员的基本信息	销售人员编号+销售人员姓名+员工性别+入职日期+身份证号+岗位编号+岗位名称
6	供应商信息	定义一个供应商的基本信息	供应商编号+供应商名称+供应商电话+供应商地址
7	客户信息	定义一个客户的基本信息	客户编号+客户姓名+客户性别+客户生日+客户电话+客户地址
8	商品信息	定义一个商品的基本信息	商品编号+商品名称+备注
9	商品采购信息	定义一个采购某商品的信息	采购单号+供应商编号+供应商名称+采购人员编号+采购人员姓名+采购时间+{商品编号+商品名称+采购价格+采购数量}
10	商品入库信息	定义一个商品入库信息	入库单号+采购单号+供应商编号+供应商名称+采购人员编号+采购人员姓名+采购时间+入库时间+{商品编号+商品名称+采购价格+采购数量}
11	商品销售信息	定义一个销售某商品的信息	销售单号+客户编号+客户姓名+销售人员编号+销售人员姓名+销售时间+{商品编号+商品名称+销售价格+销售数量}

③ 顶层数据项，如表1-4所示。

表1-4　顶层数据项

数据项名	数据项含义	别名	数据类型	取值范围	取值含义
部门编号	唯一标识每个部门		字符	6个字符	
部门名称	部门的名称		可变字符	30个字符	
岗位编号	唯一标识每个岗位		字符	6个字符	
岗位名称	岗位的名称		可变字符	30个字符	
员工编号	管理人员编号、采购人员编号、销售人员编号统一为员工编号，唯一标识每个员工		字符	8个字符	

续表

数据项名	数据项含义	别名	数据类型	取值范围	取值含义
员工姓名	管理人员姓名、采购人员姓名、销售人员姓名统一为员工姓名		可变字符	30 个字符	
员工性别	员工的性别		字符	2 个字符	“男”或“女”
入职时间	员工的入职日期		日期		
身份证号	员工的身份证号		字符	18 个字符	
供应商编号	唯一标识每个供应商		字符	6 个字符	
供应商名称	供应商的名称		可变字符	30 个字符	
供应商电话	供应商的电话		字符	11 个字符	
供应商地址	供应商的地址		可变字符	50 个字符	
客户编号	唯一标识每个客户		字符	6 个字符	
客户姓名	客户的姓名		可变字符	30 个字符	
客户性别	客户的性别		字符	2 个字符	“男”或“女”
客户生日	客户的生日		日期		
客户地址	客户的地址		可变字符	50 个字符	
商品编号	唯一标识每件商品		字符	6 个字符	
商品名称	商品的名称		可变字符	30 个字符	
备注	商品的备注信息		可变字符	50 个字符	
采购单号	唯一标识商品的采购单		字符	12	前八位自动获取当日日期，后四位由当天增加记录数加 1
入库单号	唯一标识商品入库单，可与采购单统一		字符	12	前八位自动获取当日日期，后四位由当天增加记录数加 1
采购价格	商品的采购价格		浮点数	6 个字符，2 位小数	
采购数量	商品的采购数量		整数		
采购时间	商品的采购时间		日期		
入库时间	商品的入库时间		日期		
销售单号	唯一标识商品的销售单		字符	12	前八位自动获取当日日期，后四位由当天增加记录数加 1
销售价格	商品的销售价格		浮点数	6 个字符，2 位小数	
销售数量	商品的销售数量		整数		
销售时间	商品的销售时间		日期		

④　数据存储

无。

⑤　处理过程

暂无，整个系统的功能见需求说明。

(2)　0层数据流图数据字典。

①　0层数据流，如表1-5所示。

表1-5　0层数据流

序号	数据流名	数据流来源	数据流去向	组　成	平均流量与高峰期流量
1	部门信息	管理人员	P1 部门信息管理	部门编号+部门名称	
2	部门信息查询条件	管理人员	P1 部门信息管理	部门编号|部门名称|……	
3	部门信息查询结果	P1 部门信息管理	管理人员	部门信息|……	
4	岗位信息	管理人员	P2 岗位信息管理	岗位编号+岗位名称+部门编号+部门名称	
5	岗位信息查询条件	管理人员	P2 岗位信息管理	岗位编号|岗位名称|部门编号|部门名称|……	
6	岗位信息查询结果	P2 岗位信息管理	管理人员	岗位信息|……	
7	员工信息	管理人员	P3 员工信息管理	员工编号+员工姓名+员工性别+入职日期+身份证号+岗位编号+岗位名称	
8	员工信息查询条件	管理人员	P3 员工信息管理	员工编号|员工名称|部门编号|部门名称|岗位编号|岗位名称|……	
9	员工信息查询结果	P3 员工信息管理	管理人员	员工信息|……	
10	供应商信息	管理人员	P4 供应商信息管理	供应商编号+供应商名称+供应商电话+供应商地址	
11	供应商信息查询条件	管理人员	P4 供应商信息管理	供应商编号|供应商名称|……	
12	供应商信息查询结果	P4 供应商信息管理	管理人员	供应商信息|……	
13	客户信息	管理人员	P5 客户信息管理	客户编号+客户姓名+客户性别+客户生日+客户地址	
14	客户信息查询条件	管理人员	P5 客户信息管理	客户编号|客户名称|……	

续表

序号	数据流名	数据流来源	数据流去向	组　成	平均流量与高峰期流量
15	客户信息查询结果	P5 客户信息管理	管理人员	客户信息|……	
16	商品信息	采购人员	P6 商品信息管理	商品编号+商品名称+备注	
17	商品信息查询条件	采购人员	P6 商品信息管理	商品编号|商品名称|……	
18	商品信息查询结果	P6 商品信息管理	采购人员	商品信息|……	
19	商品采购信息	采购人员	P7 商品采购信息管理	采购单号+供应商编号+供应商名称+采购人员编号+采购人员姓名+采购时间+{商品编号+商品名称+采购价格+采购数量}	
20	采购单	P7 商品采购信息管理	采购人员	采购单号+供应商编号+供应商名称+采购人员编号+采购人员姓名+采购时间+{商品编号+商品名称+采购价格+采购数量}	
21	商品入库信息	采购人员	P7 商品采购信息管理	入库单号+采购单号+供应商编号+供应商名称+采购人员编号+采购人员姓名+采购时间+入库时间+{商品编号+商品名称+采购价格+采购数量}	
22	入库单	P7 商品采购信息管理	采购人员	入库单号+采购单号+供应商编号+供应商名称+采购人员编号+采购人员姓名+采购时间+入库时间+{商品编号+商品名称+采购价格+采购数量}	
23	商品采购信息查询条件	采购人员	P7 商品采购信息管理	采购单号|入库单号|供应商编号|供应商名称|采购人员编号|采购人员姓名|采购时间|商品编号|商品名称|……	
24	商品采购信息查询结果	P7 商品采购信息管理	采购人员	商品采购信息|商品入库信息|……	
25	商品销售信息	销售人员	P8 商品销售信息管理	销售单号+客户编号+客户姓名+销售人员编号+销售人员姓名+销售时间+{商品编号+商品名称+销售价格+销售数量}	

续表

序号	数据流名	数据流来源	数据流去向	组 成	平均流量与高峰期流量
26	销售单	P8 商品销售信息管理	销售人员	销售单号+客户编号+客户姓名+销售人员编号+销售人员姓名+销售时间+{商品编号+商品名称+销售价格+销售数量}	
27	商品销售信息查询条件	销售人员	P8 商品销售信息管理	销售单号|客户编号|客户姓名|销售人员编号|销售人员姓名|销售时间|商品编号|商品名称|……	
28	商品销售信息查询结果	P8 商品销售信息管理	销售人员	商品销售信息|……	

② 数据结构

与顶层数据流图相同，此处略。

③ 数据项

与顶层数据流图相同，此处略。

④ 数据存储

0层数据存储，如表1-6所示。

表1-6 0层数据存储

序号	数据文件	文件组成	关键标识	组 织
1	D1 部门信息	{部门编号+部门名称}	部门编号	按部门编号升序排列
2	D2 岗位信息	{岗位编号+岗位名称+部门编号+部门名称}	岗位编号	按岗位编号升序排列
3	D3 员工信息	{员工编号+员工姓名+员工性别+入职日期+身份证号+岗位编号+岗位名称}	员工编号	按员工编号升序排列
4	D4 供应商信息	{供应商编号+供应商名称+供应商电话+供应商地址}	供应商编号	按供应商编号升序排列
5	D5 客户信息	{客户编号+客户姓名+客户性别+客户生日+客户地址}	客户编号	按客户编号升序排列
6	D6 商品信息	{商品编号+商品名称+备注}	商品编号	按商品编号升序排列
7	D7 商品采购信息	{入库单号+采购单号+供应商编号+供应商名称+采购人员编号+采购人员姓名+采购时间+入库时间+{商品编号+商品名称+采购价格+采购数量}}	采购单号	按采购单号编号升序排列
8	D8 商品销售信息	{销售单号+客户编号+客户姓名+销售人员编号+销售人员姓名+销售时间+{商品编号+商品名称+销售价格+销售数量}}	销售单号	按销售单号编号升序排列

⑤ 0层数据处理过程逻辑，如表1-7所示。

表1-7 0层数据处理过程逻辑

序号	处理过程	编号	输 入	输 出	处理逻辑
1	部门信息管理	P1	部门信息|部门信息查询条件	根据输入，添加、修改、删除部门信息，或返回符合查询条件的部门信息	①管理人员添加部门信息、修改部门信息或删除部门信息，系统更新信息并将数据存储到“D1 部门信息”中； ②管理人员输入查询条件，系统从数据存储“D1 部门信息”中检索出符合条件的信息，返回给管理人员
2	岗位信息管理	P2	岗位信息|岗位信息查询条件	根据输入，添加、修改、删除岗位信息，或返回符合查询条件的岗位信息	①管理人员添加岗位信息、修改岗位信息或删除岗位信息，系统更新信息并将数据存储到“D2 岗位信息”中； ②管理人员输入查询条件，系统从数据存储“D2 岗位信息”中检索出符合条件的信息，返回给管理人员
3	员工信息管理	P3	员工信息|员工信息查询条件	根据输入，添加、修改、删除员工信息，或返回符合查询条件的员工信息	①管理人员添加员工信息、修改员工信息或删除员工信息，系统更新信息并将数据存储到“D3 员工信息”中； ②管理人员输入查询条件，系统从数据存储“D3 员工信息”中检索出符合条件的信息，返回给管理人员
4	供应商信息管理	P4	供应商信息|供应商信息查询条件	根据输入，添加、修改、删除供应商信息，或返回符合查询条件的供应商信息	①管理人员添加供应商信息、修改供应商信息或删除供应商信息，系统更新信息并将数据存储到“D4 供应商信息”中； ②管理人员输入查询条件，系统从数据存储“D4 供应商信息”中检索出符合条件的信息，返回给管理人员
5	客户信息管理	P5	客户信息|客户信息查询条件	根据输入，添加、修改、删除客户信息，或返回符合查询条件的客户信息	①管理人员添加客户信息、修改客户信息或删除客户信息，系统更新信息并将数据存储到“D5 客户信息”中； ②管理人员输入查询条件，系统从数据存储“D5 客户信息”中检索出符合条件的信息，返回给管理人员
6	商品信息管理	P6	商品信息|商品信息查询条件	根据输入，添加、修改、删除商品信息，或返回符合查询条件的商品信息	①管理人员添加商品信息、修改商品信息或删除商品信息，系统更新信息并将数据存储到“D6 商品信息”中； ②管理人员输入查询条件，系统从数据存储“D6 商品信息”中检索出符合条件的信息，返回给管理人员

续表

序号	处理过程	编号	输　入	输　出	处理逻辑
7	商品采购信息管理	P7	商品采购信息|商品采购信息查询条件|商品入库信息	根据输入，添加、修改、删除商品采购信息或入库信息，打印采购单或入库单，或返回符合查询条件的商品采购信息	①采购人员添加商品采购信息、修改商品采购信息或删除商品采购信息，系统更新信息并将数据存储到“D7 商品采购信息”中，打印入库单或采购单； ②采购人员输入查询条件，系统从数据存储“D7 商品采购信息”中检索出符合条件的信息，返回给采购人员
8	商品销售信息管理	P8	商品销售信息|商品销售信息查询条件	根据输入，添加、修改、删除商品销售信息，打印销售单，或返回符合查询条件的商品销售信息	①销售人员添加商品销售信息、修改商品销售信息或删除商品销售信息，系统更新信息并将数据存储到“D8 商品销售信息”中，并打印销售单； ②销售人员输入查询条件，系统从数据存储“D8 商品销售信息”中检索出符合条件的信息，返回给销售人员

(3) 1 层数据流图数据字典。

以“P6 商品信息管理”处理加工分解为例，其他处理加工略。

① 1 层数据流，如表 1-8 所示。

表 1-8　1 层数据流

序号	数据流名	数据流来源	数据流去向	组　成	平均流量与高峰期流量
1	新增的商品信息	采购人员	P6.1 商品信息录入	商品编号+商品名称+备注	
2	修改的商品信息	采购人员	P6.2 商品信息修改	商品编号+商品名称+备注	
3	删除的商品信息	采购人员	P6.3 商品信息删除	商品编号|商品名称	
4	商品信息查询条件	采购人员	P6.4 商品信息查询	商品编号|商品名称|……	
5	商品信息查询结果	P6.4 商品信息查询	采购人员	商品信息|……	

② 数据结构

与 0 层数据流图相同，此处略。

③ 数据项

与 0 层数据流图相同，此处略。

④ 数据存储

与 0 层数据流图相同，此处略。

⑤ 1 层数据处理过程逻辑，如表 1-9 所示。

表 1-9 1 层数据处理过程逻辑

序号	处理过程	编号	输 入	输 出	处理逻辑
1	商品信息录入	P6.1	新增的商品信息	已确认的新增的商品信息	采购人员输入新增的商品信息，经确认后，将新增的商品信息保存到数据存储“D6 商品信息”中
2	商品信息修改	P6.2	修改的商品信息	已确认的修改的商品信息	采购人员输入修改的商品信息，经确认后，将修改的商品信息保存到数据存储“D6 商品信息”中
3	商品信息删除	P6.3	删除的商品信息	已确认的删除的商品信息	采购人员输入删除的商品信息(商品编号或商品名称)，经确认后，从数据存储“D6 商品信息”中删除相应的商品信息
4	商品信息查询	P6.4	商品信息查询条件	商品信息查询结果	采购人员输入商品信息查询条件，系统从数据存储“D6 商品信息”中检索出符合条件的信息，返回给采购人员

6. 确定系统的运行环境和目标

商品管理系统通过计算机技术、网络技术和数据库技术实现商品采购、商品库存和商品销售的现代化管理，系统的目标有以下几点。

(1) 提高商场管理的工作效率、降低商场管理的运行成本、减少人力成本和管理费用。

(2) 提高数据信息的准确性，避免出现错误数据。

(3) 提高信息的安全性和完整性。

(4) 规范商场管理运行模式，改进管理方法和服务效率。

(5) 系统具有良好的人机交互界面，操作简便、快速。

子任务 2 商品管理系统的功能分析

【任务分析】

本阶段的任务是在前期对商场管理运营的深入调查研究的基础上，明确商品管理系统的边界，以及商品管理系统的用户群——商品采购人员、销售人员、管理人员的功能需求，确定商品管理系统的功能。

【任务实施】

1. 商品管理系统的功能结构图

根据商品管理系统的用户功能需求以及系统边界范围，确定系统的功能结构，如图 1-11 所示。

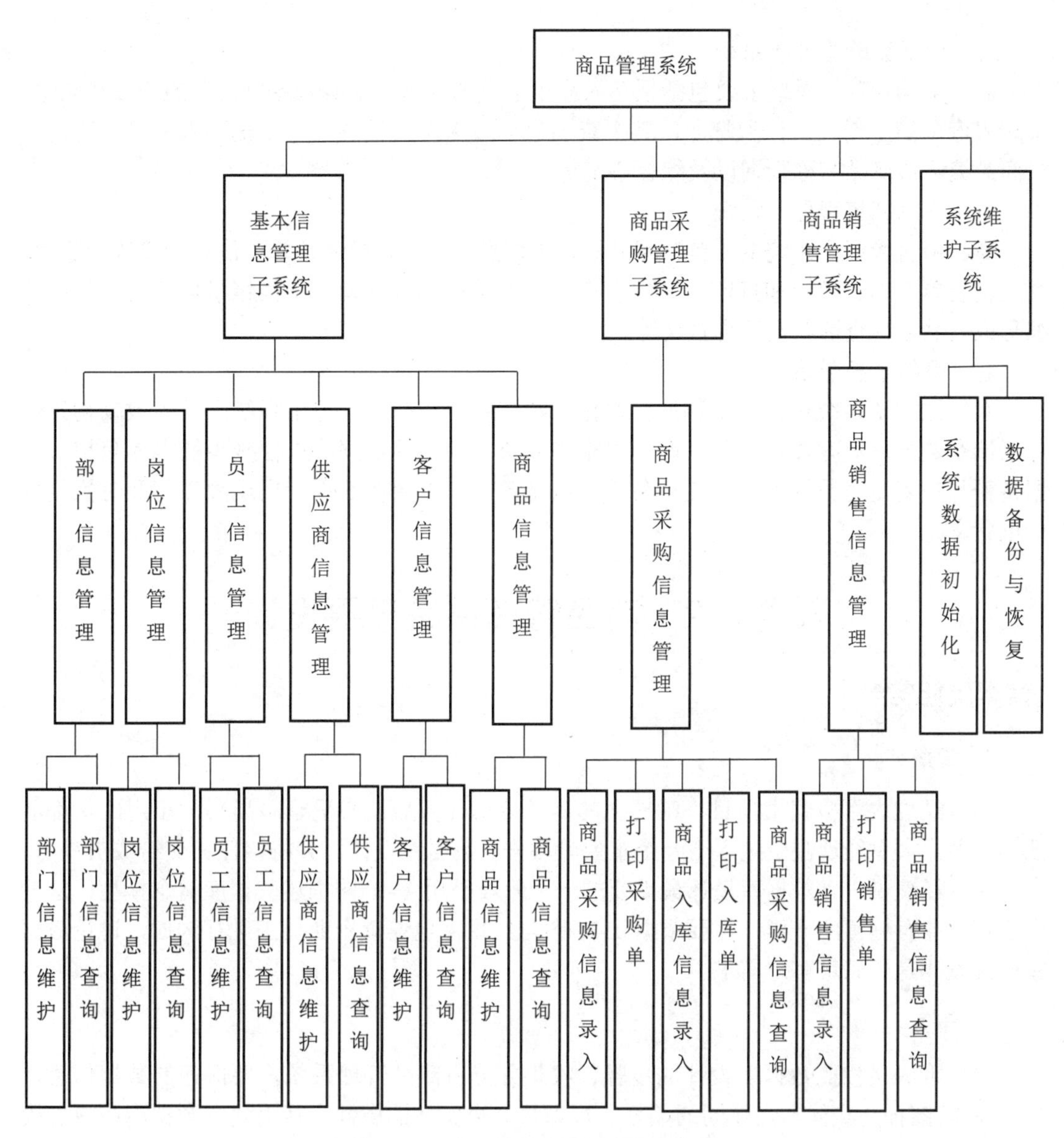

图 1-11　商品管理系统的功能结构图

2. 商品管理系统的功能分析

商品管理系统功能分为基本信息管理子系统、商品采购管理子系统、商品销售管理子系统和系统维护子系统四大功能。具体功能分析如下。

1)　基本信息管理子系统

基本信息管理子系统主要包括部门信息管理、岗位信息管理、员工信息管理、供应商信息管理、客户信息管理、商品信息管理。其中部门信息管理主要包括部门信息的录入、修改、删除和查询；岗位信息管理主要包括岗位信息的录入、修改、删除和查询；员工信息管理主要包括员工信息的录入、修改、删除和权限设置；供应商信息管理主要包括供应商信息的录入、修改、删除和查询；客户信息管理包括客户信息的录入、修改、删除和查询；商品信息管理包括商品信息的录入、修改、删除和查询。

2) 商品采购管理子系统

商品采购管理子系统主要包括采购入库单信息的录入，采购入库单信息的修改和删除，采购入库单的查询、统计和打印，其中查询包括按入库单号查询、按采购入库日期查询、按商品编号或商品名称查询以及综合查询等。

3) 商品销售管理子系统

商品销售管理子系统主要包括商品销售单信息的录入，商品销售单信息的修改和删除，商品销售单查询、统计和打印，其中查询包括按销售单号查询、按销售日期查询、按商品编号或商品名称查询以及综合查询等。

4) 系统维护子系统

系统维护子系统包括系统数据初始化、数据备份与恢复、退出系统。其中数据初始化包括清空数据库所有数据和按时间段清空入库单和销售单数据，以便减少数据库负担。数据备份与恢复是对数据库进行完全备份、增量备份，以便在数据库出现故障时及时恢复到最近状态。

任务 1.2　商品管理系统概要设计

背景及任务

1. 背景

项目经理大军检查了项目小组提交的需求分析任务后，心里暗暗高兴，小组成员都能独当一面。大军经理决定进入下一个重要阶段——数据库设计，并将该任务交给成员肖力。

大军经理说：“数据库设计最重要的一个阶段是用 E-R 图描述数据库概念模型，这就像建筑行业有施工图一样，需要依据 E-R 图与红星家电连锁企业员工进行沟通，讨论数据库概要设计是否满足客户需求。”

2. 任务

项目组成员按照数据库设计的步骤，收集并分析商品管理系统需要保存的数据信息，并用 E-R 图描述实体与实体间的关系，标识每一个实体的属性，从而建立数据库的概念模型，任务如下。

(1) 根据《商品管理系统用户需求说明书》文档找出实体、属性和联系，并确定联系类型。

(2) 用 E-R 图绘制商品管理系统概念数据模型。

(请扫二维码查看 商品管理系统“概要设计”任务单)

预备知识

(请扫二维码学习 微课“实体-联系模型”)

概念结构设计是将需求分析得到的用户需求抽象为信息结构即概念模型的过程，它是整个数据库设计的关键。只有将需求分析阶段得到的系统应用需求抽象为信息世界的结构，才能更好、更准确地转换为机器世界中的数据模型，并用适当的数据库管理系统来实现这些需求。

各种机器上实现的数据库管理系统软件都是基于某种数据模型的。需要以某种数据模型为基础来开发建设，因此，需要把现实世界中的具体事物抽象、组织为与各种数据库管理系统相对应的数据模型，这是两个世界的转换，即从现实世界转换到机器世界。但是这种转换在实际操作时不能够直接执行，需要一个中间过程，这个中间过程就是信息世界，如图 1-12 所示。

图 1-12　信息的三个世界

通常，人们首先将现实世界中客观对象抽象为某种信息结构，这种信息结构可以不依赖具体的计算机系统，也不与具体的数据库管理系统相关，因为它不是具体的数据模型，而是概念模型，然后再把概念模型转换为计算机上具体的数据库管理系统支持的数据模型。本节将重点介绍现实世界抽象到信息世界这一步骤的过程，而从信息世界抽象到机器世界的过程是数据库的逻辑设计阶段，具体内容将在任务 1.3 中详细讲解。

概念结构的主要特点如下。

(1) 能真实、充分地反映现实世界，包括事物和事物之间的联系；能满足用户对数据处理的要求，是现实世界的一个真实模型。

(2) 易于理解，可以用它和不熟悉计算机的用户交换意见，用户的积极参与是数据库成功设计的关键。

(3) 易于更改，当应用环境和应用要求改变时，容易对概念模型进行修改和扩充。

(4) 易于向关系、网状、层次等各种数据模型转换。

概念模型是各种数据模型的共同基础，它比数据模型更独立于机器、更抽象，因而也更稳定。

【知识点 1】信息的三个世界

数据库管理的对象(数据)存在于现实世界中，即现实世界中的事物及其各种关系。从现实世界的事物到存储于计算机的数据库中的数据，要经历现实世界、信息世界和机器世界三个不同的世界，经历两级抽象和转换完成。

1. 现实世界

现实世界即客观存在的世界，由客观存在的事物及其联系所组成。人们总是选用感兴趣的最能表征一个事物的若干特征来描述该事物。客观世界中，事物之间是相互联系的，但人们只选择那些感兴趣的联系。

2. 信息世界(概念世界)

信息世界是现实世界在人们头脑中的反映，经过人脑的分析、归纳和抽象，形成信息，人们把这些信息进行记录、整理、归类和格式化后，就构成了信息世界。信息世界是对客观事物及其联系的一种抽象描述。

从现实世界到概念世界是通过概念模型来表达的。本次任务就是需要将商品管理系统数据库的现实世界中所关联的事物转换为对应的概念模型。

3. 机器世界

机器世界又叫数据世界，是对现实世界的第二层抽象，即对信息世界中信息的数据化，将信息用字符和数值等数据表示，使用计算机存储并管理信息世界中描述的实体集、实体、属性和联系的数据。

信息世界到数据世界，使用数据模型来描述，数据库中存放数据的结构是由数据模型决定的。

【知识点 2】概念模型基本概念

在数据库概要设计阶段，是现实世界到信息世界的第一层抽象，我们需要使用图形化的表达方式来对用户需求进行描述，建立数据库设计人员和业务领域的用户之间进行沟通、交流的渠道，本书只介绍最常使用的一种概念模型，即实体-联系(Entity-Relationship)模型，也可以称为实体-联系图。

E-R 数据模型(Entity-Relationship data model)，即实体-联系模型，于 1976 年由 P.P.S Chen 提出。E-R 数据模型不同于传统的关系数据模型，它不是面向实现，而是面向现实世界的。这种方法由于简单、实用，因此得到了广泛的应用，也是目前描述信息结构最常用的方法。

在概念模型中，涉及以下几个主要概念。

1. 实体

客观存在并可相互区别的事物称为实体。数据是用来描述现实世界的，而描述的对象是形形色色的，有具体的，也有抽象的；有物理上存在的，也有概念性的。例如：一个学生、一门课程、一件商品、一次旅游、一场球赛等。

2. 属性

用来描述实体的特性称为属性。一个实体可以由若干个属性来描述，每个属性有一个数据类型和值域。例如学生有学号、姓名、年龄、性别等属性，学号、姓名、性别的数据类型是字符串，性别的取值为“男”或者“女”，而年龄的数据类型为整数，它有一定的取值范围。

属性的取值范围称为该属性的域，例如客户编号的域为 6 位字符数据，姓名的域为字符串集合，客户性别的域为“男”或者“女”。

3. 候选码、主码

能唯一地标识每个实体的属性或属性集称为候选码，一个实体可能有多个候选码，从多个候选码中选择一个主码，主码也称为关键字、主键。例如，学生实体的主码是学号。

4. 实体型

实体型也称实体结构，具有相同属性的实体必然具有共同的特征和性质。用实体名和描述它的各属性名可以刻画出全部同质实体的共同特征和性质，称为实体型。例如，客户(客户编号、姓名、性别、出生年月、联系电话)就是一个实体型。

5. 实体集

具有相同类型及相同属性的实体的集合称为实体集，例如学生小王、小李……都是实体，而且他们都是学生。为了便于描述，可以定义“学生”这个实体集，所有学生都是这个集合的成员。每个学生需要描述的内容是一样的。因此，在 E-R 数据模型中，也有型与值之分；实体集可以作为型来定义，而每个实体可以是它的实例或值。

由于实体、实体型、实体集的区分在转换成数据模型时才考虑，因此叙述时，在不引起混淆的情况下，将三者统称为实体。

6. 实体的联系

在现实世界中，事物之间存在着某些关联，这是由事物的特性所决定的，反映为实体的内部联系和实体间的联系。

实体内部的联系是指组成实体的各属性之间的联系；实体间的联系是指不同实体集之间的联系。这里我们主要讨论实体之间的联系。例如，“员工在某部门工作”是实体“员工”和“部门”之间的联系，“商品销售给客户”是“商品”“客户”“员工”等实体之间的联系。

实体间的联系可以分为以下三种。

1)　一对一联系(1∶1)

如果实体集 A 中的每一个实体在实体集 B 中至多有一个实体与之联系，反之亦然，则称实体集 A 与实体集 B 具有一对一联系，记为 1∶1，如图 1-13 所示。

例如，一个观众只有一个座位，每个座位也只能坐一名观众，观众和座位之间建立起“对应”联系，这个联系是一个“一对一联系”，如图 1-14 所示。

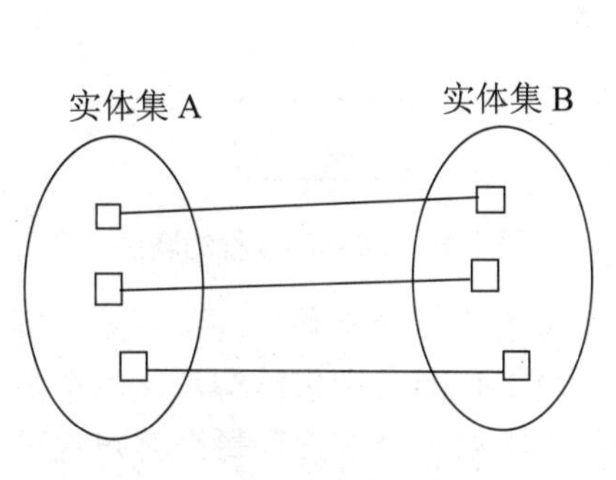

图 1-13　一对一联系

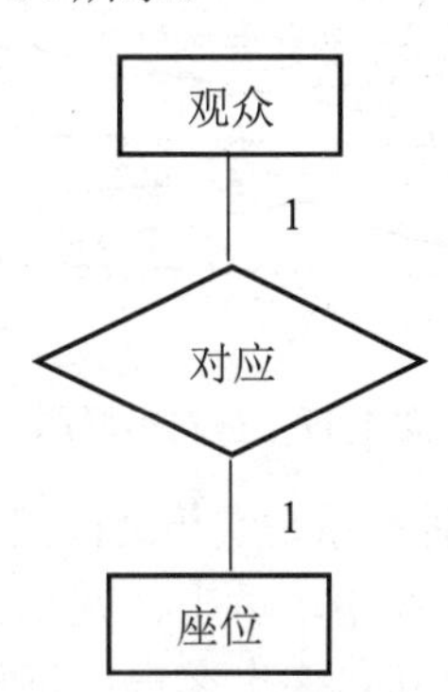

图 1-14　观众和座位的联系

2)　一对多联系(1∶n)

如果实体集 A 中的每一个实体在实体集 B 中有多个实体与之联系，而实体集 B 中的每一个实体在实体集 A 中至多有一个实体与之联系，则称实体集 A 与实体集 B 具有一对多联系，记为 1∶n，如图 1-15 所示。

例如，一个班级中有多名学生，而一个学生只能属于一个班级，班级和学生之间建立起“属于”联系，这个联系是一个“一对多联系”，如图 1-16 所示。

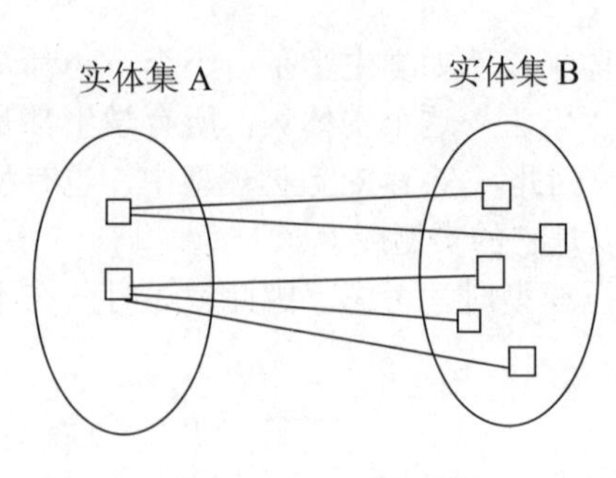

图 1-15　一对多联系

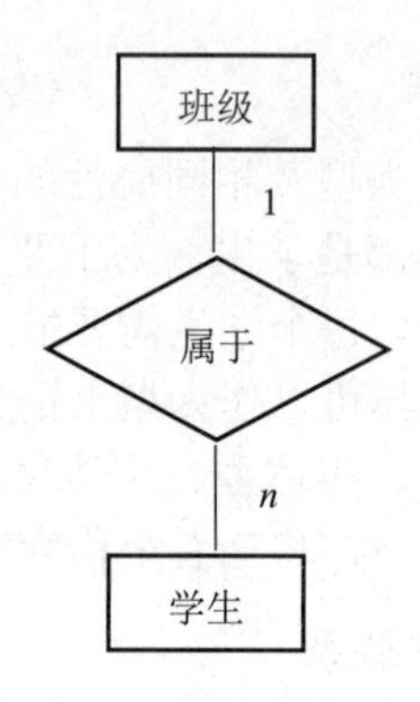

图 1-16　班级和学生的联系

3)　多对多联系($m:n$)

如果实体集 A 中的每一个实体在实体集 B 中有 n 个实体与之联系，而实体集 B 中的每一个实体在实体集 A 中有 m 个实体与之联系，则称实体集 A 与实体集 B 具有多对多联系，记为 $m:n$，如图 1-17 所示。

例如，一名教师可以讲授多门课程，同时，一门课程可以被多名教师讲授，因此课程和教师之间建立起“讲授”联系，这个联系是一个“多对多联系”，如图 1-18 所示。

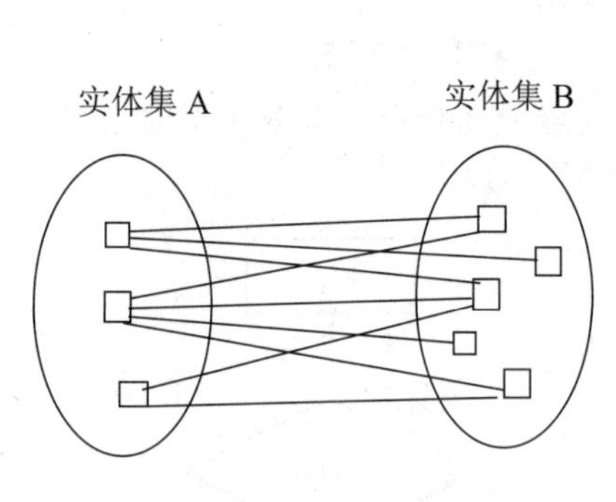

图 1-17　多对多联系

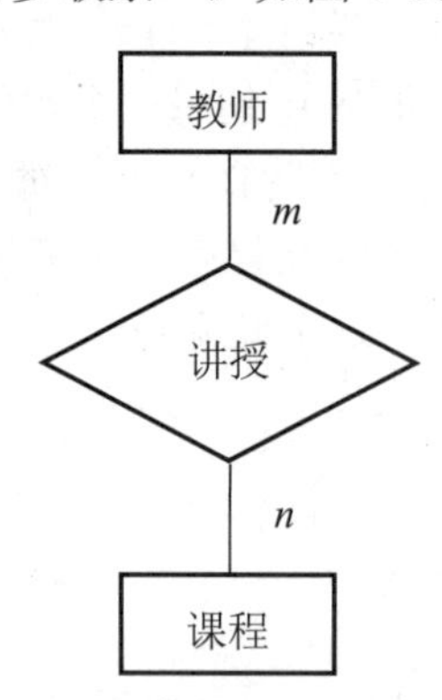

图 1-18　教师和课程的联系

以上 3 种联系是实体之间最基本的联系，有时也会存在多个实体之间的联系。例如，在商品管理系统中，员工、商品、客户之间的关系，员工把商品销售给客户，每个员工可以把多种商品卖给多个客户，每种商品可以由多个员工卖给多个客户，每个客户也可以从多个员工处购买多种商品。

【动动脑】现实生活中有哪些多对多的关系？

【解析】比如，图书馆的每本书可以借给多个读者，每个读者也可以借阅多本书，那么，图书实体和读者实体之间就是典型的多对多关系。再如，产品和订单之间也是多对多关系，每个订单中可以包含多个产品，一个产品也可以出现在多个订单中。

小贴士　实体之间联系的种类是与语言直接相关的，也就是由客观实际情况决定的。例如，部门和经理，如果客观情况下是一个部门只有一个经理，一个人只能担任一个部门的经理，则部门和经理之间是一对一的关系。但如果客观情况是一个部门可以有多个经理，而一个人只担任一个部门的经理，则部门和经理之间就是一对多的关系。如果客观情况是一个部门可以有多个经理，而且一个人也可以担任多个部门的经理，则部门和经理之间就是多对多的关系。

【知识点 3】概念模型的描述工具

在需求分析阶段调查了解了客户的业务和数据处理需求后，接下来就要进入概念设计阶段。作为数据库设计人员，我们需要与项目组内的其他成员分享自己的设计思路，共同讨论数据库的设计是否能够满足业务需求和数据处理需求。和建筑行业需要设计施工图、机械行业需要设计零件图一样，我们的数据库设计同样需要以图形化的方式表达出来。概念模型的表示方法很多，其中最实用的方法是实体-联系方法，简称 E-R 方法，也称 E-R 模型，该方法利用 E-R 图来描述现实世界的概念模型。

E-R 图主要由以下 4 部分组成。

1) 矩形框

用来表示实体类型，矩形框内写明实体名称。

2) 菱形框

用来表示实体间的联系，在菱形框内写明联系名。

3) 椭圆形框

用来表示实体类型和联系类型的属性。

4) 直线

用来连接上述 3 个部分。

例如：学生与课程关系的 E-R 图如图 1-19 所示。其中，实体有学生和课程。学生与课程之间的联系是选修。学生的属性有学号、姓名、性别、年龄；课程的属性有课程编号、课程名称，选修的属性有成绩。学生与课程的联系类型是多对多的联系(m：n)。学生实体的主码是学号，课程实体的主码是课程编号。

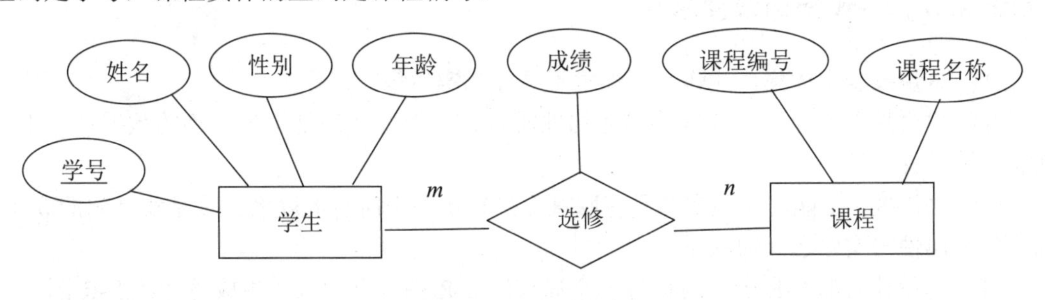

图 1-19 E-R 图示例

【知识点 4】构建 E-R 模型的方法

E-R 模型有两个明显的优点：一是接近人的思想，容易理解；二是与计算机无关，用户容易接受。因此，E-R 模型已经成为数据库概念结构设计的一个重要设计方法。构建 E-R 模型的基本方法如下。

1．确定实体

可以从前面需求分析阶段产生的数据字典描述的数据结构和数据存储中找出所有潜在的实体，这是系统中需要进行加工、存储的对象，实体一定是名词。例如，商品管理系统中初步确定的实体有部门、岗位、管理人员、采购人员、销售人员、供应商、商品、客户等。

2．除去重复的实体

确保两个实体是不同的实体结构，例如商品管理系统中初步确定的管理人员、采购人员、销售人员三个实体结构相同，可统一合并为员工这个实体。

3．确定实体的属性

可以从数据字典中描述的数据结构和数据存储的组成来确定实体的属性，每个组成项为实体的属性。例如部门的属性有部门编号、部门名称等。

4．确定主码(主关键字)

先确定实体中的候选键，再从中选择主码，一般选择单一属性作为主码。

5．定义联系

描述实体的内部联系和实体间的一对一(1∶1)、一对多(1∶*n*)、多对多(*m*∶*n*)联系，说明实体间联系的属性，并去除实体间冗余的联系。

小贴士 建立 E-R 模型是反复的过程，在形成最终版本的 E-R 图之前，它将会有多个版本出现，并不断进行修订，直到符合理想终端产品的需求，所以绘制 E-R 图没有单一的正确答案。

【知识点 5】E-R 图的设计原则

(1) 尽量减少实体集，能作为属性时不要作为实体集。

(2) “属性”不能再具有需要描述的性质。“属性”必须是不可分割的数据项，不能包括其他属性。

(3) “属性”不能与其他实体具有联系。在 E-R 图中所有的联系必须是实体间的联系，而不能有属性与实体之间的联系。

(4) 先设计局部 E-R 图，再把每一个局部的 E-R 图综合起来，生成总体的 E-R 图。

合并时注意解决各分 E-R 图之间的冲突。由于各个局部应用所面向的问题是不同的，而且通常是由不同的设计人员进行不同局部的视图设计，这样就会导致各个分 E-R 图之间必定会存在许多不一致的地方，即产生冲突问题。由于各个分 E-R 图存在冲突，所以不能简单地把它们画到一起，必须先消除各个分 E-R 图之间的不一致，形成一个能被全系统所有用户共同理解和接受的统一的概念模型，再进行合并。合理消除各个分 E-R 图的冲突是进行合并的主要工作和关键所在。

(5) 属性应该存在于某一个实体或者关系中，这样就可以避免数据的冗余度。

在初步 E-R 图中可能存在冗余的数据和实体间冗余的联系。所谓冗余数据是指可由基本数据导出的数据。所谓冗余的联系是指可由其他联系导出的联系。冗余的存在容易破坏数据库的完整性，给数据库维护增加困难，应当加以消除。消除了冗余的初步 E-R 图就称为基本 E-R 图。

在实际应用中，并不是要将所有的冗余数据与冗余联系都消除。有时为了提高数据查询效率、减少数据存取次数，在数据库中就设计了一些数据冗余或联系冗余。因而，在设计数据库结构时，冗余数据的消除或存在要根据用户的整体需要来确定。如果希望存在某些冗余，则应在数据字典的数据关联中进行说明，并把保持冗余数据的一致性作为完整性约束的条件。

(6) 实体是一个单独的个体，不能存在于另外一个实体中，即不能作为另外一个实体的属性。

(7) 同一个实体在同一个 E-R 图中只能出现一次。

子任务　绘制商品管理系统 E-R 图

(请扫二维码学习 微课“结合需求分析结果绘制 E-R 图”)

完成了“商品管理系统”的需求分析，并且对需求分析阶段的成果进行评审，评审通过后，接下来的任务就是在需求分析的成果基础上，完成“商品管理系统”的概念结构设计，其中最重要的内容就是绘制 E-R 图。

为了绘制合理的商品管理系统 E-R 图，必须先明确实体、属性和联系等要素的具体内容，即系统中应该包含哪些实体，这些实体各自应有哪些属性，实体和实体之间的联系是什么。然后再根据这些内容绘制 E-R 图，这样才能设计出合理的、符合实际需求的 E-R 模型。

【任务】

阅读商品管理系统需求分析文档，从中抽取实体、属性和联系，并确定联系的类型，完成“商品管理系统”E-R 图的绘制。

【任务分析】

在绘制“商品管理系统”E-R 图之前，首先需要分析该系统要存储哪些数据，可根据商品管理系统的数据字典确定要存储哪些对象的信息；其次就要确定描述这些实体的具体属性，并根据实体间的业务逻辑关系，确定实体间的联系，最后绘制 E-R 图。

【任务实施】

1. 确定商品管理系统的实体

根据商品管理系统数据字典，可确定需要存储的实体有：商品、客户、供应商、部门、岗位、管理人员、采购人员、销售人员。其中管理人员、采购人员、销售人员同属于员工，可合并为一个实体：员工。

2. 确定商品管理系统的实体属性

1) 商品实体属性

商品实体主要有商品编号、商品名称、备注等属性。

2)　客户实体属性

客户实体主要有客户编号、客户姓名、客户性别、生日、客户电话、客户地址等属性。

3)　供应商实体属性

供应商实体主要有供应商编号、供应商名称、供应商电话、供应商地址等属性。

4)　部门实体属性

部门实体主要有部门编号、部门名称等属性。

5)　岗位实体属性

岗位实体主要有岗位编号、岗位名称等属性。

6)　员工实体属性

员工实体主要有员工编号、员工姓名、身份证号、员工性别、入职时间等属性。

3. 确定实体结构图

(1)　绘制“商品” E-R 图，如图 1-20 所示。

(2)　绘制“客户” E-R 图，如图 1-21 所示。

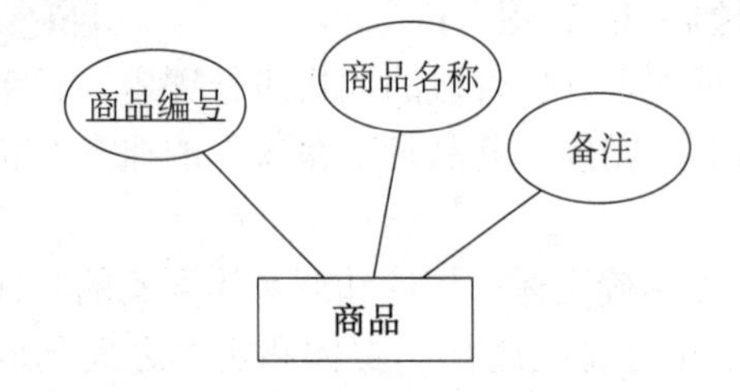

图 1-20　“商品”E-R 图

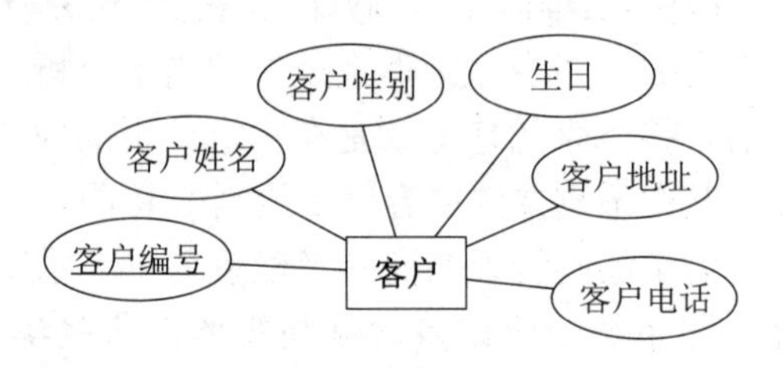

图 1-21　“客户”E-R 图

(3)　绘制“供应商”E-R 图，如图 1-22 所示。

(4)　绘制“部门”E-R 图，如图 1-23 所示。

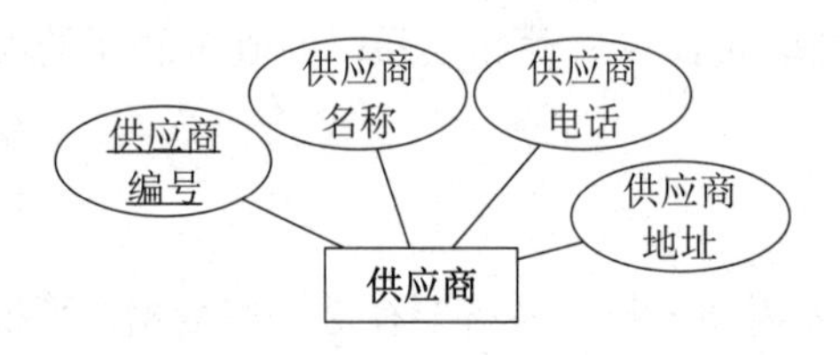

图 1-22　“供应商”E-R 图

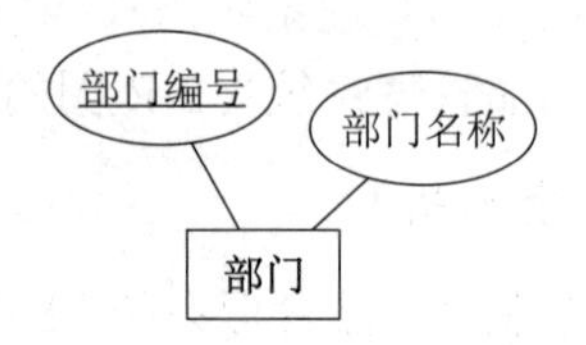

图 1-23　“部门”E-R 图

(5)　绘制“岗位”E-R 图，如图 1-24 所示。

(6)　绘制“员工”E-R 图，如图 1-25 所示。

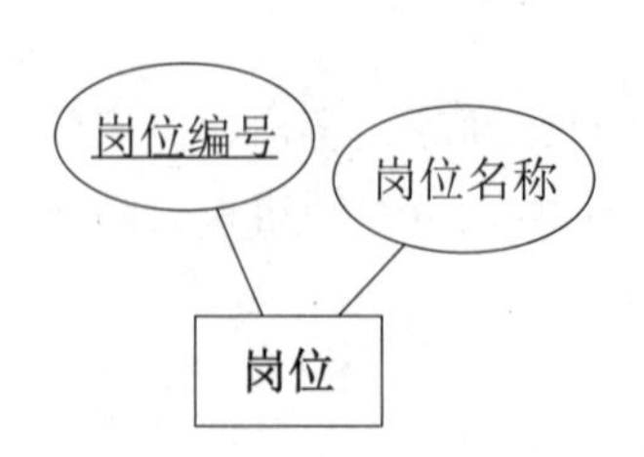

图 1-24　“岗位”E-R 图

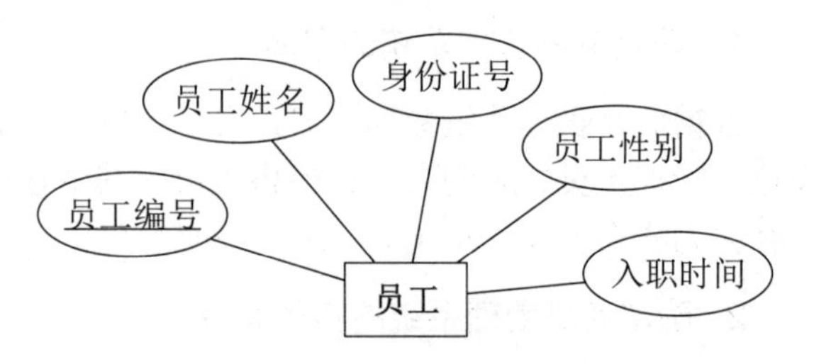

图 1-25　“员工”E-R 图

4. 确定“商品管理系统”实体之间的联系及属性

(1) 确定“商品-客户-员工”联系类型及属性

员工向客户销售商品，这是一个多对多的联系，一个员工可以向多个客户销售多种商品，一个客户也可以在不同员工处购买不同的商品，一种商品可以由不同的员工卖给不同的客户，因此这是一个三方的多对多联系，因此商品、客户和员工之间存在“销售”的联系。

由于多对多联系往往会产生新的属性，“销售”联系就有销售单号、销售时间、销售数量和销售价格，这几个属性和三个实体都有关系，不能将它们单独放在某个实体上，而放在“销售”这个联系上是最合适的。“销售”这个联系对应的E-R图如图1-26所示。

(2) 确定“商品-供应商-员工”联系类型及属性

同样，商品、供应商和员工的联系也是多对多联系，它们之间存在“采购”的联系。“采购”联系也有自己的属性，有采购单号、采购价格、采购数量和采购时间。“采购”这个联系对应的E-R图如图1-27所示。

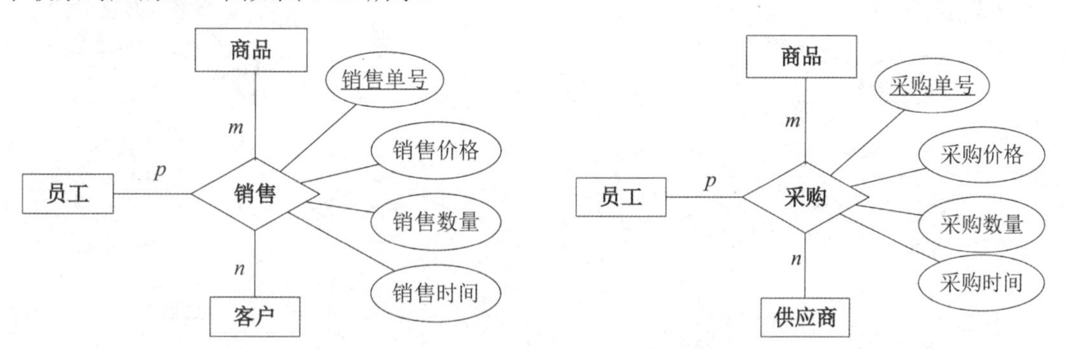

图1-26　“销售”E-R图　　　　图1-27　“采购”E-R图

(3) 确定“岗位-部门”联系类型及属性

一个岗位属于一个部门，一个部门可以有多个岗位，可以给这两个实体的联系取名为“属于”，二者是一对多联系，“属于”联系对应的E-R图如图1-28所示。

(4) 确定“岗位-员工”联系类型及属性

一个业务员只能在一个岗位任职，而一个岗位可以有多个业务员，因此这也是一个一对多联系，这两个实体间存在“任职”的联系。“任职”联系对应的E-R图如图1-29所示。

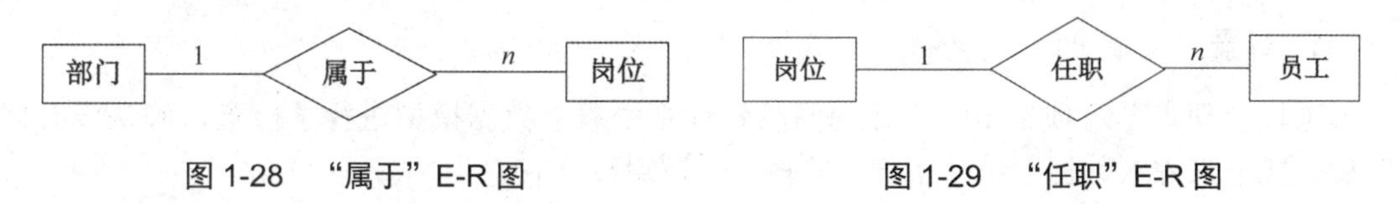

图1-28　“属于”E-R图　　　　图1-29　“任职”E-R图

5. 确定“商品管理系统”全局E-R图

局部E-R图仅反映局部实体之间的联系，无法反映数据库在整体上实体之间的相互联系。因此，还需要将以上所有的局部E-R图汇总、优化，形成全局E-R图。“商品管理系统”全局E-R图如图1-30所示。

绘制完E-R图之后，我们还需要进一步与项目组成员以及客户进行沟通，搜集修改意见，以确保系统中的数据处理需求能够正确、完整地实现。

小贴士　在绘制 E-R 图时，首先绘制局部 E-R 图，然后再合并为全局 E-R 图。

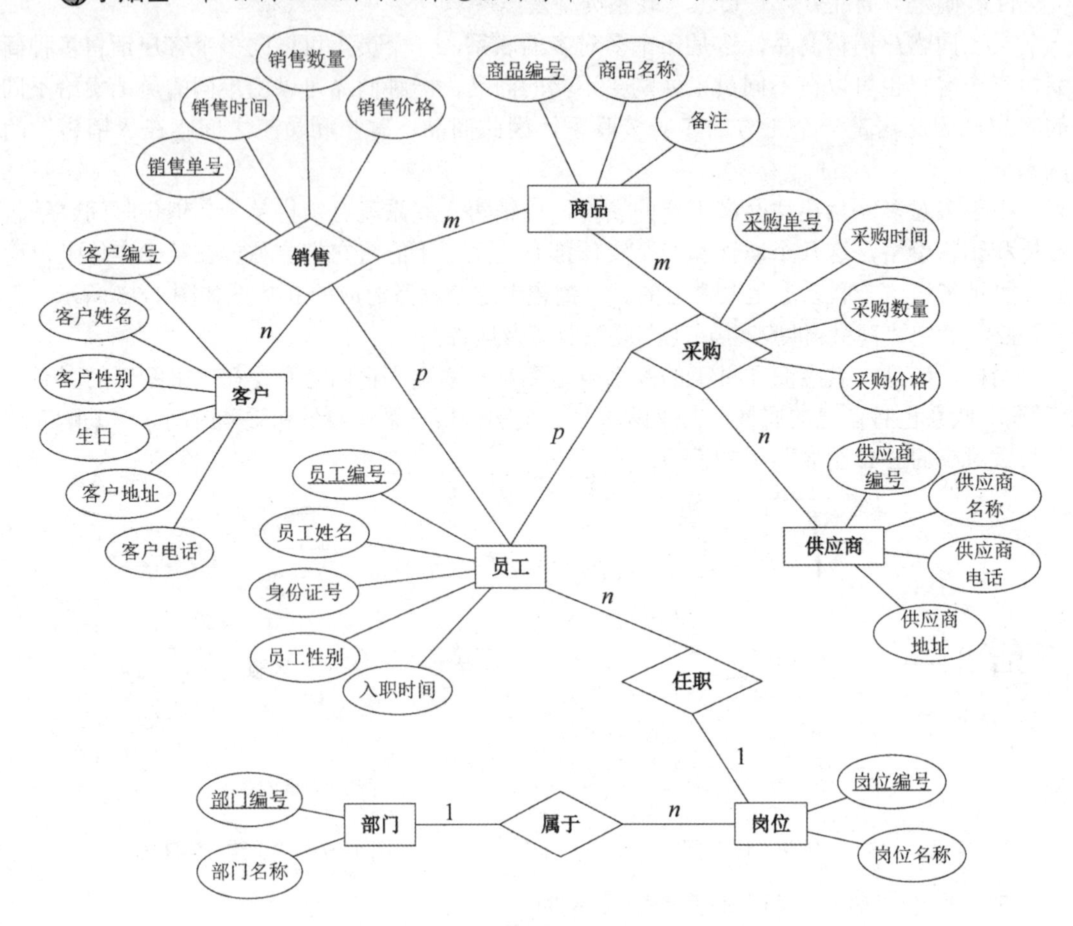

图 1-30　商品管理系统全局 E-R 图

任务 1.3　商品管理系统逻辑设计

背景及任务

1. 背景

项目经理大军对项目小组设计的商品管理系统概念数据模型进行了检查，确认没有问题后，接下来进入数据库设计下一个阶段——逻辑设计。

数据库逻辑设计的目的是将现实世界的概念数据模型设计成数据库的一种逻辑模式，将概念数据模型的各种实体以及实体之间的联系转换为数据库管理系统所支持的逻辑模型。项目经理大军再次强调：“在逻辑设计阶段，如果关系模式设计得不合理，可能会导致数据冗余、插入异常、删除异常和更新异常等现象发生，会直接影响到商品管理系统开发的成败。”

2. 任务

项目组成员结合商品管理系统概念数据模型，进行分析，完成以下任务。

(1) 列出每个实体转换为对应的关系模式，不能有遗漏，并确定主关键字和外关键字。

(2) 将每个联系转换成关系模式，并确定主关键字和外关键字。

(3) 将相同码的关系进行合并。

(4) 检查关系模式中是否需要规范化，如果需要，则进行拆分，并进行关系的优化。

(请扫二维码查看 商品管理系统“逻辑设计”任务单)

预备知识

概念设计阶段得到的 E-R 模型是用户模型，它独立于任何一种数据模型，独立于任何一个具体的数据库管理系统，为了创建用户所需要的数据库，需要把概念模型转换为某个具体的数据库管理系统所支持的数据模型。逻辑设计的任务是把概念结构设计阶段设计好的 E-R 模型转换为具体的数据库管理系统支持的数据模型，其主要目标是产生一个数据库管理系统可处理的数据模型和数据库模式，是将信息世界抽象到机器世界的过程，是信息世界到机器世界的第二次抽象。该模型必须满足数据库的存取、数据一致性及运行正常等各方面的用户需求。

【知识点 1】数据模型的分类

(请扫二维码学习 微课“数据模型的分类”)

数据模型用来描述数据及其联系。数据库中存放数据的结构是由数据模型决定的，数据模型是数据库的框架，是数据库系统的核心和基础。

1. 数据模型的概念

数据模型是描述数据、数据联系、数据语义和完整性约束的概念集合，由数据结构、数据操作和完整性约束三要素组成。

1) 数据结构

数据结构即数据组织的结构，用于描述系统的静态特征，描述数据库的组成对象以及对象间的联系。一是描述数据对象的类型、内容、性质等，二是描述数据对象间的联系。

常用的数据结构有以下几种。

◎ 层次结构——层次模型——层次数据库。

◎ 网状结构——网状模型——网状数据库。

◎ 关系结构——关系模型——关系数据库。

2) 数据操作

数据操作是对数据库中的数据允许执行的操作的集合，它包括操作及相应的操作规则(优先级)等，描述了数据库的动态特性。一类是查询操作，另一类是更新操作(插入、删除、修改)。

3) 数据的完整性约束

数据的完整性约束是一组完整性规则的集合。完整性规则是数据模型中数据及其联系所具有的制约和依存规则。用以限定符合数据模型的数据库状态以及状态的变化，以保证

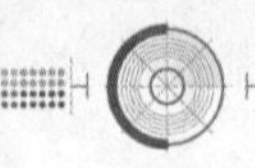

数据的正确性、有效性和相容性。

2. 常用的数据模型

客观事物是千变万化的，各种客观事物的数据模型也是千差万别的，但也有其共同性。常用的数据模型有层次模型、网状模型和关系模型等，数据模型是数据库系统的核心和基础，各种数据库管理系统软件都是基于某种数据模型的，所以通常也按照数据模型的特点将传统数据库系统分成层次数据库、网状数据库和关系数据库。

1) 层次模型

层次模型采用树形结构来表示实体及其实体间的联系。树形结构中的结点表示实体型，实体之间的联系用指针表示，如图 1-31 所示为层次数据模型。采用层次模型的数据库的典型代表是 IBM 公司 1968 年推出的 IMS 数据库管理系统。

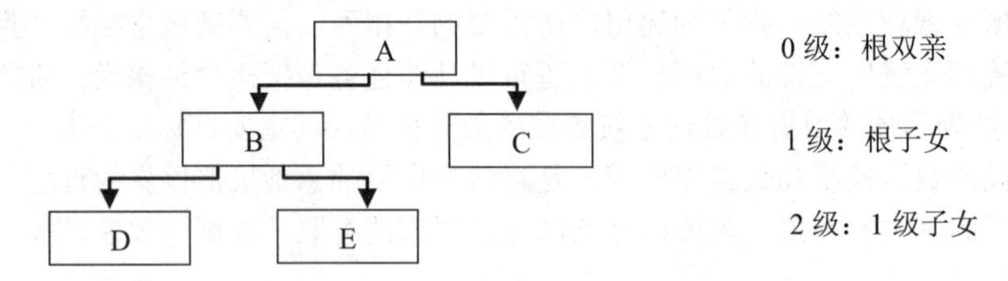

图 1-31　层次数据模型

层次模型的特点如下。

(1) 有且仅有一个结点没有双亲，根结点。

(2) 根以外的其他结点有且仅有一个双亲结点。

(3) 父子结点之间的联系是一对多的联系。

(4) 层次模型的数据操纵与数据完整性约束：进行插入操作时，如果没有相应的双亲结点值就不能插入子结点值；进行删除操作时，如果删除双亲结点值，则相应的子结点值也被同时删除；进行修改操作时，应修改所有相应的记录，以保证数据的一致性。

层次模型的优点如下。

(1) 简单：由于数据库基于层次结构，所以各层之间的联系逻辑上(或概念上)简单，并且层次数据库的设计也简单。

(2) 数据共享：因为所有数据都保存在公共数据库中，所以数据共享成为现实。

(3) 数据安全：层次模型是第一个由数据库管理系统提供和强制数据安全的数据库模型。

(4) 数据的独立性：数据库管理系统提供了保持数据独立性的环境，这就充分地降低了编程的难度，减少了对程序的维护工作量。

(5) 数据的完整性：给定双亲或子女联系，在双亲段和它的子女段之间存在链接。由于子女段是自动地引用它的双亲，所以这种模式保证了数据的完整性。

(6) 高效率：当数据库包含大量一对多联系的数据并且用户在大量事务中所使用的数据的联系是固定的时候，层次数据模型是非常高效率的。

(7) 可用的技术：由于已有许多大型计算机技术基础，因此经验丰富的编程人员可以加以有效利用。

(8) 可靠的商业应用程序：在主机环境内部存在大量可靠的商业应用程序。

层次模型的缺点如下。

(1) 实现复杂：虽然层次数据库概念简单、容易设计而且没有数据依赖性问题，但实现起来却特别复杂。数据库管理系统要求数据存储的物理级知识，数据库设计者必须要具备一定的物理数据存储特性的知识。数据库结构的任何变化(例如段位置的改变)，所有访问数据库的应用程序都要随之改变。因此，数据库设计的实现变得非常复杂。

(2) 不灵活：层次数据库缺乏灵活性。新的联系或段的改变通常会带来非常复杂的系统管理任务。一个段的删除可能会造成其下面的所有段的无意识删除，这样的一个错误会造成较大的损失。

(3) 数据库管理问题：如果改变了层次数据库的数据库结构，那么，必须修改所有访问数据库的应用程序。这样，维护数据库和应用程序将变得非常困难。

(4) 缺乏结构独立性：结构独立性是指数据库的结构发生改变而不影响数据库管理系统访问数据的能力。层次数据库被称为导航式系统，这是因为数据访问要求使用前序遍历(一种物理存储路径)导航到适合的段。因此，应用程序员应该掌握从数据库访问数据的相关访问路径。物理结构的修改或变化会导致应用程序出现问题，这就要求必须相应地修改应用程序。因此，在层次数据库系统中由于结构依赖使得数据缺乏独立性。

(5) 应用程序编写复杂：编写应用程序非常费时和复杂。由于结构依赖和导航式的结构，应用程序编程人员和终端用户必须准确地知道数据库中数据的物理描述以及如何编写访问数据的线性控制代码。这就要求用户具有复杂的指针系统知识，而只有很少或没有编程技术的普通用户通常是很难掌握这一知识的。

(6) 实现的限制：许多普通的联系并不适合于层次数据模型所要求的一对多联系。例如，在大学注册的学生可以选修多门课程，并且每门课程可由多个学生选修。在现实世界中这样普通的多对多联系在层次数据模型中都很难实现。

(7) 没有标准：在层次数据模型中，没有精确的标准概念集，也没有明确指定模型执行的特定标准。

(8) 额外的编程要求：层次模型的使用需要额外的编程活动，因此被称为由程序的编程人员创建的系统。现代数据处理环境没有这些概念。

2) 网状模型

美国数据系统语言协会的数据库任务小组(DBTG/CODASYL)在20世纪60年代末正式推出了网状数据模型，网状数据模型最终被标准化为CODASYL模型。网状数据模型与层次模型类似，只是一个记录可以有多个双亲。网状数据模型有3个基本概念，即记录型、数据项(或字段)以及链接。此外，在网状模型术语中，联系被称为系，一个系至少由两个记录型组成。第一个记录型称为主记录，相当于层次模型的双亲；第二个记录型称为成员记录，相当于层次模型的子女。主记录和它的成员记录之间的联系用链接来标识，数据库设计者给这个链接赋予系名，用这个系名来检索和操纵数据。与层次数据模型用树的分支表示访问路径一样，主记录和成员记录之间的链接表示网状模型的访问路径，一般用指针来实现。在网状数据模型中，成员可以在多个系里出现，这样就有多个主，因此，它可以表示多对多联系。主记录和成员记录之间的一个系表示一对多联系。

网状模型是采用有向图结构表示实体以及实体之间联系的数据模型。每个结点表示一个实体型，结点间的带箭头的连线(或有向边)表示记录型间的1∶n的父子联系。如图1-32所示是一个网状数据模型，在这个模型中，成员B只有一个主A，而成员E有名为B和C

的两个主。

网状模型的特点如下。

(1) 有一个以上的结点没有双亲结点。

(2) 结点有多个双亲结点。

(3) 允许两个结点之间有多种联系(复合联系)。

(4) 网状模型的数据操纵与完整性约束如下。

◎ 插入数据时，允许插入尚未确定双亲结点值的子女结点。

◎ 删除数据时，允许只删除双亲结点值。

◎ 修改数据时，只需要更新指定记录即可。

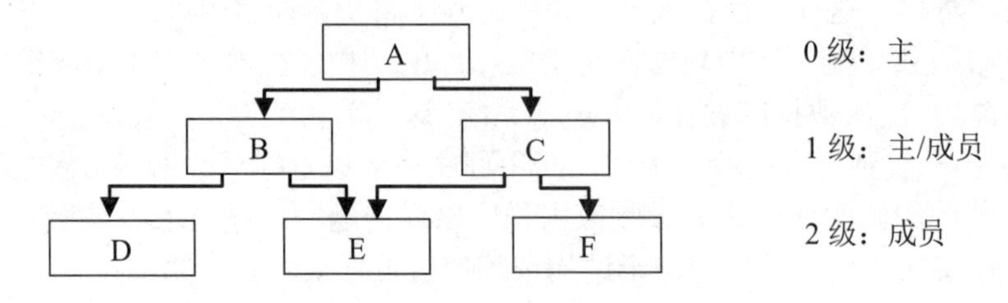

图 1-32 网状数据模型

网状模型的优点如下。

(1) 简单：与层次数据模型类似，网状数据模型也是简单且容易设计的。

(2) 更容易的联系类型：在处理一对多和多对多联系时，采用网状模型更容易，这有助于模拟现实世界的情形。

(3) 良好的数据访问：在网状数据模型中，数据访问和灵活性是比较优异的。应用程序在一个系里能访问一个主记录和所有的成员记录。如果系里的成员记录有两个或多个主记录(就像一个教师为两个系工作)，那么可以从一个主记录移动到另一个主记录。

(4) 数据库完整性：网状模型强制数据完整性并且不允许存在没有主的成员。用户必须首先定义主记录，然后再定义成员记录。

(5) 数据独立性：网状数据模型提供了足够的数据独立性，它至少部分地将程序与复杂的物理存储细节隔离开。因此，数据特性的改变不要求应用程序也随其修改。

(6) 数据库标准：与层次模型不同的是，网状数据模型基于由 DBTG/CODASYL 提出和 ANSI.SPARC 扩展的通用标准。所有网状数据模型(包括 DDL 和 DML)都遵循这些标准。

网状模型的缺点如下。

(1) 系统复杂：同层次数据模型一样，网状数据模型也提供导航式的数据访问机制，一次访问一条记录中的数据。这种机制使得系统实现非常复杂。因此，数据库管理员、数据库设计人员、程序员和终端用户都必须熟悉内部数据结构，以便访问数据并利用系统效率的优势。换句话说，要想对网状数据库模型进行合适的设计和使用也是有一定难度的。

(2) 缺乏结构独立性：在网状数据库中进行变更也是一件困难的事情。如果变更了数据库的结构，在应用程序访问数据库之前所有的子模式定义也必须重新确认。换句话说，虽然网状模型实现了数据的独立性，但它不提供结构的独立性。

(3) 用户不容易掌握和使用：网状数据模型没有设计成用户容易掌握和使用的系统，它是一个需要高技能的系统。

3) 关系模型

1970年，IBM研究室的E.F.Codd在他的论文里第一次提出关系数据模型，用非常完善的关系数据库管理系统(RDBMS)实现了关系数据模型。关系数据库管理系统实现了层次和网状关系数据库管理系统所具有的基本功能并增加了许多其他功能，这使得关系数据模型更容易理解和使用。

关系模型是以关系代数理论为基础的。广义地说，任何数据模型都能描述一定事物数据之间的关系。层次模型描述数据之间的从属关系；网状模型描述数据之间的多种从属关系。关系模型的“关系”虽然也适用于这种广义的理解，但同时又特指那种虽具有相关性而非从属性的、平行的数据之间按照某种排列的集合关系。

以二维表(关系)的形式表示实体和实体之间联系的数据模型。关系模型使用简单的二维表结构替代复杂的树状和网状结构，简化了数据库的用户视图，它是表的集合。关系数据库的代表：IBM公司的System R。关系模型的数据结构是一张规范化的二维表，它由表名、表头和表体三部分构成。

例如，假设有如下数据记录：“20070101，赵文，男，计算机应用，1988-2-28，是，500，广东”；“20070102，徐逸华，男，计算机应用，1987-6-7，是，630，河南”等。这两组数据之间是平行的，从层次从属角度看也是无关系的，但如果我们知道它们所表示的是学生基本信息的话，就可以把它们建立成一个关系(一张二维表)，如表1-10所示。

表1-10 学生基本信息表

学号	姓名	性别	专业	出生日期	是否党员	入学成绩	籍贯	相片	简历
20070101	赵文	男	计算机应用	1988-2-28	是	500	广东		
20070102	徐逸华	男	计算机应用	1987-6-7	是	630	河南		
20070201	钱途	男	国际金融	1988-5-1	否	380	广东		
20070202	高涵	男	国际金融	1987-11-6	否	630	江苏		
20070301	胡天放	男	工商管理	1988-2-8	是	550	山东		
20070302	徐华	女	工商管理	1986-5-7	否	620	浙江		
20070303	姜小军	男	工商管理	1987-4-18	否	580	广东		
20070401	李敏	女	计算机网络	1988-9-25	否	490	上海		

关系模型的特点如下。

(1) 用二维表格结构表示实体集，用键来表示实体间的联系。

(2) 每一行为存储实体数据的一条记录。

(3) 每一列表示此类实体的一个属性。

(4) 关系模型的数据操纵与完整性约束：关系模型的数据操纵主要包括查询、插入、删除和修改；关系模型中的数据操作是集合操作，操作对象和操作结果都是关系，即若干元组的集合；关系模型把对数据的存取路径隐藏起来，用户只要提出“干什么”，而不必详细说明“怎么干”，从而大大提高了数据的独立性，提高了用户的操作效率。

关系模型的优点如下。

(1) 简单：关系数据模型比层次和网状模型更简单，设计人员不再受到实际物理数据存储细节的约束，因而可以专注于数据库的逻辑视图。

(2) 结构独立性：与层次和网状模型不同的是，关系数据模型不依赖于导航式的数据访问系统。数据库结构的变化不会影响数据的访问。

(3) 易于设计、实现、维护和使用：关系模型提供结构的独立性和数据的独立性。这使得数据库的设计、实现、维护和使用都更容易。

(4) 灵活和强大的查询能力：关系数据模型提供非常强大、灵活和易于使用的查询功能。结构化查询语言(SQL)使得特别的查询成为现实。

关系模型的缺点如下。

(1) 硬件开销大：关系数据模型需要更高效的计算硬件和数据存储设备来完成关系数据库管理系统安排的任务。因此，它们可能比其他数据库更慢。但是，随着计算机技术和更高效的操作系统的快速发展，速度慢的缺点已不再成为问题。

(2) 易于使用导致不好的设计：关系数据库易于使用的特点导致未经训练的人员在没有充分理解和深入思考的情况下即可生成查询和报表来满足真正的数据库设计需要。不好的设计导致系统更慢、性能下降和数据不可靠。

【知识点 2】关系数据模型和关系数据库

(请扫二维码学习 微课“关系数据模型的概念”)

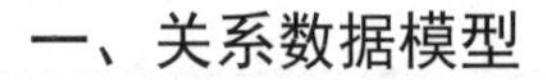

一、关系数据模型

1. 关系数据模型的含义

关系模型是目前应用最广泛的一种逻辑数据模型。数据库领域当前的研究工作都是以关系方法为基础的。

关系模型用二维表格结构表示实体集，用键表示实体间的联系。二维表在关系数据库中被称为关系。关系模型是用二维表来表示实体及实体间联系的数据模型，在关系模型中，实体及实体间的联系都用关系来表示。

在表中，每一行为存储实体数据的一条记录，每一列表示此类实体的一个属性。

关系模式是对关系的描述，一般表示为：关系名(属性 1,属性 2,⋯,属性 n)，例如：

系部信息(系号,系名,系主任,专业数)，其二维表结构如表 1-11 所示。

学生信息(学号,姓名,性别,年龄,系编号)，其二维表结构如表 1-12 所示。

表 1-11 系部信息表

系 号	系 名	系 主 任	专 业 数
1	工商	吴大	2
2	机电	王二	3
3	信息工程	张三	2
4	测绘	李四	2
5	资源	刘五	2

表 1-12 学生信息表

学 号	姓 名	性 别	年 龄	系编号
03001	马力刚	男	21	1
03102	王萍华	女	20	2
03223	王平	男	21	3

一个关系就是一张二维表，二维表的名称就是关系名。关系应具备以下性质。

(1) 关系中的每一个属性值都是不可分解的。

(2) 任意两行不能完全相同。

(3) 关系中各属性不能重名。

(4) 关系中行、列次序不分前后。

2. 关系数据模型的专用术语

1) 关系数据库理论标准术语

(1) 关系：一个关系对应一个实体，也可以对应一个实体间的联系。一个关系就是一张二维表，“关系名”对应地称为“表名”。

(2) 元组：表中的每行数据称为一个元组或一条记录。

(3) 属性：表中的每一列是一个属性值，也称为记录的一个字段。

(4) 主码：是表中的属性或属性的组合，用于确定唯一的一个元组，也叫主关键字或主键。

(5) 域：属性的取值范围称为域。

图 1-33 展示了以上关系数据库理论标准术语的含义。

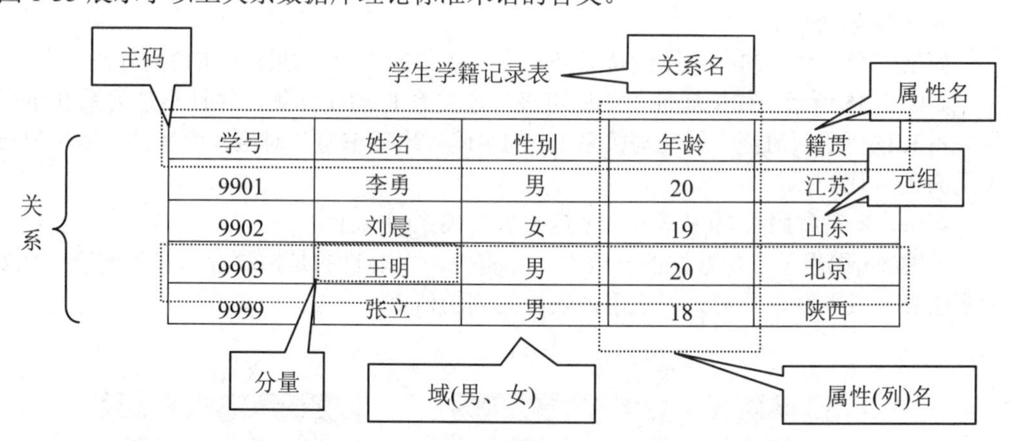

图 1-33 关系数据模型的专用术语

2) 关系数据库技术标准术语

在数据库中，表是一种最基本的数据库对象，类似于电子表格，是由行和列组成的，除第一行(表头)以外，数据库表中的每一行通常称为一条记录，表中的每一列称为一个字段，列或字段可设置取值范围，表头的各列给出了各个字段的名称。

图 1-34 展示了表、行(记录)、列(字段)、键(关键字)、列取值范围含义。

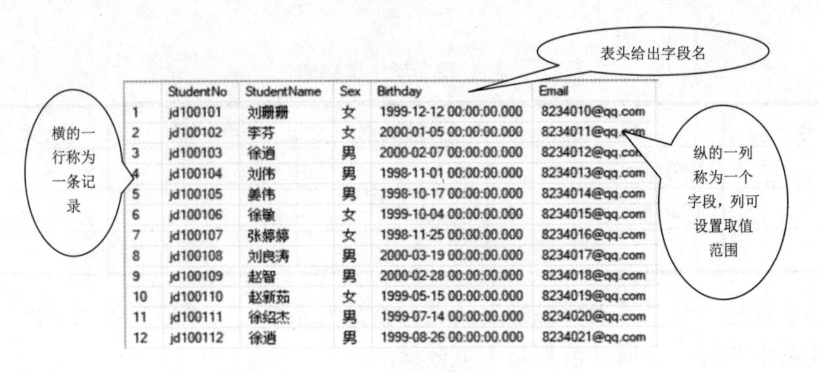

	StudentNo	StudentName	Sex	Birthday	Email
1	jd100101	刘珊珊	女	1999-12-12 00:00:00.000	8234010@qq.com
2	jd100102	李芬	女	2000-01-05 00:00:00.000	8234011@qq.com
3	jd100103	徐逍	男	2000-02-07 00:00:00.000	8234012@qq.com
4	jd100104	刘伟	男	1998-11-01 00:00:00.000	8234013@qq.com
5	jd100105	姜伟	男	1998-10-17 00:00:00.000	8234014@qq.com
6	jd100106	徐敏	女	1999-10-04 00:00:00.000	8234015@qq.com
7	jd100107	张婷婷	女	1998-11-25 00:00:00.000	8234016@qq.com
8	jd100108	刘良涛	男	2000-03-19 00:00:00.000	8234017@qq.com
9	jd100109	赵智	男	2000-02-28 00:00:00.000	8234018@qq.com
10	jd100110	赵新茹	女	1999-05-15 00:00:00.000	8234019@qq.com
11	jd100111	徐绍杰	男	1999-07-14 00:00:00.000	8234020@qq.com
12	jd100112	徐逍	男	1999-08-26 00:00:00.000	8234021@qq.com

图 1-34　关系数据库技术标准术语

3)　关键字

(1)　候选关键字(key)。

一个表中可能有多个字段都可唯一标识一条记录，把唯一标识一条记录的字段称为候选关键字(或候选码)。候选码可以有多个。

(2)　主属性。

包含在任一候选关键字中的各个属性都是主属性。

(3)　非主属性。

不在任何候选码中出现的属性称为非主属性。

如：学生(学号,姓名,性别,年龄,身份证号,籍贯,所属班级)。

候选码：{学号}，　{姓名+所属班级}，{身份证号}。

主属性：学号，姓名，班级编号，身份证号。

非主属性：性别，年龄，籍贯。

主键(主关键字/主码)：学号或身份证号。

(4)　外键(外码)。

如果一个关系中的一个属性是另外一个关系中的主码，则这个属性为外码。

如图 1-35 所示，如果属性“所属班级”是关系 R 的属性集，并且不是关系 R 的码，但是关系 R 的“所属班级”属性与关系 R1 的主码“班级编号”对应，则属性“所属班级”是关系 R 的外码。

其中，R 是参照关系(从表)，R1 是被参照关系(主表)。

外键(外码)用于保持数据的一致性、完整性，主要目的是控制存储在外键表中的数据。使两张表形成关联，外键只能引用外表中的列的值。

关系R　　外码↓

学号	学生姓名	所属班级
1831001	张三	BJ1815
1831025	李四	BJ1815
1702120	王五	BJ1708
……	……	……

关系R1

班级编号	班级名称
BJ1815	软件1801
BJ1816	软件1802
……	……
BJ1708	网络1702

图 1-35　外键(外码)示意图

二、关系数据库

关系模式是对关系结构的定义，是对关系“型”的描述。关系是二维表格，是对“值”

的描述。一般来说，关系模式是相对稳定、不随时间变化的。关系是随时间动态变化的，关系中的数据在不断更新。

例如：在学生表中，由于学生的入学、退学和毕业等原因，学生关系是经常变化的，但其结构以及对数据的限制是不会改变的。

关系模式和关系往往统称为关系。关系数据库就是采用关系模型的数据库。关系数据库由多个表和其他数据库对象组成。

1. 关系数据库的三要素

1) 数据结构

一个关系数据模型的逻辑结构是一张二维表，它由行和列组成。每一行称为一个元组，每一列称为一个属性。

2) 数据操纵

关系数据库的操纵主要包括查询、插入、删除和更新数据。

3) 数据的完整性约束

关系数据库的完整性约束包括四大类：实体完整性、域完整性、参照完整性和用户定义的完整性。

(1) 实体完整性指表中行的完整性。主要用于保证操作的数据(记录)非空、唯一且不重复。即实体完整性要求每个关系(表)有且仅有一个主键，每一个主键值必须唯一，而且不允许为“空”(NULL)或重复。

(2) 域完整性是指数据库表中的列必须满足某种特定的数据类型或约束。其中约束又包括取值范围、精度等规定。

(3) 参照完整性属于表间规则。对于永久关系的相关表，在更新、插入或删除记录时，如果只改其一，就会影响数据的完整性。如删除父表的某记录后，子表的相应记录没删除，致使这些记录成为孤立记录。对于更新、插入或删除表间数据的完整性，统称为参照完整性。

(4) 用户定义的完整性。不同的关系数据库系统根据其应用环境的不同，往往还需要一些特殊的约束条件。用户定义的完整性就是针对某个特定关系数据库的约束条件，它反映某一具体应用必须满足的语义要求。

2. 关系的运算

关系数据库是用数学方法来处理数据库中的数据，其理论基础是关系代数。常用的关系操作包括数据查询操作和数据维护操作。

◎ 数据查询操作：包含选择、投影、连接、除、并、交、差等关系运算。

◎ 数据维护操作：包含插入、删除、修改。

1) 选择运算

选择也称为限制，在关系中选择满足给定条件的诸元组，它是根据某些条件对关系做水平分割，即选取符合条件的元组(行、记录)。经过选择运算选取的元组可以形成新的关系，它是原关系的一个子集。图 1-36 展示了对关系“学生表”做选择运算，选择出性别为“男”的记录。

2) 投影运算

从关系中选择出若干属性列组成新的关系，它是对关系进行垂直分割，即选取若干属性(列)。经过投影运算选取的属性可以形成新的关系，它是原关系的一个子集。

学生表

学号	姓名	性别	出生日期
110006	刘静晶	女	1982-11-20
110007	孙飞燕	女	1983-05-05
110008	陈钧	男	1982-11-09
110009	张丽丽	女	1982-10-28
110010	梁美娟	女	1983-01-21
110011	于华	男	1982-09-09
110012	任重	男	1982-12-22
110013	赵宏伟	男	1983-09-06
110014	黄玉洁	男	1983-01-29
110015	闫晓雨	女	1981-05-01

男生表

学号	姓名	性别	出生日期
110008	陈钧	男	1982-11-09
110011	于华	男	1982-09-09
110012	任重	男	1982-12-22
110013	赵宏伟	男	1983-09-06
110014	黄玉洁	男	1983-01-29

条件：性别=‘男’

图 1-36 关系的选择运算

图 1-37 展示了对“学生表”做投影运算，学生简表=π1.2.3.5(学生表)。

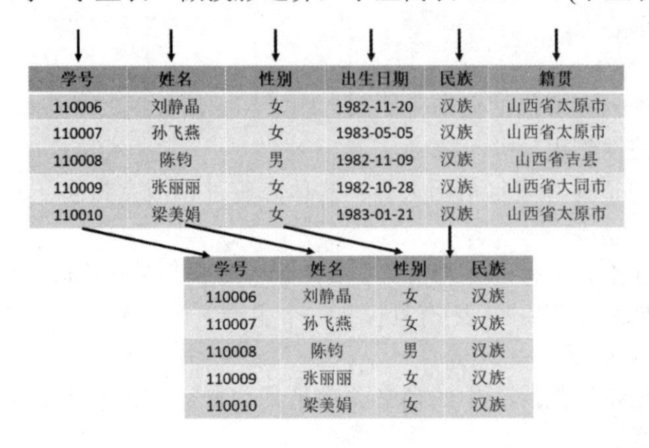

学号	姓名	性别	出生日期	民族	籍贯
110006	刘静晶	女	1982-11-20	汉族	山西省太原市
110007	孙飞燕	女	1983-05-05	汉族	山西省太原市
110008	陈钧	男	1982-11-09	汉族	山西省吉县
110009	张丽丽	女	1982-10-28	汉族	山西省大同市
110010	梁美娟	女	1983-01-21	汉族	山西省太原市

学号	姓名	性别	民族
110006	刘静晶	女	汉族
110007	孙飞燕	女	汉族
110008	陈钧	男	汉族
110009	张丽丽	女	汉族
110010	梁美娟	女	汉族

图 1-37 关系的投影运算

3) 连接运算(join)

它是从两个关系的笛卡儿积中选取属性间满足一定条件的元组。表示为：

```
R1⋈R2(F)
```

⋈是连接运算符，F 是条件表达式，R1 和 R2 是运算对象，即两个关系。

图 1-38 展示了对教师代课表和课程编号表进行连接运算的结果。

教师代课表

编号	姓名	课程编号
000001	杜老师	900011
000002	郭老师	900011
000003	刘老师	900013

课程编号表

编号	名称
900011	Delphi程序设计
900013	SQL Server 管理与开发

教师代课明细表

编号	姓名	课程编号	名称
000001	杜老师	900011	Delphi程序设计
000002	郭老师	900011	Delphi程序设计
000003	刘老师	900013	SQL Server 管理与开发

图 1-38 关系的连接运算

【知识点 3】数据库的逻辑设计

概念结构是独立于任何一种数据模型的信息结构，逻辑结构设计的任务就是把概念结构设计阶段设计好的基本 E-R 图转换为与选用数据库管理系统产品所支持的数据模型相符合的逻辑结构。目前的数据库应用系统都采用支持关系数据模型的关系数据库管理系统，所以这里只讲解关系数据库的逻辑设计。

关系数据库的逻辑设计步骤如下。

1. 将概念结构转换为一般的关系模型，即将 E-R 图转换为关系模式

E-R 图向关系模型的转换要解决的问题是：如何将实体型和实体间的联系转换为关系模式，如何确定这些关系模式的属性和码。

关系模型的逻辑结构是一组关系模式的集合。E-R 图则是由实体型、实体的属性和实体型之间的联系三个要素组成的，所以将 E-R 图转换为关系模型实际上就是要将实体型、实体的属性和实体型之间的联系转换为关系模式。下面介绍转换的一般原则。

(1) 一个实体型转换为一个关系模式，关系的属性就是实体的属性，关系的码就是实体的码。

(2) 对于实体型之间的联系有以下不同的情况。

① 一个 1∶1 联系可以转换为一个独立的关系模式，也可以与任意一端对应的关系模式合并。如果转换为一个独立的关系模式，则与该联系相连的各实体的码以及联系本身的属性均转换为关系的属性，每个实体的码均是该关系的候选码。如果与某一端实体对应的关系模式合并，则需要在该关系模式的属性中加入另一个关系模式的码和联系本身的属性。

② 一个 1∶n 联系可以转换为一个独立的关系模式，也可以与 n 端对应的关系模式合并。如果转换为一个独立的关系模式，则与该联系相连的各实体的码以及联系本身的属性均转换为关系的属性，而关系的码为 n 端实体的码。

③ 一个 m∶n 联系转换为一个关系模式，与该联系相连的各实体的码以及联系本身的属性均转换为关系的属性，各实体的码组成关系的码或关系码的一部分。

④ 三个或三个以上实体间的一个多元联系可以转换为一个关系模式。与该多元联系相连的各实体的码以及联系本身的属性均转换为关系的属性，各实体的码组成关系的码或关系码的一部分。

(3) 具有相同码的关系模式可合并。

2. 对数据模型进行优化

数据库逻辑设计的结果不是唯一的。为了进一步提高数据库应用系统的性能，还应该根据应用需要适当地修改、调整数据模型的结构，这就是数据模型的优化。

3. 设计面向用户的外模式

将概念模型转换为全局逻辑模型后，还应该根据局部应用需求，结合具体关系数据库管理系统的特点设计用户的外模式。

目前关系数据库管理系统一般都提供了视图概念，可以利用这一功能设计更符合局部应用需求的用户外模式。

【知识点 4】规范化设计

关系模式规范化设计的任务是降低数据冗余，消除更新异常、插入异常和删除异常，方便用户使用，简化检索查询统计操作，加强数据的独立性。

常见的数据库范式有第一范式(1NF)、第二范式(2NF)、第三范式(3NF)、BCNF 范式、第四范式(4NF)和第五范式(5NF)共六级，范式级别越高，要求就越严格。通常的规范化设计达到 3NF 的要求即可，更高的范式级别可能造成效率的降低，因此仅在需要时使用。

1. 第一范式(1NF)

定义：设 R 是一个关系模式。如果 R 的每个属性的值域都是不可分的简单数据项(原子值)的集合，则称这个关系模式属于第一范式，记为 R∈1NF。

也就是说，如果关系模式 R 的每一个属性都是不可分解的，则 R 为第一范式的模式，1NF 是规范化最低的范式。

在任何一个关系数据库系统中，关系至少应该是第一范式，不满足第一范式的关系模式不能称为关系数据库。注意，第一范式不能排除数据冗余和异常情况的发生。

例如，表 1-13 描述的是员工的相关信息。

表 1-13　员工信息表

员工编号	员工姓名	工　资		
		基本工资	岗位工资	绩效工资
xz100101	王茜	1800	2000	3000
xz100102	李先左	1500	1600	2500

【分析】由于表 1-3 中的“工资”包括 3 个部分，不满足每个属性不能分解的条件，是非规范化表，不是第一范式。规范化的表如表 1-14 所示。

表 1-14　员工信息表

员工编号	员工姓名	基本工资	岗位工资	绩效工资
xz100101	王茜	1800	2000	3000
xz100102	李先左	1500	1600	2500

2. 第二范式(2NF)

如果关系模式 R 属于第一范式，且它的每个非主属性都完全函数依赖于主码，不能部分依赖于主码，则称 R 为满足第二范式的关系模式，记为 R∈2NF。

也就是说，不能存在某个非主属性只依赖于主键的一部分的情况。

例如，有下述关系模式：

销售订单信息(销售单号, 商品编号, 销售时间, 销售数量, 销售价格)

销售订单信息关系的主键是销售单号和商品编号两个属性的集合，而销售时间部分依赖于主键，即依赖于主键的一部分，所以这个关系不符合第二范式的要求。

解决的办法是将销售订单信息关系拆分为两个关系，拆分后的两个关系都是属于第二范式。拆分后的关系如下所示：

销售订单信息(销售单号, 销售时间)

销售订单明细表(销售单号, 商品编号, 销售数量, 销售价格)

下面通过数据来说明问题，如图 1-39 所示。

存在部分依赖的订单明细表				
销售单号	商品编号	销售时间	销售数量	销售价格
201804080001	hw1001	2018/4/8	22	3500
201804080001	hw1002	2018/4/8	53	4800
201804080001	xm1001	2018/4/8	10	1100
201804080001	xm1002	2018/4/8	4	1500
201812060002	xm1002	2018/12/6	8	1400
201812060002	hw1002	2018/12/6	17	4700
201812060002	op1001	2018/12/6	6	1100

销售订单信息	
销售单号	销售时间
201804080001	2018/4/8
201812060002	2018/12/6

销售订单明细表			
销售单号	商品编号	销售数量	销售价格
201804080001	hw1001	22	3500
201804080001	hw1002	53	4800
201804080001	xm1001	10	1100
201804080001	xm1002	4	1500
201812060002	xm1002	8	1400
201812060002	hw1002	17	4700
201812060002	op1001	6	1100

图 1-39 销售订单明细表关系拆分前后比较

【分析】将图 1-39 中存在部分依赖的销售订单信息表拆分为两张表，消除部分依赖，销售订单信息表参照商品信息表。拆分销售订单关系的过程是将具有重复值的属性(销售单号, 销售时间)拆分出来，作为一个新的关系。销售订单关系拆分前存在数据冗余，这时也可能出现更新异常、插入异常和删除异常，而拆分成两个关系可以避免这些问题。

3. 第三范式(3NF)

如果关系模式 R 属于第二范式，且没有一个非主属性传递函数依赖于主码，则称 R 为满足第三范式的关系模式，记为 R∈3NF。

也就是说，每个非主属性都必须直接依赖于主键，不能传递依赖于主键，即不能存在非主属性 A 依赖于非主属性 B，非主属性 B 再依赖于主键的情况。

下面通过拆分一个不属于 3NF 的关系，使其拆分后的关系属于 3NF。

采购订单(采购单号, 订单日期, 供应商编号, 供应商名称, 供应商地址)

在该关系中，所有非主属性(订单日期，供应商编号，供应商名称，供应商地址)都完全依赖于主键(采购单号)，所以是 2NF，但是有两个非主属性(供应商名称，供应商地址)直接依赖于非主属性(供应商编号)，而不是直接依赖于主键(采购单号)，也就是说供应商名称和供应商地址两个非主属性经过供应商编号这个非主属性传递依赖于主键采购单号，所以不符合 3NF 的要求。

解决的办法是将采购订单关系拆分为两个关系，拆分后的两个关系都属于 3NF。

供应商(供应商编号, 供应商名称, 供应商地址)

采购订单(采购单号, 订单日期, 供应商编号)

下面通过数据来说明问题，如图 1-40 所示。

【分析】将图 1-40 中存在传递依赖的采购订单信息表拆分为两张表，消除传递依赖，采购订单信息表参照供应商信息表。拆分采购订单关系的过程是将具有重复值的属性(供应商编号，供应商名称，供应商地址)拆分出来，作为一个新的关系。原表的供应商编号作为外键，参照新关系的主键。采购订单关系拆分前存在数据冗余，这时也可能出现更新异常、插入异常和删除异常，而拆分成两个关系可以避免这些问题。

存在传递依赖的采购订单表

采购单号	订单日期	供应商编号	供应商名称	供应商地址
201803010001	2018-03-01	gys001	蓝天公司	广东省
201705050002	2017-05-05	gys001	蓝天公司	广东省
201803050003	2018-03-05	gys001	蓝天公司	广东省
201803180004	2018-03-18	gys002	翔云公司	北京市
201806030005	2018-06-03	gys002	翔云公司	北京市
201808090006	2018-08-09	gys002	翔云公司	北京市

采购订单表

采购单号	订单日期	供应商编号
201803010001	2018-03-01	gys001
201705050002	2017-05-05	gys001
201803050003	2018-03-05	gys001
201803180004	2018-03-18	gys002
201806030005	2018-06-03	gys002
201808090006	2018-08-09	gys002

供应商表

供应商编号	供应商名称	供应商地址
gys001	蓝天公司	广东省
gys002	翔云公司	北京市

图 1-40　采购订单明细表关系拆分前后比较

子任务　将商品管理系统 E-R 图转化为关系模式

(请扫二维码学习 微课“将 E-R 图转换为表”)

【任务】

将商品管理系统的 E-R 图(见图 1-30)转化为关系模式。

关系数据模型是一组关系模式的集合，而 E-R 图是由实体、属性和实体之间的联系三要素组成的，所以将 E-R 图转换为关系数据模型实际上是将实体、属性和实体间的联系转换为关系模式。

【任务实施】

1. 转化原则

(1)　每个实体转换为一个关系。

实体的属性就是关系的属性。

实体的码作为关系的码。

(2)　每个联系(二元的)也转换成一个关系。

与关系相连的，各个实体的码、联系的属性转换成关系的属性。

关系的码如下。

对于一对一(1∶1)的联系，每个实体的码均是该关系的候选码。

对于一对多(1∶n)的联系，关系的码是 n 端实体的码。

对于多对多(m∶n)的联系，关系的码是诸实体码的组合。

(3)　有相同码的关系可以合并。

2. E-R 图转化为关系模式的操作步骤

1) 将每个实体转化为一个关系模式

(1) 部门(部门编号, 部门名称)。

主关键字：部门编号

(2) 岗位(岗位编号, 岗位名称)。

主关键字：岗位编号

(3) 员工(员工编号, 员工姓名, 身份证号, 员工性别, 入职日期)。

主关键字：员工编号

(4) 商品(商品编号, 商品名称, 备注)。

关键字：商品编号

(5) 供应商(供应商编号, 供应商名称, 电话号码, 供应商地址)。

主关键字：供应商编号

(6) 客户(客户编号, 客户名称, 客户性别, 客户生日, 客户电话, 客户地址)。

主关键字：客户编号

2) 每个一对多联系转化为一个关系模式

(1) 任职(员工编号, 岗位编号)。

主关键字：员工编号

(2) 属于(岗位编号, 部门编号)。

主关键字：岗位编号

3) 多对多联系转化为关系模式

(1) 销售(销售单号, 销售时间, 销售数量, 销售价格, 客户编号, 商品编号, 员工编号)。

主关键字：销售单号、客户编号、商品编号、员工编号。

外关键字：客户编号，商品编号，员工编号。

(2) 采购(采购单号, 采购时间, 采购数量, 采购价格, 供应商编号, 商品编号, 员工编号)。

主关键字：采购单号、供应商编号、商品编号、员工编号。

外关键字：供应商编号、商品编号、员工编号。

4) 合并同码的关系模式

提示：由于“属于”关系是一对多(1∶n)，它对应的关系模式的码，与岗位实体的码相同，所以，这个关系模式与岗位关系模式可以合并。其他的一对多(1∶n)关系同理合并。

(1) 岗位(岗位编号, 岗位名称)、属于(岗位编号, 部门编号)两个关系模式合并后得到：

岗位(岗位编号，岗位名称，部门编号)。

(2) 员工(员工编号, 员工姓名, 员工性别, 身份证号, 入职日期)、任职(员工编号, 岗位编号)两个关系模式合并后得到。

员工(员工编号, 员工姓名, 员工性别, 身份证号, 入职日期, 岗位编号)。

5) 关系模式优化

根据规范化设计的要求，将采购关系和销售关系进行优化，优化后的结果如下。

将采购关系模式拆分为采购信息和采购明细，关系模式转换如下。

(1) 采购信息(采购单号，供应商编号，采购时间，员工编号)。

主关键字：采购单号。

外关键字：供应商编号、员工编号。

(2) 采购明细(采购单号，商品编号，采购价格，采购数量)。

主关键字：采购单号、商品编号。

外关键字：采购单号、商品编号。

同理将销售关系模式拆分为销售信息和销售明细，关系模式转换如下。

(1) 销售信息(销售单号，客户编号，销售时间，员工编号)。

主关键字：销售单号。

外关键字：客户编号、员工编号。

(2) 销售明细(销售单号，商品编号，销售价格，销售数量)。

主关键字：销售单号、商品编号。

外关键字：销售单号、商品编号。

小贴士 为了提高数据库应用系统的性能，对规范化后的关系模式还需进行修改、调整结构，这就是关系模式的进一步优化，通常采用合并或分解的方法。比如将两个或多个关系经常进行连接查询，在确定不会造成数据操作异常的前提下可以对它们的关系模式进行合并；由于数据之间存在着联系和约束，在关系模式的关系中可能会存在数据冗余和操作异常现象，因此需要把关系模式进行分解，以消除冗余和异常现象。

6) 汇总关系模式优化结果

最终得到以下关系模式。

(1) 部门(部门编号，部门名称)。

主关键字：部门编号。

(2) 岗位(岗位编号，岗位名称，部门编号)。

主关键字：岗位编号。

外关键字：部门编号。

(3) 员工(员工编号，员工姓名，员工性别，身份证号，入职日期，岗位编号)。

主关键字：员工编号。

外关键字：岗位编号。

(4) 供应商(供应商编号，供应商名称，电话号码，供应商地址)。

主关键字：供应商编号。

(5) 客户(客户编号，客户名称，客户性别，客户生日，客户地址)。

主关键字：客户编号。

(6) 商品(商品编号，商品名称，备注)。

主关键字：商品编号。

(7) 采购信息(采购单号，供应商编号，采购时间，员工编号)。

主关键字：采购单号。

外关键字：供应商编号、员工编号。

(8) 采购明细(采购单号，商品编号，采购价格，采购数量)。

主关键字：采购单号、商品编号。

外关键字：采购单号、商品编号。

(9) 销售信息(销售单号, 客户编号, 销售时间, 员工编号)。

主关键字：销售单号。

外关键字：客户编号、员工编号。

(10) 销售明细(销售单号, 商品编号, 销售价格, 销售数量)。

主关键字：销售单号、商品编号。

外关键字：销售单号、商品编号。

任务 1.4 商品管理系统物理设计

背景及任务

1. 背景

项目经理大军检查了项目组提交的商品管理系统数据库设计的关系模型，确定无误后，开始布置本阶段要完成的工作，项目经理大军说：“数据库物理设计的任务，主要是将逻辑结构设计映射到存储介质上，利用可用的硬件和软件资源能够可靠地、高效地对数据进行物理访问和维护。”

欣欣软件公司为红星家电连锁企业开发的商品管理系统数据库软件，选取 SQL Server 2016 作为软件的数据库管理系统，公司在进行日常业务处理时，就可以将数据存储到 SQL Server 数据库中，为保证数据有合适的存储记录结构、存放位置、存取方法、完整性、安全性等，项目组成员需要对商品管理系统数据库进行合理的物理设计。

2. 任务

项目组成员，在确定本次工作任务后，根据转换后的商品管理系统关系模式，选择一个最适合应用环境的物理结构，确定数据存放的位置和存储结构，任务如下。

(1) 根据需求分析确定数据字典并结合关系模式确定数据结构(定义表结构)，设置每个数据表的属性名、类型及宽度。

(2) 标识每个数据表的主键列。

(3) 确定表与表之间是否存在关联关系，标识外键列。

(4) 提交数据库设计报告。

预备知识

为了创建用户所要求的数据库，需要把概念设计模型转换为某个具体的数据库管理系统所支持的数据模型，从而为物理设计提供理论支撑，根据逻辑设计的设计结果，进行数据库的物理模型设计。

数据库物理模型设计的任务主要是要选取一个最适合数据库应用环境的物理结构，包括数据库的存储记录格式、存储记录安排和存取方法，使得数据库具有良好的响应速度、足够的事务流量和适宜的存储空间。它与系统硬件环境、存储介质性能和数据库管理系统有关。

在关系模型数据库中，物理模型主要包括存储记录结构设计、数据存放位置、存取方法、完整性、安全性和应用程序。其中，存储记录结构包括记录的组成、数据项的类型和长度以及逻辑记录到存储记录的映像。数据存放位置是指是否要把经常访问的数据结合在一起。存取方法是指聚集索引和非聚集索引的使用。完整性和安全性是指对数据库完整性、安全性、有效性、效率等方面进行分析并做出配置。

物理模型设计的主要内容包括分析影响数据库物理模型设计的因素，确定数据的存放位置、存取方法、索引和聚集，使空间利用率达到最大，系统数据操纵负荷最小。

【知识点 1】SQL Server 数据类型

(请扫二维码学习 微课“确定表中字段对应的数据类型”)

在创建基本表时必须为列(也称字段)指定数据类型，数据类型决定了数据的存储格式、约束以及取值范围，所以在进行物理设计之前，要先介绍 SQL Server 支持的数据类型。

在 SQL Server 中，每个列、局部变量、表达式和参数都具有一个相关的数据类型。数据类型是一种属性，用于指定对象可保存的数据的类型。

SQL Server 中的数据类型归纳为下列类别：精确数字、近似数字、日期和时间、字符串型、二进制字符串、其他数据类型。

1. 精确数字

精确数字类型数值是指在计算机中能够精确存储的数据，比如整型数、定点小数等都是精确数字，如表 1-15 所示。

表 1-15 精确数字类型

数据类型	描 述	存储
tinyint	0～255 的所有数字	1 字节
smallint	-2^{15}(−32 768)～$2^{15}-1$(32 767)之间的所有数字	2 字节
int	-2^{31}(−2 147 483 648)～$2^{31}-1$(2 147 483 647)之间，是 SQL Server 中的主要整型数据类型	4 字节
bigint	-2^{63}(−9 223 372 036 854 775 808)～$2^{63}-1$(9 223 372 036 854 775 807)之间，用于整数值可能超过 int 数据类型支持范围的情况	8 字节
decimal[(*p*[,*s*])] 或者 numeric[(*p*[,*s*])]	带固定精度和小数位数的数值数据类型。使用最大精度时，有效值的范围为$-10^{38}+1$～$10^{38}-1$。*p*(精度)表示要存储的十进制数字的总数上限，此数目包括小数点的左右两侧，必须是从 1 到最大精度 38 之间的值，默认精度为 18。*s*(小数位数)表示小数点右侧存储的十进制数字位数。从 *p* 中减去此数字可确定小数点左边的最大位数，确定位数值必须介于 0～*p* 之间，只能在指定了精度的情况下指定此值。默认的确定位数为 0。因此，$0 \leqslant s \leqslant p$。最大存储大小基于精度而变化	5～17 字节
smallmoney	−214 748.3648～214 748.3647 之间，代表货币或货币值的数据类型	4 字节
money	−922 337 203 685 477.580 8～922 337 203 685 477.580 7 之间，代表货币或货币值的数据类型	8 字节

例如，销售明细单单号和销售数量，都可以用整型 int 来定义数据类型，销售价格因为是金额，所以用货币型 money 来定义。

2. 近似数字

近似数字用于表示浮点数值数据的数据类型，浮点数据为近似值，因此，并非数据类型范围内的所有值都能精确地表示，如表 1-16 所示。

表 1-16　近似数字类型

数据类型	描　述	存储
float (*n*)	从−1.79E＋308～−2.23E −308、0 以及 2.23E − 308～1.79E＋308 的浮动精度数字数据。其中 *n* 为用于存储 float 数值尾数的位数(以科学记数法表示)，以此确定精度和存储大小，float(24)保存 4 字节，精确到第 7 位小数，float(53)保存 8 字节，可精确到第 15 位小数。*n* 必须是介于 1～53 之间的某个值，如果 1≤*n*≤24，将 *n* 视为 24；如果 25≤*n*≤53，将 *n* 视为 53；*n* 的默认值为 53	取决于 *n* 的值
real	从−3.40E＋38～−1.18E − 38、0 以及 1.18E−38～3.40E＋38 的浮动精度数字数据。可精确到第 7 位小数	4 字节

3. 日期和时间

SQL Server 2016 提供了丰富的日期和时间类型，如表 1-17 所示。

表 1-17　日期和时间类型

数据类型	描　述	存储
date	存储日期，默认的字符串文字格式为 YYYY-MM-DD，YYYY 是表示年份的四位数字，MM 是表示指定年份中的月份的两位数字，DD 是表示指定月份几号的两位数字，范围从 0001-01-01 到 9999-12-31。默认值为 1900-01-01	3 字节
time	存储一天中的某个时间，此时间不能感知时区且基于 24 小时制，可精确到 100nm，最小 8 位(hh:mm:ss)，最大 16 位(hh:mm:ss.nnnnnnn)	5 字节
datetime	存储结合了 24 小时制时间的日期。日期范围从 1753 年 1 月 1 日到 9999 年 12 月 31 日，时间范围从 00:00:00 到 23:59:59.997，可精确到 3.33ms	8 字节
datetime2	存储结合了 24 小时制时间的日期。可将 datetime2 视作现有 datetime 类型的扩展，其数据范围更大，默认的小数精度更高，并具有可选的用户定义的精度，可精确到 100ns	6～8 字节
datetimeoffset	与 datetime2 相同，外加时区偏移，可精确到 100ns	8～10 字节
smalldatetime	定义结合了一天中的时间的日期。此时间为 24 小时制，秒始终为零(:00)，并且不带秒小数部分。从 1900-01-01 到 2079-06-06。精确度为 1min	4 字节

例如，客户出生日期需要用 datetime 来定义数据类型。

4. 字符串型

字符型是使用最多的数据类型，它可以用来存储各种英文字母、汉字、数字符号、特殊符号等。一般情况下，使用字符类型数据时须在其前后加上单引号(' ')或双引号(" ")。目前字符的编码方式有两种，一种是普通字符编码 ASCII，另一种是统一字符编码 Unicode。ASCII 编码不同国家或地区的编码长度不同，如英文字母编码是 1 个字节(8 位)，汉字的编码是 2 个字节(16 位)。Unicode 编码对所有语言中的字符均采用双字节(16 位)编码。

(1) ASCII 编码字符类型如表 1-18 所示。

表 1-18 ASCII 编码字符类型

数据类型	描　述	存　储
char (*n*)	固定大小字符串数据。*n* 用于定义字符串大小(以字节为单位)，并且必须为 1～8000 的值	*n* 字节
varchar (*n* | max)	可变大小字符串数据。使用 *n* 定义字符串大小(以字节为单位)，*n* 是介于 1～8000 的值；或使用 max 指明列约束大小，上限为最大存储 2^{31}-1 个字节(2GB)	由实际长度决定
text	可变长度的字符串，字符串最大长度为 2^{31}-1 个字节(2GB)	由实际长度决定

使用建议：如果列数据项的大小一致，则使用 char。如果列数据项的大小差异相当大，则使用 varchar。如果列数据项大小相差很大，而且字符串长度可能超过 8000 字节，使用 varchar(max)。

(2) Unicode 编码字符类型如表 1-19 所示。

表 1-19 Unicode 编码字符类型

数据类型	描　述	存　储
nchar (*n*)	固定大小字符串数据。*n* 用于定义字符串大小(以双字节为单位)，并且必须为 1～4000 的值	*n* 字节
nvarchar (*n* | max)	可变大小字符串数据。使用 *n* 定义字符串大小(以双字节为单位)，*n* 可以是介于 1～4000 的值；或使用 max 指明列约束大小上限为最大存储 2^{30}-1 个字节	由实际长度决定
ntext	可变长度的字符串，字符串最大长度为 2^{30}-1 个字节	由实际长度决定

例如，客户编号、性别、电话、身份证号这些字段，由于长度固定，可以用 char 来定义，而客户姓名、地址这两个字段，由于不确定具体的数据长度，可以用 varchar 来定义。

又例如，商品编号用 char 定义，商品名称用 varchar 或 nvarchar 定义，备注这个字段，可以用 varchar 或者 nvarchar 来定义其数据类型。

5. 二进制字符串

二进制字符串类型如表 1-20 所示。

表 1-20 二进制字符串类型

数据类型	描　述	存　储
bit	可以取值为 1、0 或 NULL	
binary (*n*)	长度为 *n* 字节的固定长度二进制数据，其中 *n* 是从 1～8000 的值	*n* 字节
varbinary (*n* | max)	可变长度二进制数据。*n* 的取值范围为 1～8000，max 表示最大存储是 2^{31}-1 个字节(2GB)	由实际长度决定
image	长度可变的二进制数据，从 0～2^{31}-1 个字节(2GB)。用于存储图像	由实际长度决定

6. 其他数据类型

除了以上常用的数据类型之外，SQL Server 2016还提供了一些其他的数据类型，如表1-21所示。

表1-21 其他数据类型

数据类型	描 述
cursor	存储用于数据库操作的指针的引用
xml	存储XML数据的数据类型。可在列中或者xml类型的变量中存储xml实例，最多2GB
sql_variant	存储SQL Server支持的各种数据类型的值，最大长度可以是8016个字节
rowversion	公开数据库中自动生成的唯一二进制数字的数据类型，通常用作给表行加版本戳，存储大小为8个字节。只是递增数字，不保留日期或时间
uniqueidentifier	存储全局标识符(GUID)
table	主要用于临时存储一组作为表值函数结果集返回的行，以便进行后续处理

【知识点2】数据完整性概念

(请扫二维码学习 微课“数据完整性概念理解”)

数据库中的数据从外界输入的过程中，由于种种原因，有时会输入无效或错误的信息。为保证输入的数据符合规定，成为数据库系统尤其是多用户的关系数据库系统首要关注的问题。数据完整性因此而提出，它是衡量数据库中的数据质量的重要标志，即限制数据库表中可输入的数据。

数据完整性(Data Integrity)是指数据的精确性(Accuracy)和可靠性(Reliability)。它是为了防止数据库中存在不符合语义规定的数据和因错误信息的输入/输出造成无效操作或错误信息而提出的。

【举例】在存储客户信息的表中，如果允许任意输入客户的基本信息而不加以限制，则可能在同一张表中重复出现相同的客户信息；如果不对客户表中存储的性别信息加以限制，则客户的性别可能会出现“男”或“女”以外的信息；如果不对销售明细表中的销售数量加以限制，则销售明细表中的销售数量信息可能会出现负值，这样的数据不具备完整性。

为了实现数据的完整性，数据库需要做以下两方面的工作。

(1) 对表中行的数据进行检验，看它是否符合实际要求。

(2) 对表中列的数据进行检验，看它是否符合实际要求。

小贴士 数据完整性和数据安全性的区别如下。

(1) 数据完整性是防止数据库中存在不符合语义的数据，也就是防止数据库中存在不正确的数据。

防范对象：不合语义的、不正确的数据。

(2) 数据安全性是保护数据库防止被恶意破坏和非法存取。

防范对象：非法用户和非法操作。

一、数据完整性的分类

数据完整性分为四类：实体完整性(Entity Integrity)、域完整性(Domain Integrity)、参照完整性(Referential Integrity)和用户自定义完整性(User-defined Integrity)。

1. 实体完整性

实体完整性约束的对象是表中的行，将行定义为表中的唯一实体，即表中不存在两条完全相同的记录。例如，客户信息表中，客户之间可能姓名相同，但每个客户的编号必然不同。SQL Server 中实体完整性的实施方法主要是为表添加主键(primary key)约束和唯一性(unique)约束来实现。

2. 域完整性

域完整性约束的对象是表中的列，指特定列取值的有效范围。虽然每个字段都有数据类型，但实际并非满足该数据类型的值即为有效值。要保证数据的合理性，例如，销售明细表中的销售数量必须大于等于 0，客户信息表中的客户性别必须是“男”或“女”，客户信息表中的客户电话必须是 11 位的数字。SQL Server 中域完整性的实施方法主要是为列声明数据类型，用列检查(check)约束和默认(default)约束来实现。

3. 参照完整性

参照完整性也叫引用完整性，约束的对象是表与表之间的关系，是指保证主关键字(被引用表)和外部关键字(引用表)之间的参照关系。它涉及两个或两个以上表数据的一致性维护。外键值将引用表中包含此外键的记录和被引用表中主键与外键相匹配的记录关联起来。在输入、更改或删除记录时，参照完整性保持表之间已定义的关系，确保键值在所有表中一致。这样的一致性要求确保不会引用不存在的值，如果键值更改了，那么在整个数据库中，对该键值的所有引用要进行一致的更改。参照完整性是基于外键与主键之间的关系。SQL Server 中参照完整性的实施方法是通过外键(foreign key)约束实现。

4. 用户自定义完整性

SQL Server 允许数据库使用者根据应用处理的需求编写规则、默认、约束、存储过程、触发器等保证数据的完整性。本书重点讲解实体完整性、域完整性和参照完整性。

【小结】

(1) 实体完整性、域完整性、引用完整性和自定义完整性对应的约束对象，如图 1-41 所示。

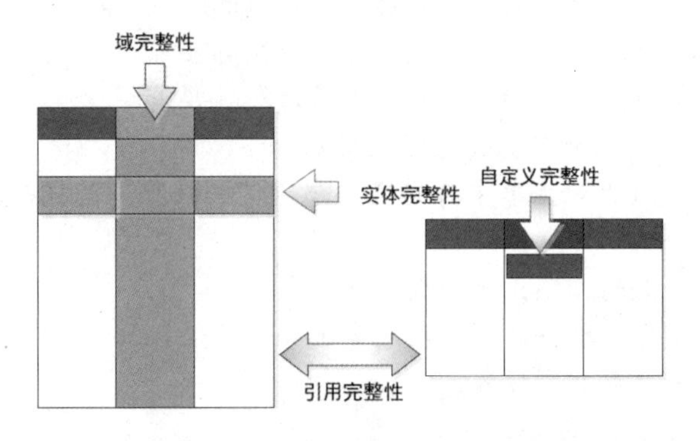

图 1-41　各种完整性对应的约束对象

(2) 常用约束与数据完整性的对应关系，如表1-22所示。

表1-22 常用约束与数据完整性的对应关系

对应关系	关 键 字	实体完整性	域完整性	引用完整性
主键约束	primary key	✓		✓
外键约束	foreign key			✓
唯一约束	unique	✓		
非空约束	not null		✓	
默认约束	default		✓	
检查约束	check		✓	

二、约束的概念及类型

1. 约束的概念

约束(constraint)用于保证数据的完整性，它定义了必须遵循的用于维护数据一致性和正确性的有效规则，是SQL Server提供的自动强制数据完整性的一种方法，它通过定义列的取值规则来维护数据的完整性。

用户可在创建表的同时创建约束，比如在建表的同时直接将某一字段设置为主键或非空。也可在创建表后再增加约束。如果在创建表之后增加约束，将检查表中数据是否有违反约束的数据，若有，则增加约束失败。

2. 约束的类型

约束有6种类型，分别是主键(primary key)约束、唯一(unique)约束、非空(not null)约束、检查(check)约束、默认(default)约束和外键(foreign key)约束。

1) 主键约束

主键约束用来强制数据的实体完整性，它是在表中定义一个主键来唯一标识表中的每行记录。

2) 唯一约束

唯一约束用来强制数据的实体完整性，它主要用来限制表的非主键列中不允许输入重复值。

3) 非空约束

非空约束用来强制数据的域完整性，它用于设定某列值不能为空。如果指定某列不能为空，则在插入记录时，此列必须要插入数据。

4) 检查约束

检查约束用来强制数据的域完整性，它使用逻辑表达式来限制表中的列可以接受哪些数据值。

5) 默认约束

默认约束用来强制数据的域完整性，它为表中某列建立一个默认值，当用户插入记录时，如果没有为该列提供输入值，则系统会自动将默认值赋给该列。默认值可以是常量、内置函数或表达式。使用默认约束可以提高输入记录的速度。

6) 外键约束

外键是指一个表中的一列或列组合，它虽不是该表的主键，但却是另一个表的主键。通过外键约束可以为相关联的两个表建立联系，实现数据的引用完整性，维护两表之间数据的一致性关系。

子任务1 为关系模式定义商品管理系统表结构

【任务】将定义好的商品管理系统关系模式转换为表，并写出主关键字和外关键字。

各关系模式转换后的表结构如表1-23～表1-32所示。

表1-23 "部门"表结构定义

字段名称	类 型	长 度	备 注
部门编号	字符	6	主键
部门名称	字符	30	非空

表1-24 "岗位"表结构定义

字段名称	类 型	长 度	备 注
岗位编号	字符	6	主键
岗位名称	可变字符	30	非空
部门编号	字符	6	外键

表1-25 "员工"表结构定义

字段名称	类 型	长 度	备 注
员工编号	字符	8	主键
员工姓名	可变字符	30	非空
身份证号	字符	18	唯一，长度为18位
员工性别	字符	2	
入职时间	日期时间		
岗位编号	字符	6	外键

表1-26 "商品"表结构定义

字段名称	类 型	长 度	备 注
商品编号	字符	6	主键
商品名称	字符	30	非空
备注	字符	50	

表1-27 "客户"表结构定义

字段名称	类 型	长 度	备 注
客户编号	字符	6	主键
客户姓名	可变字符	30	非空
性别	字符	2	"男"或"女"
生日	日期		空值

续表

字段名称	类 型	长 度	备 注
电话	字符	11	非空
地址	可变字符	50	

表 1-28 “供应商”表结构定义

字段名称	类 型	长 度	备 注
供应商编号	字符	6	主键
供应商名称	可变字符	30	非空
电话	字符	11	非空
地址	可变字符	50	

表 1-29 “销售信息”表结构定义

字段名称	类 型	长 度	备 注
销售单号	字符	12	主键
客户编号	字符	6	外键
销售时间	日期		非空
员工编号	字符	8	外键

表 1-30 “销售明细”表结构定义

字段名称	类 型	长 度	备 注
销售明细单单号	整型		标识列
销售单号	字符	12	外键
商品编号	字符	6	外键
销售价格	浮点数	6 个字符，2 位小数	非空，>0
销售数量	整数		非空，>0

表 1-31 “采购信息”表结构定义

字段名称	类 型	长 度	备 注
采购单号	字符	12	主键
供应商编号	字符	6	外键
采购时间	日期		非空
员工编号	字符	8	外键

表 1-32 “采购明细”表结构定义

字段名称	类 型	长 度	备 注
采购明细单单号	整型		标识列
采购单号	字符	12	外键
商品编号	字符	6	外键
采购价格	浮点数	6 个字符，2 位小数	非空，>0
采购数量	整数		非空，>0

子任务 2　确定商品管理系统表结构的数据类型及数据完整性

商品管理系统物理设计，是基于某个关系数据库，本项目采用了 SQL Server 数据库，需要确定每个属性对应的数据类型及数据完整性，确定后的表结构如表 1-33～表 1-42 所示。

表 1-33　“部门”表结构定义(Department_info)

字段名称	字段含义	类　型	长　度	备　注
Department_id	部门编号	char	6	主键
Department_name	部门名称	varchar	30	非空

表 1-34　“岗位”表结构定义(Post_info)

字段名称	字段含义	类　型	长　度	备　注
Post_id	岗位编号	char	6	主键
Post_name	岗位名称	varchar	30	非空
Department_id	部门编号	char	6	外键，引用 Department_info. Department_id

表 1-35　“员工”表结构定义(Employees_info)

字段名称	字段含义	类　型	长　度	备　注
Employees_id	员工编号	char	8	主键
Employees_name	员工姓名	varchar	30	非空
Employees_sex	员工性别	char	2	“男”或“女”，默认值为“男”
Identity_id	身份证号	char	18	唯一，长度为 18 位，1～17 位为数字，最后一位可以为数字或字母 X
Hiredate	入职时间	datetime		默认为当前日期
Post_id	岗位编号	char	6	外键，引用 Post_info. Post_id

表 1-36　“商品”表结构定义(Commodity_info)

字段名称	字段含义	类　型	长　度	备　注
Commodity_id	商品编号	char	6	主键
Commodity_name	商品名称	varchar	30	非空
memo	备注	nvarchar	50	

表 1-37　“客户”表结构定义(Customer_info)

字段名称	字段含义	类　型	长　度	备　注
Customer_id	客户编号	char	6	主键
Customer_name	客户姓名	varchar	30	非空
Customer_sex	性别	char	2	“男”或“女”，默认值为“男”
Customer_Birth	生日	datetime		

续表

字段名称	字段含义	类 型	长 度	备 注
Telephone	电话	char	11	非空，唯一，电话号码为11位，且每一位都是0～9的数字
Address	地址	varchar	50	非空

表 1-38 “供应商”表结构定义(Supplier_info)

字段名称	字段含义	类 型	长 度	备 注
Supplier_id	供应商编号	char	6	主键
Supplier_name	供应商名称	varchar	30	非空
Telephone	电话	char	11	非空，唯一，长度为11位
Address	地址	nvarchar	50	非空

表 1-39 “销售信息”表结构定义(Sales_info)

字段名称	字段含义	类 型	长 度	备 注
Sales_id	销售单号	char	12	主键，前八位自动获取当日日期，后四位由当天增加记录数加1，如201908180001
Customer_id	客户编号	char	6	外键，引用Customer_info. Customer_id
Sales_time	销售时间	datetime		非空
Employees_id	员工编号	char	8	外键，引用Employees_info. Employees_id

表 1-40 “销售明细”表结构定义(Sales_list)

字段名称	字段含义	类 型	长 度	备 注
Slist_id	销售明细单号	int		标识列
Sales_id	销售单号	char	12	外键，引用Sales_info. Sales_id
Commodity_id	商品编号	char	6	外键，引用Commodity_info. Commodity_id
Sales_price	销售价格	money		非空，>0
Sale_Number	销售数量	int		非空，>0

表 1-41 “采购信息”表结构定义(Purchase_info)

字段名称	字段含义	类 型	长 度	备 注
Purchase_id	采购单号	char	12	主键，前八位自动获取当日日期，后四位由当天增加记录数加1，如201908180001
Supplier_id	供应商编号	char	6	外键，引用Supplier_info. Supplier_id
Purchase_time	采购时间	datetime		非空
Employees_id	员工编号	char	8	外键，引用Employees_info. Employees_id

表 1-42 “采购明细”表结构定义(Purchase_list)

字段名称	字段含义	类 型	长 度	备 注
Plist_id	采购明细单号	int		标识列
Purchase_id	采购单号	char	12	外键，引用 Purchase_info. Purchase_id
Commodity_id	商品编号	char	6	外键，引用 Commodity_info. Commodity_id
Purchase_price	采购价格	money		非空 ，>0
Purchase_Number	采购数量	int		非空 ，>0

项 目 小 结

本项目详细介绍了如何对用户进行需求分析，确定用户的需求，如何根据需求分析结果找出实体、属性和联系，并确定联系类型及如何绘制 E-R 图，如何将绘制好的 E-R 图转换为关系模型。对应的关键知识和关键技能如下。

1. 关键知识

(1) 数据库的基本概念及数据库设计过程。
(2) 需求分析的方法。
(3) E-R 概念模型的三个基本要素。
(4) 实体、属性、联系的概念及表示方法。
(5) 实体之间的关系。
(6) 关系模型的概念和特点。
(7) 关系数据库的逻辑设计步骤。
(8) E-R 图转化为关系模式的转换原则。

2. 关键技能

(1) 根据需求分析结果找出实体、属性和联系，并确定联系类型。
(2) 在绘制 E-R 图时，应遵循先局部后全局的绘制原则。
(3) 准确判断一张二维表是否具备关系的性质。
(4) 实体转换为关系模式的方法。
(5) 联系转化为关系模式的方法。
(6) 根据实际情况，确定关系是否合并或分解。

思考与练习

一、选择题

(1) 在数据管理技术的发展过程中，经历了人工管理阶段、文件系统阶段和数据库系统阶段。在这几个阶段中，数据独立性最高的是(　　)阶段。

A. 数据库系统　　B. 文件系统　　C. 人工管理　　D. 数据项管理

(2) 数据库系统的核心是(　　)。

A. 数据库　　B. 数据库管理系统　　C. 数据模型　　D. 软件工具

(3) 数据流图是用于数据库设计中(　　)阶段的工具。

A. 概要设计　　B. 可行性分析　　C. 程序编码　　D. 需求分析

(4) 需求分析阶段得到的结果是(　　)。

A. 数据字典描述的数据需求

B. E-R 图表示的概念模型

C. 某个数据库管理系统所支持的数据模型

D. 包括存储结构和存取方法的物理结构

(5) (　　)用来说明数据流图中出现的所有元素的详细的定义和描述。

A. 数据字典　　B. 数据流图　　C. 需求分析　　D. 数据存储

(6) E-R 图是数据库设计的工具之一，它适用于建立数据库的(　　)。

A. 概念模型　　B. 逻辑模型　　C. 结构模型　　D. 物理模型

(7) 在数据库的概念设计中，最常用的数据模型是(　　)。

A. 形象模型　　B. 物理模型　　C. 逻辑模型　　D. 实体联系模型

(8) 从 E-R 模型关系向关系模型转换时，一个 m：n 联系转换为关系模式时，该关系模式的关键字是(　　)。

A. m 端实体的关键字　　B. n 端实体的关键字

C. m 端实体关键字与 n 端实体关键字组合　　D. 重新选取其他属性

(9) 在关系数据库设计中，设计关系模式是(　　)的任务。

A. 需求分析阶段　　B. 概念设计阶段

C. 逻辑设计阶段　　D. 物理设计阶段

(10) 逻辑结构设计阶段得到的结果是(　　)。

A. 数据字典描述的数据需求

B. E-R 图表示的概念模型

C. 某个数据库管理系统所支持的数据模型

D. 包括存储结构和存取方法的物理结构

(11) 一个 m：n 联系转换为一个关系模式。关系的码为(　　)。

A. 实体的码　　B. 各实体码的组合

C. n 端实体的码　　D. 每个实体的码

(12) 层次型、网状型和关系型数据库的划分原则是(　　)。

A. 记录长度　　B. 文件的大小

C. 联系的复杂程度　　D. 数据之间的联系

(13) 用二维表结构表示实体以及实体间联系的数据模型称为(　　)。

A. 网状模型　　B. 层次模型

C. 关系模型　　D. 面向对象模型

(14) 一个关系中，候选码(　　)。

A. 可以有多个

B. 只有一个

C. 由一个或多个属性组成，不能唯一标识关系中一个元组

D. 以上都不是

(15) 关于 E-R 模型向关系模型转换的叙述中，(　　)是不正确的。

A. 一个 1∶1 联系可以转换为一个独立的关系模式，也可以与联系的任意一端实体所对应的关系模式合并

B. 一个 1∶*n* 联系可以转换为一个独立的关系模式，也可以与联系的 *n* 端实体所对应的关系模式合并

C. 一个 *m*∶*n* 联系可以转换为一个独立的关系模式，也可以与联系的任意一端实体所对应的关系模式合并

D. 三个或三个以上的实体间的多元联系可以转换为一个关系模式

二、简答题

(1) 设有商业销售记账数据库。一个顾客(顾客姓名，单位，电话号码)可以买多种商品，一种商品(商品名称，型号，单价)供应多个顾客。试画出对应的 E-R 图。

(2) 将图 1-42 所示的 E-R 图转换为关系模式。

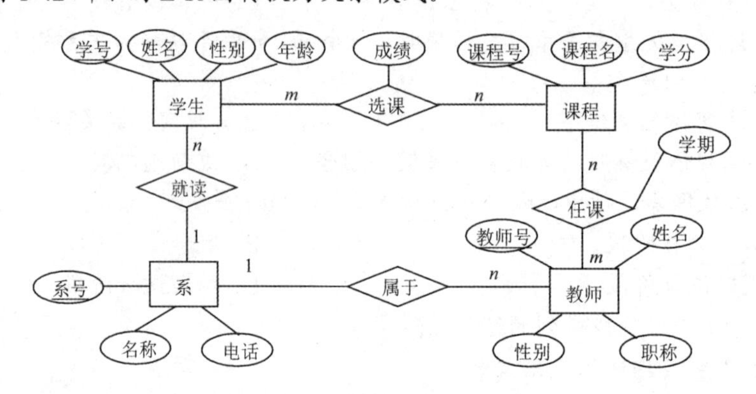

图 1-42　教学管理系统 E-R 图

(3) 将图 1-43 所示的 E-R 图转换为关系模式，并指出主键和外键。

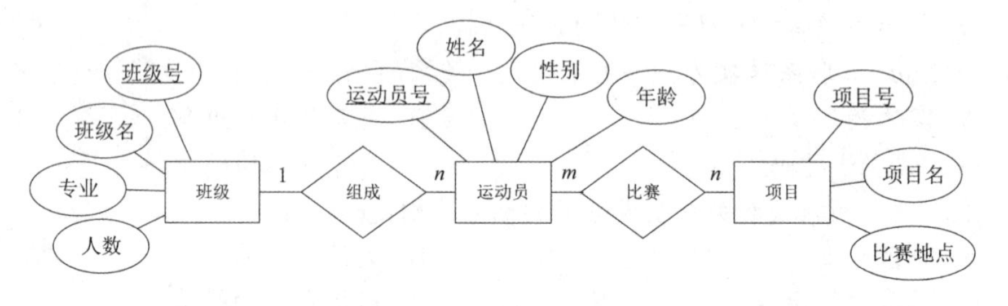

图 1-43　参赛管理系统 E-R 图

信息安全案例分析：数据收集风险

在数据收集环节，风险威胁涵盖保密性威胁、完整性威胁、可用性威胁等。保密性威胁指攻击者通过建立隐蔽隧道，对信息流向、流量、通信频度和长度等参数的分析，窃取敏感的、有价值的信息；完整性威胁是指数据与元数据的错位、源数据存有恶意代码；可用性威胁是指数据伪造、刻意制造或篡改。

【案例描述】某集团因涉嫌违规采集个人信息被诉至法院。

2021 年 7 月，浙江省绍兴市柯桥区人民法院开庭审理了胡某诉上海某集团侵权纠纷案

件。胡某以上海某集团采集其个人非必要信息，进行“大数据杀熟”等为由诉至法院，要求某集团 App 为其增加不同意“服务协议”和“隐私政策”时仍继续使用的选项。法院审理后认为，某集团的“服务协议”和“隐私政策”以拒绝提供服务形成对用户的强制。其中，“服务协议”和“隐私政策”要求用户特别授权某集团及其关联公司、业务合作伙伴共享用户的注册信息、交易、支付数据，并允许某集团及其关联公司、业务合作伙伴对其信息进行数据分析等，无限加重了用户个人信息使用风险。

据此，法院判决某集团应为原告增加不同意其现有“服务协议”和“隐私政策”仍可继续使用的选项，或者为原告修订“服务协议”和“隐私政策”，去除对用户非必要信息采集和使用的相关内容，修订版本须经法院审定同意。

拓展训练：学生成绩管理系统数据库设计

【任务单 1】需求分析

(请扫二维码查看 学生成绩管理系统“需求分析”任务单)

学生成绩管理系统对于不同用户有不同的需求。

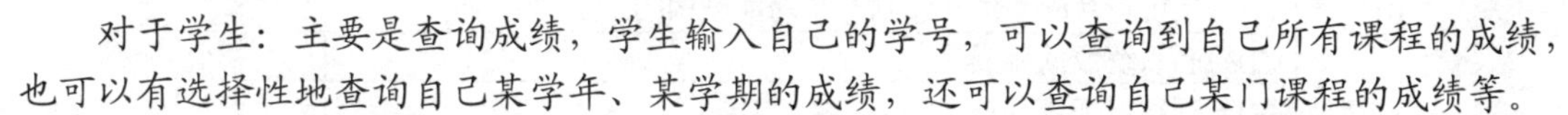

对于学生：主要是查询成绩，学生输入自己的学号，可以查询到自己所有课程的成绩，也可以有选择性地查询自己某学年、某学期的成绩，还可以查询自己某门课程的成绩等。

对于老师：一是登记学生的成绩，每学期将自己所任某门课程的学生的成绩保存到系统中；二是可以查询学生的成绩，比如查询某一个学生的成绩，查询一个班级某一学期全部课程的成绩，或查询一个班级某学期某门课程的成绩等。

对于教务处成绩管理人员或系部教学秘书：主要做好系统的初始化工作，为教师输入成绩做好必需的设置。比如系部信息、班级信息、学生基本信息、教师基本信息、课程信息，以及教学计划等。也可以查询学生的成绩。

任务要求：

请根据上述要求，按以下步骤完成需求分析。

(1) 将学生成绩管理系统划分为若干个功能模块，并画出系统功能结构图。

(2) 画出对应的数据流图。

(3) 编写对应的数据字典。

【任务单 2】概要设计

(请扫二维码查看 学生成绩管理系统“概要设计”任务单)

任务要求：

(1) 从学生成绩管理系统的需求分析结果中找出实体、属性和联系，并确定联系类型。

(2) 绘制每个实体及其属性的 E-R 图。

(3) 绘制每个联系类型及其属性的 E-R 图。

(4) 绘制全局 E-R 图。

【任务单 3】逻辑设计

(请扫二维码查看 学生成绩管理系统“逻辑设计”任务单)

任务要求：

将学生成绩管理系统各 E-R 图转换为关系模式，并优化。

【任务单 4】物理设计

任务要求：

将学生成绩管理系统各关系模式定义为表结构，确定数据类型和完整性。

【任务考评】

“学生成绩管理系统数据库设计”考评记录表

<table>
<tr><td colspan="2">学生姓名</td><td></td><td>班级</td><td></td><td>任务评分</td><td colspan="2"></td></tr>
<tr><td colspan="2">实训地点</td><td></td><td>学号</td><td></td><td>完成日期</td><td colspan="2"></td></tr>
<tr><td rowspan="26">任务实现步骤</td><td>序号</td><td colspan="4">考核内容</td><td>标准分</td><td>评分</td></tr>
<tr><td rowspan="5">01</td><td colspan="4">任务单 1：需求分析</td><td>25</td><td></td></tr>
<tr><td colspan="4">(1)对学生成绩管理系统进行调研，撰写用户需求说明书</td><td>7</td><td></td></tr>
<tr><td colspan="4">(2)确定用户功能需求，绘制系统功能结构图</td><td>6</td><td></td></tr>
<tr><td colspan="4">(3)绘制系统数据流图</td><td>6</td><td></td></tr>
<tr><td colspan="4">(4)编制数据字典</td><td>6</td><td></td></tr>
<tr><td rowspan="6">02</td><td colspan="4">任务单 2：概要设计</td><td>25</td><td></td></tr>
<tr><td colspan="4">(1)从学生成绩管理系统的需求分析结果中找出实体、属性和联系</td><td>5</td><td></td></tr>
<tr><td colspan="4">(2)确定实体间联系类型</td><td>5</td><td></td></tr>
<tr><td colspan="4">(3)绘制每个实体及其属性的 E-R 图</td><td>5</td><td></td></tr>
<tr><td colspan="4">(4)绘制每个联系类型及其属性的 E-R 图</td><td>5</td><td></td></tr>
<tr><td colspan="4">(5)绘制学生成绩管理系统全局 E-R 图</td><td>5</td><td></td></tr>
<tr><td rowspan="7">03</td><td colspan="4">任务单 3：逻辑设计</td><td>25</td><td></td></tr>
<tr><td colspan="4">(1)将学生成绩管理系统中的实体转化为关系模式</td><td>4</td><td></td></tr>
<tr><td colspan="4">(2)将一对多联系转化为关系模式</td><td>4</td><td></td></tr>
<tr><td colspan="4">(3)将多对多联系转化为关系模式</td><td>4</td><td></td></tr>
<tr><td colspan="4">(4)合并同码的关系模式</td><td>4</td><td></td></tr>
<tr><td colspan="4">(5)关系模式优化</td><td>5</td><td></td></tr>
<tr><td colspan="4">(6)汇总关系模式，优化结果</td><td>4</td><td></td></tr>
<tr><td rowspan="4">04</td><td colspan="4">任务单 4：物理设计</td><td>15</td><td></td></tr>
<tr><td colspan="4">(1)将学生成绩管理系统各关系模式转化为相关表结构</td><td>5</td><td></td></tr>
<tr><td colspan="4">(2)确定表中每个属性对应的数据类型</td><td>5</td><td></td></tr>
<tr><td colspan="4">(3)确定表中的数据完整性</td><td>5</td><td></td></tr>
<tr><td rowspan="5">05</td><td colspan="4">职业素养：</td><td>10</td><td></td></tr>
<tr><td colspan="4">实训管理：态度、纪律、安全、清洁、整理等</td><td>2.5</td><td></td></tr>
<tr><td colspan="4">团队精神：创新、沟通、协作、积极、互助等</td><td>2.5</td><td></td></tr>
<tr><td colspan="4">工单填写：清晰、完整、准确、规范、工整等</td><td>2.5</td><td></td></tr>
<tr><td colspan="4">学习反思：发现与解决问题、反思内容等</td><td>2.5</td><td></td></tr>
<tr><td colspan="2">教师评语</td><td colspan="6"></td></tr>
</table>

项目2　创建、分离和附加商品管理系统数据库

学习引导

通过前一个项目已完成了数据库的设计，从本项目开始将学习如何按照设计内容实现数据库的建立和使用。本项目以商品管理系统数据库为依托，介绍如何使用 SQL Server 2016 创建数据库，同时为了巩固学习效果，引入学生成绩管理系统数据库作为拓展项目，帮助读者更好地巩固技能。

1. 学习前准备

(1) 学习数据库结构相关微课。

(2) 学习创建数据库相关微课。

(3) 上网搜索 SQL Server 2016 数据库的安装与配置资料并尝试独立完成。

2. 与后续项目的关系

刚创建的数据库只是一个框架，里面还需要添加数据表才能正常使用。

学习目标

1. 知识目标

(1) 理解系统数据库与示例数据库的区别。

(2) 理解文件和文件组的概念。

(3) 学会使用 T-SQL 语句创建数据库的方法。

2. 能力目标

(1) 能够安装数据库管理软件。

(2) 能够说出数据库中的文件类型及其对应的扩展名。

(3) 能够使用 T-SQL 语句创建数据库。

3. 素质目标

(1) 训练信息检索能力。

(2) 训练代码规范意识。

(3) 训练独立思考、自主学习能力。

创建数据库是实现数据库物理设计的第一步，使用数据库软件来创建数据库有两种方法，一是使用图形用户界面实现，二是使用 T-SQL 命令实现，本项目重点介绍如何使用 T-SQL 命令来创建数据库。

背景及任务

1. 背景

经过前期的调研和设计，项目组提交了商品管理系统的数据库设计报告，项目经理大军检查并确定无误后，向红星家电连锁企业的信息部做了项目进度汇报，并详细介绍了设计方案。对方公司经过评估后同意按照该设计方案实施，大军开始给项目组布置接下来的工作。项目经理大军说："要建立起这个数据库系统，第一步就是要创建数据库。"

项目组是在本公司的服务器上创建和部署商品管理系统数据库的，将其交付给红星家电连锁企业时，需要完整地转移到客户公司的服务器上部署才能使用。数据库管理员可以使用分离数据库和附加数据库来完成这一工作。分离数据库将从 SQL Server 服务器上删除数据库，但是要保证组成该数据库的数据和事务日志文件中的数据库完好无损，然后这些数据和事务日志文件可以用来将数据库附加到任何 SQL Server 实例上，使数据库的使用状态与它分离时的状态完全相同。

2. 任务

数据库管理员根据数据库设计方案，通过 SQL Server 2016 创建一个数据库，任务如下。

(1) 按照设计方案，使用图形用户界面和 T-SQL 命令在 E 盘的"商品管理系统数据库"文件夹下，创建商品管理系统数据库(CommInfo)，具体要求如下。

① 主文件名默认。初始容量为 5MB，最大容量为 25MB，增幅为 1MB。

② 次文件名为：CommInfo2_data。初始容量为 2MB，最大容量为 20MB，增幅为 10%。

③ 日志文件名默认。初始容量为 4MB，最大容量不限制，增幅为 2MB。

④ 记录该数据库所包含的数据文件、日志文件名、文件大小、物理位置、所属文件组。

⑤ 删除创建的数据库 CommInfo。

(2) 分离商品管理系统数据库，并尝试将分离后的数据库重新附加。

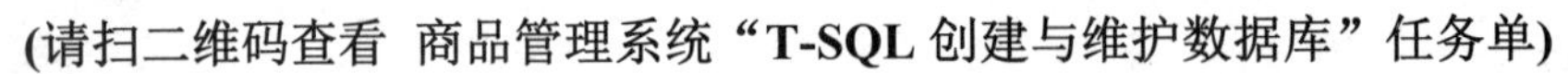

(请扫二维码查看 商品管理系统"T-SQL 创建与维护数据库"任务单)

预备知识

【知识点 1】SQL Server 2016 简介

目前，数据库的主流厂商及产品有 Oracle、Microsoft SQL Server、Sybase、IBMDB2、MySQL 等。Microsoft SQL Server 作为微软在 Windows 系统平台上开发的一个全面的关系数据库产品，使用集成的商业智能(BI)工具提供了企业级的数据管理。SQL Server 是目前最流行的数据库开发平台之一，其高质量的可视化用户操作界面，为用户进行数据库系统的管理、维护和软件开发应用等提供了极大的方便。

Microsoft SQL Server 针对不同的用户群体和使用需求有不同版本，分为企业版、开发版、标准版、工作组版、学习版等，具有使用方便、可伸缩性好、相关软件集成度高、可跨平台使用等优点，版本更新频率高，目前最新版本是 2019 年推出的 SQL Server 2019。

微软公司于 2016 年推出的 SQL Server 2016 数据库，不仅具有良好的安全性、稳定性、可靠性、可编程性以及对日常任务的自动化管理等方面的特点，还能够有效地执行大规模联机事务处理、深入云技术关联，完成数据仓库、电子商务应用和智能开发等许多具有挑战性的工作，为不同规模的企业提供完整的数据解决方案。它能够在多个平台、程序和设备之间共享数据，更易于与内部和外部系统连接，对 Web 技术的支持度高，使用户能够很容易地将数据库中的数据发布到 Web 页面上，并提供数据仓库功能，以此大幅降低系统运行、维护的风险和信息技术的管理成本。

通过 SQL Server 2016，用户可以使用可缩放的混合数据库平台生成任务关键型智能应用程序。此平台内置了需要的所有功能，包括内存中的性能、高级安全性和数据库内分析。SQL Server 2016 版本新增了安全功能、查询功能、Hadoop 和云集成、R 分析，以及许多改进和增强功能。SQL Server 2016 新特性如表 2-1 所示。

表 2-1 SQL Server 2016 新特性

新 特 征	说 明
PolyBase	PolyBase 是一种通过 Transact-SQL 语言访问数据库外部数据的技术，通过 PolyBase 可以更简单高效地管理关系型和非关系型的 T-SQL 数据，支持查询分布式数据集。它可以实现 SQL Server 关系型数据与 Hadoop 或者 SQL Azure blog 存储中的半结构化数据之间的关联查询。此外，还可以利用 SQL Server 的动态列存储索引针对半结构化数据来优化查询
动态数据屏蔽(Dynamic Data Masking)	通过对非特权用户屏蔽敏感数据来限制敏感数据的公开，有助于保护未被加密的数据
全程加密技术(Always Encrypted)	支持在 SQL Server 中保持数据加密，只有调用 SQL Server 的应用才能访问加密数据。SQL Server 2016 通过验证加密密钥实现了对客户端应用的控制，使用该功能可以避免数据库或者操作系统管理员接触客户应用程序敏感数据(包括静态数据和动态数据)。该功能支持敏感数据存储在云端管理数据库中，并且永远保持加密
原生 JSON 支持	SQL Server 2016 针对导入和导出 JSON (JavaScript Object Notation)以及处理 JSON 字符串添加了内置支持，实现轻松解析和存储，以及输出关系型数据
行级安全性管控(Row Level Security)	可以根据 SQL Server 登录权限限制对行数据的访问，使用基于谓词的访问控制来实现基于标签的访问控制
支持 R 语言	SQL Server 2016 把 R 语言内置，可以在 SQL Server 上针对大数据使用 R 语言做高级分析功能
多 tempdb 数据库文件	对于多核计算机，可以执行多个 tempdb 数据库文件，跟踪历史数据变化。在安装 SQL Server 的时候直接配置需要的 tempdb 文件数量，无须在安装完成之后再手工添加 tempdb 文件

续表

新 特 征	说 明
弹性数据库(Stretch Database)	提供了把内部部署数据库扩展到 Microsoft Azure SQL 数据库的途径。有了该功能，访问频率最高的数据会存储在内部数据库，而访问较少的数据会离线存储在 Azure SQL 数据库中。数据库管理员可以将归档历史信息转到更廉价的存储介质，无须修改当前实际应用代码，实现把常用的内部数据库查询保持在最佳性能状态，使得数据库管理员的工作更容易
时序表(Temporal Table)	可以在基表中保存数据的历史信息，提供查询结构以隐藏用户的复杂性

【知识点 2】SQL Server 2016 的安装与配置

一、SQL Server 2016 安装环境要求

安装 SQL Server 2016 对系统硬件和软件都有一定的要求，软件和硬件的不兼容性或不符合要求都有可能导致安装的失败，所以在安装之前必须要弄清楚 SQL Server 2016 的环境要求。

1. SQL Server 2016 安装前的注意事项

在开始安装 SQL Server 2016 之前，首先要对计算机的硬件和软件进行评估，如果没有达到要求，则无法进行安装。同时，还应完成以下操作。

(1) 使用具有本地管理员权限的用户账户或适当权限的域用户账户登录系统。

(2) 关闭所有依赖于 SQL Server 的应用。

(3) 关闭 Windows 操作系统的 Event Viewer 和 Regedit.exe。

(4) 必须在 NTFS 格式的磁盘上安装 SQL Server 2016。

2. SQL Server 2016 安装环境要求

(1) CPU：64 位处理器，主频不低于 1.4GHz，最好使用 2.0GHz 或更高。x86 处理器不支持安装。

(2) 内存：企业版、标准版和开发版的内存需求不小于 1GB，最好使用 4GB 以上内存；精简版的内存需求不小于 512MB，最好使用 1GB 以上内存。

(3) 硬盘空间：最少 6 GB 的可用硬盘空间。

(4) 显示器：1024×768 像素或更高分辨率。

(5) 操作系统：需要安装在 Windows Server 2012 或 Windows 8 及更高版本的操作系统上。

(6) Web 环境下需要 IE 8.0 及以上版本。

(7) .NET Framework：SQL Server 2016 安装程序会自动安装.NET Framework，还可以下载 Microsoft .NET Framework 4.0(Web 安装程序)并手动安装.NET Framework。

(8) 网络软件：SQL Server 2016 支持的操作系统具有内置网络软件。独立安装的命名实例和默认实例支持以下网络协议：共享内存、命名管道和 TCP/IP。

注意：故障转移群集不支持共享内存。

二、SQL Server 2016 的安装过程

打开 SQL Server 2016-x64 安装包，运行 Setup.exe 文件，进入安装中心，选中左侧的“安装”选项，单击右侧的“全新 SQL Server 独立安装或向现有安装添加功能”按钮，启动安装程序，如图 2-1 所示。在产品密钥界面中选定安装版本，或输入产品密钥，然后单击“下一步”按钮，进入“许可条款”界面，如图 2-2 和图 2-3 所示。

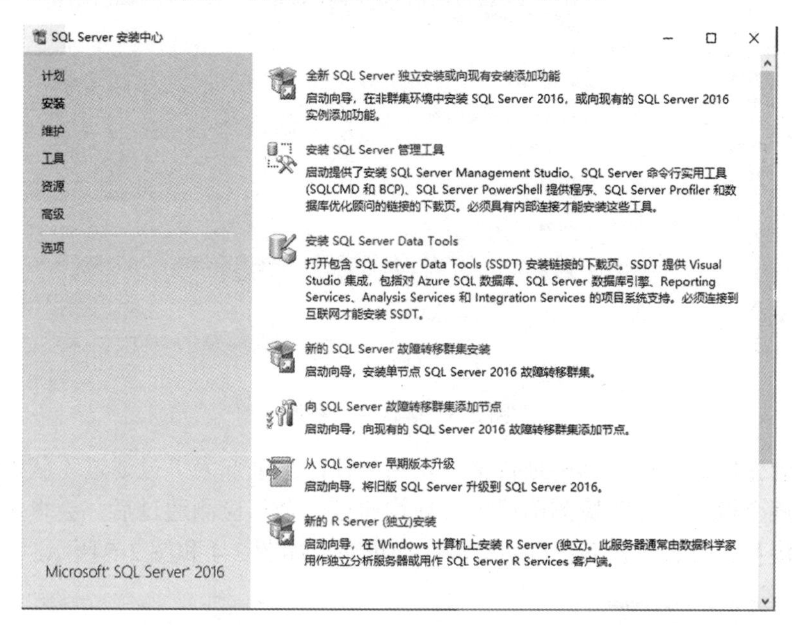

图 2-1 SQL Server 安装主界面

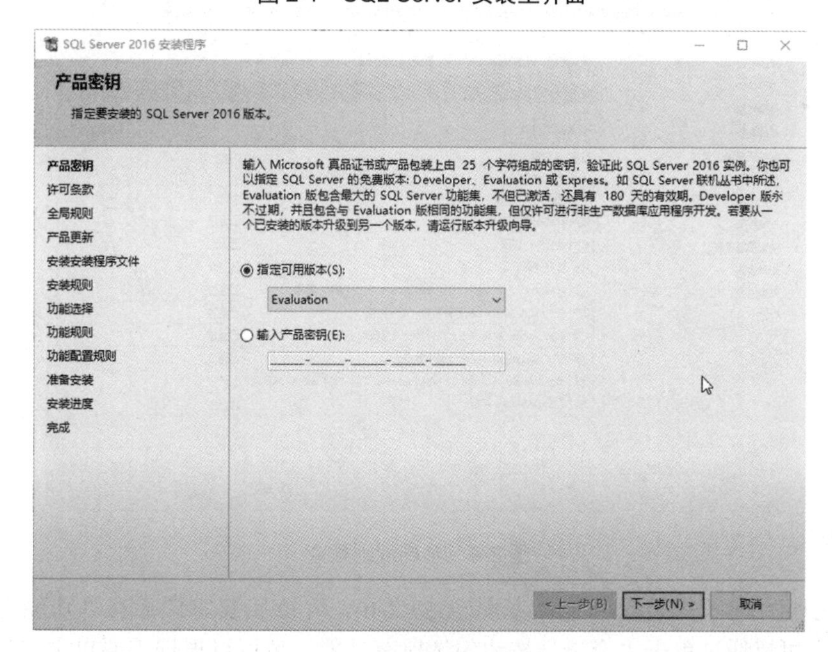

图 2-2 指定需安装的版本

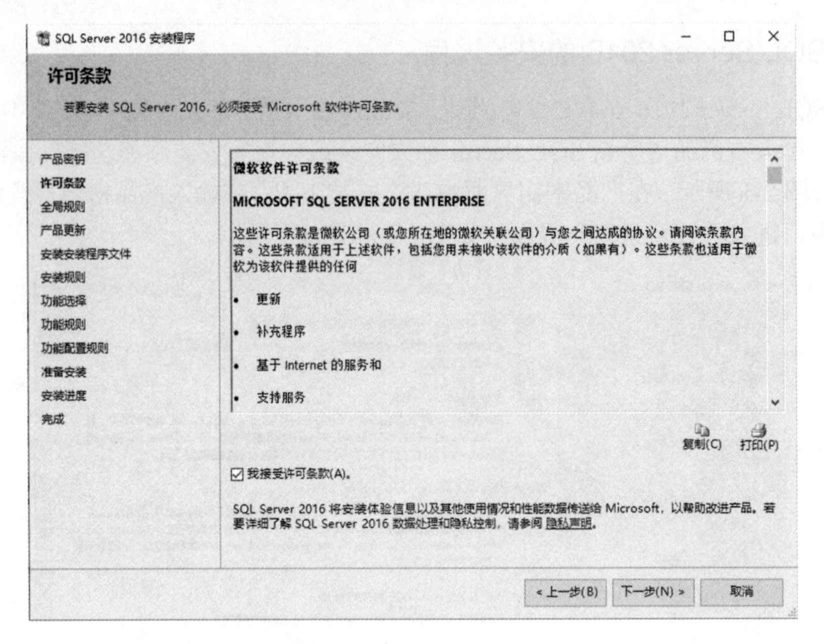

图 2-3　确认许可条款

安装前会先检查当前计算机是否符合安装条件，需全部为“已通过”状态才能继续安装，否则需逐个检查，重复检测确保检查项均通过。全部检测通过后，会自动跳转到下一个环节，连接互联网的状态下会自动检测在线更新，如图 2-4 和图 2-5 所示。

SQL Server 2016 安装程序

全局规则

安装程序全局规则可确定在您安装 SQL Server 安装程序支持文件时可能发生的问题。必须更正所有失败，安装程序才能继续。

产品密钥
许可条款
全局规则
产品更新
安装安装程序文件
安装规则
功能选择
功能规则
功能配置规则
准备安装
安装进度
完成

操作完成。已通过：8。失败 1。警告 0。已跳过 0。

隐藏详细信息(S) <<　　重新运行(R)

查看详细报表(V)

规则	状态
安装程序管理员	已通过
设置帐户权限	已通过
重启计算机	失败
Windows Management Instrumentation (WMI)服务	已通过
针对 SQL Server 注册表项的一致性验证	已通过
SQL Server 安装介质上文件的长路径名称	已通过
SQL Server 安装程序产品不兼容	已通过
用于 Windows 2008 R2 和 Windows 7 的 .NET 2.0 和 .NET...	已通过
版本 WOW64 平台	已通过

< 上一步(B)　下一步(N) >　取消

图 2-4　全局规则检查

更新完毕后进入安装程序文件界面(见图 2-6)，等待安装完毕后在“功能选择”界面(见图 2-7)中可以通过单击“全选”按钮勾选所有功能，也可以根据需要自主选择。实例根目录默认为 C 盘下的安装目录，或者自定义安装目录，设置完毕后单击“下一步”按钮。

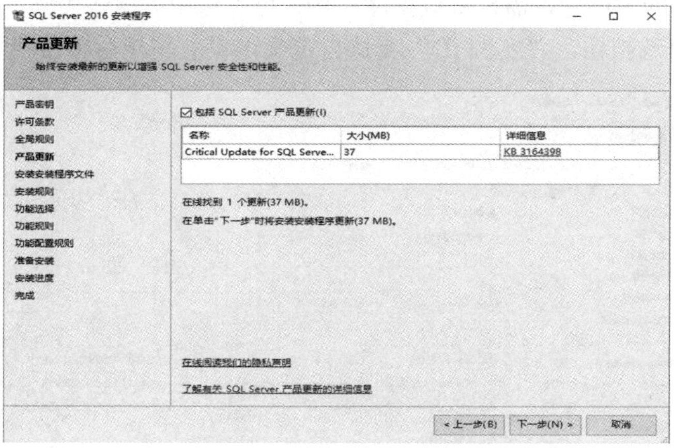

SQL Server 2016 安装程序
产品更新
始终安装最新的更新以增强 SQL Server 安全性和性能。
产品密钥
许可条款
全局规则
产品更新
安装安装程序文件
安装规则
功能选择
功能规则
功能配置规则
准备安装
安装进度
完成
包括 SQL Server 产品更新(I)
名称
大小(MB)
详细信息
Critical Update for SQL Serve...
37
KB 3164398
在线找到 1 个更新(37 MB)。
在单击"下一步"时将安装安装程序更新(37 MB)。
在线阅读我们的隐私声明
了解有关 SQL Server 产品更新的详细信息
< 上一步(B)
下一步(N) >
取消

图 2-5 在线更新检查与安装

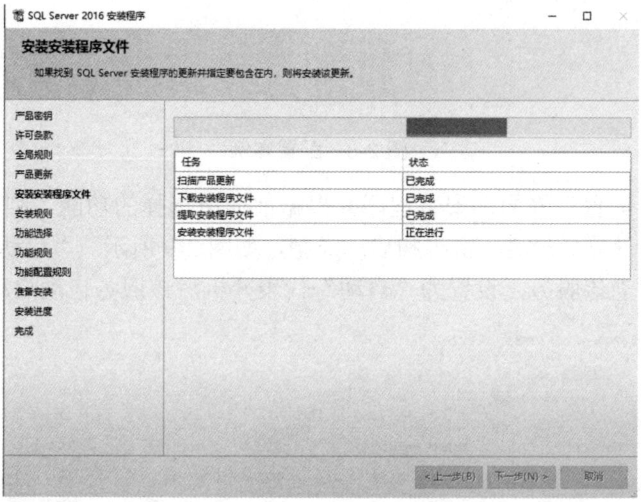

SQL Server 2016 安装程序
安装安装程序文件
如果找到 SQL Server 安装程序的更新并指定要包含在内，则将安装该更新。
产品密钥
许可条款
全局规则
产品更新
安装安装程序文件
安装规则
功能选择
功能规则
功能配置规则
准备安装
安装进度
完成
任务
状态
扫描产品更新
已完成
下载安装程序文件
已完成
提取安装程序文件
已完成
安装安装程序文件
正在进行
< 上一步(B)
下一步(N) >
取消

图 2-6 安装程序文件

SQL Server 2016 安装程序
功能选择
选择要安装的 Enterprise 功能。
安装规则
功能选择
功能规则
实例配置
PolyBase 配置
服务器配置
数据库引擎配置
Analysis Services 配置
Reporting Services 配置
Distributed Replay 控制器
Distributed Replay 客户端
同意安装 Microsoft R Open
功能配置规则
准备安装
安装进度
完成
功能(F):
实例功能
数据库引擎服务
SQL Server 复制
R 服务(数据库内)
全文和语义提取搜索
Data Quality Services
针对外部数据的 PolyBase 查询服务
Analysis Services
Reporting Services - 本机
共享功能
功能说明:
SQL Server 实例的每个实例功能的配置和操作都与其他 SQL Server 实例分开。SQL Server 实例可以在同一台计算机上并行操作。
所选功能的必备组件(P):
已经安装:
Windows PowerShell 3.0 或更高版本
磁盘空间要求(D)
驱动器 C: 需要 8030 MB，有 59278 MB 可用
全选(A)
取消全选(U)
实例根目录(R):
C:\Program Files\Microsoft SQL Server\
共享功能目录(S):
C:\Program Files\Microsoft SQL Server\
共享功能目录(x86)(X):
C:\Program Files (x86)\Microsoft SQL Server\
< 上一步(B)
下一步(N) >
取消

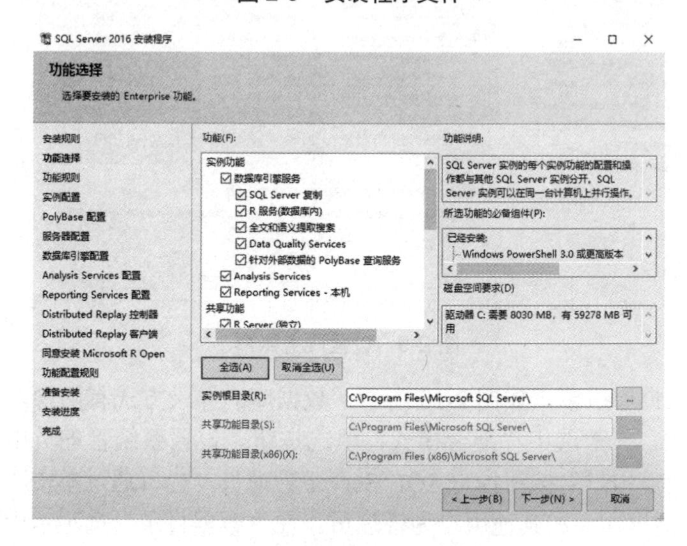

图 2-7 选择需安装的功能和目录

在图 2-8 所示的界面中，需设置数据库实例，可以选中“默认实例”单选按钮，或者选中“命名实例”单选按钮，“实例 ID”支持自定义，设置完毕后单击“下一步”按钮。

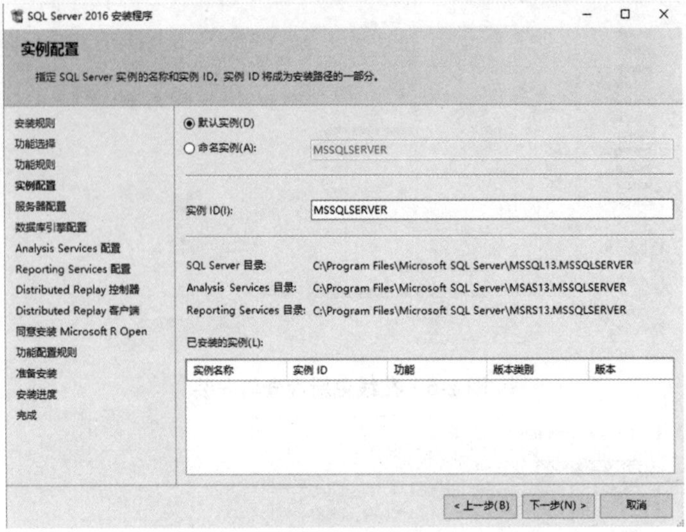

图 2-8　配置实例

进入“服务器配置”界面，安装程序会根据前面所选择的功能，列出需要配置的所有服务，给这些服务设置账户名、密码和启动类型，如图 2-9 所示。“启动类型”设置为“手动”代表需手动启动该服务，设置为“自动”代表开机后该服务自动启动。

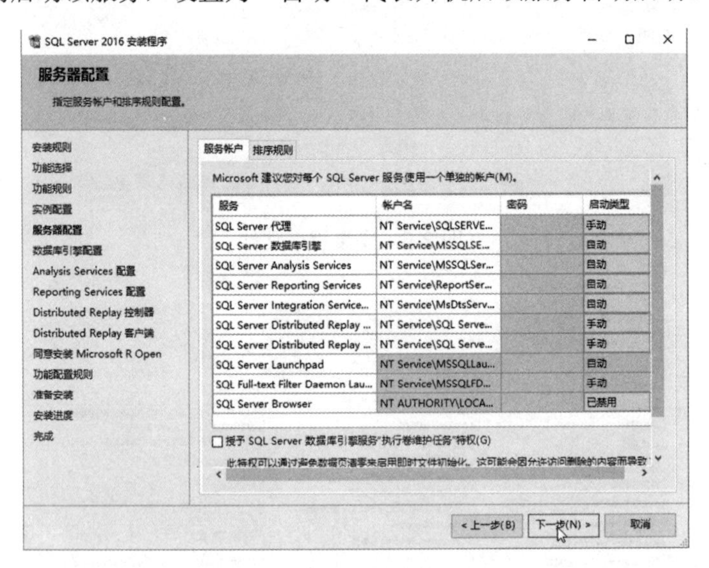

图 2-9　设置服务账户

接下来配置数据库引擎，如图 2-10 所示。数据库的登录方式有两种，Windows 身份验证模式和混合模式，一般选中“混合模式”单选按钮。设置系统管理员用户的密码，同时通过单击“添加当前用户”按钮指定 SQL Server 管理员，也可通过单击“添加”按钮进入图 2-11 所示的对话框，添加其他用户为管理员。在“数据目录”选项卡中，可以进一步自定义数据目录(见图 2-12)，默认在 C 盘安装目录下。

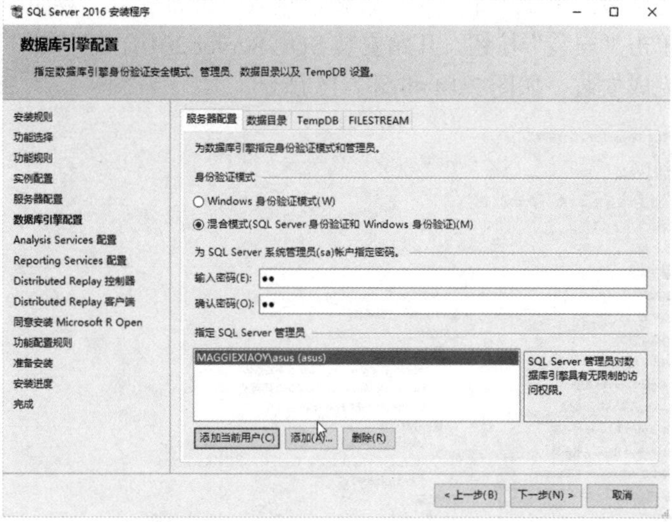

SQL Server 2016 安装程序

数据库引擎配置

指定数据库引擎身份验证安全模式、管理员、数据目录以及 TempDB 设置。

安装规则
功能选择
功能规则
实例配置
服务器配置
数据库引擎配置
Analysis Services 配置
Reporting Services 配置
Distributed Replay 控制器
Distributed Replay 客户端
同意安装 Microsoft R Open
功能配置规则
准备安装
安装进度
完成

服务器配置　数据目录　TempDB　FILESTREAM

为数据库引擎指定身份验证模式和管理员。

身份验证模式

○ Windows 身份验证模式(W)

◉ 混合模式(SQL Server 身份验证和 Windows 身份验证)(M)

为 SQL Server 系统管理员(sa)帐户指定密码。

输入密码(E): ●●

确认密码(O): ●●

指定 SQL Server 管理员

MAGGIEXIAOY\asus (asus)

SQL Server 管理员对数据库引擎具有无限制的访问权限。

添加当前用户(C)　添加(A)...　删除(R)

< 上一步(B)　下一步(N) >　取消

图 2-10　配置数据库登录验证模式

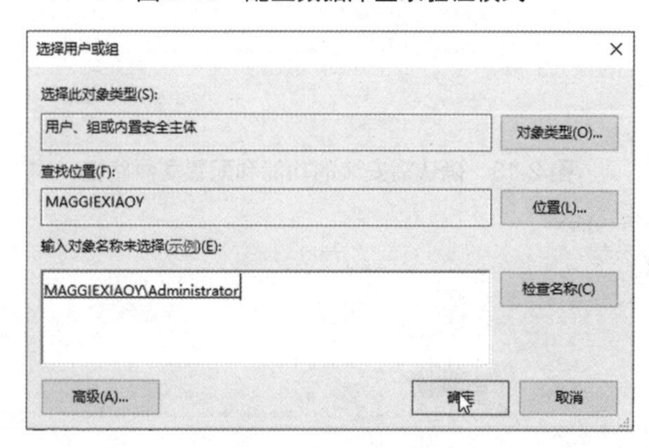

图 2-11　添加 SQL Server 管理员账户

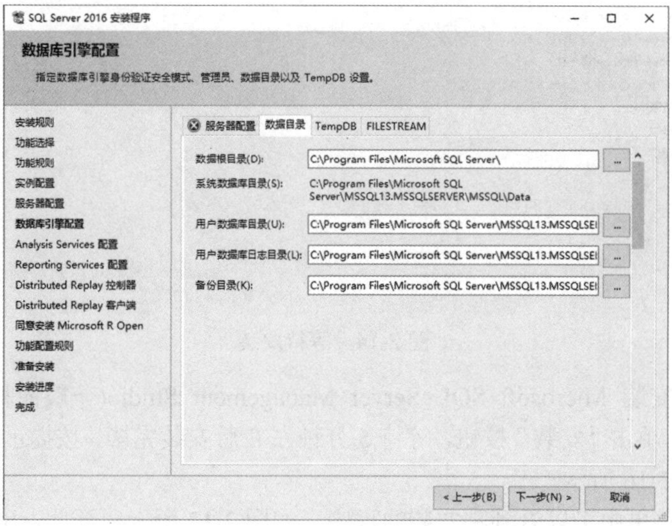

SQL Server 2016 安装程序

数据库引擎配置

指定数据库引擎身份验证安全模式、管理员、数据目录以及 TempDB 设置。

安装规则
功能选择
功能规则
实例配置
服务器配置
数据库引擎配置
Analysis Services 配置
Reporting Services 配置
Distributed Replay 控制器
Distributed Replay 客户端
同意安装 Microsoft R Open
功能配置规则
准备安装
安装进度
完成

服务器配置　数据目录　TempDB　FILESTREAM

数据根目录(D): C:\Program Files\Microsoft SQL Server\

系统数据库目录(S): C:\Program Files\Microsoft SQL Server\MSSQL13.MSSQLSERVER\MSSQL\Data

用户数据库目录(U): C:\Program Files\Microsoft SQL Server\MSSQL13.MSSQLSEI

用户数据库日志目录(L): C:\Program Files\Microsoft SQL Server\MSSQL13.MSSQLSEI

备份目录(K): C:\Program Files\Microsoft SQL Server\MSSQL13.MSSQLSEI

< 上一步(B)　下一步(N) >　取消

图 2-12　设置数据目录

以上均设置完毕后，单击“下一步”按钮，进入“准备安装”界面，如图 2-13 所示。再次确认无误后单击“安装”按钮，开始安装 SQL Server 2016。等待 20～30 分钟，待程序安装完毕，即可完成安装，如图 2-14 和图 2-15 所示。

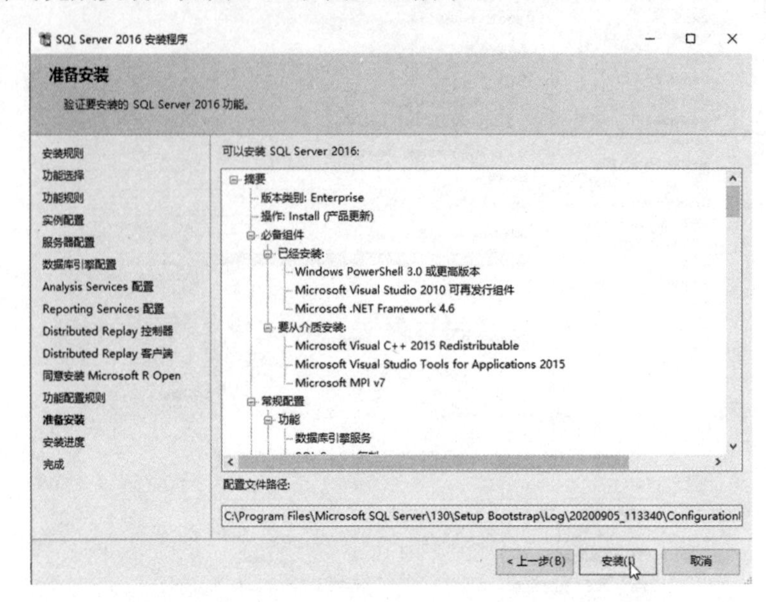

图 2-13　确认需安装的功能和配置文件路径

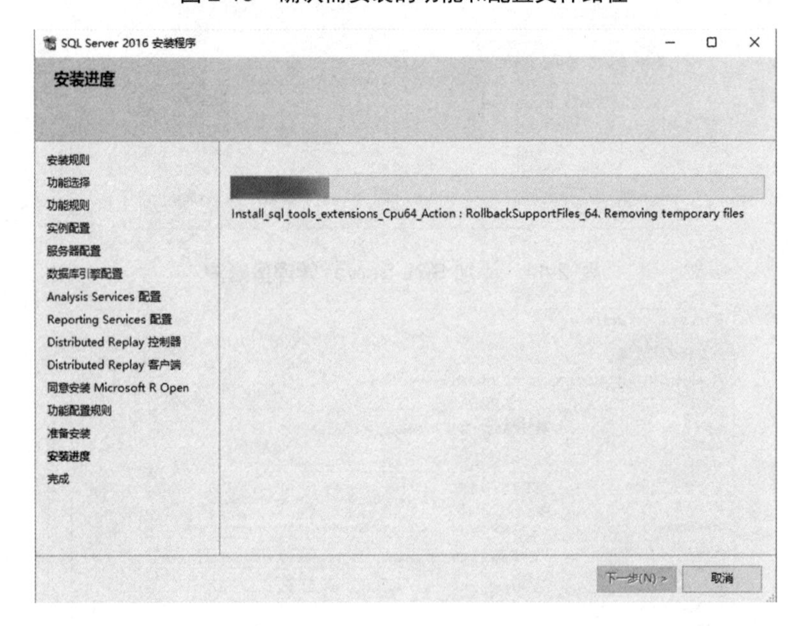

图 2-14　等待安装

接下来还需安装 Microsoft SQL Server Management Studio(一般简称 SSMS)，启动 SSMS 安装程序，单击“安装”按钮，等待 5 分钟左右后安装完毕，按提示要求重启计算机，完成安装，如图 2-16 所示。

从“开始”菜单中可以看到刚安装的程序，如图 2-17 所示。至此，SQL Server 数据库便安装完成可以使用了。

SQL Server 2016 安装程序

完成

SQL Server 2016 安装已成功完成：带产品更新。

安装规则
功能选择
功能规则
实例配置
服务器配置
数据库引擎配置
Analysis Services 配置
Reporting Services 配置
Distributed Replay 控制器
Distributed Replay 客户端
同意安装 Microsoft R Open
功能配置规则
准备安装
安装进度
完成

关于安装程序操作或可能的随后步骤的信息(I):

功能	状态
客户端工具连接	成功
客户端工具 SDK	成功
客户端工具向后兼容性	成功
Reporting Services - 本机	成功
数据库引擎服务	成功

详细信息(D):

已将摘要日志文件保存到以下位置:

C:\Program Files\Microsoft SQL Server\130\Setup Bootstrap\Log\20200905_113340\Summary_maggiexiaoy_20200905_113340.txt

关闭

图 2-15　安装完毕

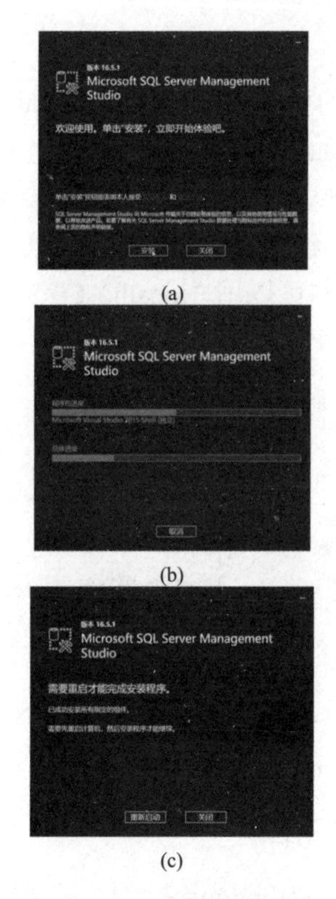

图 2-16　安装企业管理器

图 2-17　“开始”菜单

三、使用 SQL Server Management Studio

SQL Server Management Studio 是一种集成环境，提供用于配置、监视和管理 SQL Server 和数据库实例的工具。通过 SSMS 可以在同一个工具中访问和管理数据库引擎、

Analysis Manager 和 SQL 查询分析器，对数据库服务和数据进行全面的管理和操作，它是我们在本课程中使用的主要工具，如图 2-18 所示。

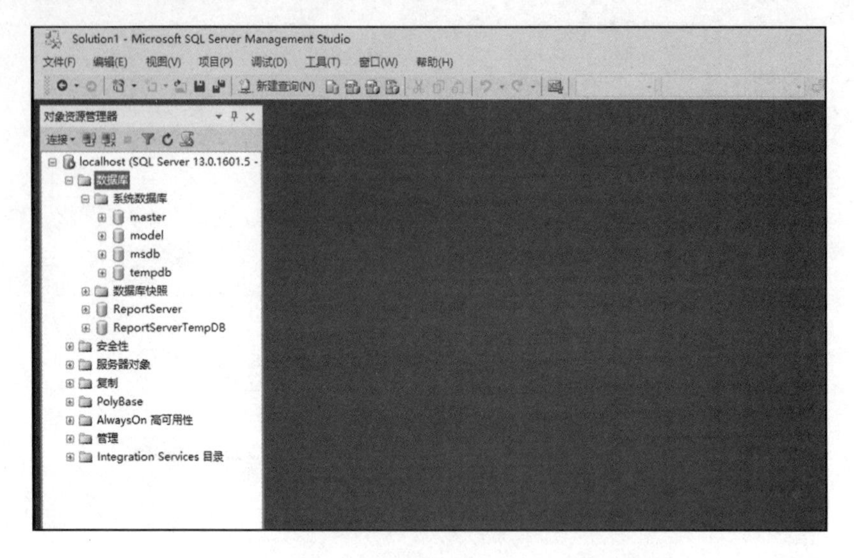

图 2-18　SQL Server Management Studio 界面

1. 连接服务器

要对数据进行管理和操作必须先连接到相应的数据库服务器。启动 SQL Server Management Studio，弹出“连接到服务器”对话框，如图 2-19 所示，若要连接，“服务器名称”下拉列表框中必须包含安装 SQL Server 的计算机的名称。如果数据库引擎为命名实例，则“服务器名称”下拉列表框还应包含格式为<计算机名>\<实例名>的实例名。若访问的是本地安装的 SQL Server 数据库服务器，服务器名称可以用“localhost”“127.0.0.1”“.”三种方式来表示，也可直接写成“本机计算机名\实例名”。

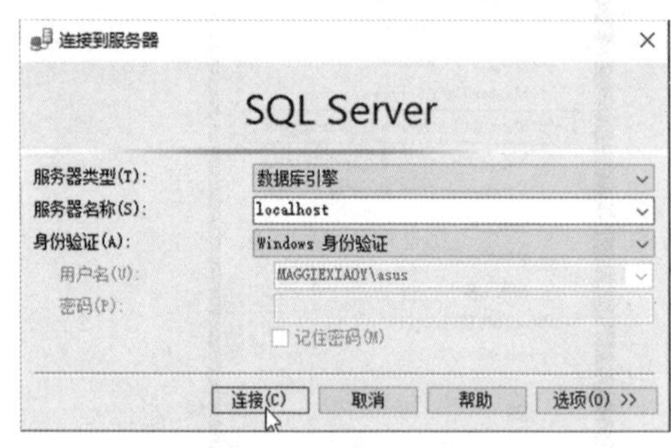

(a) Windows 身份验证方式登录

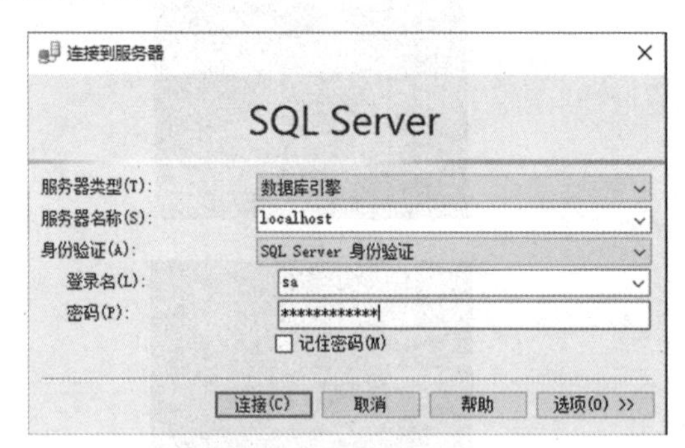

(b) SQL Server 身份验证方式登录

图 2-19　“连接到服务器”对话框

Windows 身份验证是默认的身份验证模式，表示由 Windows 操作系统来验证登录的合法性，只要成功登录 Windows，在登录 SQL Server 时才不需要再验证。当选择这种方式登录时，SQL Server 会使用操作系统中的账户名和密码来登录，用户名和密码是灰显的不可编辑的状态。当选择 SQL Server 身份验证时，要输入数据库系统管理员的登录名及其密码，密码可以在安装 SQL Server 时设置，也可安装完成后再添加和修改。根据需要选择一种方式连接数据库服务器即可。

2. 使用对象资源管理器

通过对象资源管理器可以按照树形视图来组织所有的SQL Server对象，如图2-20所示。

图2-20 对象资源管理器

在“数据库”节点下可以找到所有的数据库，这些数据库被划分为3组：系统数据库、数据库快照和用户数据库。展开任何一个数据库节点，都可以访问到具体的数据库对象。

【知识点3】数据库结构

(请扫二维码学习 微课“数据库结构”)

SQL Server使用系统数据库管理系统，主要的系统数据库有master数据库、model数据库、msdb数据库、tempdb数据库，如图2-21所示。

master数据库称为控制数据库，也就是SQL的总控制数据库，是最重要的系统数据库，它记录系统中所有系统级的信息。

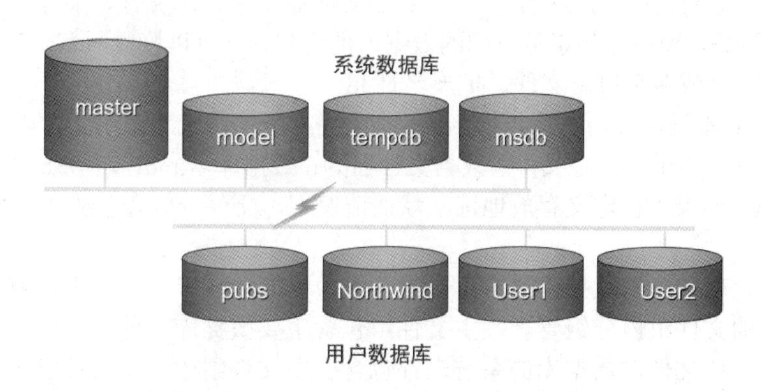

图2-21 SQL Server数据库组成

model数据库又称为模板数据库，为用户创建的数据库提供模板和原型，它包含了用户数据库中应有的系统表的结构，当用户创建新数据库时，系统会自动把模板数据库的内容复制到新建的用户数据库中。

msdb数据库是代理服务数据库，为其警报、任务调度和记录操作员的操作提供存储空间。

tempdb数据库是一个临时数据库，它为所有的临时表、临时存储过程及其他临时操作提供存储空间。

pubs和northwind都是虚拟的数据信息，供用户测试数据时使用。

SQL Server数据库中会存放各种对象(表、索引等)的逻辑实体，所谓数据库对象，是指SQL Server数据库中的数据，在逻辑上被组织成一系列对象，当一个用户连接到数据库后，他所看到的是逻辑对象，而不是数据库文件。数据库的结构在逻辑上表现为数据库对象，在物理上则表现为数据库文件，如图2-22所示。

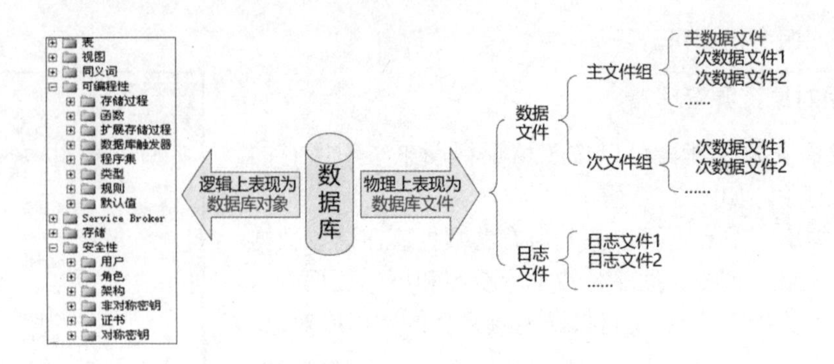

图 2-22　SQL Server 数据库结构

数据库对象有多种类型，包括表、视图、同义词、可编程性、存储、安全性等，各自存储的内容不相同，但都对数据库的正常使用起到相应的作用，其中最常用的就是表和视图。

一个数据库保存为一个或多个文件，这些文件称为数据库文件。数据库文件分为 3 类：第一类叫做主数据文件，它存放数据库的启动信息，并且存放数据，每个数据库必有一个主数据文件，扩展名是.mdf。第二类叫做次数据文件，仅用于存放数据。一个数据库可以没有，或有多个次数据文件，扩展名是.ndf。第三类叫做事务日志文件，事务日志记录了 SQL Server 所有的事务，和由这些事务引起的数据库的变化，它可以恢复所有未完成的事务，每个数据库可有一个或多个日志文件，扩展名是.ldf。

SQL Server 不强制使用这些扩展名，但使用它们有助于标识文件的类型和用途。文件名和存放地址可以由用户自定义，主数据文件名为：数据库名.mdf，事务日志文件名为：数据库名_log.ldf，如果不自定义存放地址，默认情况下，文件一般会存放在 SQL Server 安装目录下。

为了便于管理和分配数据，通常可以为一个数据库创建多个文件组，将多个数据库文件分配在不同的文件组内分组管理。主文件组包含主要数据库文件和任何没有明确指派给其他文件组的其他文件。数据库的系统表都包含在主文件组中。次文件组也叫用户定义文件组，是在创建或修改数据库时指定的文件组。文件组有一定的应用规则：一个数据文件只能存在于一个文件组中，一个文件组也只能被一个数据库使用。事务日志文件不分组管理，即不属于任何文件组。

任务 2.1　创建商品管理系统数据库

子任务 1　使用图形用户界面创建商品管理系统数据库

(请扫二维码学习　微课“使用图形用户界面创建数据库”)

【任务 2-1】用图形用户界面创建一个商品管理系统数据库，按以下要求创建。

在 E 盘的“商品管理系统数据库”文件夹下，创建一个商品管理系统数据库“CommInfo”。其中要求：①主文件名默认。初始容量为 5MB，最大容量为 25MB，增幅为 1MB。②次文件名为 CommInfo2_ data。初始容量为 2MB，最大容量为 20MB，增幅为 10%。③日志文件名默认。初始容量为 4MB，最大容量不限制，增幅为 2MB。

对应的操作步骤如下。

(1) 打开 SSMS 窗口，在对象资源管理器中，连接到 SQL Server 数据库引擎实例，展开该实例。

(2) 在对象资源管理中右击“数据库”节点，在弹出的快捷菜单中选择“新建数据库”命令，打开“新建数据库”对话框，如图 2-23 和图 2-24 所示。

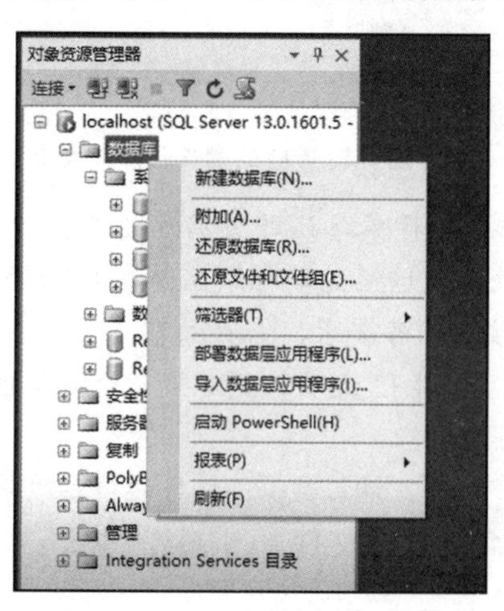

图 2-23 选择“新建数据库”命令

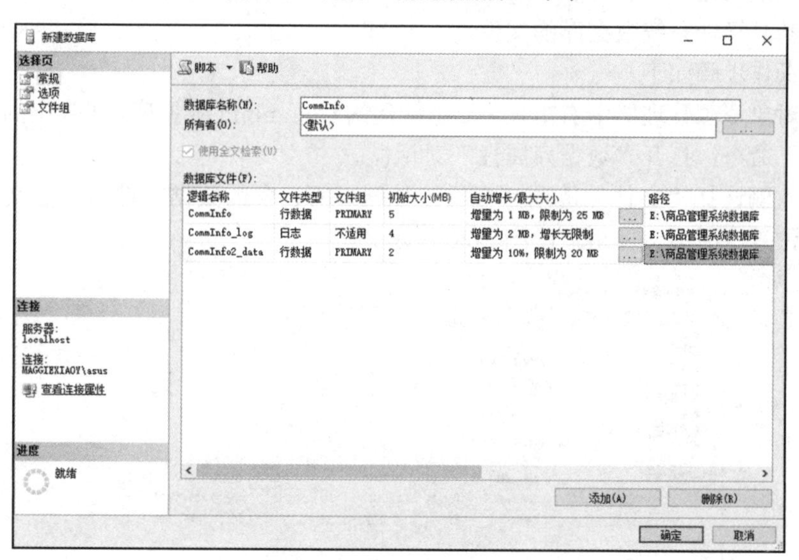

图 2-24 “新建数据库”对话框

(3) 在“新建数据库”对话框的“数据库名称”文本框中输入商品管理系统数据库的名称“CommInfo”，已经默认有一个主数据文件和一个事务日志文件，在第一行通过单击“添加”按钮新增一行作为次数据文件。按任务要求逐行录入主文件、日志文件和次数据文件的逻辑名称、初始大小、自动增长/最大大小和路径，如图 2-24 所示。其中，“自动增长/最大大小”这一列需要通过单击该栏右侧的 ... 按钮打开设置对话框，如图 2-25 所示。设置完毕后单击“确定”按钮，即可成功创建该数据库，并在对象资源管理器中看到该数据库。

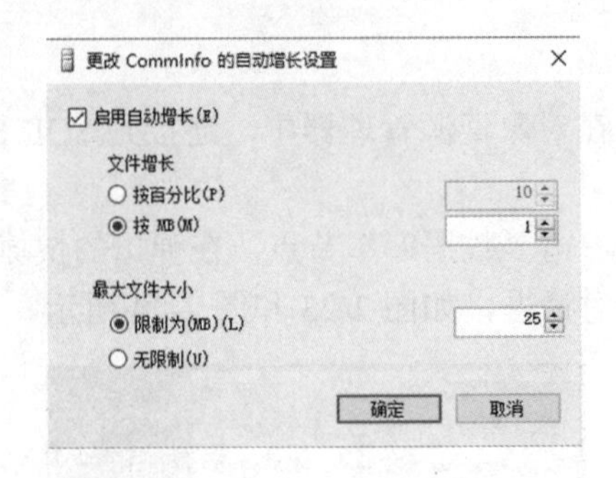

图 2-25　设置自动增长和最大大小

注意：文件在计算机中的存放路径即数据库文件在计算机中的物理地址。若 SQL Server 设置的是默认数据目录，则这里的路径默认是在 C 盘的 SQL Server 安装目录下，也可以自定义选择其他位置。按本任务要求，需存放在 E 盘下的“商品管理系统数据库”文件夹中，因此要在创建之前，先到 E 盘下新建名为“商品管理系统数据库”的文件夹，否则会建库失败。

【任务 2-2】使用图形用户界面，通过数据库属性，查看数据库信息，其中要求如下。

(1) 记录该数据库所包含的数据文件、日志文件名、文件大小、物理位置、所属文件组。

(2) 找到该数据库在计算机中存放的物理位置，记录是否找到了数据库文件以及找到了几个关于商品管理系统数据库的文件。

对应的操作步骤如下。

(1) 在对象资源管理器中右击任务 2-1 新建的 CommInfo 数据库，在弹出的快捷菜单中选择“属性”命令，打开“数据库属性”对话框。

(2) 在左侧选择“文件”选项，查看该数据库所包含的数据文件、日志文件名、文件大小、物理位置、所属文件组，如图 2-26 所示。

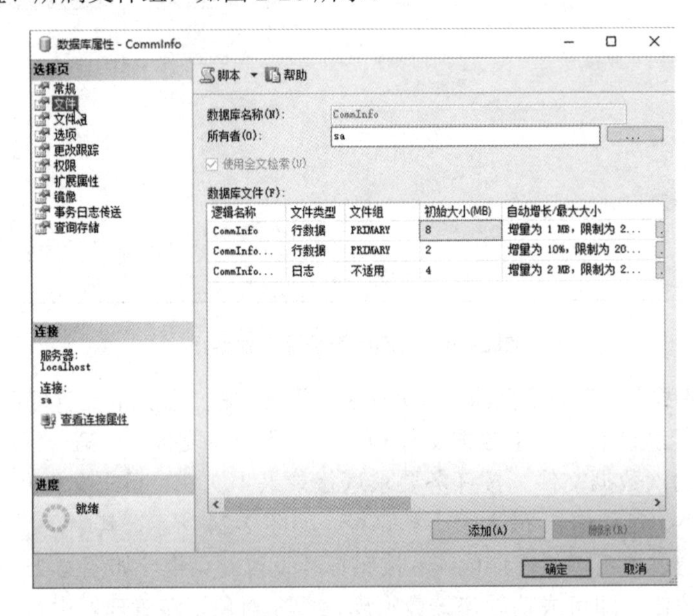

图 2-26　查看数据库属性

(3) 按照路径打开E盘中的“商品管理系统数据库”文件夹，查看到该数据库包含的3个文件，分别为主数据文件(扩展名为.mdf)、次数据文件(扩展名为.ndf)和日志文件(扩展名为.ldf)，如图2-27所示。

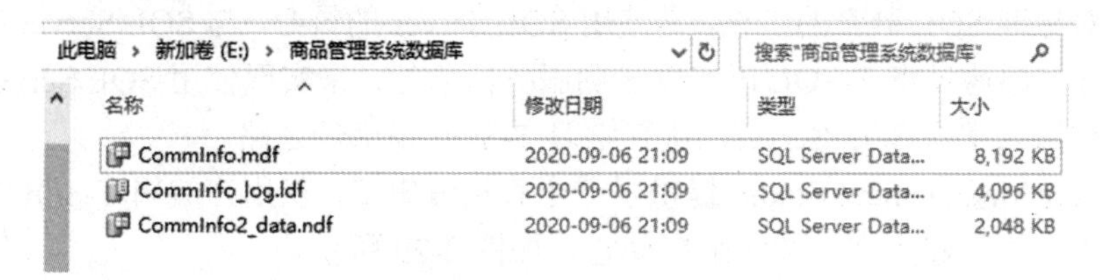

图2-27　查看数据库文件

【任务2-3】使用图形用户界面，将该数据库删除。

对应的操作步骤如下。

(1) 在对象资源管理器中右击任务2-1新建的CommInfo数据库，在弹出的快捷菜单中选择“删除”命令，打开“删除对象”对话框，如图2-28所示。

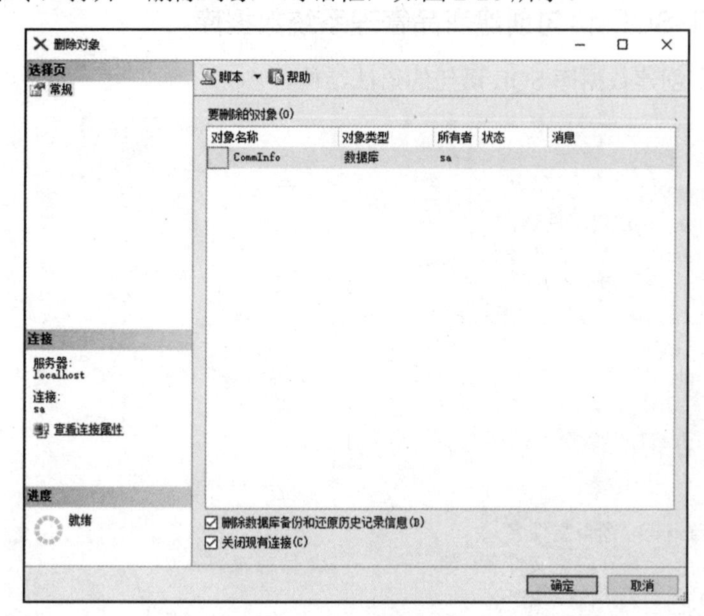

图2-28　删除数据库

(2) 选中“关闭现有连接”复选框，单击“确定”按钮即可。删除后，在E盘的“商品管理系统数据库”文件夹中，该数据库包含的3个文件也一并被删除了。

注意：若当前数据库正在使用，取消选中“关闭现有连接”复选框则会提示删除失败，需要选中才能删除；若当前数据库未使用，则不受影响。

子任务2　使用T-SQL语句创建和管理商品管理系统数据库

(请扫二维码学习 微课“使用T-SQL 语句创建数据库”)

在SQL Server Management Studio中，除了通过图形用户界面来进行管理和操作数据库外，我们还能通过T-SQL语言编程来自动化地完成更高级、更复杂的功能。

在 SQL Server 中，可以使用 SQL 语言，也就是结构化查询语言，来实现数据定义、数据查询、数据操纵和数据控制等操作。它可以实现用户和 SQL Server 数据库管理系统之间的交互，而且简单易学，因此是目前关系数据库系统中使用最广泛的语言。T-SQL 语言是 SQL Server 对标准 SQL 语言的扩充，是使用 SQL Server 的核心，与 SQL Server 实例通信的所有应用程序，都通过将 T-SQL 语句发送到服务器运行，来实现使用 SQL Server 及其数据的目的。要想深入掌握 SQL Server，认真学习 T-SQL 是必经之路。

SQL Server Management Studio 提供了一个查询编辑器，供用户编辑 T-SQL 命令，可以通过工具栏中的“新建查询”按钮来启动它，如图 2-29 所示。

图 2-29　查询编辑器工具栏

一、使用 T-SQL 语句创建商品管理系统数据库

【任务导学】创建数据库 SQL 语句的语法结构。

```
create database 数据库名
 [
  on [primary]
   { ([ name = 逻辑文件名,]
      filename = '磁盘文件名'
      [, size = 初始大小]
      [, maxsize = 最大容量|unlimited ]
      [, filegrowth = 增长量 ] )
   } [, … n]
]
[, filegroup 文件组名 {(…)}[ ,… n ] ]
 [
log on
   { ( [ name = 逻辑文件名,]
      filename = '磁盘文件名'
      [, size = 初始大小 ]
      [, maxsize = 最大容量|unlimited ]
      [, filegrowth = 增长量 ])
      } [, … n]
]
```

其中，[]表示可选部分，{}表示必须的部分。

【语法解析】

(1) on 关键字表示设置主数据文件的相关参数，log on 关键字表示设置日志文件的相关参数。

(2) primary 用于指定主文件组中的文件。一个数据库只能有一个主文件，在默认情况下，如果不指定 primary 关键字，则在命令中列出的第一个文件将被默认为主文件。主数据文件的各个参数设置必须用一对括号包含起来，否则执行语句的时候会报错。

(3) name 表示指定数据库的逻辑名称，这是在 SQL Server 中使用的名称，是数据库在

SQL Server 中的标识符。

(4) filename 表示指定数据库所在文件在计算机中的物理路径，磁盘文件名要与逻辑文件名一致。

(5) size 表示指定数据库的初始容量大小。

(6) maxsize 表示指定数据库文件可以增长到的最大容量。

(7) filegrowth 表示指定文件每次增加容量的大小。

(8) [,…*n*]表示重复前面的内容，是主文件组的次数据文件，可以有多个。

(9) 带方括号的内容属于可选项，在实际使用时可以根据使用需求来指定参数，未特别指定的参数则使用默认值。

注意：

(1) 创建数据库时，如果使用 create database 数据库名来创建数据库，也能创建成功，系统自动默认存储路径和大小。

(2) 创建数据库语句的各参数之间应用逗号隔开，如果不加逗号，执行语句后会出现语法报错。

(3) Microsoft SQL Sever 中执行 T-SQL 命令不区分大小写。

(4) 必须在英文输入法状态下编写 T-SQL 语句并输入标点符号，若在中文输入法状态下输入标点符号，执行语句时会出现语法报错。

【任务 2-4】编写 T-SQL 语句创建一个商品管理系统数据库，按以下要求进行创建。

在 E 盘的“商品管理系统数据库”文件夹下，创建一个商品管理数据库“CommInfo”，要求：①主文件名为 CommInfo_data。物理文件名为 CommInfo.mdf，初始容量为 5MB，最大容量为 25MB，增幅为 1MB。②日志文件名为 CommInfo_log，物理文件名为 CommInfo.ldf。初始容量为 4MB，最大容量不限制，增幅为 2MB。

【任务实施】

在工具栏中单击“新建查询”按钮，打开查询编辑器窗口。创建 CommInfo 数据库对应的 T-SQL 语句如下：

```
create database CommInfo                  --创建数据库并命名
on(                                       --开始设置主数据文件
name = 'CommInfo_data',                   --设置主文件名
filename = 'E:\商品管理系统数据库\CommInfo.mdf',  --设置物理文件名及其路径
size = 5MB,                               --设置初始容量
maxsize = 25MB,                           --设置最大容量
filegrowth = 1MB )                        --设置增幅

log on(                                   --开始设置日志数据文件
name = 'CommInfo_log',                    --设置主文件名
filename = 'E:\商品管理系统数据库\CommInfo.ldf',  --设置物理文件名及其路径
size = 4MB,                               --设置初始容量
maxsize =unlimited,                       --设置最大容量
filegrowth = 2MB )                        --设置增幅
```

在查询编辑器中输入以上语句后，单击工具栏中的“执行”按钮，或按键盘上的 F5 键，提示“命令已完成”，在“对象资源管理器”窗口中，选中“数据库”节点并右击，在弹

出的快捷菜单中选择“刷新”命令，即可看到创建好的数据库。

好的程序员一定会为程序添加适当的注释。注释就是对代码的解释和说明，能够更加轻松地了解代码含义。注释是编写程序时给一个语句、程序段、函数等的解释或提示，能提高程序的可读性。注释只是为了提高可读性，不会被计算机编译。在编写 T-SQL 语句时，可以适当地添加注释，增强语句的可读性。注释通常分为行注释和块注释。在行注释符号后的一行语句不会被执行，块注释符号中间的部分不会被执行。在 SQL Server 中，可以直接输入“//”表示注释，也可以选中内容后单击工具栏中的按钮来标记注释或取消注释，如图 2-30 所示。

```
--1) 编写T-SQL语句创建一个“商品管理系统”数据库，按如下要求创建数据库：
--在E盘的“商品管理系统数据库”文件夹下，创建一个商品管理数据库 “CommInfo”，其中要求：
--（1）主文件名为CommInfo_data。物理文件名为CommInfo.mdf，初始容量为5MB，最大容量为25MB，增幅为1MB。
--（2）日志文件名CommInfo_log，物理文件名为CommInfo.ldf。初始容量为4MB，最大容量不限制，增幅为2MB。

create database CommInfo
on (
name = 'CommInfo_data',
filename = 'E:\商品管理系统数据库\CommInfo.mdf',
size = 5MB,
maxsize = 25MB,
filegrowth = 1MB )

log on (
name = 'CommInfo_log',
filename = 'E:\商品管理系统数据库\CommInfo.ldf',
size = 4MB,
maxsize = 25MB,
filegrowth = 1MB
```

图 2-30　加框部分表示注释不会被执行

二、使用 T-SQL 语句管理商品管理系统数据库

除了使用 T-SQL 创建数据库外，还可通过 T-SQL 语句实现修改数据库、删除数据库等操作。

【任务导学】查看数据库 SQL 语句的语法结构。

```
sp_helpdb [数据库名称]
```

查询某个数据库的基本信息时可执行该语句。若不添加数据库名称，仅执行 sp_helpdb，则查看当前数据库服务器中所有数据库的基本信息。

【任务导学】修改数据库 SQL 语句的语法结构。

```
alter database <数据库名称>
{add file <数据文件>
|add log file <日志文件>
|remove file <逻辑文件名>
|add filegroup <文件组名>
|remove filegroup <文件组名>
|modify file <文件名>
|modify name=<新数据库名称>
|modify filegroup <文件组名>
|set <选项>}
```

【语法解析】

(1)　add 关键字表示添加文件。

(2)　remove 关键字表示删除文件。

(3)　modify 关键字表示修改文件属性。

【任务 2-5】为数据库 CommInfo 添加一个数据文件 CommInfo_data2 和日志文件

CommInfo_log2，文件参数可以自定义。

对应的 T-SQL 语句如下：

```
alter database CommInfo                     --修改数据库 CommInfo
add file                                    --添加数据文件
(name=CommInfo_data2,
filename='E:\商品管理系统数据库\CommInfo_data2.ndf',
size=4,
maxsize=10,
filegrowth=1)
alter database CommInfo
add log file                                --添加日志文件
(name=CommInfo_log2,
filename='E:\商品管理系统数据库\CommInfo_log2.ldf',
size=4,
maxsize=10,
filegrowth=1)
```

【任务 2-6】为数据库 CommInfo 添加一个文件组 user1 ，并向该文件组添加两个数据文件 CommInfouser_data1 和 CommInfouser_data2。

对应的 T-SQL 语句如下：

```
alter database CommInfo
add filegroup user1                         --添加文件组
alter database CommInfo
add file                                    --添加文件
(name=CommInfouser_data1,                   --添加第 1 个数据文件
filename='E:\商品管理系统数据库\CommInfouser_data1.ndf',
size=4,
maxsize=10,
filegrowth=1),
(name=CommInfouser_data2,                   --添加第 2 个数据文件
filename='E:\商品管理系统数据库\CommInfouser_data2.ndf',
size=4,
maxsize=10,
filegrowth=1)
to filegroup user1                          --将两个文件添加到 user1 文件组中
```

注意：

(1) 一个数据库只能有一个主数据文件(扩展名为.mdf)，当增加多个数据文件时，扩展名为.ndf。

(2) 如果不写 to filegroup user1，则执行语句后，新增的两个数据文件会默认被加入 primary 文件组中。

【任务 2-7】修改数据库 CommInfo 中数据文件 CommInfouser_data2 的属性，将其初始大小改为 10MB，最大容量改为 80MB，增长幅度改为 5MB。

对应的 T-SQL 语句如下：

```
alter database CommInfo
modify file                                 --修改文件属性
(name=CommInfouser_data2,
size=10,
maxsize=80,
filegrowth=5)
```

【任务 2-8】修改数据库 CommInfo 中文件组 user1 的属性，将其改名为 group1，并设置为 default 属性。

对应的 T-SQL 语句如下：

```
alter database CommInfo
modify filegroup user1 name=group1   --修改文件组名称
alter database CommInfo
modify filegroup group1 default      --设置文件组属性
```

注意：文件组的属性有三种：readonly(只读)、readwrite(读写)和 default(默认)。

【任务 2-9】从数据库 CommInfo 中删除文件 CommInfouser_data2。

对应的 T-SQL 语句如下：

```
alter database CommInfo
remove file CommInfouser_data2       --删除文件
```

【任务 2-10】删除数据库 CommInfo 中的文件组 user1。

对应的 T-SQL 语句如下：

```
alter database CommInfo
remove fileCommInfouser_data1
alter database CommInfo
remove file CommInfouser_data2
alter database CommInfo
remove filegroup user1               --删除文件组
```

注意：删除文件组前，必须先删除文件组中所包含的文件。

【任务 2-11】将数据库 CommInfo 改名为 CommInfo_new。

对应的 T-SQL 语句如下：

```
alter database CommInfo
modify name=CommInfo_new
```

也可以使用系统存储过程重命名数据库，SQL 语句如下：

```
sp_renamedb 'CommInfo' 'CommInfo_new'
```

其中，'CommInfo'是数据库的当前名称，'CommInfo_new'是数据库的新名称。

【任务导学】删除数据库 SQL 语句的语法结构。

```
drop database 数据库名
```

【任务 2-12】编写 T-SQL 语句删除创建的数据库 CommInfo。

对应的 T-SQL 语句如下：

```
drop database CommInfo
```

注意：

(1) 4 个系统数据库 master、tempdb、model、msdb 不能删除。

(2) 正在使用的数据库不能删除。

(3) 数据库被删除之后，其文件及其数据都将从服务器的磁盘中被删除。一旦删除数据库，它将永久删除，所以删除数据库时一定要谨慎。

任务 2.2 商品管理系统数据库的分离和附加

子任务 1 分离数据库

【任务 2-13】使用 SSMS 工具分离商品管理系统数据库(CommInfo)。

(1) 打开 SSMS 窗口，在对象资源管理器中，连接到 SQL Server 数据库引擎实例，然后展开该实例。

(2) 展开“数据库”节点，右击 CommInfo 数据库，在弹出的快捷菜单中选择“任务”→“分离”命令，如图 2-31 所示。

图 2-31 选择“分离”命令

(3) 弹出“分离数据库”对话框，单击“确定”按钮，完成数据库的分离，如图 2-32 所示。

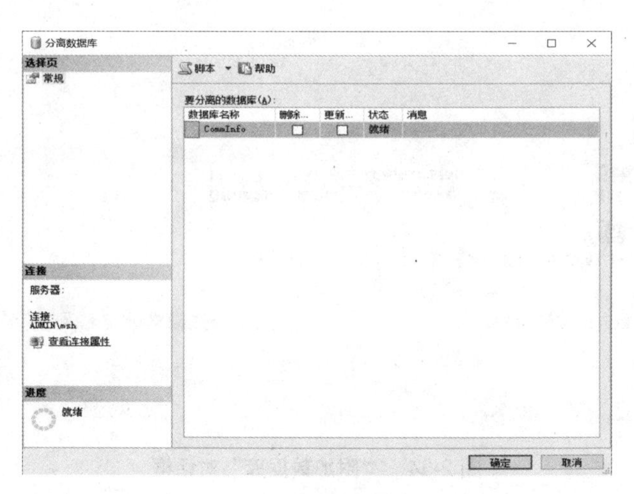

图 2-32 “分离数据库”对话框

小贴士　只有当“使用本数据库的连接”数为 0 时，该数据库才能分离，所以分离数据库时应尽量断开所有对要分离数据库操作的连接，如果还有连接数据库的程序，会出现分离数据库失败的对话框，此时用户可以在图 2-32 所示的对话框中选中“删除连接”复选框，从服务器强制断开现有的连接。

子任务 2　附加数据库

【任务 2-14】将任务 2-13 分离后的 CommInfo 数据库附加。

(1) 在对象资源管理器中，右击“数据库”节点，在弹出的快捷菜单中选择“附加”命令，如图 2-33 所示。

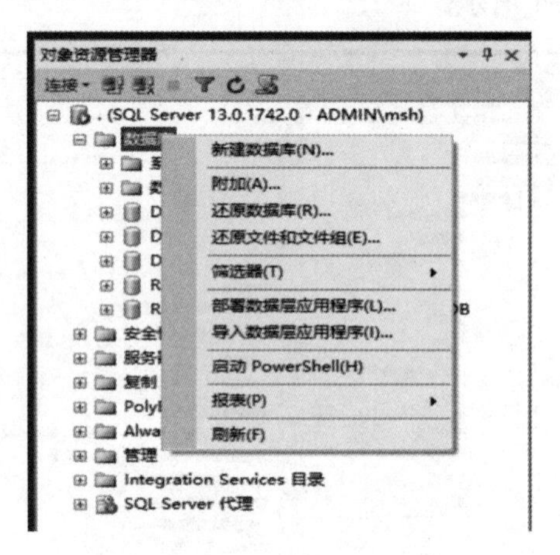

图 2-33　选择“附加”命令

(2) 在弹出的“附加数据库”对话框中，单击“添加”按钮，如图 2-34 所示。

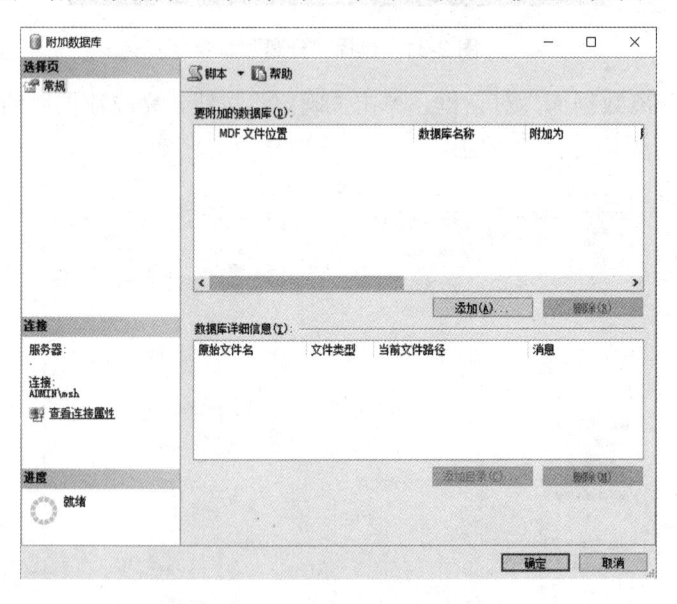

图 2-34　“附加数据库”对话框

(3) 在弹出的“定位数据库文件”对话框中选择要附加的磁盘上的数据库文件，单击

“确定”按钮，完成 CommInfo 数据库的附加，如图 2-35 所示。

图 2-35　附加磁盘上的数据库文件

项 目 小 结

本项目详细介绍了如何使用图形用户界面和 T-SQL 语句实现数据库的创建和管理，涉及的关键知识和关键技能如下。

1. 关键知识

(1) 数据库结构。
(2) 使用 SQL Server Management Studio 的基本方法。
(3) 创建和删除数据库的 T-SQL 语法结构。

2. 关键技能

(1) 安装 Microsoft SQL Server 2016 和 SQL Server Management Studio。
(2) 使用图形用户界面创建和删除数据库。
(3) 使用 T-SQL 语句创建和删除数据库。
(4) 通过图形用户界面实现数据库的分离和附加。

思考与练习

一、选择题

(1) 下列关于数据库、数据库文件和文件组，描述正确的是(　　)。

A. 一个数据库必须包含三个文件，分别是主数据文件、次数据文件和日志文件

B. 一个文件可以属于多个文件组

C. 日志文件可以加入文件组中

D. 一个数据库可以有多个次数据文件

(2) 一个数据库可以有(　　)数据库文件。

A. 一个　　B. 多个　　C. 一个或多个　　D. 可以没有

(3) 一个数据库文件(　　)数据库。

A. 只属于一个　　B. 可以属于多个　　C. 属于至少 2 个　　D. 不属于

(4) 主数据文件的扩展名为(　　)。

A. .mdf　　B. .ldf　　C. .ndf　　D. .kdf

(5) 次数据文件的扩展名为(　　)。

A. .mdf　　B. .ldf　　C. .ndf　　D. .kdf

(6) 以下说法错误的是(　　)。

A. 数据库文件可以不断扩充而不受操作系统文件大小的限制

B. 对数据库进行的操作都会记录在次数据文件中

C. 主数据文件必须放在主文件组中

D. 次数据文件可以放在次文件组中

(7) 下列语句能成功创建数据库的是(　　)。

A. create DB1　　B. create datebase DB1

C. create database DB1　　D. create database

(8) 下列参数编写格式错误的是(　　)。

A. size=5mb　　B. maxsize=50MB

C. name='DB1_data'　　D. filename='DB1_data.mdf'

(9) 下列语句能成功删除数据库的是(　　)。

A. drop DB1　　B. drop datebase DB1

C. drop database DB1　　D. drop database

(10) 要在 E 盘的 test 文件夹下创建一个名为 book 的数据库，编写 T-SQL 语句时设置主数据文件的物理名，下列语句正确的是(　　)。

A. filename='E:\test\book_data'　　B. filename='E:\test\book_data.mdf'

C. filename='E:\test\book_data.ldf'　　D. filename='E:\test\book_data.ndf'

(11) 下列属于 SQL Server 系统数据库的有(　　)。

A. master 数据库　　B. model 数据库

C. tempdb 数据库　　D. 以上都是

(12) 下列说法错误的是(　　)。

A. 系统数据库不能删除

B. 正在使用的数据库不能删除

C. 数据库被删除后，文件及其数据都将从服务器的磁盘中被删除

D. 在 SQL Server Management Studio 中删除数据库之后，数据库文件仍然存在于磁盘中，还需在磁盘中手工删除

二、填空题

(1) SQL Server 2016 提供了________和________两种登录认证模式。

(2) 数据库文件是存放数据库数据和________的文件。

(3) SQL 语言的全称是________。

信息安全案例分析：数据收集风险

在数据存储环节，风险威胁来自外部因素、内部因素、数据库系统安全等。外部因素包括黑客脱库、数据库后门、挖矿木马、数据库勒索、恶意篡改等，内部因素包括内部人员窃取、不同利益方对数据的超权限使用、弱口令配置、离线暴力破解、错误配置等；数据库系统安全包括数据库软件漏洞和应用程序逻辑漏洞，如：SQL 注入、提权、缓冲区溢出、存储设备丢失等。

【案例描述】5700 万名优步司机信息遭泄露。

据环球网科技综合 2018 年 9 月报道，美国科技公司优步 2016 年泄漏约 5700 万名乘客与司机的个人资料，在长达一年的时间里，优步未能通知司机该平台遭受黑客袭击导致司机个人信息被泄露一事，而且隐瞒盗窃证据，并向黑客支付赎金以确保数据不会被滥用。美国 50 个州及华盛顿特区官员向该公司提起集体诉讼，之后优步与各州达成和解协议。

2018 年 9 月优步宣布：将支付 1.48 亿美元罚金，并承诺加强数据安全管理。和解协议要求优步遵守维护个人信息的国家消费者保护法，并在发生信息泄漏情况下立即通知相关部门，保护第三方平台用户数据，并制定强有力的密码保护政策。优步还将聘请一家外部公司对优步的数据安全进行评估，并按照其建议进一步加固数据安全。

拓展训练：创建学生成绩管理系统数据库

(请扫二维码查看 学生成绩管理系统“创建数据库”任务单)

【任务单】创建和管理数据库

一、使用图形用户界面创建数据库与删除数据库

1. 使用图形用户界面创建一个学生成绩管理系统数据库。

在 D 盘的“学生成绩管理系统数据库”文件夹下，创建一个学生成绩管理系统数据库“Student”，要求如下。

(1) 主数据文件名为 Student_data，物理文件名为 Student.mdf，初始容量为 10MB，最大容量为 50MB，增幅为 2%。

(2) 次数据文件名为 Student_data2，物理文件名为 Student.ndf，初始容量为 10MB，最大容量不限制，增幅为 1MB。

(3) 日志文件名为默认，初始容量为 5MB，最大容量不限制，增幅为 3MB。

2. 通过数据库属性，查看数据库信息。

3. 将该数据库删除。

(请扫二维码学习 微课“使用图形用户界面创建数据库_操作视频”)

二、使用 T-SQL 语句创建数据库与删除数据库

1. 创建一个学生成绩管理系统数据库。

用 Create database 命令在 D 盘的“学生成绩管理系统数据库”文件夹下，创建一个学生成绩管理系统数据库“Student”，要求如下。

(1) 主数据文件名为 Student_data，物理文件名为 Student.mdf，初始容量为 10MB，最大容量为 50MB，增幅为 2MB。

(2) 日志文件名为 Student_log，物理文件名为 Student.ldf，初始容量为 10MB，最大容量不限制，增幅为 1MB。

2. 用 drop database 命令删除创建的数据库 Student。

(请扫二维码学习 微课“使用 T-SQL 语句创建数据库_操作视频”)

【任务考评】

“创建学生成绩管理系统数据库”考评记录表

<table>
<tr><td>学生姓名</td><td></td><td>班级</td><td></td><td>任务评分</td><td></td></tr>
<tr><td>实训地点</td><td></td><td>学号</td><td></td><td>完成日期</td><td></td></tr>
<tr><td rowspan="17">任务实现步骤</td><td>序号</td><td colspan="2">考核内容</td><td>标准分</td><td>评分</td></tr>
<tr><td rowspan="6">01</td><td colspan="2">一、使用图形用户界面创建数据库与删除数据库</td><td>40</td><td></td></tr>
<tr><td colspan="2">(1)新建数据库</td><td>8</td><td></td></tr>
<tr><td colspan="2">(2)设置主数据文件、日志文件相关属性</td><td>8</td><td></td></tr>
<tr><td colspan="2">(3)添加次数据文件</td><td>8</td><td></td></tr>
<tr><td colspan="2">(4)通过数据库属性查看数据库信息</td><td>8</td><td></td></tr>
<tr><td colspan="2">(5)删除数据库</td><td>8</td><td></td></tr>
<tr><td rowspan="5">02</td><td colspan="2">二、使用 T-SQL 命令创建数据库与删除数据库</td><td>50</td><td></td></tr>
<tr><td colspan="2">(1)使用 create database 命令创建数据库</td><td>10</td><td></td></tr>
<tr><td colspan="2">(2)使用 on 关键字创建主数据文件，设置主数据文件相关属性</td><td>15</td><td></td></tr>
<tr><td colspan="2">(3)使用 log on 关键字创建日志文件，设置日志文件相关属性</td><td>15</td><td></td></tr>
<tr><td colspan="2">(4)使用 drop database 命令删除数据库</td><td>10</td><td></td></tr>
<tr><td rowspan="5">03</td><td colspan="2">职业素养：</td><td>10</td><td></td></tr>
<tr><td colspan="2">实训管理：态度、纪律、安全、清洁、整理等</td><td>2.5</td><td></td></tr>
<tr><td colspan="2">团队精神：创新、沟通、协作、积极、互助等</td><td>2.5</td><td></td></tr>
<tr><td colspan="2">工单填写：清晰、完整、准确、规范、工整等</td><td>2.5</td><td></td></tr>
<tr><td colspan="2">学习反思：发现与解决问题、反思内容等</td><td>2.5</td><td></td></tr>
<tr><td>教师评语</td><td colspan="5"></td></tr>
</table>

项目 3　创建和管理商品管理系统数据表

学习引导

在项目 2 中，我们已经学习了如何使用 SQL Server 2016 创建和管理数据库，但创建的数据库还只是一个基本框架，好比建造了一个空的仓库，放入数据后才能成为真正的数据库。数据库中用于存储数据的是数据表，所以接下来要在其中添加数据表。本项目是在项目 2 的基础上，依托商品管理系统数据库，重点介绍如何使用 SQL Server 2016 创建和管理数据表，同时为了巩固学习效果，引入学生成绩管理系统数据库作为拓展项目，帮助读者更好地巩固技能。

1. 学习前准备

(1) 学习数据类型相关微课。

(2) 读懂数据字典中每个数据项及其对应表中的字段。

(3) 读懂 E-R 图转换为关系模式对应的二维表结构。

(4) 学习创建和管理数据表相关微课。

(5) 能打开 SQL Server 数据库，并操作数据库系统软件。

(6) 附加商品管理系统数据库。

2. 与后续项目的关系

数据表创建好后，为了保证存储在数据库中数据的有效性、完整性和一致性，需要对数据表实施完整性约束。

学习目标

1. 知识目标

(1) 理解与数据表相关的几个概念：字段、记录、主关键字、候选关键字和外键。

(2) 理解 SQL Server 2016 中常用的数据类型。

(3) 学会使用 T-SQL 语句创建数据库的方法。

2. 能力目标

(1) 能够举例说出关系表中字段和记录的区别。

(2) 能够举例说出二维表中对应的主键、候选键和外键。

(3) 能够指定在数据库中每个字段合适的数据类型。

(4) 能够使用 T-SQL 语句创建和管理数据表。

3. 素质目标

(1) 培养良好的沟通能力，认真负责、善于倾听和分析，具备较强的逻辑思维能力。
(2) 培养良好的学习能力，熟练地使用软件，精通各功能及细节的处理能力。
(3) 确立良好的软件行业代码规范意识。

背景及任务

1. 背景

“到此为止，项目组完成了商品管理系统数据库的创建，接下来的任务就是如何将数据有组织地存储在数据库中。数据库是一组数据的集合，可以包括很多张表，相当于家和家人的关系，一张表存储一组信息。数据库不直接存储数据，数据库中的数据都存储在表中。表在数据库中的表现形式就是关系数据模型，是用于存储数据的数据库对象，表中的数据以行和列的方式组织，表中的每一行表示一条记录，每一列表示记录的一个属性，表中的列名必须是唯一的。”项目经理大军说。

在建好数据库后，要按照系统设计文档将各个数据表添加到数据库中。项目经理大军和数据库管理员李强再次核对了需要创建的 10 张数据表，确认了设计文档中各数据表的名称、字段、数据类型、长度等信息，开始添加数据表。

2. 任务

数据库管理员通过 SQL Server 2016，根据系统设计文档，在已经创建好的数据库中添加 10 张数据表，任务如下。

(1) 请参照项目 1 的“任务 1.4 商品管理系统物理设计”确定好的商品管理系统数据库表结构，分别使用图形用户界面和 T-SQL 命令两种方式，为商品管理系统数据库创建各个数据表，创建表时要准确输入表中各个字段的名称、数据类型、长度等信息。

(2) 通过图形用户界面方式和 T-SQL 命令两种方式，对数据表进行添加列、删除列和修改列的操作，修改表的结构，具体要求如下。

① 将客户信息表的“生日”字段改为非空。
② 将商品表的“备注”字段类型改为 text。
③ 为客户信息表添加一列“爱好”。
④ 删除刚添加的“爱好”列。
⑤ 为采购信息表增加两列，分别是序号和备注。
⑥ 删除采购信息表中的序号和备注列。

(请扫二维码 1 查看 商品管理系统“确定数据类型”任务单)
(请扫二维码 2 查看 商品管理系统“创建商品管理系统数据表”任务单)
(请扫二维码 3 查看 商品管理系统“管理数据表”任务单)

二维码 1

二维码 2

二维码 3

任务 3.1　创建商品管理系统数据表

预备知识

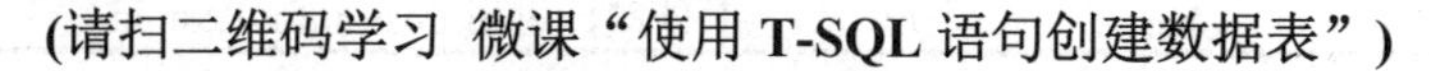
(请扫二维码学习 微课“使用 T-SQL 语句创建数据表”)

【知识点】创建和删除数据表的语法结构

一、创建数据表的 T-SQL 语法结构

```
create table 数据表名
(列名 1　列的数据类型及宽度等特征,
列名 2　列的数据类型及宽度等特征,
…
列名 n　列的数据类型及宽度等特征)
```

【说明】

(1) create table 不能有书写错误，不区分大小写。

(2) 数据表名：表示表的名字，且表名不能省略。

(3) 列名 1：表示列的名字。

(4) 数据类型：是列的系统定义或用户定义的数据类型，有的数据类型有宽度，有的数据类型是默认宽度，不需要特别指定其宽度。

(5) 列的特征：包括该列是否为空(null)，是否为标识列(identity(m,n)，其中 m 为标识种子，n 为标识增量)，是否为默认值，是否为主键，是否有其他约束等。

(6) 注意列定义后面的逗号“,”不能省略，不是分号“;”。

(7) 最后的“)”号前面没有逗号“,”。

二、删除数据表的 T-SQL 语法结构

```
drop table 数据表名
```

【说明】使用 drop table 语句可以删除表。

子任务 1　使用图形用户界面创建商品管理系统数据表

(请扫二维码学习 微课“使用图形用户界面创建数据表”)

【任务 3-1】使用图形用户界面为商品管理系统数据库创建数据表。

各表创建的方法相同，以员工信息表为例，演示使用图形用户界面创建数据表的方法，如表 3-1 所示。

表 3-1　员工信息表(Employees_info)

字段名称	含　义	类　型	长 度	备　注
Employees_id	员工编号	char	8	主键
Employees_name	员工姓名	varchar	30	非空
Employees_sex	员工性别	char	2	

续表

字段名称	含 义	类 型	长 度	备 注
Identity_id	身份证号	字符	18	唯一，长度为 18 位
Hiredate	入职时间	datetime		
Post_id	岗位编号	char	6	外键，引用 Post_info. Post_id

创建数据表的操作步骤如下。

(1) 展开 CommInfo 数据库节点，右击“表”子节点，在弹出的快捷菜单中选择“新建”→“表”命令，打开表设计器窗口，其中有“列名”“数据类型”“允许 Null 值”三列，分别表示给数据表设置字段的名称、该字段的数据类型和是否允许该字段为空值，如图 3-1 所示。

(2) 在表设计器中，按照员工信息表的字段设置要求，依次录入列名、对应的数据类型及其长度、是否允许为空等属性。当添加一个新的列时，“允许 Null 值”默认为勾选状态，表示允许该字段为空值；如果该字段不允许为空，需手动取消勾选状态。选中任意一个字段，都会在界面下方显示其列属性，展示该列的所有属性设置。在调整字段时，可以通过右键选择“插入列”“删除列”命令来调整字段顺序，如图 3-2 所示。

图 3-1　打开表设计器

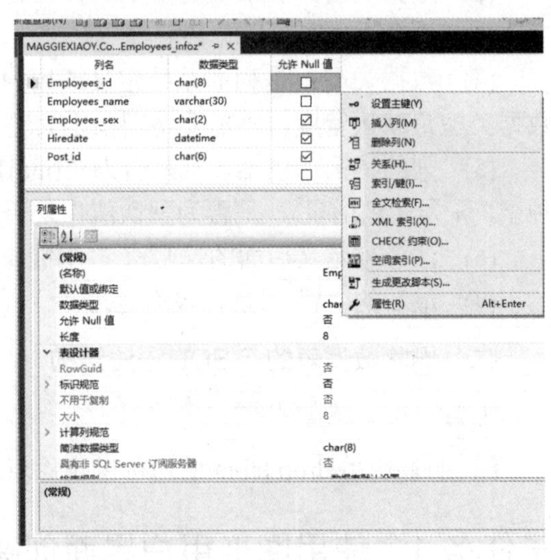

图 3-2　添加字段信息

(3) 将员工编号字段设置为主键，右击该行，在弹出的快捷菜单中选择“设置主键”命令后，该字段左侧会出现一个钥匙标识，表示该字段已设为主键，同时，“允许 Null 值”会自动取消勾选，因为主键不能为空。

(4) 单击工具栏中的“保存”按钮，弹出“选择名称”对话框，如图 3-3 所示，输入员工信息表的名称，单击“确定”按钮，即可成功保存数据表。此时刷新对象资源管理器，可以看到 CommInfo 数据库的表节点下，出现了员工信息表 dbo.Employees_info，表示数据表创建成功，如图 3-4 所示。

表中性别字段的值可以是“男”或者“女”，一般会有一个默认值，同时，岗位编号来源于岗位信息表，需要在员工信息表中为岗位编号字段设置外键。这些内容的设置方法将在后面的章节学习数据完整性时详细讲解。

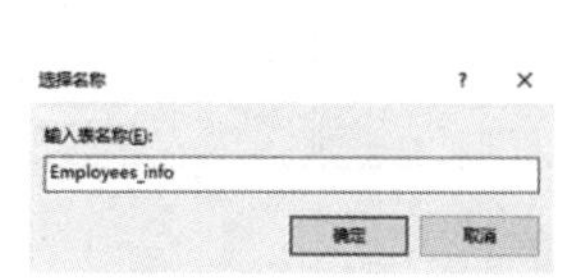

图 3-3　保存数据表

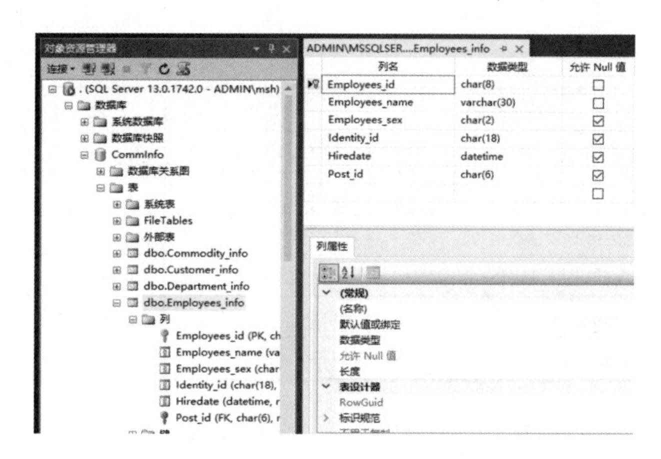

图 3-4　完成数据表的创建

【任务 3-2】使用图形用户界面删除数据表。

下面以删除员工信息表为例讲解删除数据表的操作。

在对象资源管理器中，右击员工信息表 dbo.Employees_info，在弹出的快捷菜单中选择“删除”命令，打开“删除对象”对话框，单击“确定”按钮，如图 3-5 所示。删除后刷新对象资源管理器将不再看到这张表。

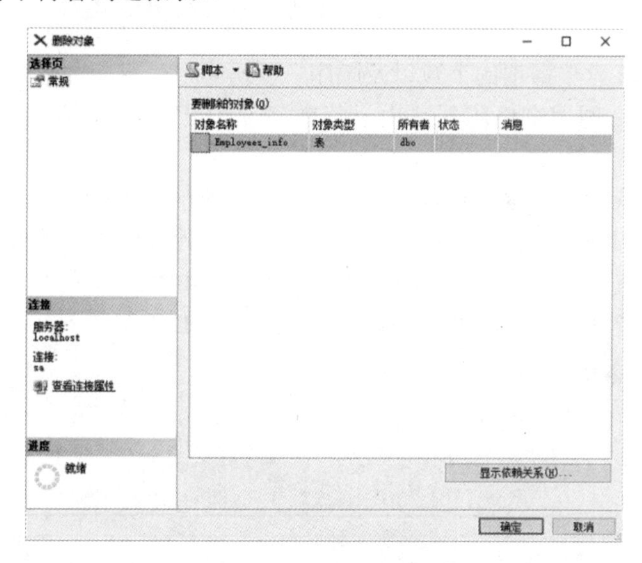

图 3-5　删除数据表

子任务 2　使用 T-SQL 语句创建商品管理系统数据表

【任务 3-3】使用 T-SQL 语句为商品管理系统数据库创建所有数据表。

通过“新建查询”按钮打开查询分析器，输入 T-SQL 语句后执行来创建数据表。各表创建的方法相同，以客户信息表为例，如表 3-2 所示。

表 3-2　客户信息表 Customer_info

字段名称	含　义	类　型	长　度	备　注
Customer_id	客户编号	char	6	主键
Customer_name	客户姓名	varchar	30	非空
Customer_sex	客户性别	char	2	"男"或"女"
Customer_Birth	客户生日	datetime		空值
Telephone	电话	char	11	非空
Address	地址	varchar	50	非空

对应的 T-SQL 语句如下：

```
create table Customer_info                          --创建表并命名
(
Customer_id char(6) primary key,                    --设置客户编号字段为主键
Customer_name varchar(30) not null,                 --设置客户姓名字段为非空
Customer_sex char(2) ,                              --设置客户性别字段
Customer_Birth datetime,                            --设置客户生日字段
Telephone char(11) not null ,                       --设置客户电话字段为非空
Address varchar(50) not null,                       --设置客户地址字段为非空
)
```

上述语句，要注意数据项的个数以及顺序，要与客户信息表中的列完全一致。同一行语句中每个关键字之间用空格隔开。由于各个字段都是客户信息表的，因此要用一对括号括起来。

将客户编号字段设为主键，将客户姓名、电话和地址字段均设为非空，这些都属于设置数据完整性的学习内容。实际工作中，我们一般在创建表的同时就设置了数据完整性，当然也可以后续设置数据完整性，这部分知识将在项目 4 中具体学习。

为商品管理系统数据库创建所有数据表的完整 T-SQL 语句如下：

```
--1.创建部门信息表-----------
create table Department_info
(
Department_id  char(6) primary key,     --部门编号
Department_name varchar(30) not null    --部门名称
)

--2.创建岗位信息表-----------
create table Post_info
(
Post_id char(6) primary key,            --岗位编号
Post_name varchar(30) not null,         --岗位名称
Department_id char(6)                   --部门编号
)

--3.创建员工信息表-----------
create table Employees_info
(
Employees_id char(8) primary key,       --员工编号
```

```
Employees_name varchar(30) not null,    --员工姓名
Employees_sex char(2) ,                 --员工性别
Identity_id char(18),                   --身份证号
Hiredate datetime ,                     --入职时间
Post_id char(6)                         --岗位编号
)

--4.创建商品信息表-----------
create table  Commodity_info
(
Commodity_id char(6) primary key,       --商品编号
Commodity_name varchar(30) not null,    --商品名称
memo  nvarchar(50),                     --备注
)
go

--5.创建客户信息表-----------
create table Customer_info
(
Customer_id char(6) primary key,        --客户编号
Customer_name varchar(30) not null,     --客户姓名
Customer_sex char(2)  ,                 --客户性别
Customer_Birth datetime,                --客户生日
Telephone char(11) not null ,           --客户电话
Address varchar(50) not null,           --客户地址
)
Go

--6.创建供应商信息表-----------
create table  Supplier_info
(
Supplier_id char(6) primary key,        --供应商编号
Supplier_name varchar(30) not null,     --供应商名称
Telephone char(11) not null ,           --供应商电话
Address nvarchar(50) not null,          --供应商地址
)
go

--7.创建采购信息表-----------
create table Purchase_info
(
Purchase_id char(12) primary key ,      --采购订单编号
Supplier_id char(6) ,                   --供应商编号
Purchase_time datetime not null ,       --采购时间
Employees_id  char(8) not null          --采购员的员工编号
)
go

--8.采购明细表-----------
create table Purchase_list
(
Plist_id int primary key identity(1,1), --采购明细单号
Purchase_id char(12) ,                  --采购订单编号
```

```
Commodity_id char(6) ,                      --商品编号
Purchase_price  money not null ,            --采购价格
Purchase_Number int not null                --采购数量
)
go

--9.创建销售信息表-----------
create table Sales_info
(
Sales_id char(12) primary key ,             --销售订单编号
Customer_id char(6) ,                       --客户编号
Sales_time datetime not null ,              --销售时间
Employees_id  char(8) not null              --销售员的员工编号
)
go

--10.销售明细表-----------
create table Sales_list
(
Slist_id int primary key identity(1,1), --销售明细单号
Sales_id char(12)  ,                        --销售订单编号
Commodity_id char(6) ,                      --商品编号
Sales_price  money not null ,               --销售价格
Sales_Number int not null                   --销售数量
)
```

【标识列的设置】

SQL Server 中的标识列又称标识符列，用 identity 关键字表示，习惯上又叫自增列。在表中创建与修改一个标识列，通常在企业管理器和 T-SQL 语句中都可实现。

1. 标识列的特点

(1) 列的数据类型为不带小数的数值类型。

(2) 在进行插入(insert)操作时，该列的值是由系统按一定规律自动生成的，不允许为空值。

(3) 列值不重复，可用于标识表中的每一行，每个表只能有一个标识列。

2. 标识列的参数

创建一个标识列，通常要指定三个内容。

(1) 类型(type)：在 SQL Server 中，标识列类型必须是数值类型，即 decimal、int、numeric、smallint、bigint、tinyint。其中要注意的是，当选择 decimal 和 numeric 时，小数位数必须为零。另外，还要注意每种数据类型所表示的数值范围。

(2) 种子(seed)：指派给表中第一行的值，默认值为 1。

(3) 递增量(increment)：指相邻两个标识值之间的增量，默认值为 1。

必须同时指定种子和增量，或者二者都不指定。如果二者都未指定，则取默认值(1,1)。

3. 创建与修改标识列

(1) 使用图形用户界面时，只需在对象资源管理器中找到要设置的表，打开表设计器，新增一列作为标识列，列名自定义，设置好数据类型，并在列属性中设置“是标识”为“是”，

自定义标识增量和种子，然后保存即可，如图 3-6 所示。

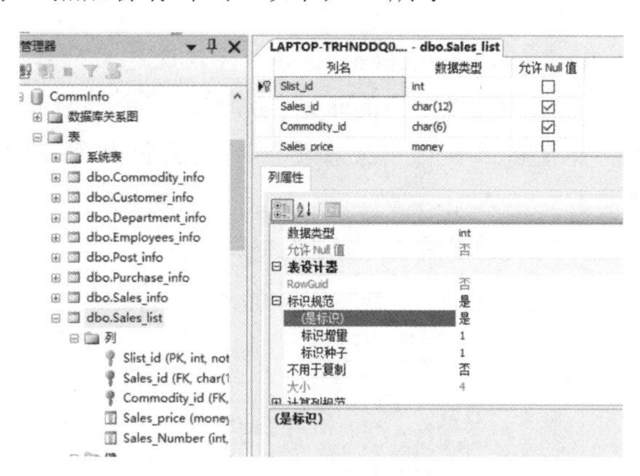

图 3-6　标识列属性设置

(2) 使用 T-SQL 语句时，与 create table 和 alter table T-SQL 语句一起使用。例如创建销售明细表 Sales_list 时，Slist_id int primary key 后面增加 identity(1,1)，表示 Slist_id 列为标识列，初始值为 1，增量为 1。若表已创建好，要给表中增加标识列，则 T-SQL 语句为：

```
alter table Sales_list
add id int identity(1,1)
```

【动动脑】以上各表在添加的时候，能按任意顺序执行各段 T-SQL 语句吗？

【分析】在数据库中，表与表之间存在关联，即主从关系，从表中部分数据来源于主表，因此在执行创建表的语句的时候，必须先执行主表的再执行从表的，否则执行会失败。例如，在商品管理系统数据库中，Department_info(部门信息表)和 Post_info(岗位信息表)两表之间通过外键建立了关联关系，岗位信息表为部门信息表的外键，两个表的表结构分别如表 3-3 和表 3-4 所示。当创建表时，若先创建岗位表，则无法执行。

表 3-3　部门信息表结构定义

字段名称	类　型	长　度	备　注
部门编号	字符	6	主键
部门名称	字符	30	非空

表 3-4　岗位信息表结构定义

字段名称	类　型	长　度	备　注
岗位编号	字符	6	主键
岗位名称	字符	30	非空
部门编号	字符	6	为部门信息表的外键

【解决办法】

方法一，先执行语句创建部门表，再执行语句创建岗位表。

方法二，在创建表时先不添加设置外键的语句，待设置完整性时再进行添加。

【任务 3-4】使用 T-SQL 语句删除商品管理系统数据库的数据表。

以删除客户表为例，对应的 T-SQL 语句如下：

```
drop table customer_info
```

💡**注意：** 进入 SQL Server Management Studio 后默认连接的是 master 数据库，如果直接执行 T-SQL 语句，数据表会被创建到 master 系统数据库中。因此，在创建表时，必须先选择准确的数据库。可以直接在工具栏中选择要添加表的数据库，切换过来，再执行语句；也可以在创建表语句的前面，输入 use 数据库名 go，来切换到要执行命令的数据库。数据库名可以直接从左侧数据库列表中选中后拖到右侧编辑区。

【动动脑】 执行图 3-7 中的语句后，虽然提示命令执行成功，但是刷新对象资源管理器后并未出现这张数据表。这是为什么呢？

```
-------------创建数据库表---------------------

--1.创建部门信息表------------
create table Department_info
(
Department_id  char(6) primary key,    --部门编号
Department_name varchar(30) not null  --部门名称
)
go
--2.创建岗位信息表------------
create table Post_info
(
Post_id char(6) primary key,   --岗位编号
Post_name varchar(30) not null, --岗位名称
Department_id char(6)       --部门编号
)
--3.创建员工信息表------------
create table Employees_info
(
Employees_id char(8) primary key,     --员工编号
Employees_name varchar(30) not null,   --员工姓名
Employees_sex char(2) , --员工性别
Identity_id char(18) ,   --身份证号
Hiredate datetime , --入职时间
Post_id char(6)  ,  --岗位编号
)
go
drop table Employees_info
```

图 3-7　创建表语句和删除表语句一起执行

【分析】直接单击“执行”按钮，会将编辑页面的所有 SQL 语句按顺序全部执行，最后一句是删除这张表，所以执行后看不到这张表。因此，在执行 SQL 语句时，若页面内有多段语句，则只选定要执行的范围来执行，避免程序默认执行所有的语句。

任务 3.2　管理商品管理系统数据表

预备知识

(请扫二维码学习 微课“使用 T-SQL 语句管理数据表”)

【知识点】管理数据表的语法结构

创建好数据表之后，表的结构还可以进行修改，可以通过图形用户界面方式和 T-SQL 语句对数据表进行添加列、删除列和修改列的操作。使用图形用户界面方式的操作仍然是在表设计器中进行的。

(1) 在表中添加列的 T-SQL 语法结构：

```
alter table 表名
add 列名 列的描述
```

(2) 在表中删除列的 T-SQL 语法结构：

```
alter table 表名
drop  column 列名 [,…]
```

(3) 在表中修改列的 T-SQL 语法结构：

```
alter table 表名
alter  column 列名  列的描述
```

【说明】

(1) 使用 alter column 关键字修改列时，不允许修改主键的列，不能同时修改两列。

(2) alter column 只能修改列的数据类型、宽度及列值是否为空，不能修改列名，如果要用命令方式修改列名，可以先删除该列，然后再添加该列，或者通过图形用户界面方式来进行修改。

(3) 默认情况下，列允许被设置为空值，若要将一个原来允许为空的列设置成不允许为空，必须在列中没有存放空值且在列上没有创建索引的前提下才能成功。

子任务　使用 T-SQL 语句管理商品管理系统数据表

【任务 3-5】将客户信息表的“生日”字段改为非空。

对应的 T-SQL 语句如下：

```
alter table Customer_info                           --修改客户数据表
alter column Customer_Birth datetime not null --修改生日字段为非空
```

注意：修改字段的时候，其数据类型不能丢。

【任务 3-6】将商品表的“备注”字段类型改为 text。

对应的 T-SQL 语句如下：

```
alter table Commodity_info                          --修改备注字段
alter column memo text                              --修改字段类型
```

【任务 3-7】为客户信息表添加一列“爱好”。

对应的 T-SQL 语句如下：

```
alter table Customer_info                           --修改客户表
add  hobby varchar(10)                              --添加字段
```

注意：添加字段的时候，数据类型也需要附上。

【任务 3-8】删除刚添加的“爱好”列。

对应的 T-SQL 语句如下：

```
alter table Customer_info                           --修改客户表
drop column hobby                                   --删除字段
```

【任务3-9】为采购信息表增加两列，分别是序号和备注。

对应的T-SQL语句如下：

```
alter table Purchase_Info                        --修改采购信息表
add sequence_number char(10),memo text           --同时添加多个字段
```

注意：也可将两个字段分开写，如下：

```
alter table Purchase_Info
add sequence_number char(10)
alter table Purchase_Info
add memo text
```

但不允许在一条alter table语句下连续执行多条add语句。

【任务3-10】删除采购信息表中的序号和备注列。

对应的T-SQL语句如下：

```
alter table Purchase_Info                   --修改采购信息表
drop column sequence_number,memo            --同时删除多个字段
```

注意：也可将两个字段分开写，如下：

```
alter table Purchase_Info
drop column sequence_number char(10)
alter table Purchase_Info
drop column memo text
```

删除列的时候还要注意以下几点。

(1) 不能删除主键列。

(2) 在删除非普通列，例如具有约束的列或为其他列所依赖的列时，需要先删除相应的约束或依赖信息，再删除该列。

项 目 小 结

本项目详细介绍了如何使用图形用户界面和T-SQL语句创建、删除和管理数据表，涉及的关键知识和关键技能如下。

1. 关键知识

(1) 数据类型的分类和用法。

(2) create table语句的作用与语法格式。

(3) alter table语句的作用与语法格式。

2. 关键技能

(1) 给数据表中各个字段选择合适的数据类型。

(2) 使用create table语句创建数据表。

(3) 使用alter table语句修改、添加或删除数据表中的字段，修改字段属性等。

思考与练习

一、选择题

(1) 如果表中一列要存储固定长度的字符串信息，那么下列最合适的数据类型是(　　)。

A. char　　B. image　　C. binary　　D. varchar

(2) 如果表中一列要存储金额数据，那么下列最合适的数据类型是(　　)。

A. char　　B. money　　C. int　　D. flote

(3) 如果表中一列要存储日期信息，那么下列最合适的数据类型是(　　)。

A. char　　B. image　　C. datetime　　D. varchar

(4) 如果表中一列要存储固定长度的汉字，那么下列最合适的数据类型是(　　)。

A. char　　B. nchar　　C. varchar　　D. nvarchar

(5) 如果表中一列要存储小数，那么下列最合适的数据类型是(　　)。

A. bit　　B. money　　C. int　　D. flote

(6) 以 Unicode 形式存储的数据为一个字符占(　　)字节。

A. 1　　B. 2　　C. 4　　D. 8

(7) 下列语句能成功创建数据表 BookInfo 的是(　　)。

A. create BookInfo　　B. create teble BookInfo

C. create table BookInfo　　D. alter table BookInfo

(8) 下列语句能成功删除数据表 BookInfo 的是(　　)。

A. delete BookInfo　　B. delete table BookInfo

C. drop table BookInfo　　D. drop table

(9) 以下语句正确的是(　　)。

A.
```
create table course
(
  cno char(3) primary key,
  cName varchar(20) not null,
)
```

B.
```
create table course
(
  cno char(3) primary key,
  cName not null
)
```

C.
```
create table course
(
  cno char  primary key,
  cName varchar(20) not null,
)
```

D.
```
create table course
(
  cno char(3) primary key,
```

```
    cName varchar(20) not null
)
```

(10) 修改字段要用(　　)关键字。

A. update　　B. change　　C. alter　　D. add

二、简答题

(1) 请写出创建以下学生信息表的T-SQL语句。学生信息表(StuInfo)的字段信息如表3-5所示。

表3-5　学生信息表(StuInfo)

列　名	含　义	数据类型	备　注
StuID	学号	char(6)	主键
StuName	姓名	varchar(20)	非空
StuSex	性别	char(2)	非空
BirthDate	出生日期	datetime	

(2) 以下是创建产品表的语句，请判断语句是否正确，如不正确，说出错误原因并更正。产品表(Product)的字段信息如表3-6所示。

表3-6　产品表(Product)

字段名称	字段含义	数据类型	长　度	备　注
ProductID	产品编号	char	4	主键
ProductName	产品名称	varchar	20	非空
Price	产品单价	money		非空

```
create table Product
(
ProductID char(4) ,
ProductName varchar(10) not null,
Price money not null,
)
```

信息安全案例分析：数据使用风险

在数据使用环节，风险威胁来自外部因素、内部因素、系统安全等。外部因素包括账户劫持、APT攻击、身份伪装、认证失效、密钥丢失、漏洞攻击、木马注入等；内部因素包括内部人员、数据库管理员违规操作窃取、滥用、泄露数据等，如：非授权访问敏感数据，非工作时间和工作场所访问核心业务表、高危指令操作；系统安全包括不严格的权限访问、多源异构数据集成中隐私泄露等。

【案例描述】湖南某银行257万条公民银行个人信息被泄露。

湖南某银行支行行长，出售自己的查询账号给中间商，由中间商将账号卖给与银行有关系的“出单渠道”团伙，再由另外一家银行的员工进入内网系统大肆窃取个人信息。泄露的个人信息包括征信报告、账户明细、余额等。2016年10月，绵阳警方破获公安部挂牌督办的“5·26侵犯公民个人信息案”，抓获包括银行管理层在内的犯罪团伙骨干分子15

人、查获公民银行个人信息257万条、涉案资金230万元。

根据最高人民法院、最高人民检察院《关于办理侵犯公民个人信息刑事案件适用法律若干问题的解释》中规定，未经被收集者同意，将合法收集的公民个人信息向他人提供的，属于刑法规定的“提供公民个人信息”；第四条规定，违反国家有关规定，通过购买、收受、交换等方式获取公民个人信息，或者在履行职责、提供服务过程中收集公民个人信息的，属于刑法规定的“以其他方法非法获取公民个人信息”。

根据《刑法》的相关规定：违反国家有关规定，向他人出售或者提供公民个人信息，情节严重的，处三年以下有期徒刑或者拘役，并处或者单处罚金；情节特别严重的，处三年以上七年以下有期徒刑，并处罚金。违反国家有关规定，将在履行职责或者提供服务过程中获得的公民个人信息，出售或者提供给他人的，依照前款的规定从重处罚。

拓展训练：创建学生成绩管理系统数据表

【任务单1】确定表结构中字段对应的数据类型

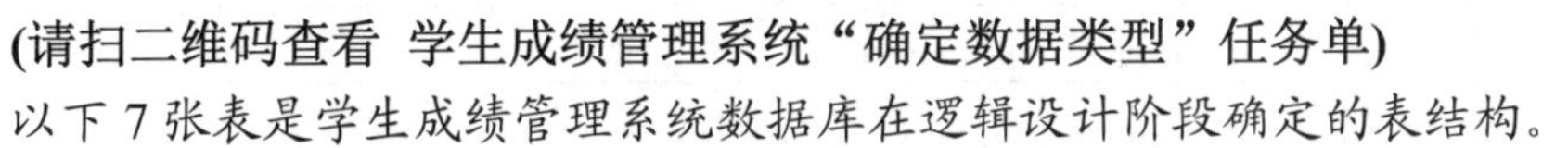
(请扫二维码查看 学生成绩管理系统“确定数据类型”任务单)

以下7张表是学生成绩管理系统数据库在逻辑设计阶段确定的表结构。

(1) 系部信息表Department的字段信息如表3-7所示。

表3-7 系部信息表结构

字段名称	含 义	类 型	长 度	备 注
DepartmentNo	系部编号	字符	2	主键
DepartmentName	系部名称	汉字	15	非空

(2) 班级信息表Classes的字段信息如表3-8所示。

表3-8 班级信息表结构

字段名称	含 义	类 型	长 度	备 注
ClassNo	班级编号	字符	6	主键
ClassName	班级名称	汉字	20	非空
DepartmentNo	所属系部编号	字符	2	外键，引用Department.DepartmentNo

(3) 学生信息表Student的字段信息如表3-9所示。

表3-9 学生信息表结构

字段名称	含 义	类 型	长 度	备 注
StudentNo	学号	字符	8	主键
StudentName	学生姓名	可变汉字	20	非空
Sex	性别	汉字	1	“男”或“女”
Birthday	出生日期	日期		
Email	电子邮件	可变字符	40	

续表

字段名称	含 义	类 型	长 度	备 注
Password	登录密码	可变字符	20	
Status	状态	可变汉字	6	表示在校或毕业或转学
ClassNo	班级编号	字符	6	外键，引用 Classes.ClassNo

(4) 教师信息表 Teacher 的字段信息如表 3-10 所示。

表 3-10 教师信息表结构

字段名称	含 义	类 型	长 度	备 注
TeacherNo	教师编号	字符	4	主键
TeacherName	教师姓名	可变汉字	20	非空
Sex	性别	汉字	1	“男”或“女”
Title	职称	可变汉字	8	
Phone	联系电话	字符	11	
Email	电子邮件	可变字符	40	
Birthday	出生日期	日期		
Password	密码	可变字符	20	
DepartmentNo	所属系部编号	字符	2	外键，引用 Department.DepartmentNo

(5) 课程信息表 Course 的字段信息如表 3-11 所示。

表 3-11 课程信息表结构

字段名称	中文含义	类 型	长 度	备 注
CourseNo	课程编号	字符	6	主键
CourseName	课程名称	可变汉字	20	非空

(6) 教学计划安排表 Schedule 的字段信息如表 3-12 所示。

表 3-12 教学计划安排表结构

字段名称	含 义	类 型	长 度	备 注
CourseNo	课程编号	字符	6	外键，引用 Course.CourseNo
ClassNo	班级编号	字符	6	外键，引用 Classes.ClassNo
TeacherNo	教师编号	字符	4	外键，引用 Teacher.TeacherNo
OpenYear	开课学年	字符	4	非空
OpenTerm	开课学期	字符	1	非空
Period	课时	整数		
Credit	学分	数字型	3，1	

(7) 学生成绩表 Mark 的字段信息如表 3-13 所示。

表 3-13 学生成绩表结构

字段名称	含 义	类 型	长 度	备 注
StudentNo	学号	字符	8	外键，引用 Student.StudentNo
CourseNo	课程编号	字符	6	外键，引用 Course.CourseNo
Score	分数	数字型	4，1	

任务要求：

为各个表中每一字段确定合适的 SQL Server 数据类型。

【任务单 2】创建和管理数据表

二维码 1

二维码 2

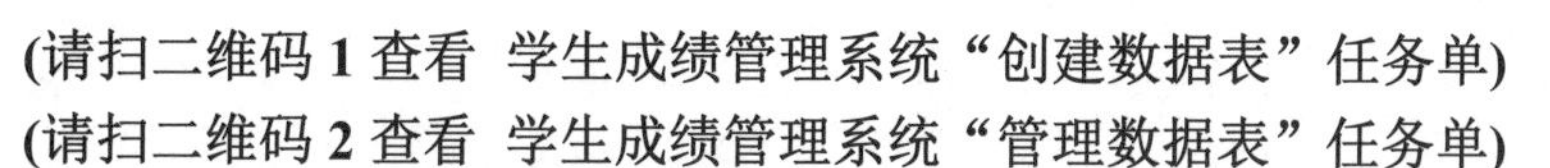

(请扫二维码 1 查看 学生成绩管理系统“创建数据表”任务单)

(请扫二维码 2 查看 学生成绩管理系统“管理数据表”任务单)

以下 7 张表是学生成绩管理系统数据库在逻辑设计阶段确定的表结构。

(1) 系部信息表 Department 的字段信息如表 3-14 所示。

表 3-14 系部信息表结构

字段名称	含 义	类 型	长 度	备 注
DepartmentNo	系部编号	Char	2	主键
DepartmentName	系部名称	nchar	15	非空

(2) 班级信息表 Classes 的字段信息如表 3-15 所示。

表 3-15 班级信息表结构

字段名称	含 义	类 型	长 度	备 注
ClassNo	班级编号	Char	6	主键
ClassName	班级名称	nchar	20	非空
DepartmentNo	所属系部编号	Char	2	外键，引用 Department.DepartmentNo

(3) 学生信息表 Student 的字段信息如表 3-16 所示。

表 3-16 学生信息表结构

字段名称	含 义	类 型	长 度	备 注
StudentNo	学号	Char	8	主键
StudentName	学生姓名	nvarchar	20	非空
Sex	性别	nchar	1	“男”或“女”
Birthday	出生日期	datetime		
Email	电子邮件	Varchar	40	
Password	登录密码	Varchar	20	
Status	状态	nvarchar	6	表示在校或毕业或转学
ClassNo	班级编号	Char	6	外键，引用 Classes.ClassNo

(4) 教师信息表 Teacher 的字段信息如表 3-17 所示。

表 3-17 教师信息表结构

字段名称	含 义	类 型	长 度	备 注
TeacherNo	教师编号	Char	4	主键
TeacherName	教师姓名	nvarchar	20	非空
Sex	性别	nchar	1	男或女
Title	职称	nvarchar	8	
Phone	联系电话	Char	11	
Email	电子邮件	Varchar	40	
Birthday	出生日期	Datetime		
Password	密码	Varchar	20	
DepartmentNo	所属系部编号	Char	2	外键，引用 Department.DepartmentNo

(5) 课程信息表 Course 的字段信息如表 3-18 所示。

表 3-18 课程信息表结构

字段名称	含 义	类 型	长 度	备 注
CourseNo	课程编号	Char	6	主键
CourseName	课程名称	nvarchar	20	非空

(6) 教学计划安排表 Schedule 的字段信息如表 3-19 所示。

表 3-19 教学计划安排表结构

字段名称	含 义	类 型	长 度	备 注
CourseNo	课程编号	Char	6	外键，引用 Course.CourseNo
ClassNo	班级编号	Char	6	外键，引用 Classes.ClassNo
TeacherNo	教师编号	Char	4	外键，引用 Teacher.TeacherNo
OpenYear	开课学年	Char	4	非空
OpenTerm	开课学期	Char	1	非空
Period	课时	Int		
Credit	学分	Float	3，1	

(7) 学生成绩表 Mark 的字段信息如表 3-20 所示。

表 3-20 学生成绩表结构

字段名称	含 义	类 型	长 度	备 注
StudentNo	学号	Char	8	外键，引用 Student.StudentNo
CourseNo	课程编号	Char	6	外键，引用 Course.CourseNo
Score	分数	Float	4，1	

任务要求：

(1) 使用图形用户界面创建和删除数据表。

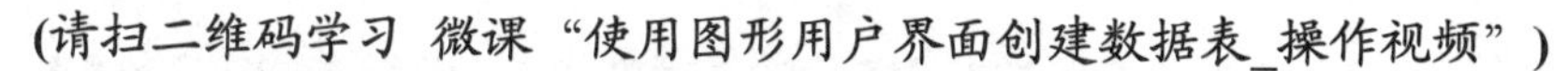

(请扫二维码学习 微课“使用图形用户界面创建数据表_操作视频”)

(2) 使用 T-SQL 命令完成数据表的创建和删除。

(请扫二维码学习 微课“使用 T-SQL 语句创建数据表_操作视频”)

(3) 使用 T-SQL 命令将系部信息表 Department 的 DepartmentName 字段对应的数据类型改为 varchar，长度设置为 30。

(4) 使用 T-SQL 命令删除教师信息表 Teacher 的 Password 字段。

(5) 使用 T-SQL 命令为教师信息表 Teacher 增加 Password 字段。

(任务(3)～(5)请扫二维码学习 微课“使用 T-SQL 语句管理数据表_操作视频”)

【任务考评】

“创建学生成绩管理系统数据表”考评记录表

<table>
<tr><td colspan="2">学生姓名</td><td></td><td>班级</td><td></td><td>任务评分</td><td colspan="2"></td></tr>
<tr><td colspan="2">实训地点</td><td></td><td>学号</td><td></td><td>完成日期</td><td colspan="2"></td></tr>
<tr><td rowspan="20">任务实现步骤</td><td>序号</td><td colspan="4">考核内容</td><td>标准分</td><td>评分</td></tr>
<tr><td>01</td><td colspan="4">为表中每一字段确定合适的数据类型</td><td>10</td><td></td></tr>
<tr><td rowspan="4">02</td><td colspan="4">一、使用图形用户界面创建和删除数据表</td><td>25</td><td></td></tr>
<tr><td colspan="4">(1)使用图形用户界面创建数据表</td><td>10</td><td></td></tr>
<tr><td colspan="4">(2)使用图形用户界面为表中的字段设置主键和非空</td><td>10</td><td></td></tr>
<tr><td colspan="4">(3)使用图形用户界面删除数据表</td><td>5</td><td></td></tr>
<tr><td rowspan="5">03</td><td colspan="4">二、使用 T-SQL 命令完成数据表的创建和删除</td><td>30</td><td></td></tr>
<tr><td colspan="4">(1)使用 create table 命令创建数据表</td><td>10</td><td></td></tr>
<tr><td colspan="4">(2)使用 primary key 关键字设置主键</td><td>7</td><td></td></tr>
<tr><td colspan="4">(3)使用 not null 关键字设置非空</td><td>7</td><td></td></tr>
<tr><td colspan="4">(4)使用 drop table 命令删除表</td><td>6</td><td></td></tr>
<tr><td rowspan="4">04</td><td colspan="4">三、使用 T-SQL 命令管理数据表</td><td>25</td><td></td></tr>
<tr><td colspan="4">(1)使用 alter table 命令修改数据类型</td><td>9</td><td></td></tr>
<tr><td colspan="4">(2)使用 alter table 命令删除字段</td><td>8</td><td></td></tr>
<tr><td colspan="4">(3)使用 alter table 命令增加字段</td><td>8</td><td></td></tr>
<tr><td rowspan="5">05</td><td colspan="4">职业素养：</td><td>10</td><td></td></tr>
<tr><td colspan="4">实训管理：态度、纪律、安全、清洁、整理等</td><td>2.5</td><td></td></tr>
<tr><td colspan="4">团队精神：创新、沟通、协作、积极、互助等</td><td>2.5</td><td></td></tr>
<tr><td colspan="4">工单填写：清晰、完整、准确、规范、工整等</td><td>2.5</td><td></td></tr>
<tr><td colspan="4">学习反思：发现与解决问题、反思内容等</td><td>2.5</td><td></td></tr>
<tr><td colspan="2">教师评语</td><td colspan="6"></td></tr>
</table>

项目 4　实施商品管理系统数据库的数据完整性

学习引导

在项目 3 中，学习了如何创建和管理数据表，本项目是在项目 3 的基础上进一步学习如何实施数据的完整性。数据库中的数据必须是真实可信、准确无误的，对数据库表中的记录强制实施数据完整性，可保证数据库表中各字段数据完整而且合理，从而防止错误的数据进入数据库，造成无效操作。本项目以商品管理系统数据库为依托，重点介绍如何在商品管理系统数据库表中实施实体完整性、域完整性和引用完整性，同时为了巩固学习效果，引入学生成绩管理系统数据库作为拓展项目，帮助读者更好地理解。

1. 学习前准备

(1) 学习实体完整性相关微课。

(2) 学习域完整性相关微课。

(3) 学习引用完整性相关微课。

(4) 能打开 SQL Server 数据库，并操作数据库系统软件。

(5) 附加商品管理系统数据库。

2. 与后续项目的关系

在数据库表中，数据都是从外界录入的，为了避免信息录入出错，数据库系统设计人员在正式录入数据之前，需要为表及表中的相关字段制定录入数据的相关规则，避免错误信息或无效信息输入，在添加数据之前需为数据库表实施数据完整性，从而保证添加的数据的一致性和正确性。

学习目标

1. 知识目标

(1) 理解数据完整性的概念、作用及分类。

(2) 理解各种约束的概念及作用。

(3) 掌握创建各种约束的 T-SQL 语法结构。

2. 能力目标

(1) 能使用图形用户界面在数据表上创建各种约束。

(2) 能使用 T-SQL 语句对数据表创建各种约束。

(3) 能在数据表上删除约束。

3. 素质目标

(1) 训练团队的合作能力。

(2) 训练代码的规范意识。

(3) 训练独立思考、自主学习的能力。

为了保证存储在表中的数据正确、无误，需对数据库表实施相关约束。实施约束有两种方法，一种是使用图形用户界面实现，另一种是使用 T-SQL 命令实现。

背景及任务

1. 背景

项目经理大军检查了项目小组创建好的商品管理系统数据库和数据表，测试无误，均能正常创建和使用。接着，项目成员肖力向实习生陈梵提出一个问题："在商品管理系统中，商品的销量、价格等信息应该是大于 0 的数，客户的电话号码应该是 11 位的数字，你尝试在数据库中插入相关数据，测试是否存在问题。"

陈梵根据企业导师肖力的提示，在数据库中插入了相关数据，发现小于 0 的商品销量、价格等信息均能插入成功，系统并未提示错误信息。陈梵将测试结果如实地跟肖力汇报，肖力解释"虽然数据库和数据表均创建成功，但添加的数据可能会是一些无效数据，要保证存储在数据库中的数据正确、无误，还需对数据表设置数据完整性。"

2. 任务

项目组成员在确定本次任务后，为商品管理系统数据库对应的相关数据表设置数据完整性，任务如下。

(1) 使用图形用户界面和 T-SQL 语句两种方式，设置主键约束和唯一性约束。

(2) 使用图形用户界面和 T-SQL 语句两种方式，设置检查约束和默认约束。

(3) 使用图形用户界面和 T-SQL 语句两种方式，设置外键约束。

设置数据完整性请参考表 4-1～表 4-10 对应表结构"备注"栏的要求。

表 4-1 部门信息表结构定义(Department_info)

字段名称	字段含义	类 型	长 度	备 注
Department_id	部门编号	char	6	主键
Department_name	部门名称	varchar	30	非空

表 4-2 岗位信息表结构定义(Post_info)

字段名称	字段含义	类 型	长 度	备 注
Post_id	岗位编号	char	6	主键
Post_name	岗位名称	varchar	30	非空
Department_id	部门编号	char	6	外键，引用 Department_info. Department_id

表 4-3　员工信息表结构定义(Employees_info)

字段名称	字段含义	类　型	长　度	备　注
Employees_id	员工编号	char	8	主键
Employees_name	员工姓名	varchar	30	非空
Employees_sex	员工性别	char	2	“男”或“女”，默认值为“男
Identity_id	身份证号	Char	18	唯一，长度为 18 位，1～17 位为数字，最后一位可以为数字或字母 X
Hiredate	入职时间	datetime		默认为当前日期
Post_id	岗位编号	char	6	外键，引用 Post_info. Post_id

表 4-4　商品信息表结构定义(Commodity_info)

字段名称	字段含义	类　型	长　度	备　注
Commodity_id	商品编号	char	6	主键
Commodity_name	商品名称	varchar	30	非空
memo	备注	nvarchar	50	

表 4-5　客户信息表结构定义(Customer_info)

字段名称	字段含义	类　型	长　度	备　注
Customer_id	客户编号	char	6	主键
Customer_name	客户姓名	varchar	30	非空
Customer_sex	性别	char	2	“男”或“女”，默认值为“男”
Customer_Birth	生日	datetime		
Telephone	电话	char	11	非空，唯一，电话号码为 11 位，且每一位都是 0～9 的数字
Address	地址	varchar	50	非空

表 4-6　供应商信息表结构定义(Supplier_info)

字段名称	字段含义	类　型	长　度	备　注
Supplier_id	供应商编号	char	6	主键
Supplier_name	供应商名称	varchar	30	非空
Telephone	电话	char	11	非空，唯一，长度为 11 位
Address	地址	nvarchar	50	非空

表 4-7　销售信息表结构定义(Sales_info)

字段名称	字段含义	类　型	长　度	备　注
Sales_id	销售订单编号	char	12	主键，前 8 位自动获取当日日期，后 4 位由当天增加记录数加 1，如 201908180001
Customer_id	客户编号	char	6	外键，引用 Customer_info. Customer_id

续表

字段名称	字段含义	类　型	长　度	备　注
Sales_time	销售时间	datetime		非空
Employees_id	员工编号	char	8	外键，引用 Employees_info. Employees_id

表 4-8　销售明细表结构定义(Sales_list)

字段名称	字段含义	类　型	长　度	备　注
Slist_id	销售明细单号	int		标识列
Sales_id	销售订单编号	char	12	外键，引用 Sales_info. Sales_id
Commodity_id	商品编号	char	6	外键，引用 Commodity_info. Commodity_id
Sales_price	销售价格	money		非空，>0
Sale_Number	销售数量	int		非空，>0

表 4-9　采购信息表结构定义(Purchase_info)

字段名称	字段含义	类　型	长　度	备　注
Purchase_id	采购订单编号	char	12	主键，前 8 位自动获取当日日期，后 4 位由当天增加记录数加 1，如 201908180001
Supplier_id	供应商编号	char	6	外键，引用 Supplier_info. Supplier_id
Purchase_time	采购时间	datetime		非空
Employees_id	员工编号	char	8	外键，引用 Employees_info. Employees_id

表 4-10　采购明细表结构定义(Purchase_list)

字段名称	字段含义	类　型	长　度	备　注
Plist_id	采购明细单号	int		标识列
Purchase_id	采购订单编号	char	12	外键，引用 Purchase_info. Purchase_id
Commodity_id	商品编号	char	6	外键,引用 Commodity_info. Commodity_id
Purchase_price	采购价格	money		非空，>0
Purchase_Number	采购数量	int		非空，>0

(请扫二维码 1 查看 商品管理系统“找出表中各字段实施何种完整性”任务单)

(请扫二维码 2 查看 商品管理系统“实施实体完整性”任务单)

(请扫二维码 3 查看 商品管理系统“实施域完整性”任务单)

(请扫二维码 4 查看 商品管理系统“实施引用完整性”任务单)

二维码 1

二维码 2

二维码 3

二维码 4

任务 4.1　设置商品管理系统数据库实体完整性

【动动脑】请仔细观察表 4-11 中的数据，向表中插入一条相同的记录，在数据库中，会出现什么问题呢？

表 4-11　供应商信息表

Supplier_id	Supplier_name	Telephone	Address
gys001	蓝天公司	18781201275	广东省深圳市龙岗区
gys002	翔云公司	18781201274	北京市
gys003	喜洋洋公司	18781201277	广东省东莞市
gys004	嘉盛公司	18781201276	北京市
gys005	东方红公司	18781201239	武汉市

gys003	喜洋洋公司	18781201277	广东省东莞市

【解析】如果此时向表 4-11 中插入一条相同的记录，在数据库中，会出现数据冗余，在关系数据库中为实现一些功能，有些数据冗余是必需的，但不必要的数据冗余会导致存储空间浪费和数据交互、数据库访问执行效率降低，应尽量减少。在数据录入过程中，为避免表中的数据重复，就需要对表实施实体完整性，从而保证存储在表中的数据不会出现重复值，避免数据冗余的现象发生。

预备知识

【知识点】主键(primary key)约束和唯一性(unique)约束

(请扫二维码学习 微课“实体完整性概念及约束方法”)

1. 主键(primary key)约束

在数据表中，通常应具有能唯一标识表中每一行记录的一列或多列，这样的一列或多列称为表的主键，用于实现表的实体完整性。主键约束确保在特定列中不会输入重复值，并且这些列也不会出现空值。

主键约束具有以下特点。

(1) 每个表中只能有一个主键，主键可以是一列，也可以是多列的组合。

(2) 主键值必须唯一并且不能为空，对于多列组合的主键，某列值可以重复，但列的组合值必须唯一。

(3) 主键是不可能(或很难)更新的。

(4) 主键可用作外键，唯一索引不能作为外键。

创建主键有两种途径：一种是在创建表时直接创建主键；另一种是修改现有表创建主键。创建主键时，SQL Server 自动为表建立聚集索引。如果删除该聚集索引，则主键也将被删除。

2. 唯一性(unique)约束

一个表中可能有多列都可唯一标识一条记录，我们把唯一标识一条记录的列称为候选键，这些列在表中用唯一性约束实现，用于实现表的实体完整性。唯一性约束用来限制不受主键约束的列上的数据的唯一性，一个表上可以放置多个唯一性约束。

唯一性约束具有以下特点。

(1) 一个表中可以定义多个唯一性约束。

(2) 每个唯一性约束可以定义到一列上，也可以定义到多列上。

(3) 空值可以出现在某列中一次。

创建唯一性约束有两种途径：一种是在创建表时创建唯一性约束；另一种是修改现有表来创建唯一性约束。

【小结】主键约束和唯一性约束的区别。

(1) 唯一性约束主要用在非主键的列上限制数据的唯一。

(2) 可以在一个表上设置多个唯一性约束，而在一个表中只能设置一个主键约束。

(3) 唯一性约束允许该列上存在 null 值，而主键决不允许出现这种情况。

(4) 在创建唯一性约束和主键约束时可以创建聚集索引和非聚集索引，但在默认情况下主键约束产生聚集索引，而唯一性约束产生非聚集索引。

(请扫二维码 1 学习　微课“使用图形用户界面设置实体完整性”)

(请扫二维码 2 学习　微课“使用 T-SQL 命令设置实体完整体”)

二维码 1

二维码 2

子任务 1　使用图形用户界面设置主键约束

【任务 4-1】为客户信息表(Customer_info)的客户编号(Customer_id)字段设置主键，客户信息表结构如表 4-5 所示。

对应的操作步骤如下。

(1) 打开 SSMS 窗口，在对象资源管理器中，连接到 SQL Server 数据库引擎实例，展开该实例。

(2) 单击“数据库”节点，打开商品管理系统数据库(CommInfo)。

(3) 在 CommInfo 数据库中，单击“表”文件夹树状结构，找到客户信息表(Customer_info)，如图 4-1 所示。

(4) 右击，在弹出的快捷菜单中选择“设计”命令，打开表结构窗口，如图 4-2 所示。

(5) 在表结构窗口中，选择 Customer_id 字段，右击，在弹出的快捷菜单中选择“设置主键”命令，如图 4-3 所示。

(6) 右击表名，在弹出的快捷菜单中选择“保存”命令，保存表。

(7) 要查看刚创建好的主键，需选中客户信息表，右击，在弹出的快捷菜单中选择“刷新”命令，发现在客户编号字段的左侧增加了一把黄色钥匙图标，说明该字段被成功地设置为主键。

图 4-1　选择客户信息表　　　图 4-2　选择“设计”命令　　　图 4-3　设置主键快捷菜单

【任务 4-2】删除客户信息表(Customer_info)的客户编号(Customer_id)字段对应的主键。

删除客户信息表“客户编号”字段对应的主键有以下两种方法。

(1) 将“键”树状文件夹展开，找到要删除的主键，右击，在弹出的快捷菜单中选择“删除”命令，如图 4-4 所示。

(2) 在表结构窗口中，选择有主键标识的字段并右击，在弹出的快捷菜单中选择“删除主键”命令，如图 4-5 所示。

图 4-4　删除主键的快捷菜单　　　图 4-5　在表结构窗口中删除主键

提示：主键可以是一列，也可以是多列的组合，但不能理解为一个表中可以出现多个主键。组合主键的设置方法与单列主键的设置方法是相同的，只需在表结构窗口中，按住 Ctrl 键用鼠标选择多个字段，设置主键即可。

子任务 2　使用图形用户界面设置唯一性约束

【任务 4-3】为客户信息表(Customer_info)的电话(Telephone)字段设置唯一键。

对应的操作步骤如下。

(1) 打开客户信息表表结构，在表结构窗口的任意地方右击，在弹出的快捷菜单中选择“索引/键”命令，如图 4-6 所示。

(2) 打开“索引/键”对话框，单击“添加”按钮。

(3) 在对话框右侧，单击“类型”右侧的⌄按钮，在下拉列表中选择“唯一键”选项，如图 4-7 所示。

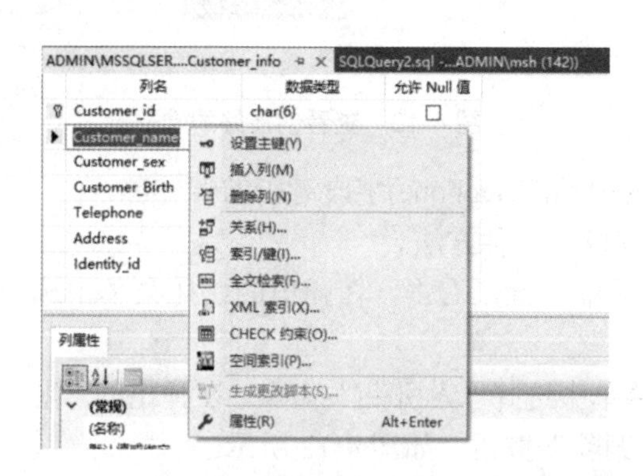

图 4-6　选择“索引/键”命令

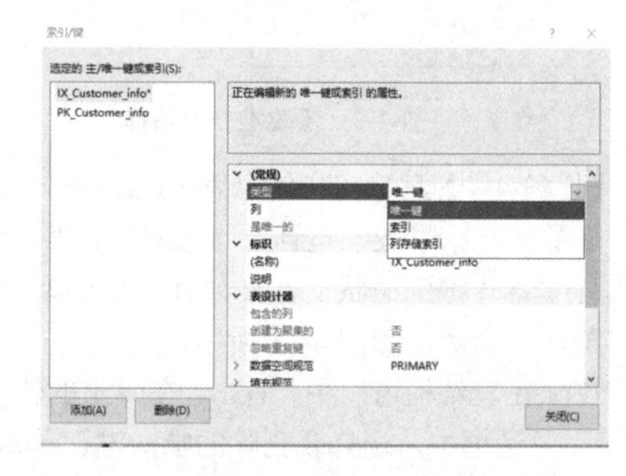

图 4-7　“索引/键”对话框

(4) 单击“列”右侧的按钮[...]，弹出“索引列”对话框，在“列名”下拉列表中选择 Telephone 选项，如图 4-8 所示，单击“确定”按钮返回“索引/键”对话框。

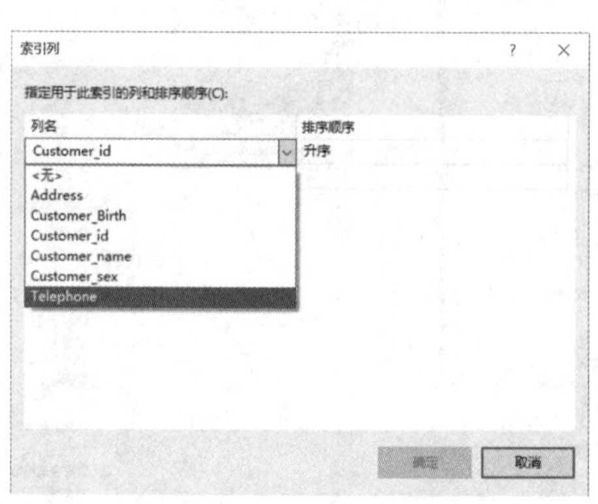

图 4-8　“索引列”对话框

(5) 将唯一键名称改为“uq_Customer_telephone”，单击“关闭”按钮完成设置，如图 4-9 所示。

(6) 单击表名节点，在弹出的快捷菜单中选择“保存”命令，保存表。

(7) 要想查看创建好的唯一键，选中客户信息表(Customer_info)，右击，在弹出的快捷菜单中选择“刷新”命令，展开客户信息表中的“键”文件夹，就会看到已设置好的唯一键，如图 4-10 所示。

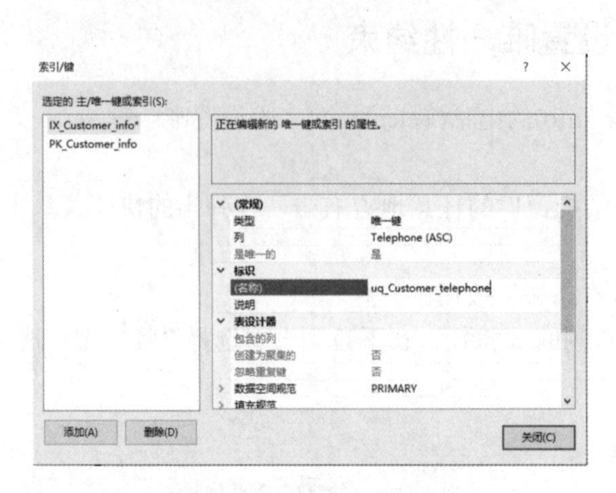

图 4-9　修改唯一键名称

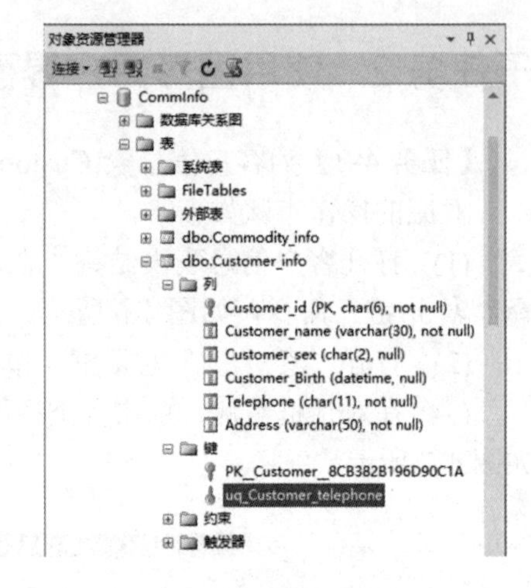

图 4-10　查看创建好的唯一键

【任务 4-4】删除客户信息表(Customer_info)的电话(Telephone)字段对应的唯一键。

删除客户信息表“电话”字段对应的唯一键有以下两种方法。

(1) 将“键”树状文件夹展开，找到要删除的唯一键，右击，在弹出的快捷菜单中选择“删除”命令，如图 4-11 所示。

(2) 在表结构窗口中，右击，在弹出的快捷菜单中选择“索引/键”命令，在弹出的“索引/键”对话框中，选择要删除的唯一键，单击“删除”按钮，如图 4-12 所示。

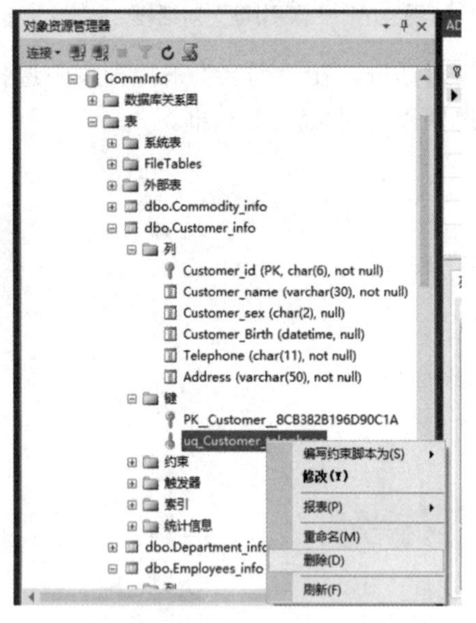

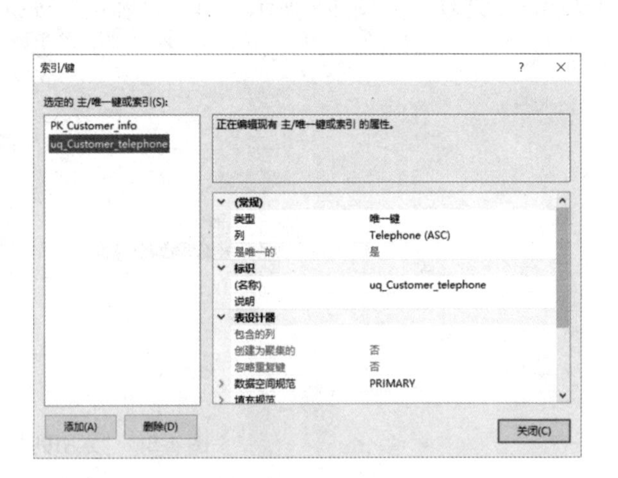

图 4-11　使用快捷菜单删除唯一键　　图 4-12　在“索引/键”对话框中删除唯一键

子任务 3　使用 T-SQL 命令设置主键约束

【任务导学】设置主键约束的语法结构。

在已经存在的表中创建主键约束，对应的语法结构如下：

```
alter table table_name
add constraint constraint_name primary key {(column[,…n])}
```

【说明】

(1) table_name：表示要增加约束的表名。

(2) constraint_name：给出要增加的约束名，必须遵循标识符的定义规则，命名规则一般为pk_字段名称。

(3) 该语法是对已经存在的表进行修改，必须使用alter table关键字。

(4) add constraint：表示增加约束，是一个关键字，必不可少。

(5) primary key：表示设置主键约束。

(6) (column[,…n])：表示要设置主键约束的列名，可以是多个字段的组合主键。

(7) primary key关键字后面必须跟括号，否则会出现语法错误。

【任务4-5】将客户信息表(Customer_info)的客户编号(Customer_id)字段设置为主键。

在工具栏中单击“新建查询”按钮，打开“查询分析器”窗口，输入use CommInfo命令，表示将CommInfo数据库设为当前可用数据库。对应的T-SQL命令如下：

```
use CommInfo --指定CommInfo数据库为当前可用数据库
go
--为Customer_info表创建基于Customer_id列名为pk_Customer_id的主键约束
alter table Customer_info
add constraint pk_Customer_id
primary key(Customer_id)
go
```

【任务解析】该命令是在原有表基础上增加主键约束，要修改的表名是Customer_info，需使用alter table关键字修改表，后面跟上Customer_info表名；使用add constraint关键字增加约束，由于是增加主键约束，在命名时把主键约束关键字的首字母取出，再结合相关字段进行命名即可，根据命名规则，将主键约束的约束名命名为“pk_Customer_id”；最后使用primary key关键字，将Customer_id列字段设置为主键。

单击工具栏中的“执行”按钮!，提示“命令已完成”。同样，要想查看执行后的结果，只需在“对象资源管理器”窗口中，选中客户信息表(Customer_info)对应的“列”文件夹，右击，在弹出的快捷菜单中选择“刷新”命令，就会发现在Customer_id的左边增加了一把黄色的钥匙图标，表示已成功设置为主键。

【任务4-6】将销售明细表(Sales_list)的销售订单编号(Sales_id)和商品编号(Commodity_id)字段设置为组合主键。

对应的T-SQL命令如下：

```
use CommInfo
go
--为销售明细表(Sales_list)创建基于销售订单编号(Sales_id)和商品编号(Commodity_id)
--的组合主键
alter table Sales_list
add constraint pk_Sales_list
primary key(Sales_id,Commodity_id)
go
```

小贴士

(1) 为表的多个字段设置组合主键时，在 primary key 关键字后需要用括号将多个字段括起来，但是要注意字段和字段之间需要用逗号隔开，否则语法会报错。

(2) 在为某一字段设置主键时，表中列的数据如果存在重复值和空值，则无法设置主键。

【任务 4-7】 删除任务 4-5 设置好的主键 pk_Customer_id。

【任务导学】 删除约束的语法结构。

```
alter table table_name
drop constraint constraint_name
```

【说明】

(1) table_name 表示要删除约束的表名称。

(2) constraint_name 表示要删除的约束名。

删除主键 pk_Customer_id 约束对应的 T-SQL 语法结构如下：

```
alter table Customer_info
drop  constraint pk_Customer_id
go
```

提示：如果设置主键约束的字段在另一个表中被引用，删除该主键时，会出现报错信息，解决办法是必须先移除被引用表的外键约束，才能成功删除主键。

子任务 4　使用 T-SQL 命令设置唯一性约束

【任务导学】 设置唯一性约束的语法结构。

为存在的表创建唯一性约束，其语法格式如下：

```
alter table table_name
add constraint constraint_name unique {(column[,…n])}
```

【说明】

(1) table_name：表示要增加约束的表名。

(2) constraint_name：给出要增加的约束名，必须遵循标识符的定义规则，命名规则一般为 uq_字段名称。

(3) 该语法是对已经存在的表进行修改，必须使用 alter table 关键字。

(4) add constraint：表示增加约束，是一个关键字，必不可少。

(5) unique：表示设置唯一键约束。

(6) (column[,…n])：表示要设置唯一键约束的列名。

(7) unique 关键字后面必须跟括号，否则会出现语法错误。

【任务 4-8】 将客户信息表(Customer_info)的身份证号(Identity_Id)字段设置为唯一键。

对应的 T-SQL 命令如下：

```
use CommInfo --指定 CommInfo 数据库为当前可用数据库
go
--为 Customer_info 表创建基于 Identity_Id 列、名为 uq_Identity_Id 的唯一性约束
alter table Customer_info
add constraint uq_Identity_Id
```

```
unique(Identity_Id)
go
```

【任务解析】该任务是将客户信息表中的身份证号(Identity_Id)字段设置为唯一键，使用 alter table 命令修改 Customer_info 表，使用 add constraint 命令添加约束，约束名为 uq_Identity_Id，使用 unique 关键字设置唯一键，unique 关键字后面需要有具体的列名，列名为 Identity_Id，但是要注意该列名要用括号括起来。

小贴士 如果表中设置唯一键约束的列上存在重复数据，执行设置唯一键约束的 T-SQL 命令会出现语法报错的情况，对应的解决办法是修改唯一键约束字段对应的重复数据。

【任务 4-9】删除任务 4-8 的唯一键约束。

删除唯一键约束对应的 T-SQL 语句如下：

```
alter table Customer_info
drop constraintuq_Identity_Id
go
```

任务 4.2 设置商品管理系统数据库域完整性

【动动脑】请仔细观察表 4-12 所示的学生信息表结构和表 4-13 所示的学生信息表的数据，向表中插入一条记录，在数据库中，会出现什么问题呢？

表 4-12 学生信息表表结构

字段名称	类 型	长 度
学号	char	7
姓名	varchar	30
地址	nvarchar	50

表 4-13 学生信息表

学 号	姓 名	地 址
0010012	李衫	湖北
0010013	吴兰	湖南
0010014	雷玉	江西
0010015	张丽娟	河南
0010016	赵发	湖北

8700000000	李亮	湖北荆门

【解析】分析表 4-12 的表结构，得出“学号”字段对应的数据类型是字符型数据，字符长度不能超过 7 位，此时向表 4-13 中插入学号为“8700000000”对应的记录，插入将会失败。要解决以上问题，需要对表实施域完整性，限制列的取值在有效的输入范围之内，从而避免错误的发生。

预备知识

【知识点】检查约束和默认约束

(请扫二维码学习 微课“域完整性概念和对应约束方法”)

一、检查(check)约束

【动动脑】请仔细观察表 4-14 中的数据，是否存在问题？

表 4-14 学生信息表

学 号	姓 名	性 别	年 龄	身份证号	家庭地址	班级编号
201701	胡云	女	19	420303189901012110	武汉市	rf1701
201702	潘峰	男	22	420a031899012110	武汉市硚口区	wl1701
201703	郑飞	小狗	1000	420303189901012112	河北	xg1701
201704	陈晓薇	女	20	420303189901012113	宜昌	qc1701

【解析】表 4-14 中的数据存在以下几个问题。

(1) 郑飞的性别描述出错，只能为“男”或“女”。

(2) 郑飞的年龄超出范围，不可能存在 1000 岁。

(3) 潘峰的身份证号输入出错，身份证号码字符长度只能为 18 位且出现错误字符“a”。

在数据录入过程中，为了避免出现上述错误，只需要为表中的某些列设置检查约束，使输入的数据在有效的范围之内。

1. 检查约束的概念

检查约束实际上是字段输入内容的验证规则，表示一个字段的输入内容必须满足 check 约束的条件，若不满足，则数据无法正常输入，强制域完整性。

检查约束用包含所属字段值的一个逻辑表达式来限定有效值范围，返回值为 true 和 false。只有使用该逻辑表达式为 true 的字段值才能被 SQL Server 认可。检查约束只在添加和更新记录时才起作用，删除记录时则不起作用。

创建检查约束有两种途径：一种是在创建表时创建检查约束；另一种是修改现有表来创建检查约束。

注意：对于 TimeStamp 和 Identity 两种类型的字段不能定义 check 约束。

2. 检查约束常用的运算符

在检查约束中，都是对某列的字段设置条件，在数据库中设置条件需要用表达式进行表示，而表达式需要结合运算符一起使用。在检查约束中，常用的运算符有比较运算符、逻辑运算符和模式匹配符等。

1) 比较运算符

比较运算符如表 4-15 所示。

表 4-15　比较运算符

运 算 符	含　义	作　用
=	等于	大小的比较
<	小于	
>	大于	
<>	不等于	
<=	小于等于	
>=	大于等于	
!=	不等于	

在表 4-15 中，=、<、>、<>、<=、>=、!=运算符用于大小的比较，属于比较运算符。

比如，要想表示性别为“女”，就可以使用比较运算符中的“=”符号表示，表达式表示为“性别='女'”。

其中，<=、>=、<>、!=四个运算符，分别表示“小于等于”“大于等于”和“不等于”，要注意与数学运算符的区别。

2)　逻辑运算符

逻辑运算符如表 4-16 所示。

表 4-16　逻辑运算符

运 算 符	含　义	作　用
and	逻辑与	用于多条件的逻辑连接
or	逻辑或	
not	逻辑非	

在表 4-16 中，逻辑与(and)、逻辑或(or)、逻辑非(not)主要用于多条件的逻辑连接。

比如，要想表示成绩在 0～100 之间，就可以使用“逻辑与(and)”运算符，并结合比较运算符一起使用，其表达式表示为“成绩>=0 and 成绩<=100”，表示成绩在一个范围之间的数值，但是不能写成“成绩>=0 and <=100”。

又比如，要想表示“政治面貌”是“党员”或者是“群众”，可使用“逻辑或(or)”运算符，其表达式为“政治面貌='党员'or 政治面貌='群众'”。

not 运算符，表示对操作数取反。

3)　模式匹配符

模式匹配符如表 4-17 所示。

表 4-17　模式匹配符

运 算 符	作　用
(not)Like	用于确定给定的字符串是否与指定的模式匹配

如果表中某列的数据类型是字符型，需要对字符进行比较时，可使用“like, not like”运算符完成对字符的模糊匹配。其作用是确定给定的字符串是否与指定的模式匹配。

Like 运算符需要结合通配符一起使用，在 SQL Server 中系统提供了 4 个通配符，在检查约束中，重点讲解“[ ]”“[^]”通配符的运用，其余通配符在讲解条件查询时，将会做详细介绍。

模式匹配符对应的几个通配符如表 4-18 所示。

表 4-18　模式匹配符对应的通配符

通 配 符	描　述
%	表示匹配 0 个或多个长度的字符
_(下划线)	表示匹配任意单个字符
[ ]	表示匹配指定范围内的任意单个字符
[^]	表示匹配不在指定范围内的任意单个字符

【说明】

[ ]：用于指定范围内的单个字符，例如[a-h]，表示 a～h 范围内的单个字符。

[^]：用于不在指定范围内的单个字符，例如[^a-h]，表示 a～h 范围以外的单个字符。

注意：(not)like 运算符，只能用于数据类型是字符型的字段。所以，like 关键字后面必须跟一对单引号。比如“字段名 like '[a-h]'”。

比如：我们国家的邮政编码长度为 6 位，且每一位都是数字，表达式该如何表示呢？

【解析】一个[ ]只能表示一个字符长度，现在要存储长度为 6 位的字符，就需要用到 6 个[ ]，而且每一位邮政编码都是数字，所以[ ]里就只能显示 0～9 的任意一个数字。最终可以把这个表达式表示为：邮政编码 like '[0-6] [0-6] [0-6] [0-6] [0-6] [0-6]'。

二、默认(default)约束

在实际业务中，数据录入者希望系统能为某些没有确定值的字段赋予一个默认值，而不是设置为 null。比如，录入客户信息表时，如果没有录入客户性别，则将该记录的性别字段值默认设置为“男”，这样可以减少录入时间。

默认约束通过指定列的默认值，强制域完整性，在输入数据时，如果该字段没有输入值，则由默认约束提供默认数据，目的是提高数据的输入速度。

创建默认约束有两种途径：一种是在创建表时创建默认约束；另一种是通过修改现有表来创建默认约束。

注意：一个字段只有在不可为空的时候才能设置默认约束。

(请扫二维码 1 学习 微课“使用图形用户界面设置域完整性”)

(请扫二维码 2 学习 微课“使用 T-SQL 命令设置域完整性”)

二维码 1

二维码 2

子任务 1　使用图形用户界面设置检查约束

【任务 4-10】客户信息表(Customer_info)的客户性别(Customer_sex)字段设置为只允许输入“男”或“女”的数据。

【任务解析】该任务要求是，客户性别只能输入“男”或“女”的数据，其他数据一律不允许输入，按字面意思可以表达为“性别='男'或性别='女'”，在数据库中“或”需要使用逻辑或(or)运算符进行表示，最终可以表示为“性别='男'or 性别='女'”。

但是，由于“男”或“女”是属于字符型数据类型，在表示字符常量时，应该要用单引号将数据括起来，而且，表中性别对应的字段名称为“Customer_sex”，正确的表达式应该为：Customer_sex='男' or Customer_sex='女'。

对应的操作步骤如下。

(1) 打开“数据库”对象树状结构。

(2) 打开商品管理系统数据库(CommInfo)对象。

(3) 在 CommInfo 数据库中，单击“表”文件夹树状结构，找到客户信息表(Customer_info)，右击，在弹出的快捷菜单中选择“设计”命令。

(4) 在表结构窗口中，右击，在弹出的快捷菜单中选择“CHECK 约束”命令，如图 4-13 所示。

(5) 在弹出的“CHECK 约束”对话框中，单击“添加”按钮，将该约束的名称改为“ck_Customer_sex”，如图 4-14 所示。

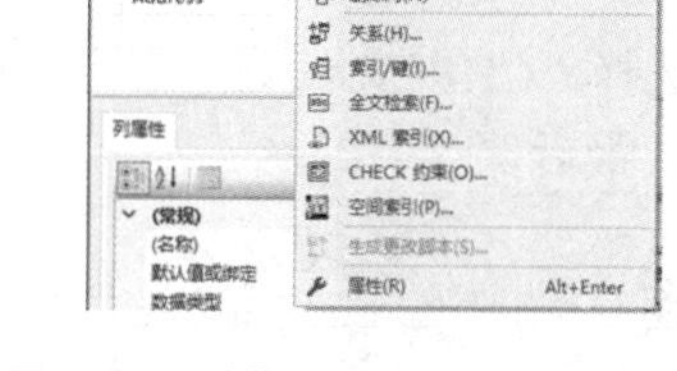

图 4-13　选择“CHECK 约束”命令

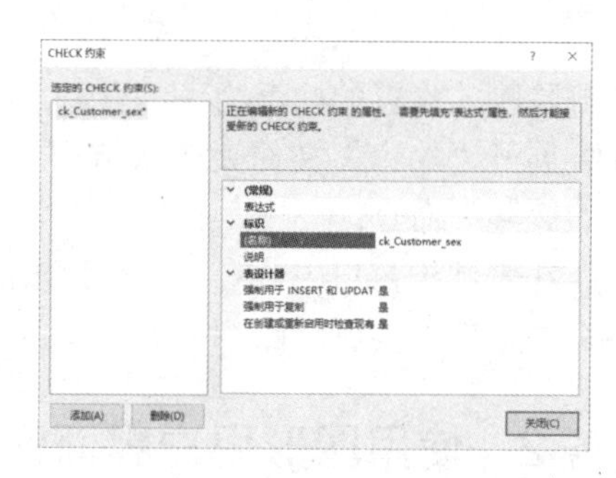

图 4-14　“CHECK 约束”对话框

(6) 单击“表达式”右侧对应的 ... 按钮，弹出“CHECK 约束表达式”对话框，在该对话框的文本编辑区域输入表达式“Customer_sex='男' or Customer_sex='女'”，单击“确定”按钮，并单击“关闭”按钮，退出“CHECK 约束”对话框，如图 4-15 所示。

注意： *在写该表达式时，有一个小细节经常会被忽视，在该表达式中，如果用中文输入法输入单引号则会提示“验证约束出错”提示信息。*

(7) 单击表名节点，在弹出的快捷菜单中选择“保存”命令，保存表。

要查看刚创建好的检查约束，有以下两种方法。

(1) 选中“约束”文件夹，右击，在弹出的快捷菜单中选择“刷新”命令，就可以查看刚才设置的检查约束，如图 4-16 所示。

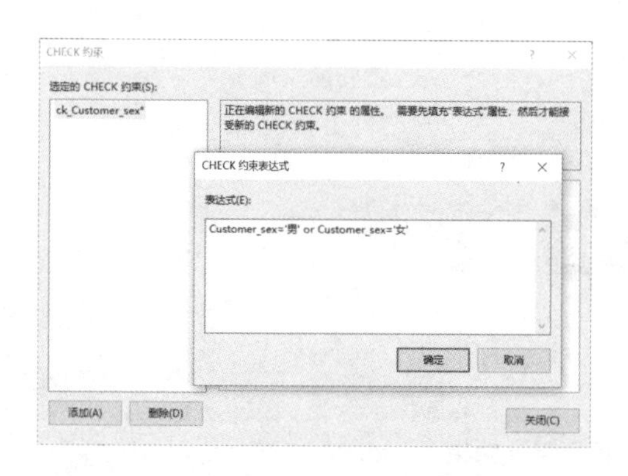

图 4-15　设置 CHECK 约束表达式

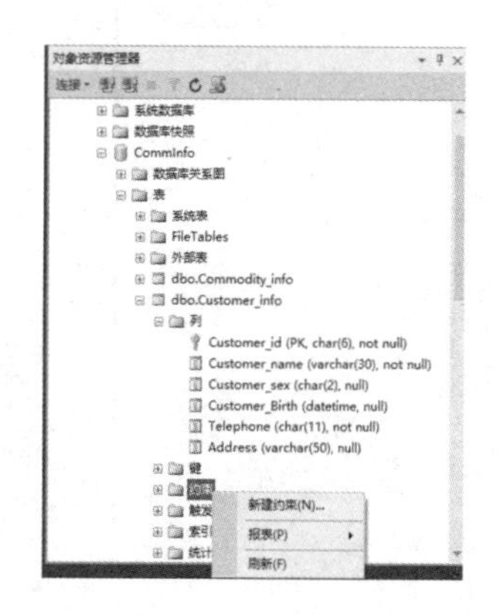

图 4-16　查看检查约束

(2) 在表结构窗口中右击，在弹出的快捷菜单中选择“CHECK 约束”命令，进行查看，同样也可以看到刚才设置的检查约束，如图 4-17 所示。

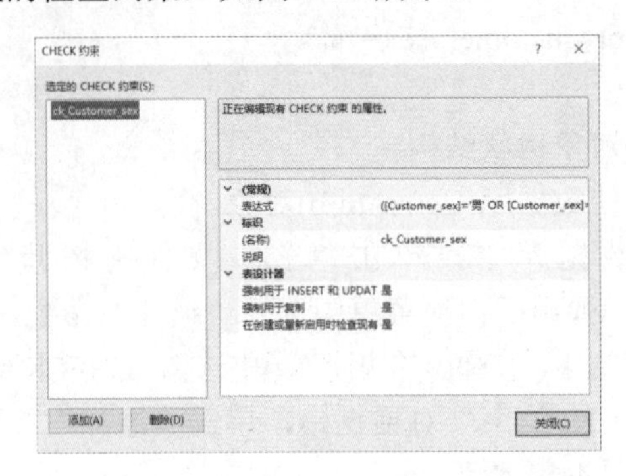

图 4-17 在对话框中查看检查约束

要删除刚才设置的检查约束，有以下两种方法。

(1) 展开“约束”文件夹树状结构，选中要删除的约束名，右击，在弹出的快捷菜单中选择“删除”命令。

(2) 在表结构窗口中，右击，在弹出的快捷菜单中选择“CHECK 约束”命令，在打开的对话框中，选中要删除的约束名，单击“删除”按钮，最后保存表。

子任务 2　使用图形用户界面设置默认约束

【任务 4-11】将客户信息表(Customer_info)的客户性别(Customer_sex)字段设置为默认值，默认值为“男”。

对应的操作步骤如下。

(1) 选中客户信息表(Customer_info)，右击，在弹出的快捷菜单中选择“设计”命令，打开其表结构。

(2) 单击 Customer_sex 列，在“列属性”面板的“默认值和绑定”文本区域中输入“男”，并保存表，如图 4-18 所示。

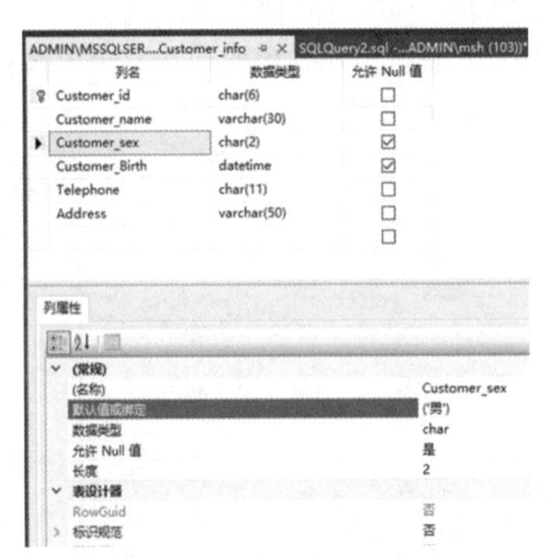

图 4-18 设置默认约束

要想查看、修改和删除刚才设置的默认约束，只需打开表结构窗口，选中 Customer_sex 字段，在“列属性”面板中就可以进行查看、修改或删除默认值。

子任务 3　使用 T-SQL 命令设置检查约束

【任务导学】设置检查约束的语法结构。

在已经存在的表中创建检查约束，对应的语法结构如下：

```
alter table table_name
add constraint constraint_name check  (表达式)
```

【说明】

(1)　table_name：表示要增加约束的表名。

(2)　constraint_name：给出要增加的约束名，必须遵循标识符的定义规则，命名规则一般为 ck_字段名称。

(3)　该语法是对已经存在的表进行修改，必须使用 alter table 关键字。

(4)　add constraint：表示增加约束，是一个关键字，必不可少。

(5)　check：表示设置检查约束，后面需跟表达式。

(6)　表达式可以用 and 或 or 连接以表示复杂逻辑，同时表达式还可以使用 in 和 like 关键字表示复杂逻辑；也可使用系统函数。

【任务 4-12】设置客户信息表(Customer_info)的客户性别(Customer_sex)对应的数据只允许是“男”或“女”。

对应的 T-SQL 语句如下：

```
alter table  Customer_info
add constraint ck_Customer_sex
check (Customer_sex='男' or Customer_sex='女')
go
```

【任务解析】

(1)　任务 4-12 要求客户性别对应的值只能为“男”或“女”，表达式需用到逻辑或运算符“or”，对应的表达式为“Customer_sex='男' or Customer_sex='女'”，还需注意的是设置的值如果为字符型，必须用一对单引号括起来，否则语法报错。

(2)　表达式除了使用“or”运算符外，也可使用列表运算符(in)，对应的表达式为 Customer_sex in('男', '女')。

【任务 4-13】设置销售明细表(Sales_list)的销售价格(Sales_price)对应的数据只能是 0～100 的值。

对应的 T-SQL 语句如下：

```
alter table Sales_list
add constraint ck_Sales_list
check (Sales_price>=0 and Sales_price<=100)
go
```

【任务解析】

(1)　任务 4-13 要求销售价格(Sales_price)对应的数据只能是 0～100 的值，表达式需用到逻辑与运算符“and”，对应的表达式为“Sales_price>=0 and Sales_price<=100”。

(2) 表达式除了使用“and”运算符外，也可用范围运算符(between…and…)，对应的表达式为“Sales_price between 0 and 100”。

【任务 4-14】设置客户信息表(Customer_info)的客户电话(Telephone)长度只允许为 11 位，且每一位的数据只能是 0～9 的值。

对应的 T-SQL 语句如下：

```
alter table Customer_info
add constraint ck_Telephone
check(Telephone
like'[0-9][0-9][0-9][0-9][0-9][0-9][0-9][0-9][0-9][0-9][0-9]')
```

【任务解析】任务 4-14 要求电话号码的长度是 11 位，且每一位都只能是 0～9 的数字，需要运用到 like 模式匹配运算符，并结合“[ ]”通配符一起使用，由于一个“[ ]”表示单个字符，需要用到 11 个“[ ]”通配符，表达式可表示为“Telephone like'[0-9][0-9][0-9][0-9][0-9][0-9][0-9][0-9][0-9][0-9][0-9]'”。

小贴士

(1) 由于 like 运算符只能用于数据类型是字符型的字段，所以，like 关键字后面的表达式，必须用单引号括起来。

(2) 如果客户信息表中存储的电话号码有不足 11 位或出现 0～9 数字以外的字符，执行任务 4-14 时将会出现语法报错，错误信息如图 4-19 所示。

图 4-19 设置检查约束错误信息提示

对应的解决办法是选中客户信息表(Customer_info)，右击，在弹出的快捷菜单中选择“编辑前 200 行”命令，打开客户信息表，修改“客户电话”对应的数据，保证在有效的输入范围之内，如图 4-20 所示。

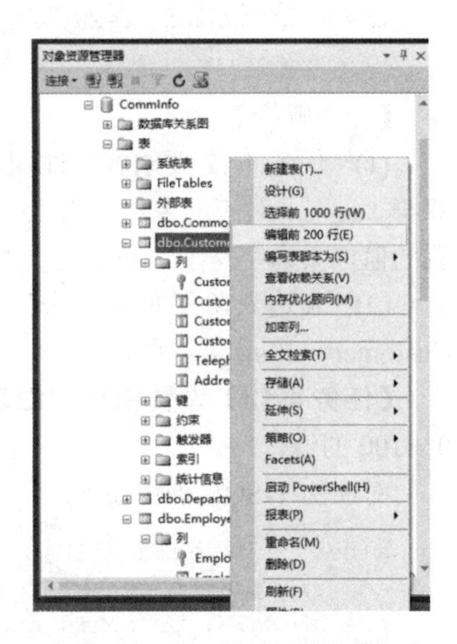

图 4-20 打开客户信息表

【任务 4-15】设置员工信息表(Employess_info)的身份证号(Identity_id)长度只允许为 18 位。

对应的 T-SQL 语句如下：

```
alter table Employess_info
add constraint ck_Identity_id
check(len(Identity_id)=18)
go
```

【任务解析】设置检查约束，表达式可使用系统函数，需要用到字符串函数——len 函数，该函数表示对字符串求长度。要注意由于没有指出需要为每一位存储什么字符，所以不需要用 like 运算符，任务 4-15 表达式的表示结果为“len(Identity_id)=18”。

小贴士　如果员工信息表中身份证号有不足 18 位的数据，系统将会提示错误信息，检查约束无法设置成功，如图 4-21 所示。

```
消息
消息 547，级别 16，状态 0，第 1 行
ALTER TABLE 语句与 CHECK 约束"ck_Identity_id"冲突。该冲突发生于数据库"CommInfo"，表"dbo.Employees_info", column 'Identity_id'。
```

图 4-21　设置检查约束时的错误信息提示

对应的解决办法是打开员工信息表(Employess_info)，修改身份证号(Identity_id)对应的数据即可。

【任务 4-16】删除任务 4-15 对应的检查约束。

删除检查约束对应的 T-SQL 语句如下：

```
alter table Employess_info
drop constraint ck_Identity_id
go
```

子任务 4　使用 T-SQL 命令设置默认约束

【任务导学】设置默认约束的语法结构。

在已经存在的表中创建默认约束，对应的语法结构如下：

```
alter  table  table_name
add  constraint constraint_name
default  默认值 for 列名
```

【说明】

(1) constraint_name：给出要增加的约束名，必须遵循标识符的定义规则，命名规则一般为 df_字段名称。

(2) default：表示设置默认约束。

(3) default 约束只对 insert 语句有效。

(4) 每列只能定义一个 default 约束。

(5) 默认值如果是数值型常量则不用加单引号，如果是字符或者日期常量必须加上单引号。

【任务 4-17】设置客户信息表(Customer_info)的性别(Customer_sex)字段的默认值为“男”。

对应的 T-SQL 命令如下：

```
alter table  Customer_info
add constraint df_Customer_sex
default '男' for Customer_sex
go
```

【任务解析】使用 alter table 命令修改客户信息表(Customer_info)，使用 add constraint 关键字为性别(Customer_sex)字段增加约束，约束名为“df_ Customer_sex”，使用 default 关键字设置默认约束，默认值为“男”，默认约束对应的表达式为“default '男' for Customer_sex”。

最后，单击工具栏中的“执行”按钮，验证代码的正确性。

【任务 4-18】删除任务 4-17 的默认约束。

删除默认约束对应的 T-SQL 语句如下：

```
alter table Customer_info
drop constraint df_Customer_sex
go
```

任务 4.3　设置商品管理系统数据库引用完整性

【动动脑】请仔细观察表 4-19 和表 4-20 两张表的数据，在数据库中，会出现什么问题呢？

表 4-19　班级信息表

班级编号	班级名称
rf1701	软服 1701
wl1701	网络 1701
xg1701	信管 1701
ys1701	艺术 1701

表 4-20　学生信息表

学号	姓名	性别	年龄	身份证号	家庭地址	班级编号
201701	胡云	女	19	420303189901012110	武汉市	rf1701
201702	潘峰	男	22	420303189901211011	武汉市硚口区	wl1701
201703	郑飞	男	21	420303189901012112	河北	xg1701
201704	陈晓薇	女	20	420303189901012113	宜昌	qc1701

【解析】按照逻辑关系分析，只有在“班级信息表”中有班级信息，才在“学生信息表”中有可能存在对应班级的学生，分析学生信息表中的信息可以看出，在“学生信息表”中，存在班级编号为“qc1701”的编号，但是在“班级信息表”中却没有班级编号为“qc1701”的记录。所以，“学生信息表”中，学生姓名为“陈晓薇”对应的“班级编号”信息出错。导致两张表中的信息不一致！

在数据库中要解决两张表中信息不一致的问题，需要用到参照完整性(引用完整性)，从而保证表和表之间的数据存在关联关系。

预备知识

【知识点】外键约束

(请扫二维码学习 微课“引用完整性概念和对应约束方法”)

参照完整性也叫引用完整性，是指某列的值必须与其他列的值匹配，是表与表之间的关系。通过设置主键和外键来实现，对应的约束方法为外键(reference)约束。

如果一个表的外键列值依赖于另一个表的主键列值，那么可以定义外键约束以避免外键值在主键值中不存在。

主键和外键配合使用可以保证表与表之间的参照完整性，即保证主表中的主键与从表中的外键是正确的、一致的。

【动动脑】观察班级信息表(见表4-19)和学生信息表(见表4-20)，结合外键约束的概念，这两张表中哪张表可以设为主表？哪张表可以设为从表？

【解析】“班级信息表”中“班级编号”为主键，“班级编号”同时在“学生信息表”中存在，可将“学生信息表”中的“班级编号”设为外键，所以，设有主键的主键表称为主表，设为外键的外键表称为从表。

【小结】

(1) 在定义外键约束前，必须先定义主键约束，否则会失败，在删除主键约束时，必须先删除外键约束。

(2) 一个表中可以有多个外键。

(3) 外键约束的列值可以为空。如果应用外键约束的任意一列包含空值，数据库系统将忽略这个外键约束，即这个外键约束将不再起作用。一般情况下，定义外键约束的列中不允许为空值。

(4) 当一个新的数据加入表中，或对表中已经存在的外键上的数据进行修改时，新的数据必须存在于另一张表的主键上。

(5) 外键同时也限制了对主键所在表的数据进行修改。当主键所在的表的数据被另一张表的外键所引用时，用户将无法对主键里的数据进行修改或删除。除非事先删除或修改引用的数据。

(请扫二维码学习 微课“使用图形用户界面和T-SQL命令设置引用完整性”)

子任务1 使用图形用户界面设置外键约束

【任务4-19】将员工信息表(Employees_info)的岗位编号(Post_id)设为外键，对应员工信息表和岗位信息表的表结构分别如表4-3和表4-2所示。

【任务分析】分析岗位信息表和员工信息表的表结构可以看出，两张表中都存在一个相同的字段，该字段为Post_id，其中Post_id在岗位信息表中为主键，要保证两张表之间的数据存在关联关系，就需要将员工信息表的Post_id字段设为外键。同时，Post_id在岗位信息表中为主键，岗位信息表就为主表，Post_id在员工信息表中设为外键，员工信息表就为从表。

对应的操作步骤如下。

(1) 打开CommInfo数据库文件夹树状结构。

(2) 展开“表”文件夹树状结构。

(3) 找到Employees_info表，右击，在弹出的快捷菜单中选择“设计”命令。

(4) 在打开的表结构窗口中，右击，在弹出的快捷菜单中选择“关系”命令，如图4-22所示。

(5) 打开“外键关系”对话框，单击“添加”按钮，如图4-23所示。

(6) 单击“表和列规范”右侧的...按钮，打开“表和列”对话框，如图4-24所示。

(7) 在“表和列”对话框中，“主键表”选择主表Post_info，对应的字段选择Post_id，“外键表”选择从表Employees_info，对应的字段选择Post_id。

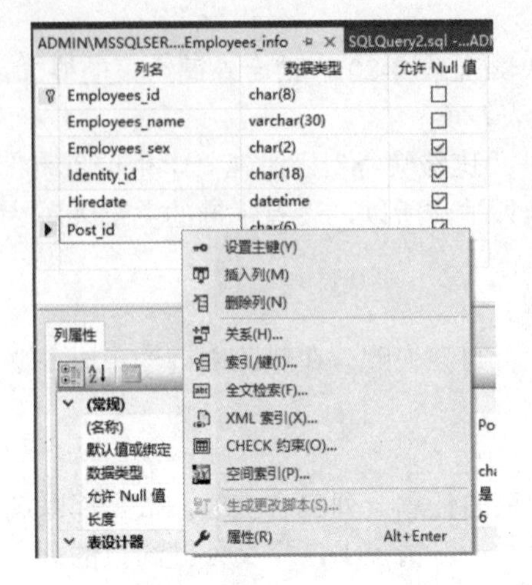

图 4-22 选择“关系”命令

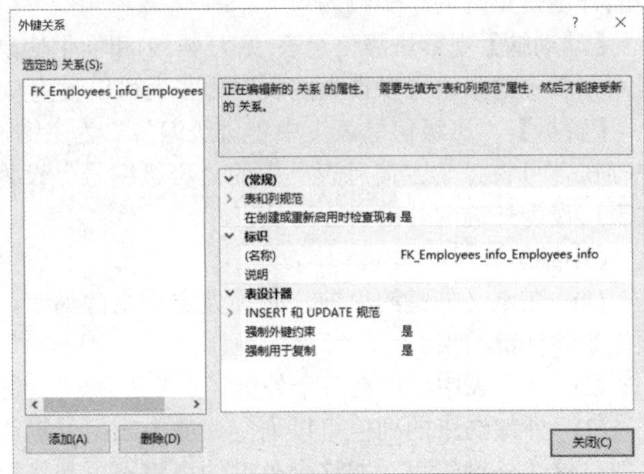

图 4-23 “外键关系”对话框

(8) 单击“确定”按钮，关闭设置外键约束的对话框，并保存 Employees_info 表。

要想查看该外键是否成功设置，只需选择 Employees_info 表，右击，在弹出的快捷菜单中选择“刷新”命令。展开“列”文件夹，就会发现，Employees_info 表中的 Post_id 字段的左边增加了一把灰色的钥匙图标，说明外键约束设置成功，如图 4-25 所示。

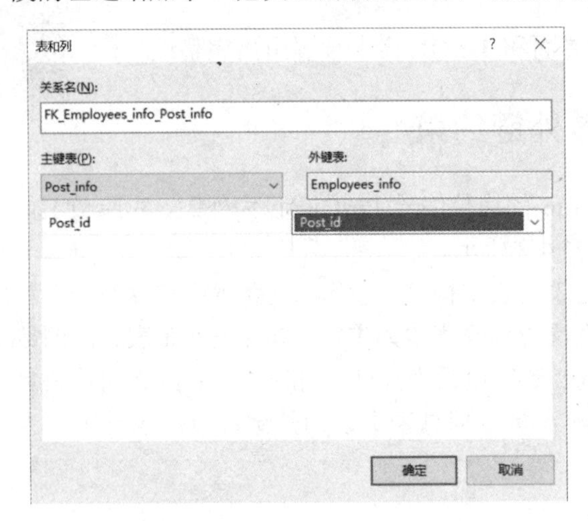

图 4-24 “表和列”对话框

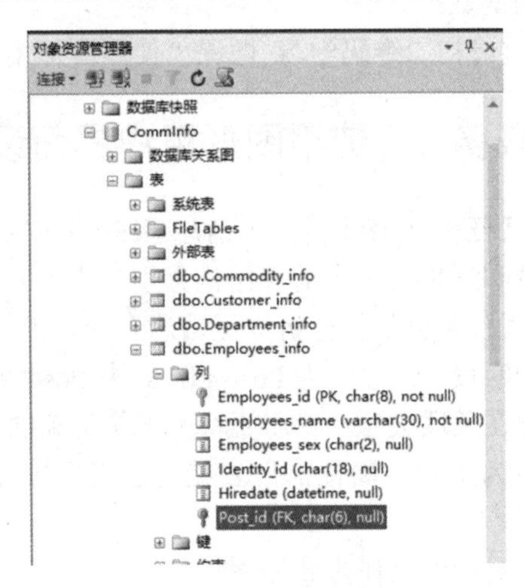

图 4-25 查看外键约束

【任务 4-20】删除任务 4-19 对应的外键约束。

删除任务 4-19 对应的外键约束有以下两种方法。

(1) 在 Employees_info 表中，选中“键”文件夹，右击，在弹出的快捷菜单中选择“刷新”命令。选中对应的外键名，右击，在弹出的快捷菜单中选择“删除”命令，再次刷新 Employees_info 表，就会发现，刚才的外键被成功删除，如图 4-26 所示。

(2) 选中 Employees_info 表，右击，弹出的快捷菜单中选择“设计”命令，打开 Employees_info 表结构窗口。在表结构窗口中，右击，在弹出的快捷菜单中选择“关系”命令，如图 4-27 所示，打开“外键关系”对话框，选中要删除的约束名，单击“删除”按钮，如图 4-28 所示，最后保存表。

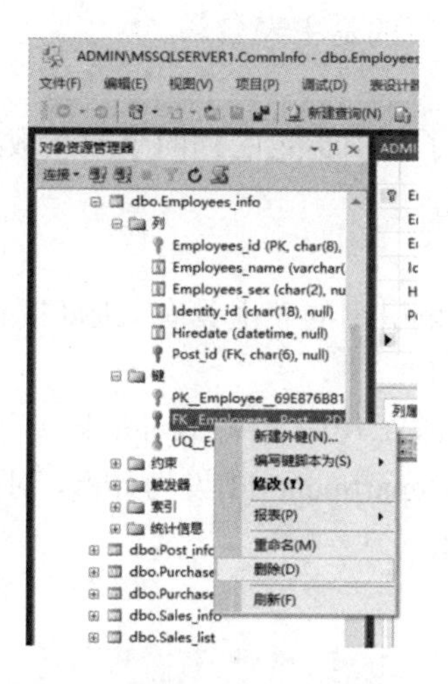

图 4-26　使用命令删除外键约束

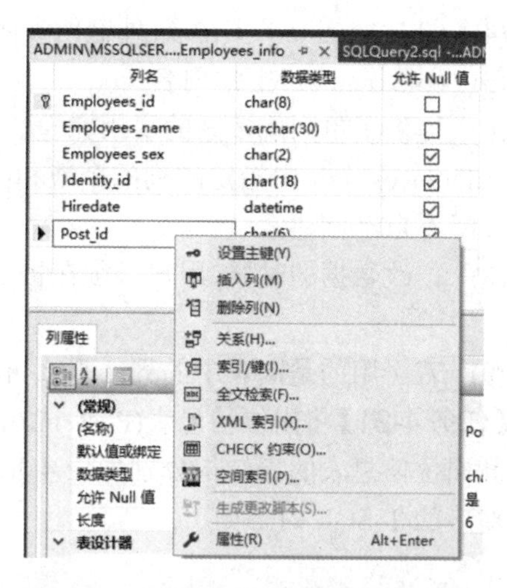

图 4-27　在表结构窗口中打开外键约束

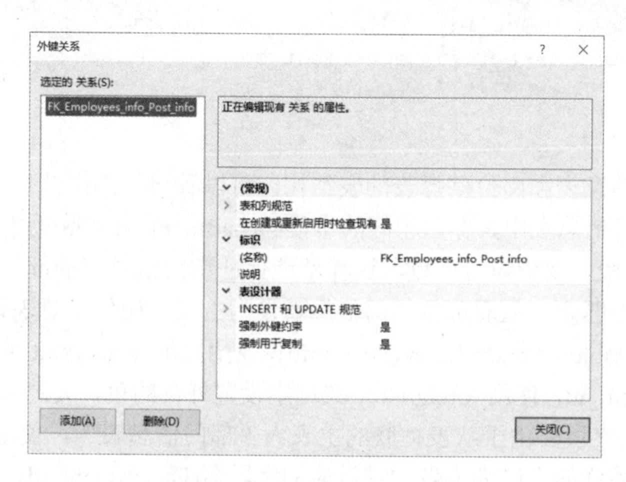

图 4-28　“外键关系”对话框

子任务 2　使用 T-SQL 命令设置外键约束

【任务导学】创建外键约束的语法结构。

在已经存在的表中创建外键约束，对应的语法结构如下：

```
alter table table1_name
add constraint constraint_name
foreign key (col1_name)
references table2_name (col2_name)
```

【说明】

(1) table1_name：表示要增加外键约束且已存在的表名，对应的是从表名。

(2) constraint_name：给出要增加的约束名，必须遵循标识符的定义规则，命名规则一般为 fk_字段名称。

(3) col1_name：从表的列名。

(4) table2_name：主键表(外键所参照的表)名，对应的是主表名。

(5) col2_name：主键列名。

(6) 提供了单列或多列的引用完整性。foreign key 子句中指定的列的个数和数据类型必须和 references 子句中指定的列的个数和数据类型匹配。

(7) 不自动创建索引。

(8) 修改数据的时候，用户必须在被 foreign key 约束引用的表上具有 select 或 references 权限。

(9) 若引用的是同表中的列，那么可只用 references 子句而省略 foreign key 子句。

【任务 4-21】将岗位信息表(Post_info)的部门编号(Department_id)设为外键，对应部门信息表和岗位信息表的表结构分别如表 4-1 和表 4-2 所示。

对应的 T-SQL 命令如下：

```
alter table post_info
add constraint fk_Department_id
foreign key(Department_id)
references Department_info(Department_id)
go
```

【任务解析】

(1) 分析部门信息表和岗位信息表的表结构，可以看出，部门信息表的 Department_id 字段为主键，在岗位信息表中，存在相同的字段 Department_id，要引用 Department_info 表的 Department_id 字段，要求设为外键，这样就能保证部门信息表的部门编号与岗位信息表的部门编号的数据相匹配，从而可将部门信息表设为主表，岗位信息表设为从表。

(2) 使用 alter table 命令修改从表(Post_info)，使用 add constraint 关键字增加约束，约束名为 fk_Department_id，使用 foreign key 关键字设置外键约束，关键字为从表对应的部门编号(Department_id)字段。由于从表关联的主表为“部门信息表”，使用 references 关键字与主表进行关联，关联的字段为主表主键对应的字段名(Department_id)。

【动动脑】在部门信息表中存在 4 条记录，岗位信息表中存在 5 条记录，对应的数据分别如图 4-29 和图 4-30 所示，分析如果执行任务 4-21 的 T-SQL 命令，能执行成功吗？

Department id	Department name
cw1001	财务部
js1001	技术部
xz1001	行政部
yy1001	营业部

图 4-29 部门信息

ADMIN\MSSQLSER...- dbo.Post_info ⊕ × ADMIN\MSS

Post id	Post name	Department id
cg1001	采购岗	yy1001
cn1001	出纳岗	cw1001
HR1001	HR岗	xz1001
wh1001	维护岗	js1001
xs1001	销售岗	yy1002

图 4-30 岗位信息

分析两表的数据得出，主表部门信息表中没有 yy1002 数据，如果此时将从表岗位信息表的部门编号设置外键约束，则会违反外键约束的相关规则。此时数据系统会弹出错误提示，拒绝修改此条数据，原因是主表部门信息表中没有 yy1002 数据，在从表中就无法插入此条数据，报错信息如图 4-31 所示。

消息

消息 547，级别 16，状态 0，第 1 行
ALTER TABLE 语句与 FOREIGN KEY 约束"fk_Department_id"冲突。
该冲突发生于数据库"CommInfo"，表"dbo.Department_info", column 'Department_id'。

图 4-31　设置外键约束时的错误信息提示

对应的解决办法有以下 3 种。

(1)　删除从表岗位信息表 yy1002 对应的记录。

(2)　在主表部门信息表中添加一条 yy1002 对应的记录。

(3)　修改从表岗位信息表中 yy1002 的记录，使岗位信息表的 Department_id 字段的值与主表中的主键值对应。

【任务 4-22】使用 T-SQL 命令删除任务 4-21 的外键约束。

删除外键约束对应的 T-SQL 命令如下：

```
alter table post_info
drop constraint fk_Department_id
go
```

注意：如果两表存在关联关系，删除主表时，必须先删除外键约束才能删除主表。

任务 4.4　建表过程中使用 T-SQL 命令设置数据完整性

(请扫二维码学习 微课“建表过程中使用 T-SQL 命令设置数据完整性”)

任务 4-1 到任务 4-22 实施数据完整性都有一个共同的特点，就是在原有表的基础上对表进行修改，从而设置相关约束。在数据库中，实施数据完整性除了使用这种方法外，还有一种比较简单的方法，就是在创建表的时候直接实施数据完整性。这种操作方法的前提条件是需要理解并掌握数据完整性的概念、对应的约束方法，才能去实施和应用。

【任务 4-23】根据员工信息表的表结构定义(见表 4-3)，使用 T-SQL 命令创建员工信息表，并对相关字段实施对应的约束。

创建员工信息表(Employees_info)对应的 T-SQL 命令如下：

```
use CommInfo
create table Employees_info
(
Employees_id char(8) primary key,        --员工编号为主键，主键一定是非空
Employees_name varchar(30) not null,     --员工姓名，非空
Employees_sex char(2)  check(Employees_sex  in('男','女')) default '男',
--员工性别只允许输入“男”或“女”，默认值为“男”
Identity_id char(18) unique  check(Identity_id like'[0-9][0-9][0-9][0-9]
[0-9][0-9][0-9][0-9][0-9][0-9][0-9][0-9][0-9][0-9][0-9][0-9][0-9][0-9,X]'),
--身份证号唯一，长度为 18 位，且 1-17 位为数字，最后一位可以为数字或字母 X
Hiredate datetime default getdate(),             --入职时间默认为当前日期
Post_id char(6)  references Post_info(Post_id), --岗位编号为岗位信息表的外键
)
Go
```

创建的员工信息表的表结构信息如图 4-32 所示。

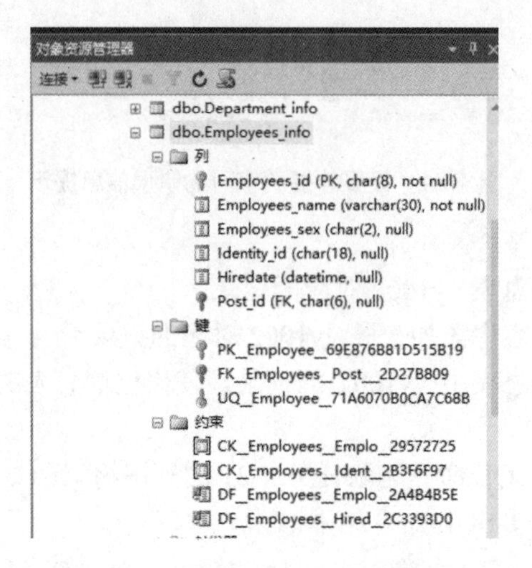

图 4-32　员工信息表的表结构

注意：创建员工信息表时，如果 CommInfo 数据库中已经存在对应的员工信息表，需要先删除，再重新创建。删除员工信息表时要注意，如果其他表已经和员工信息表建立了关联关系，必须先删除其他表的外键，才能成功地删除员工信息表。

项 目 小 结

本项目详细介绍了如何使用图形用户界面和 T-SQL 语句对数据表实施数据完整性，涉及的关键知识和关键技能如下。

1. 关键知识

(1) 数据完整性的概念和分类。
(2) 主键约束和唯一性约束的概念及作用。
(3) 检查约束和默认约束的概念及作用。
(4) 外键约束的概念及作用。
(5) 创建主键约束的语法结构。
(6) 创建唯一性约束的语法结构。
(7) 创建检查约束的语法结构。
(8) 创建外键约束的语法结构。
(9) 检查约束中各类运算符的含义及用法。

2. 关键技能

(1) 创建主键约束时，表中列的数据如果存在重复值和空值，则无法设置主键。要删除主键，如果主表跟其他表建立了关联关系，必须先删除从表的外键，才能删除主表对应的主键。

(2) 创建唯一性约束时，如果表中设置唯一键约束的列上存在重复数据，将无法创建成功，对应的解决办法是修改唯一键约束字段对应的重复数据。

(3) 创建检查约束时，如果表中设置检查约束列上的数据不满足 CHECK 约束的条件，则无法创建检查约束，检查约束只在添加和更新记录时才起作用，删除记录时不起作用。

(4) 创建外键约束时，必须先定义主键约束，否则会失败。

思考与练习

一、选择题

(1) (　　)是衡量数据库中数据质量的重要标志，是为了防止数据库中存在不符合语义规定的数据和防止因错误信息的输入、输出造成无效操作或错误信息而提出的。

A. 数据完整性　　B. 数据的安全性
C. 数据的有效性　　D. 数据的时效性

(2) 定义数据表时，若要求某一列的值是唯一的，则应在定义时使用(　　)关键字。

A. null　　B. not null　　C. distinct　　D. unique

(3) 关于主键约束，下列说法错误的是(　　)。

A. 创建主键约束时，SQL Server会自动创建一个唯一的聚集索引
B. 一个表中，可以为多个字段设置一个组合主键
C. 在一个表中，可以定义多个主键
D. 定义了主键约束的字段的取值不能重复，并且不能取null

(4) 如果要区分表中数据的唯一性，需要对表实施(　　)。

A. 域完整性　　B. 引用完整性　　C. 实体完整性　　D. 自定义完整性

(5) 可以考虑为(　　)字段设置唯一性约束。

A. 姓名　　B. 学号　　C. 身份证号　　D. 年龄

(6) 当表中的某一属性列被设置了主键约束，则该属性列也同时具有(　　)。

A. check约束和unique约束　　B. unique约束和not null约束
C. check约束和not null约束　　D. 以上选项均错误

(7) 创建银行的贷款情况表时，还款日期必须晚于“借款日期”，应采用(　　)约束。

A. 检查约束　　B. 主键约束　　C. 外键约束　　D. 默认约束

(8) 约束电话号码“只允许输入长度为11位的数字”，需用到(　　)约束。

A. 主键约束　　B. 唯一性约束　　C. 检查约束　　D. 默认值

(9) 默认约束只对(　　)语句有效。

A. insert　　B. update　　C. create　　D. delete

(10) 表A和表B建立了主外键关系，A表为主表，B表为子表，以下说法中正确的是(　　)。

A. B表中存在A表的外键　　B. B表中存在外键
C. A表中存在外键　　D. A表中存在B表的外键

二、简答题

(1) 简述主键约束和唯一性约束的异同。

(2) 检查约束和默认约束的作用是什么？

(3) 简述主表和从表的关系。

信息安全案例分析：数据加工风险

在数据加工环节，泄露风险主要是由分类分级不当、数据脱敏质量较低、恶意篡改/误操作等情况所导致。

【案例描述】2017 年，因某公司误操作导致某集团 80 万用户数据丢失，此次故障影响面非常大，涉及钦州、北海、防城港、桂林、梧州、贺州等地用户，属于重大通信事故。事故发生后，某集团发表声明承认故障影响，技术人员也已经展开紧急维修。有消息称因为此次事故，某公司已经被某集团处以 5 亿元罚款，同时某集团已经展开全国范围的系统大排查，主要针对某技术公司第三方服务器代理维护隐患问题。

事后，根据报告认定，某公司存在违反既定方案、施工人员资质不足、验证环节缺失、上报流程不通畅等诸多问题。此次某公司工程师存在全方位的过失，将针对某公司第三方服务器代理维护隐患问题做全国系统排查。

通过此事件可以看到，企业在数据方面采取的运用理念和个人用户对数据的安全意识是构建信息安全环境的基础。事实上，真正好的数据技术，应该是对数据进行加工，分析挖掘其中的价值，并以此来指导决策。而对于用户来说，提高信息安全意识、注意个人隐私保护也十分重要。

拓展训练：实施学生成绩管理系统数据库的数据完整性

【任务单】实施数据完整性

(请扫二维码 1 查看 学生成绩管理系统“找出表中各字段实施何种完整性”任务单)
(请扫二维码 2 查看 学生成绩管理系统“实施实体完整性”任务单)
(请扫二维码 3 查看 学生成绩管理系统“实施域完整性”任务单)
(请扫二维码 4 查看 学生成绩管理系统“实施引用完整性”任务单)

二维码 1

二维码 2

二维码 3

二维码 4

如表 4-21～表 4-27 所示是学生成绩管理信息系统数据库确定的表结构。

表 4-21　系部表结构定义(Department)

字段名称	字段含义	类　型	长　度	备　注
DepartmentNo	系部编号	char	2	主键
DepartmentName	系部名称	nchar	15	非空

表 4-22 班级表结构定义(Classes)

字段名称	字段含义	类 型	长 度	备 注
ClassNo	班级编号	char	6	主键
ClassName	班级名称	nchar	20	非空
DepartmentNo	所属系部编号	char	2	外键，引用 Department.DepartmentNo

表 4-23 学生表结构定义(Student)

字段名称	字段含义	类 型	长 度	备 注
StudentNo	学号	char	8	主键
StudentName	学生姓名	nvarchar	20	非空
Sex	性别	nchar	1	“男”或“女”，默认值为“男”
Birthday	出生日期	datetime		
Email	电子邮件	varchar	40	
Password	登录密码	varchar	20	
Status	状态	nvarchar	6	表示在校或毕业或转学
ClassNo	班级编号	char	6	外键，引用 Classes.ClassNo

表 4-24 教师表结构定义(Teacher)

字段名称	字段含义	类 型	长 度	备 注
TeacherNo	教师编号	char	4	主键
TeacherName	教师姓名	nvarchar	20	非空
Sex	性别	nchar	1	“男”或“女”，默认值为“男”
Title	职称	nvarchar	8	为助讲、讲师、副教授值之一
Phone	联系电话	char	11	非空，唯一，长度为 11 位
Email	电子邮件	varchar	40	
Birthday	出生日期	datetime		
Password	密码	varchar	20	
DepartmentNo	所属系部编号	char	2	外键，引用 Department.DepartmentNo

表 4-25 课程表结构定义(Course)

字段名称	字段含义	类 型	长 度	备 注
CourseNo	课程编号	char	6	主键
CourseName	课程名称	nvarchar	20	非空

表 4-26 教学计划安排表结构定义(Schedule)

字段名称	字段含义	类 型	长 度	备 注
CourseNo	课程编号	char	6	外键，引用 Course.CourseNo
ClassNo	班级编号	char	6	外键，引用 Classes.ClassNo
TeacherNo	教师编号	char	4	外键，引用 Teacher.TeacherNo

续表

字段名称	字段含义	类　型	长　度	备　注
OpenYear	开课学年	char	4	非空
OpenTerm	开课学期	char	1	非空
Period	课时	int		>0
Credit	学分	float	3，1	>0

表 4-27　学生成绩表结构定义(Mark)

字段名称	中文含义	类　型	长　度	备　注
StudentNo	学号	char	8	外键，引用 Student.StudentNo
CourseNo	课程编号	char	6	外键，引用 Course.CourseNo
Score	分数	float	4，1	0～100 之间的值

任务要求：

请认真观察学生成绩管理系统数据库中各表的表结构，根据任务要求，完成以下任务。

(1) 找出 7 张表中，哪些字段可设为主键约束、唯一性约束、检查约束、默认约束或外键约束。

(2) 使用企业管理器创建主键约束、唯一性约束。

(请扫二维码 1 学习 微课“使用图形用户界面和 T-SQL 命令实施实体完整性_操作视频”)

(3) 使用企业管理器创建检查约束、默认约束。

(请扫二维码 2 学习 微课 “使用图形用户界面设置域完整性_操作视频”)

(4) 使用企业管理器创建外键约束。

(请扫二维码 3 学习 微课“使用图形用户界面和 T-SQL 命令设置引用完整性_操作视频”)

二维码 1　　二维码 2　　二维码 3

(5) 使用企业管理器删除创建好的各个约束。

(6) 使用 T-SQL 命令创建主键约束、唯一性约束。

(请扫二维码 1 学习 微课“使用图形用户界面和 T-SQL 命令实施实体完整性_操作视频”)

(7) 使用 T-SQL 命令创建检查约束、默认约束。

(请扫二维码 4 学习 微课 “使用 T-SQL 命令设置域完整性_操作视频”)

(8) 使用 T-SQL 命令创建外键约束。

(请扫二维码 3 学习 微课“使用图形用户界面和 T-SQL 命令设置引用完整性_操作视频”)

(9) 使用 T-SQL 命令删除创建好的各个约束。

(10) 将创建好的学生成绩管理系统数据表删除，并尝试在建表时直接设置数据完整性。

(请扫二维码 5 学习 微课 “建表过程中使用 T-SQL 命令直接设置数据完整性”)

二维码 4　　二维码 5

【任务考评】

"实施学生成绩管理系统数据完整性"考评记录表

学生姓名		班级		任务评分	
实训地点		学号		完成日期	
任务实现步骤	序号	考核内容		标准分	评分
	01	描述表中哪些字段可设为主键约束、唯一性约束、检查约束、默认约束或外键约束		10	
	02	**一、使用图形用户界面设置数据完整性**		30	
		(1)使用图形用户界面设置主键约束、唯一性约束		5	
		(2)使用图形用户界面设置检查约束、默认约束		10	
		(3)使用图形用户界面设置外键约束		8	
		(4)使用图形用户界面删除设置好的各个约束		7	
	03	**二、使用 T-SQL 命令设置数据完整性**		50	
		(1)使用 T-SQL 命令设置主键约束、唯一性约束		10	
		(2)使用 T-SQL 命令设置检查约束、默认约束		10	
		(3)使用 T-SQL 命令设置外键约束		10	
		(4)使用 T-SQL 命令删除创建好的各个约束		10	
		(5)将创建好的学生成绩管理系统数据表删除，并尝试在建表时直接设置数据完整性		10	
	04	**职业素养：**		10	
		实训管理：态度、纪律、安全、清洁、整理等		2.5	
		团队精神：创新、沟通、协作、积极、互助等		2.5	
		工单填写：清晰、完整、准确、规范、工整等		2.5	
		学习反思：发现与解决问题、反思内容等		2.5	
教师评语					

项目 5　操作商品管理系统数据库的数据

学习引导

在项目 4 中，学习了数据库设计步骤之一的物理设计步骤，即如何实施数据的完整性。本项目是在项目 4 的基础上进一步学习如何向数据表进行数据的添加、修改和删除。添加数据时，一定要遵守数据表的约束，确保输入数据的正确性、一致性和可靠性；修改和删除数据时，也需遵守数据表相应的约束。本项目以商品管理系统数据库为依托，重点介绍如何在商品管理系统数据库中添加数据、修改数据和删除数据，同时为了巩固学习效果，引入学生成绩管理系统数据库作为拓展项目，帮助读者更好地理解。

1. 学习前准备

(1) 学习添加数据的微课。

(2) 学习修改数据的微课。

(3) 学习删除数据的微课。

(4) 能打开 SQL Server 数据库，并操作数据库系统软件。

(5) 附加商品管理系统数据库。

2. 与后续项目的关系

一套数据库管理系统软件，如果没有数据做支撑，数据库管理系统就没有存在的价值，数据有多种形式，如文字、数码、符号、图形、图像以及声音等，在数据库中就需要将这多种形式的数据通过数据库进行存储，进行科学的组织和管理，从而为后续数据的查询、统计、分析提供数据支撑。

学习目标

1. 知识目标

(1) 掌握 insert 语句的作用与语法格式。

(2) 掌握 update 语句的作用与语法格式。

(3) 掌握 delete 语句的作用与语法格式。

2. 能力目标

(1) 能解释插入数据的 T-SQL 语句的语法结构。

(2) 能使用 insert 语句添加数据。

(3) 能解释修改数据的 T-SQL 语句的语法结构。
(4) 能使用 update 语句修改数据。
(5) 能解释删除数据的 T-SQL 语句的语法结构。
(6) 能使用 delete 语句删除数据。

3. 素质目标

(1) 训练团队合作能力。
(2) 训练代码规范意识。
(3) 训练独立思考、自主学习的能力。

创建的新表不包含任何记录，向表中添加数据、修改数据和删除数据有两种方法，一种是使用图形用户界面实现，另一种是使用 T-SQL 命令实现。本项目重点介绍如何使用 T-SQL 命令实现数据的添加、修改和删除操作。

背景及任务

1. 背景

通过前期的准备工作，项目组已完成商品管理系统的建库、建表等工作，同时为保证存储在数据库中的数据准确、无误，又对数据库实施了数据完整性设计，这些工作都为后期数据的维护打下了坚实的基础。接下来的任务就是数据维护工作，这阶段的主要工作是将客户需要的数据添加到数据库中，若检查到数据存在问题，就需要对现有数据进行修改和删除等工作。

2. 任务

项目组成员在确定本次任务后，在商品管理系统数据库中添加、修改和删除数据，任务如下。

(1) 使用图形用户界面，完成数据的添加。
(2) 使用 T-SQL 命令的方式，完成数据的添加。
① 使用 insert 命令插入数据到一行的所有列。

为员工信息表(Employees_info)添加记录，如表 5-1 所示。

表 5-1 员工信息表记录

Employees_id	Employees_name	Employees_sex	Identity_id	Hiredate	Post_id
xz100101	王茜	女	420303000000000001	2015-6-2	HR1001

为部门信息表(Department_info)添加记录，如表 5-2 所示。

表 5-2 部门信息表记录

Department_id	Department_name
yy1001	营业部
xz1001	行政部
cw1001	财务部
Js1001	技术部

为岗位信息表(Post_info)添加记录，如表 5-3 所示。

表 5-3 岗位信息表记录

Post_id	Post_name	Department_id
xs1001	销售岗	yy1001
cg1001	采购岗	yy1001
HR1001	HR 岗	xz1001
cn1001	出纳岗	cw1001
Wh1001	维护岗	Js1001

② 使用 insert 命令插入数据到一行的部分列。

为商品信息表(Commodity_info)添加记录，如表 5-4 所示。

表 5-4 商品信息表记录

Commodity_id	Commodity_name
hw1001	华为 P20
hw1002	华为 P20Pro
xm1001	小米 note5
xm1002	小米 6
op1001	OPPO A5
op1002	OPPO R15
lx1001	联想 S5 pro
lx1002	联想 K5 pro
Pg1001	iPhone 8

③ 使用 insert 命令为员工信息表(Employees_info)添加含有空值和默认值的数据，如表 5-5 所示。

表 5-5 员工信息表记录

Employees_id	Employees_name	Employees_sex	Identity_id	Hiredate	Post_id
xz100102	李先左	default	420303000000000002	null	HR1001
cg100101	王道友	default	420303000000000003	2005-9-6	cg1001
cg100102	刘道全	default	420303000000000004	2010-7-10	cg1001

④ 使用 insert 命令向表中一次性插入多条数据。

为员工信息表(Employees_info)添加记录，如表 5-6 所示。

表 5-6 员工信息表记录

Employees_id	Employees_name	Employees_sex	Identity_id	Hiredate	Post_id
cg100103	王华	女	420303000000000005	2012-1-15	cg1001
xs100101	王小妮	女	420303000000000006	2012-3-24	xs1001
xs100102	刘祥	男	420303000000000007	2016-6-20	xs1001
xs100103	王嘉伦	男	420303000000000008	2014-12-8	xs1001

为客户信息表(Customer_info)添加记录，如表5-7所示。

表5-7 客户信息表记录

Customer_id	Customer_name	Customer_sex	Customer_Birth	Telephone	Address
kh1001	李思	女	1987-8-9	13879008970	武汉武昌区八一路武汉大学
kh1002	王天	男	1996-9-12	13879008971	武汉洪山区珞喻东路华中科技大学
kh1003	柳田	女	1993-4-1	13879008972	武汉汉阳区动物园路
kh1004	王武斌	男	1989-6-22	13879008973	武汉武昌区丁字桥路
kh1005	钱小凤	女	1993-4-1	13879008974	武汉汉阳区沌口路
kh1006	王武斌	男	1995-10-1	13879008975	武汉汉口江汉路

为供应商信息表(Supplier_info)添加记录，如表5-8所示。

表5-8 供应商信息表记录

Supplier_id	Supplier_name	Telephone	Address
gys001	蓝天公司	18781201275	广东省深圳市龙岗区
gys002	翔云公司	18781201274	北京市
gys003	喜洋洋公司	18781201277	广东省东莞市
gys004	嘉盛公司	18781201276	北京市
gys005	东方红公司	18781201239	武汉市
gys006	优家公司	18781201264	南京市

为销售信息表(Sales_info)添加记录，如表5-9所示。

表5-9 销售信息表记录

Sales_id	Customer_id	Sales_time	Employees_id
201804080001	kh1001	2018-4-8	xs100101
201812060002	kh1002	2018-12-6	xs100101
201806170003	kh1003	2018-6-17	xs100101
201811180004	kh1004	2018-11-18	xs100102
201809030005	kh1005	2018-9-3	xs100102
201810210006	kh1006	2018-10-21	xs100102

为销售明细表(Sales_list)添加记录，如表5-10所示。

表5-10 销售明细表记录

Sales_id	Commodity_id	Sales_price	Sales_Number
201804080001	hw1001	3500	22
201804080001	hw1002	4800	53
201804080001	xm1001	1100	10
201804080001	xm1002	1500	4
201812060002	xm1002	1400	8

续表

Sales_id	Commodity_id	Sales_price	Sales_Number
201812060002	hw1002	4700	17
201812060002	op1001	1100	6
201806170003	op1001	1200	2
201806170003	op1002	2500	18
201811180004	hw1002	4650	21
201811180004	xm1002	1450	14
201809030005	lx1001	1600	15
201809030005	lx1002	1100	14
201809030006	lx1002	1120	14

为采购信息表(Purchase_info)添加记录，如表 5-11 所示。

表 5-11　采购信息表记录

Purchase_id	Supplier_id	Purchase_time	Employees_id
201803010001	gys001	2018-3-1	cg100101
201705050002	gys002	2017-5-5	cg100101
201803050003	gys003	2018-3-5	cg100101
201803180004	gys004	2018-3-18	cg100102
201806030005	gys005	2018-6-3	cg100102
201808090006	gys006	2018-8-9	cg100102

为采购明细表(Purchase_list)添加记录，如表 5-12 所示。

表 5-12　采购明细表记录

Purchase_id	Commodity_id	Purchase_price	Purchase_Number
201803010001	hw1001	3000	23
201803010001	hw1002	4100	57
201803010001	xm1001	700	35
201705050002	xm1002	1110	88
201705050002	hw1002	4000	100
201705050002	op1001	900	20
201803050003	op1001	998	10
201803050003	op1002	2000	5
201803180004	lx1001	1020	67
201803180004	hw1002	4050	25
201806030005	lx1002	800	60
201806030005	hw1001	3100	28
201808090006	lx1002	850	60
201808090006	op1002	1800	18

(3) 使用图形用户界面和 T-SQL 语句两种方式，完成数据的修改。

使用 update 命令修改某一个数据的值，具体任务如下。

① 将员工编号为“xz100101”的员工姓名改为“王西”。

② 尝试将员工编号为“xs100103”的员工的 Post_id(岗位编号)改为“cb1001”(为成本岗)。是否能修改成功？如果不成功，为什么？

③ 将员工编号为“xz100101”的员工性别改为“男”，是否能修改成功？如果不能，为什么？

使用 update 命令修改多列数据的值，具体任务如下。

① 对员工信息表中姓名为“李先左”的记录信息进行修改，姓名改为“王强”，性别改为默认值。

② 对客户信息表中姓名为“柳田”的记录信息进行修改，姓名改为“柳甜”，出生日期改为 null，电话号码改为“13879008942”。

使用 update 命令同时修改多条数据的值，具体任务如下。

① 将销售明细表中销售数量小于 10 的记录，销售数量统一加 5。

② 将销售信息表的销售时间统一改为当前日期。

(4) 使用图形用户界面和 T-SQL 语句两种方式，完成数据的删除，具体任务如下。

① 删除销售订单号为“201810210006”的销售记录。

② 删除员工编号为“xs100103”对应的员工记录。

③ 尝试在部门信息表中删除部门编号为“xz1001”的记录，是否能删除成功？如果不成功，为什么？

(请扫二维码 1 查看 商品管理系统“数据的添加”任务单)

(请扫二维码 2 查看 商品管理系统“数据的修改和删除”任务单)

二维码 1

二维码 2

任务 5.1 添加商品管理系统数据库中的数据

(请扫二维码学习 微课“数据的添加”)

子任务 1 使用图形用户界面向商品管理系统数据库中添加数据

【任务】为商品管理系统数据库中的客户信息表添加数据。

具体的操作步骤如下。

(1) 打开对象资源管理器，选中 Customer_info(客户信息表)，右击，在弹出的快捷菜单中选择“编辑前 200 行”命令，如图 5-1 所示。

(2) 打开表记录窗口。如果是第一次执行该命令，出现的窗口中没有任何内容，如图 5-2 所示。

(3) 在标有“*”的一行输入数据，如图 5-3 所示。

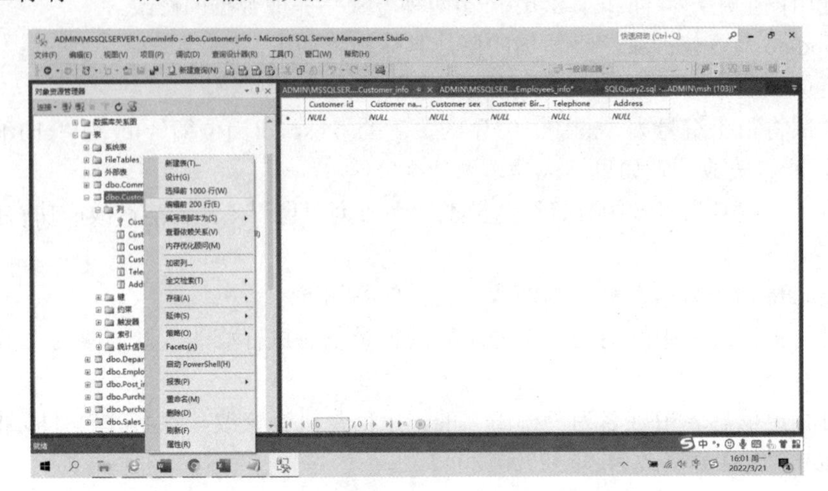

图 5-1 选择“编辑前 200 行”命令

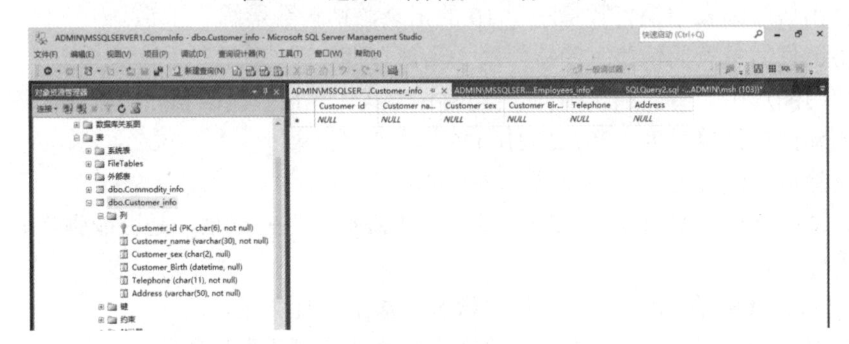

图 5-2 表记录窗口

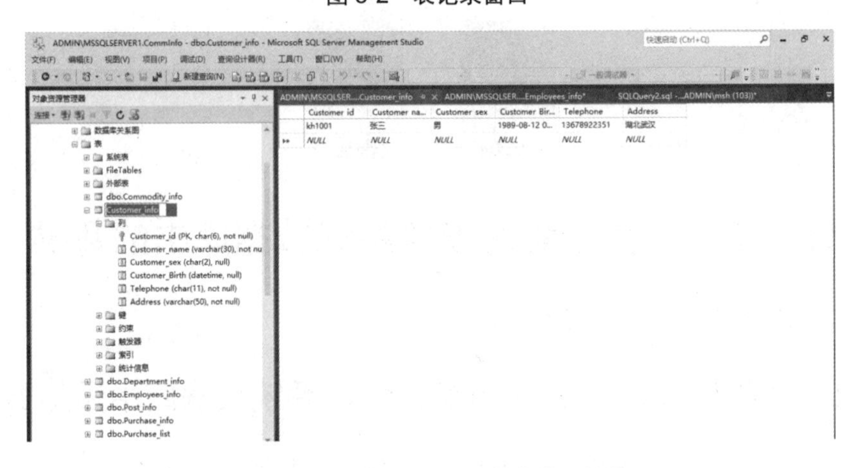

图 5-3 选择标有“*”的行中输入数据

在单元格中输入数据时可能会出现警告标志 ❶，目的是提醒此单元格中的数据尚未保存，继续在其他单元格中输入数据或按 Enter 键即可自动保存，如果输入的数据与定义表时规定的要求不一致，将自动弹出如图 5-4 所示的错误提示对话框。

(4) 数据输入完成后，单击工具栏中的“执行”按钮 !，或将鼠标切换到下一行即可完成数据的输入。

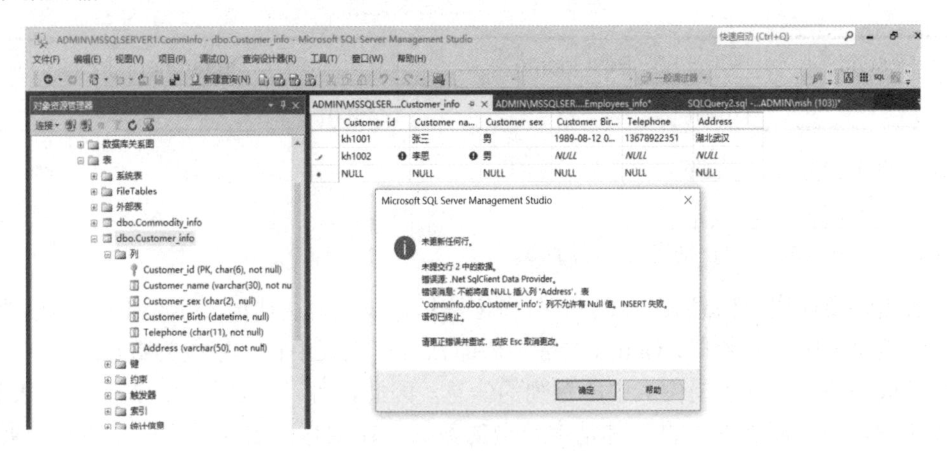

图 5-4 数据错误提示信息

子任务 2 使用 T-SQL 命令插入数据到一行的所有列

【语法】插入数据的语法如下：

```
insert [into] 表名或视图名 [(列名 1,…) ]
values (表达式 1,…)[,(表达式 2,…)]
```

【说明】

(1) 插入记录时，insert 关键字必须与 values 关键字一一对应，缺一不可。

(2) values 中给出的数据顺序和数据类型必须与表中列的顺序相一致。values 的值通过逗号分隔。

(3) 在表中插入一条记录时，可以给列赋空值，但这些列必须是可以为空的列。

(4) 插入字符型和日期型数据时，要用单引号括起来。

(5) 这种形式的 insert 语句只能执行一次。

【语法】插入数据到一行的所有列对应的语法如下：

```
insert [into] 表名或视图名
values (表达式 1,…)
```

【说明】

(1) 将数据添加到一行的所有列时，insert 语句中无须给出表中的列名，只要有 values 关键字给出添加的数据即可。

(2) 将数据添加到一行的所有列时，值的个数、类型和顺序必须与数据表定义的列完全一致。

(3) 表结构中的列如果是空值，也必须在值列表中出现。

(4) 对于标识列的字段，则不允许出现在值列表中。

【任务 5-1】使用 insert 命令向 Post_info(岗位信息表)中插入表 5-13 所示的记录。

表 5-13　岗位信息表记录

Post_id	Post_name	Department_id
cn1001	出纳岗	cw1001

对应的 T-SQL 语句如下：

```
Insert into Post_info
values('cn1001','出纳岗', 'cw1001')
```

该条语句要往岗位信息表中添加一条岗位信息，根据语法结构，insert Post_info 语句表示向岗位信息表中插入数据，values 关键字后面括号里跟表中每个字段的数据对应。由于添加的信息很完整，包含了岗位表中所有列的信息。因此，可以把表名后面的列名列表省略。同时要注意，由于添加的数据项都是字符型的数据，在括号内需使用单引号将每个要添加的数据项括起来，而且值和值之间需用逗号隔开。此时要注意数据项的个数以及顺序要与岗位表中的列完全一致。

【动动脑】执行此条插入数据的 T-SQL 命令，数据能成功插入吗？

【分析】在商品管理系统数据库中，Department_info(部门信息表)和 Post_info(岗位信息表)两表之间通过外键建立了关联关系，岗位信息表为部门信息表的外键，两个表的表结构分别如表 5-14 和表 5-15 所示。

表 5-14　部门信息表结构定义

字段名称	类　型	长　度	备　注
部门编号	字符	6	主键
部门名称	字符	30	非空

表 5-15　岗位信息表结构定义

字段名称	类　型	长　度	备　注
岗位编号	字符	6	主键
岗位名称	字符	30	非空
部门编号	字符	6	为部门信息表的外键

插入此条数据，结果可能会出现两种情况。

(1)　如果主表部门信息表中存在“cw1001”部门编号这条信息，这种情况下，数据可以插入成功。

(2)　如果主表部门信息表中不存在“cw1001”部门编号这条信息，这种情况下，插入数据不成功。原因为添加数据时，一定要遵循数据表的约束，在表中定义了外键约束，一定要保证主键表存在数据，才能在从表中插入对应的数据。

【解决办法】

(1)　先向主表部门信息表中插入“cw1001”部门编号的数据，语句如下：

```
Insert into Department_info
values('cw1001','财务部')
```

(2) 再向从表岗位信息表中插入包含“cw1001”部门编号的数据，语句如下：

```
Insert intoPost_info
values('cn1001','出纳岗','cw1001')
```

子任务3　使用T-SQL命令插入数据到一行的部分列

【语法】

```
insert [into] 表名或视图名 (列名1,…)
values (表达式1,…)
```

【说明】

(1) 将数据添加到一行的部分列时，insert语句中需要给出表中的列名，values子句中的数据列表与列名列表必须对应。

(2) 未列出的列必须具有标识列(identity)属性、允许空值或赋有默认值。

【任务5-2】使用insert命令向Customer_info(客户信息表)中插入表5-16所示的记录。

表5-16　客户信息表记录

Customer_id	Customer_name	Telephone	Address
kh1007	柳婷	13879006971	武汉武昌区
kh100801	王静	13879006965	武汉经济开发区

插入第一条数据，对应的T-SQL语句如下：

```
Insert into Customer_info(Customer_id,Customer_name,Telephone,Address)
values('kh1007','柳婷', '女' , '13879006971','武汉武昌区')
```

分析任务5-2可以看出，要往客户信息表中添加客户编号、客户姓名、电话、地址四个字段的信息，没有性别(Customer_sex)、生日(Customer_Birth)和身份证号(Identity_id)这三列。为什么呢？原因是在定义客户表结构时，将客户表中的性别、生日和身份证号等字段属性设为了空值，所以在录入客户信息时，对应字段信息可以为空。

【动动脑】执行此条插入数据的T-SQL命令，数据能成功插入吗？

【分析】在商品管理系统数据库中，Customer_info(客户信息表)结构如表5-17所示。

表5-17　客户信息表(Customer_info)结构定义

字段名称	字段含义	类　型	长　度	备　注
Customer_id	客户编号	char	6	主键
Customer_name	客户姓名	varchar	30	非空
Customer_sex	性别	char	2	“男”或“女”，默认值为“男”
Customer_Birth	生日	datetime		
Telephone	电话	char	11	非空，唯一，电话号码为11位，且每一位都是0～9的数字
Address	地址	varchar	50	非空
Identity_id	身份证号	char	18	长度为18位，唯一

从任务 5-2 中的 T-SQL 语句可以看出，列名列表中有 4 个列名，只要求向表中插入 4 个数据项，而后面的数据列表增加了一项，有 5 个数据项，显然列名列表与数据列表的数量不匹配，insert 语句中列的数目必须与 values 子句中值的数目匹配。因此数据添加语句执行会出错。同时需要注意，插入数据到部分列时，表名后面跟上要添加的字段名，values 子句中，数据项也要跟表名后的字段名一一对应。在执行此条 T-SQL 命令时，会提示“INSERT 语句中列的数目大于 VALUES 子句中指定的值的数目。VALUES 子句中值的数目必须与 INSERT 语句中指定的列的数目匹配。”的错误信息。

【解决办法】任务 5-2 插入第一条数据正确的 T-SQL 语句如下：

```
Insert into Customer_info(Customer_id,Customer_name,Telephone,Address)
values('kh1007','柳婷', '13879006971','武汉武昌区')
```

此时，已成功插入第一条数据，接下来插入第二条数据，对应的 T-SQL 语句如下：

```
Insert into Customer_info(Customer_id,Customer_name,Telephone,Address)
values('kh100801','王静', '13879006965','武汉经济开发区')
```

【动动脑】执行此条插入数据的 T-SQL 命令，数据能成功插入吗？

【分析】从表 5-17 所示客户信息表(Customer_info)结构定义中发现，Customer_id(客户编号)字段长度设为 6，而在插入第二条数据时，“kh100801”数据长度为 8，超出表结构字段设置的长度，因此添加数据失败。在执行此条 T-SQL 命令时，会提示“将截断字符串或二进制数据”的错误信息。

【解决办法】向任务 5-2 插入第二条数据正确的 T-SQL 语句如下：

```
Insert into Customer_info(Customer_id,Customer_name,Telephone,Address)
values('kh1008','王静', '13879006965','武汉经济开发区')
```

子任务 4　使用 T-SQL 命令插入含有空值和默认值的数据

【任务 5-3】使用 insert 命令向 Customer_info(客户信息表)中插入表 5-18 所示的信息。

表 5-18　Customer_info(客户信息表)记录

Customer_id	Customer_name	Customer_sex	Customer_Birth	Telephone	Address
kh1002	王天	默认值	空值	13879008971	武汉洪山区珞喻东路华中科技大学

对应的 T-SQL 语句如下：

```
Insert into Customer_info
values('kh1002','王天',default,null,'13879008971','武汉洪山区珞喻东路华中科技大学')
```

从客户信息表的表结构可以看出，性别字段有缺省值，设置默认值为“男”，生日字段允许为空值。所以在编写语句的时候，性别和出生日期所在的位置分别填写 default 和 null 就可以了。

【说明】

(1) 在表中插入一条记录时，可以给列赋空值，但这些列必须是可以为空的列。

(2) default 表示默认值，如果表中未定义默认约束，此关键字在该语句中无效。

子任务 5 使用 T-SQL 命令向表中一次性插入多条数据

任务 5-1 到任务 5-3 中，插入数据都是向数据表中一次添加一条记录。但实际操作中，通常需要一次往数据库表中添加多条记录。

【语法】添加多条数据的语法如下：

```
insert into  表名 (列名1,列名2,…)
values (值1,值2,…),
       (值1,值2,…), (…)
```

【说明】在表中一次性添加多条数据时，每条记录的数据都要用括号括起来，记录与记录之间用逗号隔开。

【任务 5-4】使用 insert 命令向 Customer_info(客户信息表)中一次性插入表 5-19 所示的记录。

表 5-19 Customer_info(客户信息表)记录

Customer_id	Customer_name	Customer_sex	Customer_Birth	Telephone	Address
kh1003	柳田	女	1996-9-12	13879008972	武汉汉阳区动物园路
kh1004	王武斌	默认值	1993-4-1	13879008973	武汉武昌区丁字桥路
kh1005	钱小凤	女	空值	13879008974	武汉汉阳区沌口路

对应的 T-SQL 语句如下：

```
Insert into Customer_info
values
('kh1003','柳田','女','1996-9-12','13879008972','武汉汉阳区动物园路')
('kh1004','王武斌',default,'1993-4-1','13879008973','武汉武昌区丁字桥路')
('kh1005','钱小凤','女',null,'13879008974','武汉汉阳区沌口路')
```

从语法结构上看，和一次添加一条记录不同的是，一次添加多条记录需要在关键词 values 后面添加多个数据列表，各个数据列表之间使用逗号分隔开。

数据库管理系统在执行修改语句时会检查修改操作是否破坏表上已定义的数据完整性规则，如果在添加数据时破坏数据完整性，数据添加操作将会失败。添加数据时需要注意以下几点。

(1) 实体完整性约束的限制。

插入数据不能违反实体完整性约束，即设置了主键约束字段对应的值不能出现重复值，设置了唯一性约束字段对应的值除了允许出现一次空值外，该字段的值必须唯一。

【任务 5-5】插入数据违反主键约束。

```
Use CommInfo--选择 CommInfo 为当前可用数据库
go
insert into Post_info(Post_id,Post_name,Department_id)
values('xs1001','销售岗','yy1001')
```

错误原因为，Post_id 字段在岗位表中设为主键，'xs1001'在岗位表中已存在，插入重复值，错误提示信息如图 5-5 所示。

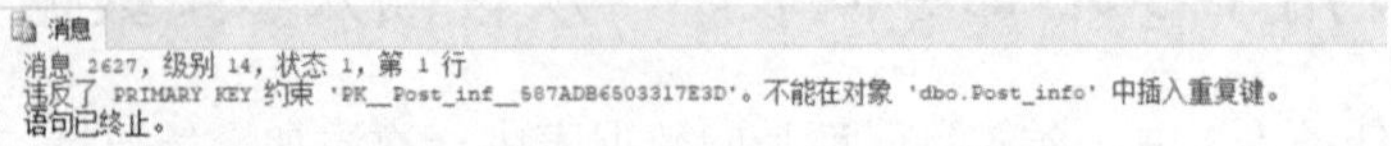

```
消息
消息 2627，级别 14，状态 1，第 1 行
违反了 PRIMARY KEY 约束 'PK__Post_inf__587ADB6503317E3D'。不能在对象 'dbo.Post_info' 中插入重复键。
语句已终止。
```

图 5-5　插入数据违反主键约束错误提示信息

【任务 5-6】插入数据违反唯一性约束。

```
Insert into Customer_info(Customer_id,Customer_name,Telephone,Address)
values('kh1007','张三','13879008976','湖北省武汉市')
```

错误原因为，在 Customer_info(客户信息表)中，Telephone 字段设置了唯一性约束，插入相同的电话号码时，会出现错误，插入数据失败，错误提示信息如图 5-6 所示。

```
消息
消息 2627，级别 14，状态 1，第 1 行
违反了 UNIQUE KEY 约束 'UQ__Customer__D9FEB7441920BF5C'。不能在对象 'dbo.Customer_info' 中插入重复键。
语句已终止。
```

图 5-6　插入数据违反唯一性约束错误提示信息

(2)　域完整性约束的限制。

域完整性主要对应的约束有非空约束、检查约束和默认约束，在插入数据时，需要注意是否违反域完整性相关约束，否则插入数据失败。

【任务 5-7】插入数据违反非空约束。

```
Insert into Customer_info(Customer_id,Customer_name,Telephone)
values('kh1007','张三','18976001234')
```

错误原因为，客户信息表中客户地址具有非空约束，因此插入数据失败，错误提示信息如图 5-7 所示。

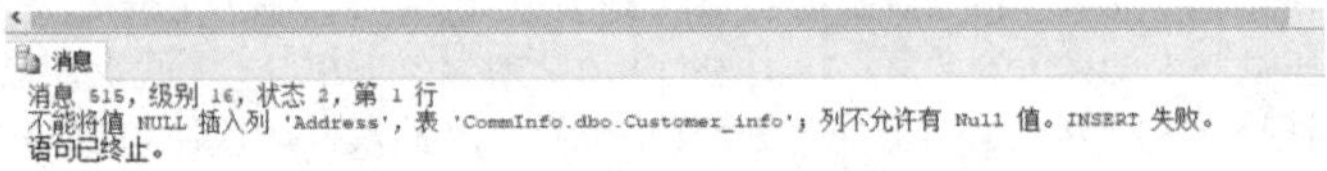

```
消息
消息 515，级别 16，状态 2，第 1 行
不能将值 NULL 插入列 'Address'，表 'CommInfo.dbo.Customer_info'；列不允许有 Null 值。INSERT 失败。
语句已终止。
```

图 5-7　插入数据违反非空约束错误提示信息

【任务 5-8】插入数据违反检查约束。

```
Insert into Customer_info(Customer_id,Customer_name,Telephone,Address)
values('kh1007','张三','1897600123','湖北省武汉市')
```

错误原因为，客户信息表中客户电话号码字段设置了检查约束，约束条件为“电话号码为 11 位，且每一位都是 0～9 的数字”，因此插入数据失败，错误提示信息如图 5-8 所示。

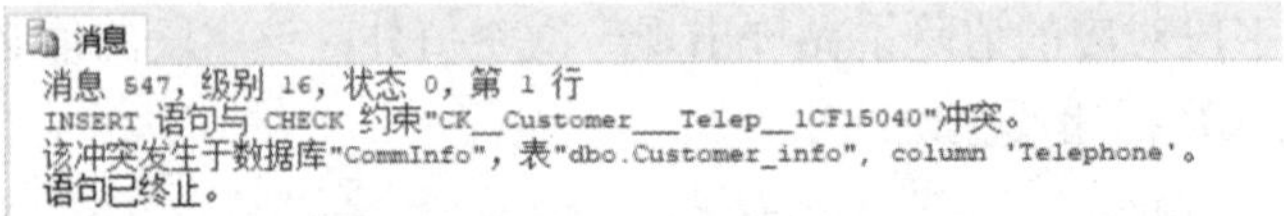

```
消息
消息 547，级别 16，状态 0，第 1 行
INSERT 语句与 CHECK 约束"CK__Customer___Telep__1CF15040"冲突。
该冲突发生于数据库"CommInfo"，表"dbo.Customer_info"，column 'Telephone'。
语句已终止。
```

图 5-8　插入数据违反检查约束错误提示信息

【说明】在数据表中，某字段如果设置了默认约束，在插入数据时，可以不为该列提供值，系统会自动为该列的数据填充默认值。

(3) 引用完整性约束的限制。

引用完整性对应的约束是外键约束，在插入数据时，不能违反外键约束，即外键的值必须取主表的主键的值或为空，具体案例不再举例，请学习任务 5-1 所举案例。

任务 5.2 修改商品管理系统数据库中的数据

(请扫二维码学习 微课“数据的修改和删除”)

子任务 1 使用图形用户界面修改商品管理系统数据库的数据

使用图形用户界面修改记录和添加记录的操作非常相似。打开表记录窗口，直接对要修改的字段值进行修改就可以了。

子任务 2 使用 T-SQL 命令修改某一条数据的值

【语法】更新数据的语法结构如下：

```
update 表名或视图名
set 列名 1= 变量 | 表达式[,列名 2=变量 | 表达式…]
[where 条件表达式]
```

【说明】

(1) 在指定的表中按照 where 子句中的条件找到相应的记录，将这一记录对应的字段改为相应的值，注意只有满足 where 子句中条件的行被修改。

(2) 若在 update 语句中没有使用 where 子句，则对表中所有记录进行修改。

(3) set 关键字后面的列名表示要修改的列。

(4) 表达式为修改后的取值。

(5) where 关键字后面的条件，表示指定要修改的记录。

(6) 可以同时修改所在数据行的多个列值，中间用逗号隔开。

(7) 列和值的数据类型必须完全一致。

(8) 数据更新后不可恢复。

修改某一条数据的值，对应的语法结构如下：

```
update 表名或视图名
set 列名= 表达式
where 条件
```

【任务 5-9】将员工编号为“xs100103”的员工的 Post_id(岗位编号)改为“cb1001”(成本岗)。

对应的 T-SQL 语句如下：

```
update Employees_info
set Post_id ='cb1001'
```

```
where Employees_id='xs100103'
```

分析本例，可以看出，这是对员工信息表中的数据进行修改，要求只更新员工编号为“xs100103”对应的数据，所以使用 update 关键字更新员工信息表(Employees_info)，使用 set 关键字表示更新后的值，表达式为 Post_id='cb1001'。

使用 where 子句表示有条件地更新某行数据。

【动动脑】执行此条更新数据的 T-SQL 命令，能成功向表中更新此条数据吗？

【分析】在商品管理系统数据库中，Employees_info(员工信息表)和 Post_info(岗位信息表)两表之间通过外键建立了关联关系，员工信息表为岗位信息表的外键，员工信息表的表结构如表 5-20 所示。

表 5-20 Employees_info(员工信息表)结构

字段名称	字段含义	类 型	长 度	备 注
Employees_id	员工编号	char	8	主键
Employees_name	员工姓名	varchar	30	非空
Employees_sex	员工性别	char	2	“男”或“女”，默认值为“男”
Identity_id	身份证号	Char	18	唯一，长度为 18 位，1～17 位为数字，最后一位可以为数字或字母 X
Hiredate	入职时间	datetime		默认为当前日期
Post_id	岗位编号	char	6	为岗位表的外键

修改此条数据，结果可能会出现两种情况。

(1) 如果主表岗位信息表中存在'cb1001'岗位编号这条信息，这种情况下数据可以更新成功。

(2) 如果主表岗位信息表中不存在'cb1001'岗位编号这条信息，这种情况下更新数据不会成功。原因为更新数据时，一定要遵循数据表的约束，在表中为 Post_id 字段定义了外键约束，可更新的数据限制为岗位信息表中已存在的数据。执行程序，会提示“UPDATE 语句与 FOREIGN KEY 约束"FK_Employees_Post_0CBAE877"冲突。该冲突发生于数据库"CommInfo"，表"dbo.Post_info", column 'Post_id'。语句已终止。”的错误信息。

【解决办法】有以下两种解决方法。

(1) 先在岗位信息表中插入“成本岗(cb1001)”对应的数据，再在员工信息表中修改岗位编号为 Post_id ='cb1001'。

(2) 删除员工表中 Post_id 列对应的外键约束。

子任务 3 使用 T-SQL 命令修改多列数据的值

【语法】修改多列数据值的语法如下：

```
update 表名或视图名
set 列名 1= 变量 | 表达式,列名 2=变量 | 表达式…
[where 条件表达式]
```

【说明】

(1) 修改的列值由表达式指定，对于具有默认值的列可使用 default 修改为默认值。

(2) 对于允许为空的列可使用 null 修改为空值。

【任务 5-10】对员工信息表中姓名为“王茜”的记录信息进行修改，将姓名改为“王强”，性别改为默认值。

对应的 T-SQL 语句如下：

```
update Employees_info
set Employees_name='王强', Employees_sex=default
where Employees_name='王茜'
```

分析本例，可以看出，使用 update 关键字修改员工信息表时，使用 set 关键字将“王茜”的姓名改为“王强”，并使用关键字 default 将性别设置为默认值。同时需注意，使用 where 关键字，指定修改的是“王茜”对应的记录，其他记录将不允许修改。

子任务 4 使用 T-SQL 命令同时修改多条数据的值

【语法】同时修改多条数据值的语法如下：

```
update 表名或视图名
set 列名= 表达式
```

【说明】

(1) 省略了 where 关键字，表示可以同时修改多条数据列的值。

(2) 表达式可以是一个常量、表达式或变量(必须先赋值)。

【任务 5-11】将销售明细表中销售价格统一调高 10 元。

对应的 T-SQL 语句如下：

```
update Sales_list
set Sales_price=Sales_price+10
```

本例由于是要将销售明细表中的销售价格都统一调高 10 元，在使用 update 更新数据时，where 子句可以省略，执行 T-SQL 语句，销售明细表对应的销售价格的多条数据会被统一修改。

在使用 update 命令修改数据时，一定要注意是否会破坏表上已定义的完整性规则，如果修改数据时破坏了数据完整性，数据修改操作将会失败，修改数据时需要注意以下几点。

1. 实体完整性约束的限制

(1) 主键约束：如果主键不是自增量(标识列)，可以使用 update 语句更新主键，但在实际操作中，通常不允许对主键进行任何修改，从而避免违反主键约束的问题。这里不再举例。

(2) 唯一性约束：与数据插入时类似，处理原则与数据插入时相同。

2. 域完整性约束的限制

(1) 非空约束：与数据插入时类似，处理原则与数据插入时相同。

(2) 检查约束：与数据插入时类似，处理原则与数据插入时相同。

(3) 默认约束：与数据插入时类似，处理原则与数据插入时相同。

3. 引用完整性约束的限制

具体案例不再举例，请学习任务 5-9 所举案例。

任务 5.3　删除商品管理系统数据库中的数据

子任务 1　使用图形用户界面删除商品管理系统数据库的数据

【任务 5-12】删除客户信息表中的数据。

(1) 打开 Customer_info(客户信息表)，用鼠标指向表 Customer_info 记录最左边的灰色方块▸，选中要删除的记录。

(2) 在选中记录的任意位置右击，弹出快捷菜单，如图 5-9 所示。

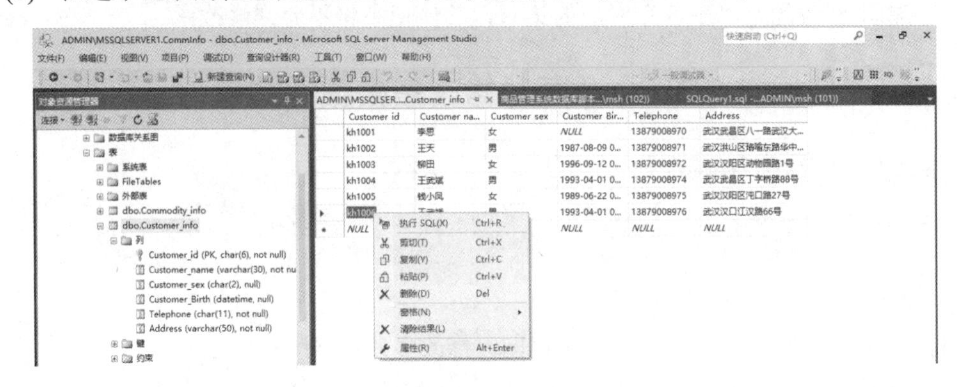

图 5-9　使用快捷菜单删除表中的数据

(3) 选择“删除”命令，打开提示删除信息对话框，单击“是”按钮删除所选的一条记录。如果要删除多条记录，可按住 Ctrl 键，依次单击要删除记录左边的灰色小方块以选中多条记录，或者按住 Shift 键，单击要删除的起始记录和终止记录左边的灰色小方块，可一次选中多条记录，选中记录后右击，在弹出的快捷菜单中选择“删除”命令即可。

子任务 2　使用 T-SQL 命令删除某一条记录的值

【语法】删除数据的语法结构如下：

```
delete 表名或视图名
[where 条件]
```

【说明】

(1) 如果删除部分记录，where 子句不能少，应在条件表达式中使用 where 子句指定删除条件，通常是指定该行主键对应的值。

(2) 省略 where 子句时，表示要删除表中的所有记录，必须特别谨慎。

(3) 使用 delete 命令删除数据，数据将不可恢复。

【语法】删除某一条记录的值，对应的语法结构如下：

```
delete 表名
where 条件
```

【说明】指定删除某一条记录时，where 子句必不可少。

【任务 5-13】删除商品编号为 pg1001 的商品信息。

对应的 T-SQL 语句如下：

```
delete Commodity_info
where Commodity_id ='pg1001'
```

本例要删除商品信息表中商品编号为 pg1001 对应的记录，需使用 delete 关键字，后面跟商品表。由于是有条件的删除，需使用 where 关键字，后面跟指定删除的条件 Commodity_id='pg1001'。

【动动脑】执行此条删除数据的 T-SQL 命令，数据能成功删除吗？

【分析】在商品管理系统数据库中，Commodity_info(商品信息表)和 Purchase_list(采购明细表)、Sales_list(销售明细表)建立了外键关联关系，主表为商品信息表，从表分别是采购明细表和销售明细表，两个从表的表结构分别如表 5-21 和表 5-22 所示。

表 5-21 采购明细表(Purchase_list)结构定义

字段名称	字段含义	类 型	长 度	备 注
Plist_id	采购明细单号	int		标识列
Purchase_id	采购订单编号	char	12	外键，引用 Purchase_info. Purchase_id
Commodity_id	商品编号	char	6	外键，引用 Commodity_info.Commodity_id
Purchase_price	采购价格	money		非空，>0
Purchase_Number	采购数量	int		非空，>0

表 5-22 销售明细表(Sales_list)结构定义

字段名称	字段含义	类 型	长 度	备 注
Slist_id	销售明细单号	int		标识列
Sales_id	销售订单编号	char	12	外键，引用 Sales_info. Sales_id
Commodity_id	商品编号	char	6	外键，引用 Commodity_info.Commodity_id
Sales_price	销售价格	money		非空，>0
Sale_Number	销售数量	int		非空，>0

删除此条数据，结果可能会出现两种情况。

(1) 如果从表采购明细表和销售明细表中没有引用主表的 pg1001 商品编号这条信息，这种情况下数据可以删除成功。

(2) 如果从表采购明细表和销售明细表中引用了主表的 pg1001 商品编号这条信息，这种情况下删除数据不成功。原因为删除数据时，一定要遵循数据表的约束，如果从表中没有引用主表的值，就不能在主表中删除对应的数据。

【解决办法】有以下两种方法。

(1) 先删除从表采购明细表和销售明细表中对应信息为 pg1001 的记录，再在商品信息表中删除 pg1001 对应的记录。

(2) 删除从表采购明细表和销售明细表的外键约束。

子任务 3 使用 T-SQL 命令删除多条记录的值

【任务 5-14】删除销售明细表中商品编号为 xm1002 的记录。

```
delete Sales_list
where Commodity_id='xm1002'
```

本例使用 delete 关键字删除表中的数据，要求删除商品编号为 xm1002 的记录，所以需要使用 where 子句指定删除数据的条件。同时还要注意，表中某一字段如果有多条相同的记录，删除此类数据时，需使用 where 子句。

【任务 5-15】删除销售明细表中的所有记录。

```
delete Sales_list
```

本例是删除表中的所有记录，where 子句就可以省略，表示删除表中的所有记录。

【拓展学习】Truncate 语句。

Truncate 语句的语法结构如下：

```
Truncate table 表名
```

【说明】

(1) 使用 Truncate 语句清空一张表中的所有行，这是无条件的，因此当需要清空所有数据时，使用 Truncate 语句的速度比 delete 语句快。

(2) Truncate 语句清空指定表的所有行。

(3) 如果只需要删除部分行，则必须使用 delete 语句加上条件表达式。

(4) Truncate 语句的操作不在事务日志中记录，是完全不可恢复的，危险性极大。

【任务 5-16】清空 Sales_list(销售明细表)中的所有信息。

```
Truncate table Sales_list
```

在使用 delete 命令(包括 Truncate 语句)删除数据时，不能违反外键约束，不能删除主表中被从表参照的行。具体案例不再举例，请学习任务 5-13 所举案例。

项 目 小 结

本项目详细介绍了如何使用图形用户界面和 T-SQL 命令实现数据的添加、修改和删除操作，涉及的关键知识和关键技能如下。

1. 关键知识

(1) insert 语句的作用与语法格式。

(2) update 语句的作用与语法格式。

(3) delete 语句的作用与语法格式。

2. 关键技能

(1) 使用 insert 语句添加单条数据、添加多条数据、添加含有空值和默认值的数据，以及在添加数据时均需考虑数据完整性问题。

(2) 使用 update 语句修改特定行的单列数据、修改特定行的多列数据、修改所有行的单列数据，以及在修改数据时均需考虑数据完整性问题。

(3) 使用 delete 语句删除符合条件的单条数据、删除符合条件的多条数据、删除表中的所有数据，以及在删除数据时均需考虑数据完整性问题。

思考与练习

选择题

(1) 插入记录时，(　　)关键字必须与 values 关键字一一对应，缺一不可。

A. create　　B. insert　　C. update　　D. delete

(2) 插入字符型和日期型数据时，要用(　　)括起来。

A. 单引号　　B. 双引号　　C. #号　　D. $符号

(3) 添加数据时，一定要遵循数据表的约束，在该表中定义了(　　)约束，一定要保证在主表中存在数据，在从表中才能插入对应的数据。

A. 唯一性约束　　B. 外键约束　　C. 检查约束　　D. 默认约束

(4) 假如表 ABC 中 A 列的默认值为“EMPTY”，同时还有 B 列和 C 列，则执行 T-SQL 命令 Insert ABC(B,C)values(23,'EMPTY')，下列说法中正确的选项是(　　)。

A. A 列的值为 23　　B. B 列的值为 EMPTY

C. C 列的值为 EMPTY　　D. A 列的值为空

(5) 假设 ABC 表中 A 列为主键，并且为自动增长的标识列，同时还有 B 列和 C 列，所有列的数据类型都是整型，目前还没有数据，则执行插入数据的 T-SQL 语句 insert ABC(A,B ,C)values(1,2,3)后的结果是(　　)。

A. 插入数据成功，A 列的数据为 1　　B. 插入数据成功，A 列的数据为 2

C. 插入数据成功，B 列的数据为 3　　D. 插入数据失败

(6) 假如 A 表中包括了主键列 B，则执行更新命令 update A set B=200 where B=201，执行的结果可能是(　　)。

A. 更新了多行记录　　B. 可能没有更新

C. T-SQL 语法错误，不能执行　　D. 错误，主键列不允许更新

(7) 假设 A 表中有主键 AP 列，B 表中有外键 BF 列，BF 列引用 AP 列来实施引用完整性约束，此时如果使用 T-SQL 命令 update A set AP='ABC' where AP='EDD'来更新 A 表的 AP 列，可能运行结果是(　　)。

A. 肯定会产生更新失败　　B. 可能会更新 A 表中的两行数据

C. 可能会更新 B 表中的一行数据　　D. 可能会更新 A 表中的一行数据

(8) 在 SQL Server 数据库中，若 student 表中包含主键 studentid，并且 studentid 为标识列，则执行以下语句的结果是(　　)。

```
update student
set studentid=101
where studentid=100
```

A. 错误提示：主键列不能更新　　B. 更新了一条数据

C. 错误提示：违反主键约束　　D. 错误提示：标识列不能更新

(9) 在表 A 中有一列 B，执行删除语句 delete A where B like '_[ae]% '，下面包含 B 列(　　)值的数据可能被删除。

A. Why　　B. Carson　　C. Annet　　D. John

(10) 下列执行数据的删除语句在运行时不会产生错误信息的选项是(　　)。

A. delete * from A where B='6'　　B. delete A where B= '6'

C. delete * A where B='6'　　D. delete A set B='6'

信息安全案例分析：数据传输风险

在数据传输环节，数据泄露主要包括网络攻击、传输泄露等风险。网络攻击包括 DDoS 攻击、APT 攻击、通信流量劫持、中间人攻击、DNS 欺骗和 IP 欺骗、泛洪攻击威胁等；传输泄露包括电磁泄漏或搭线窃听、传输协议漏洞、未授权身份人员登录系统、无线网安全薄弱等。

【案例描述】瑞智华胜公司涉嫌非法窃取用户信息 30 亿条。

邢某于 2013 年 5 月在北京成立瑞智华胜公司。瑞智华胜公司通过邢某成立的其他关联公司与运营商签订精准广告营销协议，获取运营商服务器登录许可，并通过部署 SD 程序，从运营商服务器抓取采集网络用户的登录 cookie 数据，并将上述数据保存在运营商 Redis 数据库中，利用研发的爬虫软件、加粉软件，远程访问 Redis 数据库中的数据，非法登录网络用户的淘宝、微博等账号，进行强制加粉、订单爬取等行为，从中牟利。案发前，瑞智华胜公司发现淘宝网在调查订单被爬的情况时，遂将服务器数据删除。经查，2018 年 4 月 17～18 日期间，瑞智华胜公司爬取淘宝订单共计 22 万余条(浙江淘宝网络有限公司实际输出 1 万条)，向指定加粉淘宝账号恶意加淘好友共计 13.7 万余个(浙江淘宝网络有限公司实际输出 2 万个)。最终判决被告人王某犯非法获取计算机信息系统数据罪，判处有期徒刑二年，缓刑二年六个月，并处罚金人民币 6 万元。

拓展训练：学生成绩管理系统数据的添加、修改和删除操作

【任务单 1】向学生成绩管理系统添加数据

(请扫二维码查看 学生成绩管理系统“数据的添加”任务单)

1. 使用 insert 命令插入数据到一行的所有列。

(1) 为系部信息表(Department)添加表 5-23 所示的记录。

(2) 为班级信息表(Classes)添加表 5-24 所示的记录。

表 5-23　系部信息表(Department)记录

DepartmentNo	DepartmentName
x1	信息系
x2	机电系

表 5-24　班级信息表(Classes)记录

ClassNo	ClassName	DepartmentNo
xx1001	移动应用开发 1801	x1
xx1002	计算机网络技术 1801	x1
xx1003	数字媒体艺术设计 1501	x1
jd1001	汽车电子技术 1801	x2
jd1002	机电一体化 1801	x2
jd1003	工业机器人 1501	x2

2. 使用 insert 命令插入数据到一行的部分列。

为学生信息表(Student)添加表 5-25 所示的记录。

表 5-25　学生信息表(Student)记录

StudentNo	StudentName	Sex	Status	ClassNo
xx100101	周婷婷	女	在校	xx1001
xx100102	沈喜来	男	在校	xx1001
xx100103	杨丽	女	在校	xx1001
xx100104	张宇	男	在校	xx1001

3. 使用 insert 命令为学生信息表(Student)添加含有空值和默认值的数据。

学生信息表如表 5-26 所示。

表 5-26　学生信息表(Student)记录

StudentNo	StudentName	Sex	Birthday	Email	Password	Status	ClassNo
xx100105	陈涛	default	2000-2-5	null	null	在校	xx1002
xx100106	季莹	女	2000-6-9	null	null	在校	xx1002
xx100107	张明星	default	1998-12-18	null	null	在校	xx1002
xx100108	黄婷	女	1998-11-1	null	null	在校	xx1002

4. 使用 insert 命令向表中一次性插入多条数据。

(1) 为学生信息表(Student)添加表 5-27 所示的记录。

表 5-27 学生信息表(Student)记录

StudentNo	StudentName	Sex	Birthday	Email	Password	Status	ClassNo
xx100109	朱莹	女	1995-10-8	8234009@qq.com	aaa009	毕业	xx1003
jd100101	刘珊珊	女	1999-12-12	8234010@qq.com	aaa010	在校	jd1001
jd100102	李芬	女	2000-1-5	8234011@qq.com	aaa011	在校	jd1001
jd100103	徐逍	男	2000-2-7	8234012@qq.com	aaa012	在校	jd1001
jd100104	刘伟	男	1998-11-1	8234013@qq.com	aaa013	在校	jd1001
jd100105	姜伟	男	1998-10-17	8234014@qq.com	aaa014	在校	jd1001
jd100106	徐敏	女	1999-10-4	8234015@qq.com	aaa015	在校	jd1001
jd100107	张婷婷	女	1998-11-25	8234016@qq.com	aaa016	在校	jd1002
jd100108	刘良涛	男	2000-3-19	8234017@qq.com	aaa017	在校	jd1002
jd100109	赵智	男	2000-2-28	8234018@qq.com	aaa018	在校	jd1002
jd100110	赵新茹	女	1999-5-15	8234019@qq.com	aaa019	在校	jd1002
jd100111	徐绍杰	男	1999-7-14	8234020@qq.com	aaa020	毕业	jd1003
jd100112	徐逍	男	1999-8-26	8234021@qq.com	aaa021	毕业	jd1003

(2) 为教师信息表(Teacher)添加表 5-28 所示的记录。

表 5-28 教师信息表(Teacher)记录

Teacher-No	Teacher-Name	Sex	Title	Phone	Email	Birthday	Password	Department-No
1001	崔灿	男	讲师	1387209001	567823@qq.com	1981-2-4	js001	x1
1002	桑佳佩	女	讲师	1387209002	567824@qq.com	1985-12-23	js002	x1
1003	周文强	男	副教授	1387209003	567825@qq.com	1975-6-7	js003	x1
1004	冯桢	男	副教授	1387209004	567826@qq.com	1968-10-1	js004	x2
1005	伊小娟	女	助讲	1387209005	567827@qq.com	1993-5-18	js005	x2
1006	赵晓夏	女	副教授	1387209006	567828@qq.com	1972-8-28	js006	x2

(3) 为课程信息表(Course)添加表 5-29 所示的记录。

表 5-29 课程信息表(Course)记录

CourseNo	CourseName
kc1001	计算机基础
kc1002	网络基础
kc1003	数据库应用技术

续表

CourseNo	CourseName
kc1004	图形图像处理
kc1005	语言程序设计
kc1006	CAD 制图

(4) 为教学计划安排表(Schedule)添加表 5-30 所示的记录。

表 5-30 教学计划安排表(Schedule)记录

CourseNo	ClassNo	TeacherNo	OpenYear	OpenTerm	Period	Credit
kc1001	xx1001	1001	第一学年	1	54	3
kc1002	xx1002	1002	第一学年	1	60	3.5
kc1003	xx1001	1004	第一学年	2	60	3.5
kc1004	xx1003	1005	第一学年	2	70	4
kc1005	jd1001	1003	第二学年	3	60	3.5
kc1006	jd1002	1003	第二学年	3	60	3.5

(5) 为学生成绩表(Mark)添加表 5-31 所示的记录。

表 5-31 学生成绩表(Mark)

StudentNo	CourseNo	Score
xx100101	kc1001	78
xx100102	kc1001	90
xx100103	kc1001	88
xx100104	kc1001	45
xx100105	kc1001	67
xx100106	kc1001	73
xx100107	kc1001	69
xx100101	kc1003	96
xx100102	kc1003	92
xx100103	kc1003	56
xx100104	kc1003	71
xx100104	kc1002	65
xx100105	kc1002	95
xx100106	kc1002	79
jd100101	kc1005	61

续表

StudentNo	CourseNo	Score
jd100102	kc1005	34
jd100103	kc1005	86
jd100104	kc1005	55
jd100101	kc1001	86
jd100102	kc1001	67
jd100103	kc1001	46
jd100104	kc1001	80

(请扫二维码学习 微课“使用 T-SQL 命令实现数据的添加_操作视频”)

【任务单 2】修改和删除学生成绩管理系统中的数据

(请扫二维码查看 学生成绩管理系统“数据的修改和删除”任务单)

1. 修改数据

1) 使用 update 命令修改某一个数据的值

(1) 将学号为“xx100101”的学生姓名改为“周婷”。

(2) 尝试将学号为“xx100102”的 Status(学生状态)改为“休学”。是否能修改成功？如果不成功，为什么？

2) 使用 update 命令修改多列数据的值

(1) 对教师姓名为“崔灿”的记录信息进行修改，Title(职称)改为“副教授”，Email(电子邮箱)改为空值。

(2) 对学生姓名为“赵新茹”的记录信息进行修改，姓名改为“赵新”，性别改为默认值，出生日期改为空值，电子邮箱改为“8225019@qq.com”。

3) 使用 update 命令同时修改多条数据的值

(1) 在学生成绩表中，将选修了课程“kc1001”、成绩在 60～70 分的学生成绩统一加 10 分。

(2) 在学生成绩表中，将成绩低于 60 分的学生成绩加 10 分。

(请扫二维码学习微课“使用 T-SQL 命令修改数据_操作视频”)

2. 删除数据

(1) 删除选修课程号为“kc1006”对应的课程信息。

(2) 删除学号为“jd100112”对应的学生信息。

(3) 尝试在班级信息表中删除班级编号为“jd1003”的记录，是否能删除成功？如果不成功，为什么？

(请扫二维码学习微课“使用 T-SQL 实现数据的删除_操作视频”)

【任务考评】

"学生成绩管理系统数据的添加、修改和删除操作"考评记录表

<table>
<tr><td>学生姓名</td><td></td><td>班级</td><td></td><td>任务评分</td><td colspan="2"></td></tr>
<tr><td>实训地点</td><td></td><td>学号</td><td></td><td>完成日期</td><td colspan="2"></td></tr>
<tr><td rowspan="6">任务实现步骤</td><td>序号</td><td colspan="3">考核内容</td><td>标准分</td><td>评分</td></tr>
<tr><td rowspan="5">01</td><td colspan="3">任务单 1：向学生成绩管理系统数据库添加数据</td><td>40</td><td></td></tr>
<tr><td colspan="3">(1)使用 insert 命令插入数据到一行的所有列</td><td>10</td><td></td></tr>
<tr><td colspan="3">(2)使用 insert 命令插入数据到一行的部分列</td><td>10</td><td></td></tr>
<tr><td colspan="3">(3)使用 insert 命令为表中添加含有空值和默认值的数据</td><td>10</td><td></td></tr>
<tr><td colspan="3">(4)使用 insert 命令向表中一次性插入多条数据</td><td>10</td><td></td></tr>
<tr><td rowspan="14">任务实现步骤</td><td rowspan="9">02</td><td colspan="3">任务单 2：修改和删除学生成绩管理系统数据库中的数据</td><td>50</td><td></td></tr>
<tr><td colspan="3">一、修改数据</td><td>30</td><td></td></tr>
<tr><td colspan="3">(1)使用 update 命令修改某一个数据的值</td><td>10</td><td></td></tr>
<tr><td colspan="3">(2)使用 update 命令修改多列数据的值</td><td>10</td><td></td></tr>
<tr><td colspan="3">(3)使用 update 命令同时修改多条数据的值</td><td>10</td><td></td></tr>
<tr><td colspan="3">二、删除数据</td><td>20</td><td></td></tr>
<tr><td colspan="3">(1)删除选修课程号为"kc1006"对应的课程信息</td><td>5</td><td></td></tr>
<tr><td colspan="3">(2)删除学号为"jd100112"对应的学生信息</td><td>5</td><td></td></tr>
<tr><td colspan="3">(3)尝试在班级信息表中删除班级编号为"jd1003"的记录，是否能删除成功？如果不成功，为什么？</td><td>10</td><td></td></tr>
<tr><td rowspan="5">03</td><td colspan="3">职业素养：</td><td>10</td><td></td></tr>
<tr><td colspan="3">实训管理：态度、纪律、安全、清洁、整理等</td><td>2.5</td><td></td></tr>
<tr><td colspan="3">团队精神：创新、沟通、协作、积极、互助等</td><td>2.5</td><td></td></tr>
<tr><td colspan="3">工单填写：清晰、完整、准确、规范、工整等</td><td>2.5</td><td></td></tr>
<tr><td colspan="3">学习反思：发现与解决问题、反思内容等</td><td>2.5</td><td></td></tr>
<tr><td>教师评语</td><td colspan="6"></td></tr>
</table>

项目 6　创建商品管理系统数据库索引

学习引导

在前几个项目中，学习了如何创建数据库表、实施数据完整性及数据的维护，本项目是在前几个项目的基础上进一步学习如何创建和使用索引。索引是一种重要的数据库对象，它与表和视图相关联，是在数据库表或视图上创建的对象，在最初建立表并开始插入数据时，表中的任何内容都没有组织，表中的信息按先来先服务的原则进行插入。当需要寻找特定记录时，SQL Server 必须从头至尾地查看表中的每条记录来寻找所需要的记录，会使数据库服务器在速度上有明显的降低，从而导致查询速度的下降。本项目以商品管理系统数据库为依托，重点介绍如何在商品管理系统数据库表中创建和使用索引，同时为了巩固学习效果，引入学生成绩管理系统数据库作为拓展项目，帮助读者更好地理解。

1. 学习前准备

(1) 学习索引的概念和分类相关微课。

(2) 学习创建和使用索引相关微课。

(3) 能打开 SQL Server 数据库，并操作数据库系统软件。

(4) 附加商品管理系统数据库。

2. 与后续项目的关系

在实际业务中，数据库表中的记录往往数量众多，随着时间的推移，存储在数据库中的数据就会变得越来越多，这也使得查询速度会越来越慢，为优化查询性能、提高查询速度，需要使用索引解决上述存在的问题。

学习目标

1. 知识目标

(1) 理解索引的概念及作用。

(2) 掌握索引的分类。

(3) 掌握聚集索引和非聚集索引的含义及区别。

(3) 掌握创建索引的 T-SQL 语法结构。

2. 能力目标

(1) 能使用图形用户界面创建索引。

(2) 能使用 T-SQL 语句创建索引。

(3) 能使用图形用户界面和 T-SQL 命令查看和删除索引。

3. 素质目标

(1) 训练团队合作能力。

(2) 训练代码规范意识。

(3) 训练独立思考、自主学习的能力。

背景及任务

1. 背景

项目组大军检查了项目小组添加在商品管理系统中的数据，经测试无误。接着，大军说："下一步的任务就是如何使用这些数据，在商品管理系统中，最主要的体现方式就是进行数据查询，客户可以根据需求，在系统中查询出想要的数据，但是数据经过长期的积累，就会变得异常庞大，严重影响了查询的速度，为了提高数据的查询速度，就需要优化查询性能，需要为数据库创建索引。"

2. 任务

项目组成员在确定本次任务后，使用图形用户界面和 T-SQL 语句两种方式，对商品管理系统数据库对应的表创建索引，任务如下。

(1) 在客户信息表(Customer_info)的身份证号(identity_id)字段上创建唯一性非聚集索引。

(2) 在客户信息表(Customer_info)的姓名(Customer_name)字段上创建一个非聚集索引。

(3) 在销售信息表(Sales_info)的销售时间(Sales_time)字段上创建一个非聚集索引。

(4) 在采购明细表(Purchase_list)的采购价格(Purchase_price)字段上创建一个降序的普通索引(非唯一、非聚集)。

(5) 查看上述索引，并删除。

(请扫二维码查看 商品管理系统"创建索引"任务单)

预备知识

【知识点】索引的概念和分类

(请扫二维码学习 微课"索引概念和分类")

我们要想查询新华字典中的某一个字，可以根据拼音或偏旁部首进行查询，在新华字典中，汉字是按页存放的，一般都由汉语拼音目录(索引)、偏旁部首目录等索引页构成，通过索引页，就可以快速查找某个字词。

同样，如果我们从本书中查找"项目 6 创建商品管理系统数据库索引"条目，应该怎么查找呢？首先，从目录中查找"项目 6 创建商品管理系统数据库索引"条目，在找到该条目后，参照它右面的页码就能快速地找到所需要的章节。如果本书中没有经过组织——没有索引、没有目录甚至没有页码，就只能一页一页地翻遍整本书，直到找到"项目 6 创建商品管理系统数据库索引"为止，这是一个费时又费力的过程。在 SQL Server 中表的工作方式也大致如此。

如果把数据库表比作一本书，则表的索引就如同书的目录一样，通过索引可以大大提高查询速度，特别是查询数据库中的海量数据，索引就变得尤为重要。

一、索引的概念

1. 索引的特征

索引是为了加速对表中数据行的检索而创建的一种分散的存储结构。索引是针对表而建立的，它是由数据页面以外的索引页面组成的，每个索引页面中的行都含有逻辑指针，通过逻辑指针可以直接检索到数据，以便加速检索物理数据。

一个表的存储由两部分组成，索引页+数据页，索引是对数据库表中一列或多列的值进行排序的存储结构，用于快速访问数据库表中的特定数据，具体表示如图 6-1 所示。

【动动脑】请仔细观察图 6-2 所示两张表格的数据，要查找数据 85，哪个表中查找效率较高？为什么？

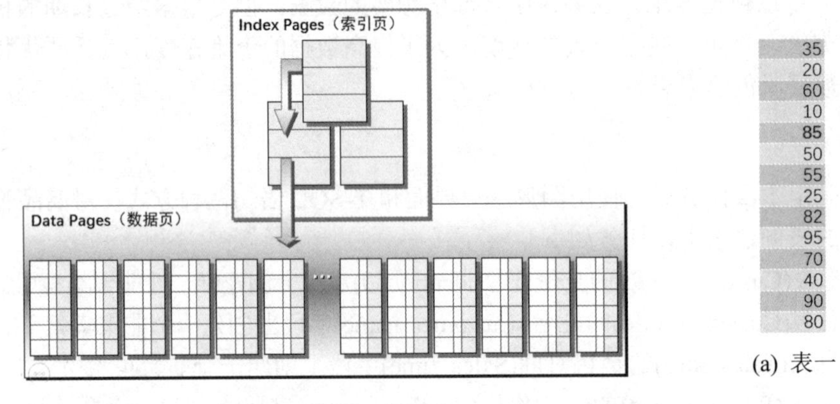

图 6-1　表的存储结构

(a) 表一
35
20
60
10
85
50
55
25
82
95
70
40
90
80

(b) 表二
10
20
25
35
40
50
55
60
70
80
82
85
90
95

图 6-2　表格的数据

【解析】这两张表中的数据，表一的数据排序是无序的，表二的数据进行了排序，数据经过排序后，就可以快速定位到数据 85。所以，表二的查找效率较高。

2. 索引的优点

(1)　通过创建唯一索引，可以保证数据记录的唯一性(强制实施行唯一性)。

(2)　可以大大加快数据检索速度。

(3)　order by(排序)和 group by(分组)子句中进行检索数据时，可以显著减少查询中分组和排序的时间。

(4)　使用索引可以在检索数据的过程中使用优化器，提高系统性能。

3. 索引的缺点

(1)　创建和维护索引要消耗时间，并且随着数据量的增加所耗费的时间也会增加。

(2)　索引需要占用磁盘空间，除了数据表占数据空间外，每一个索引还要占一定的物理空间，如果有大量的索引，索引文件可能比数据文件更快地到达最大文件尺寸。

(3)　对数据表中的数据进行增、删、改的时候，索引也要动态地维护，降低了数据的维护速度。

4. 索引的创建原则

(1)　索引数量要合理，一个表中如果有大量的索引，不仅占用磁盘空间，同时也会影响 insert(插入)、delete(删除)、update(修改)等语句的性能；对经常更新的表，索引应尽可能少。

(2) 经常用于查询的字段应该创建索引，但要避免添加不必要的字段。

(3) 数据量小的表最好不要使用索引，由于数据较少，查询花费的时间可能比遍历索引的时间还要短，索引可能不会产生优化效果。

(4) 在条件表达式中经常用到的、不同值较多的列上建立索引，值很少的列不要建立索引(例如性别：男或女)。

(5) 当唯一性是某种数据本身的特征时，指定唯一索引。使用唯一索引能够确保定义的列的数据完整性，提高查询速度。

(6) 在频繁进行排序或分组的列上建立索引，如果待排序的列有多个，可以在这些列上建立组合索引。

【小结】在数据库中，可以把数据表看作一本新华字典，而表的索引就如同新华字典的拼音或偏旁部首一样，通过索引，可以使数据库程序无须对整个表进行扫描，从而在表中快速地找到所需数据，这样就大大提高了数据的检索速度。但是，在数据表中，索引不是越多越好，重复的数据、不经常使用的数据、数据量小的表都不建议创建索引，过多的索引还会占用大量的磁盘空间。

二、索引的分类

根据索引页的顺序与数据页中行的物理存储顺序是否相同，可以把索引分为聚集索引和非聚集索引。

1. 聚集索引

聚集索引也称为聚簇索引，在聚集索引中，表中行的物理顺序与键值的逻辑(索引)顺序相同。一个表只能包含一个聚集索引，即如果存在聚集索引，就不能再指定 CLUSTERED(聚集索引)关键字。聚集索引对表的数据页中的数据按索引顺序重新排列，再存储到磁盘上，即表中数据的物理顺序与索引顺序相同。

【动动脑】观察图 6-3，如何从其中查找“Martin”的数据。

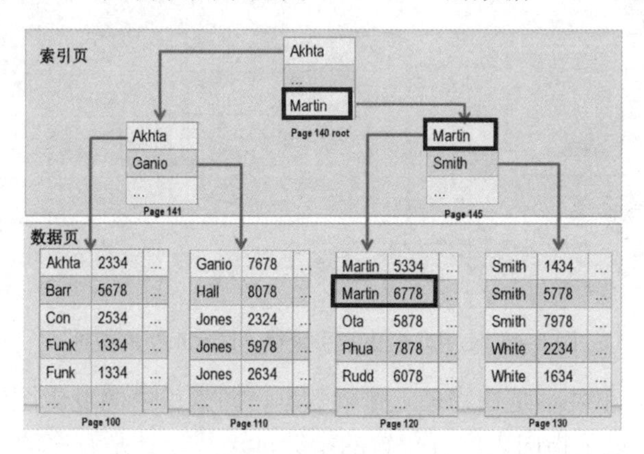

图 6-3 使用聚集索引查找“Martin”的数据

【解析】在聚集索引中，表中行的物理存储顺序与索引逻辑顺序完全相同。当要查询“Martin”的数据时，只要找到“Martin”对应的索引页的逻辑存储位置，再根据逻辑存储位置的指引，就能快速地查找到“Martin”在数据页的物理存储位置。所以，对于非聚集索引，索引顺序决定了数据页的存储顺序，因为行是事先经过排序的。

又比如要查找字典的“张”字，可以将字典翻到最后部分，因为“张”的拼音是“zhang”，也就是说，字典的正文内容是按照音序排列的，而“汉语拼音音节索引”就可以称为“聚集索引”。

聚集索引具有以下特点。

(1) 聚集索引的检索效率比非聚集索引高，但对数据新增、修改和删除的影响比较大。

(2) 一个表只有一个聚集索引。

(3) 如果表中没有创建其他的聚集索引，则在表的主键列上自动创建聚集索引。

(4) 如果从表中检索的数据进行排序时经常要用到某一列，则可以将该表在该列上进行聚集索引，避免每次查询该列时都进行排序，从而节省检索时间。

2. 非聚集索引

非聚集索引也叫非簇索引，在非聚集索引中，数据库表中记录的物理顺序与索引顺序可以不相同。一个表中只能有一个聚集索引，但表中的每一列都可以有自己的非聚集索引。非聚集索引对表中的数据进行逻辑排序，不影响表中数据的存储顺序，即数据存储在一个地方，索引存储在另一个地方，索引中包含指向数据存储位置的指针，可以有多个，最多有 249 个非聚集索引。

非聚集索引并不是在物理上排列数据，即索引中的逻辑顺序并不等于表中行的物理顺序，索引仅记录了指向表中行位置的指针，这些指针是有序的，通过这些指针可以在表中快速定位数据。

【动动脑】观察图 6-4，如何从图中查找“Martin”的数据。

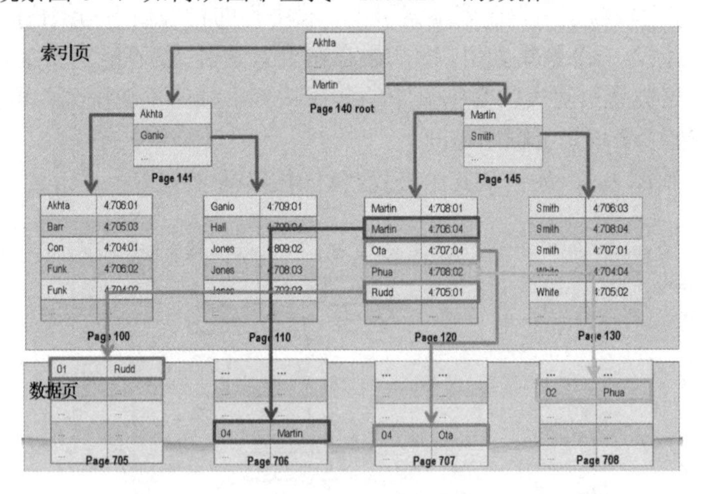

图 6-4 使用非聚集索引查找“Martin”的数据

【解析】非聚集索引并不是在物理上排列数据，即索引中的逻辑顺序并不等于表中行的物理顺序，索引仅记录了指向表中行位置的指针，这些指针是有序的，通过这些指针可以在表中快速定位数据。要想查询数据页“Martin”的数据，先要找到“Martin”在索引页中对应的索引值，再根据索引值找到“Martin”在数据页中对应存储位置的指针，最后，通过指针指引在数据页中快速定位到“Martin”数据。

又比如，在新华字典中，如何使用“偏旁目录”查找“张”字？要找到“张”字，先要找到“张”字对应的部首“弓”，打开字典，翻阅到“部首目录”索引页，找到部首“弓”对应的页码，再根据“弓”部首对应的页码，在“检字表”索引中找到“张”字对应的页码，最后，通过“检字表”中指定的页码在正文(数据页)中找到“张”这个字。

非聚集索引与使用新华字典查询汉字有点类似，“部首目录”“检字表”和“数据页”是单独存放的，同样在数据库中，数据单独存储在一个位置，索引又单独存储在另一个位置，索引中包含指向数据存储位置的指针。

非聚集索引具有以下特点。

(1) 索引带有指针指向数据的存储位置。索引中的项目按索引键值的顺序存储，而表中的信息按另一种顺序存储。

(2) 在搜索数据时，先对非聚集索引进行搜索，找到数据值在表中的位置，然后从该位置直接检索数据。

(3) 非聚集索引检索效率比聚集索引低，对数据新增、修改和删除影响较小。一个表中最多可有249个非聚集索引。

【小结】聚集索引和非聚集索引的区别如表6-1所示。

表6-1 聚集索引和非聚集索引的区别

动作描述	使用聚集索引	使用非聚集索引
列经常被分组排序	推荐	应
返回某范围内的数据	推荐	不应
一个或极少不同值	不应	不应
大数目的不同值	不应	应
频繁更新的列	不应	应
外键列	推荐	应
主键列	推荐	应
频繁修改索引列	不应	应

小贴士 SQL Server中还有一种索引，是唯一索引。所谓唯一索引，是指不同记录的索引键值互不相同。聚集索引和非聚集索引的键值可以是唯一的，也可以是不唯一的，因此可以设置聚集索引和非聚集索引为唯一索引或非唯一索引。

任务6.1 创建商品管理系统数据库索引

创建索引有两种途径，一种是使用图形用户界面创建索引；另一种是在查询编辑器中输入创建索引的T-SQL命令并运行，完成创建索引的操作。

(请扫二维码学习 微课“创建和使用索引”)

子任务1 使用图形用户界面创建商品管理系统数据库索引

【任务6-1】为客户信息表(Customer_info)的姓名(Customer_name)字段创建一个非聚集索引。

对应的操作步骤如下。

(1) 选中客户信息表，右击，在弹出的快捷菜单中选择“设计”命令。

(2) 在客户信息表的表结构窗口中，右击，在弹出的快捷菜单中选择“索引/键”命令，如图 6-5 所示。

(3) 在“索引/键”对话框中，单击“添加”按钮，新建索引。

(4) 将索引名改为“IX_Customer_name”。

(5) 单击“类型”右侧的下拉按钮，将属性值设置为“索引”，如图 6-6 所示。

图 6-5　执行“索引/键”命令

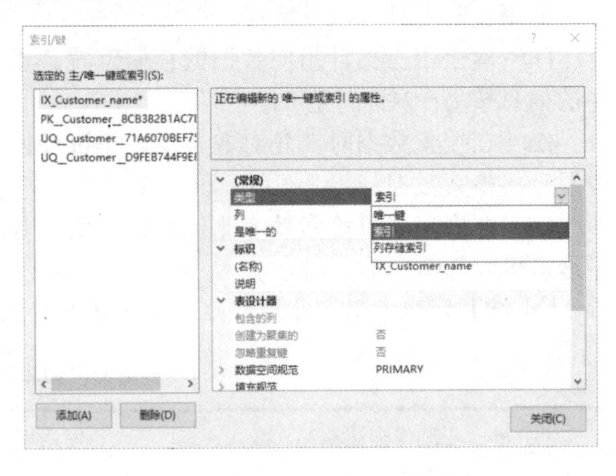

图 6-6　设置索引

(6) 单击列右侧的按钮，打开“索引列”对话框，选择要设置索引的字段名 Customer_name，“排序顺序”为默认，如图 6-7 所示。

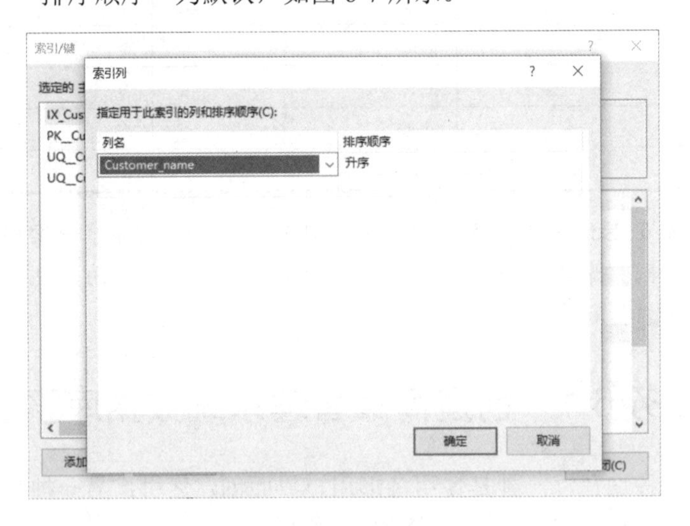

图 6-7　指定字段设置索引

(7) 单击“确定”按钮，返回“索引/键”对话框。

(8) 在“索引/键”对话框中，将“是唯一的”右侧的下拉按钮对应的属性值设置为“否”，如图 6-8 所示。

(9) 单击“关闭”按钮，保存并退出。

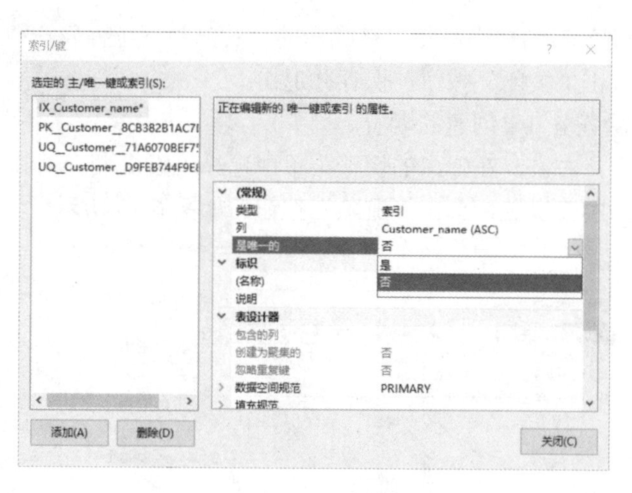

图 6-8　设置非聚集索引

【动动脑】为什么不能将 Customer_name 字段对应的“是唯一的”属性值设置为“是”呢？

【解析】在客户信息表中，客户的姓名有可能会出现同名同姓的情况，如果此时将 Customer_name 字段设置为“是唯一的”属性值，说明在客户信息表中，客户姓名就不能出现同名同姓的客户信息了。所以，该字段对应的“是唯一的”属性值只能设置为“否”。

【任务 6-2】为销售明细表(Sales_list)的销售数量(Sales_Number)字段和销售价格(Sales_price)字段建立一个非聚集的组合索引，其中销售数量(Sales_Number)字段的索引列为降序排序。

对应的操作步骤如下。

(1) 打开销售明细表(Sales_list)的表结构窗口，右击，在弹出的快捷菜单中选择“索引/键”命令。

(2) 在“索引/键”对话框中，单击“添加”按钮，并更改索引名。

(3) 单击“类型”右侧的下拉列表按钮，将属性值设置为“索引”。

(4) 单击列右侧的按钮，打开“索引列”对话框，选择要设置索引的字段名 Sales_Number 和 Sales_price，并将 Sales_Number 设置为降序排序，单击“确定”按钮退出“索引列”对话框，如图 6-9 所示。

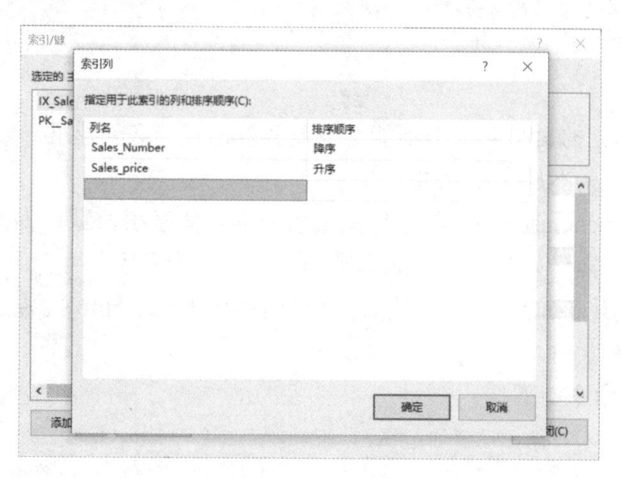

图 6-9　设置组合索引

(5) 在“索引/键”对话框中，将“是唯一的”右侧的下拉列表按钮对应的属性值设置为“否”。最后单击“关闭”按钮，保存并退出。

【任务 6-3】删除任务 6-1 创建的索引。

在表结构窗口中，右击，在弹出的快捷菜单中选择“索引/键”命令，打开“索引/键”对话框，选中要删除的索引名，单击“删除”按钮，如图 6-10 所示。

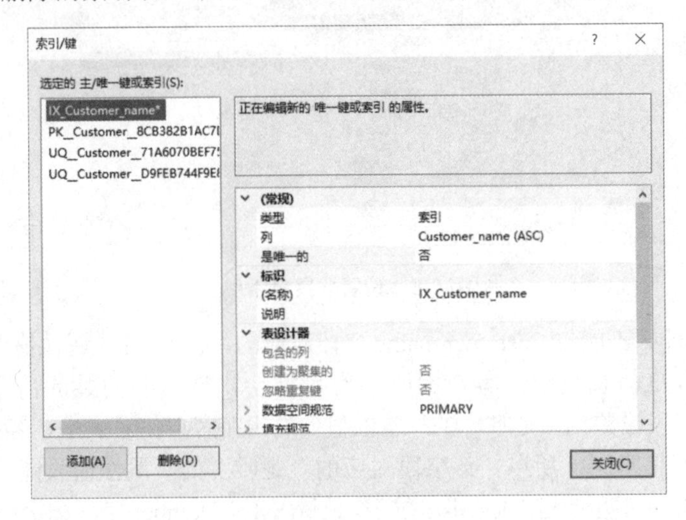

图 6-10　删除索引

同样要想查看、修改创建的索引，在对应的表中，打开“索引/键”对话框，选择要查看的索引，即可对该索引进行查看和修改操作。

子任务 2　使用 T-SQL 命令创建商品管理系统数据库索引

一、使用 T-SQL 命令创建索引

【任务导学】设置索引的语法结构：

```
create [unique][clustered|nonclustered]index 索引名
on 表名(列名[asc|desc][,…])
```

【说明】

(1) unique：建立的索引字段中不能有重复数据出现，需创建唯一索引，如果不使用该关键字，创建的索引就不是唯一索引。

(2) clustered | nonclustered：创建聚集索引或非聚集索引，默认为非聚集索引。

(3) asc | desc：索引列是按升序或降序排列，默认为升序。

【任务 6-4】使用 T-SQL 命令，为客户信息表(Customer_info)的姓名(Customer_name)字段创建一个非聚集索引。

对应的 T-SQL 命令如下：

```
use CommInfo
go
create index ix_Customer_name
```

```
on Customer_info(Customer_name)
go
```

【任务解析】使用 create index 创建索引，在命名索引名时注意命名规则，一般为“ix_字段名”，该命令省略了 nonclustered 关键字，表示创建的索引为非聚集索引。使用 on 关键字为客户信息表(Customer_info)的姓名(Customer_name)字段创建索引，但是要注意该表名后面必须跟着对应的字段名。

【任务 6-5】使用 T-SQL 命令，为销售明细表(Sales_list)的销售数量(Sales_Number)和销售价格(Sales_price)字段建立一个非聚集的组合索引，其中销售数量(Sales_Number)的索引列为降序排序。

对应的 T-SQL 命令如下：

```
use CommInfo
go
create nonclustered index ix_Sales_list
on Sales_list(Sales_Number desc,Sales_price )
go
```

【任务 6-6】使用 T-SQL 命令，为客户信息表(Customer_info)的列 identity_id(身份证号)字段创建唯一性非聚集索引。

对应的 T-SQL 命令如下：

```
use CommInfo
go
create unique nonclustered index ix_identity_id
on customer_info(identity_id)
go
```

小贴士 创建索引，还需注意以下几点。

(1) 不能在 text、ntext、image 和 binary 类型的列上建立索引。

(2) SQL Server 的限制是每张表上最多能创建 249 个非聚集索引。

(3) SQL Server 的限制是一个索引中最多包含 16 列组成的索引键，也就是说，组合索引的列最多包含 16 列。

索引不能被显式地使用，只能在后台中起作用，其作用表现在以下两个方面。

(1) 提高了与索引列有关的查询、连接、分组统计等速度。

(2) 如果是唯一性索引，则实现了相关列的唯一性约束，不允许出现重复数据。

二、使用 T-SQL 命令查看索引

用户可以使用系统存储过程 sp_helpindex 查看索引信息。

【任务导学】使用系统存储过程查看索引的语法结构：

```
exec  sp_helpindex<表名|视图名>
```

【任务 6-7】使用系统存储过程 sp_helpindex 查看客户信息表(Customer_info)中的索引信息。

对应的 T-SQL 命令如下：

```
exec sp_helpindex Customer_info
```

执行结果如图 6-11 所示。

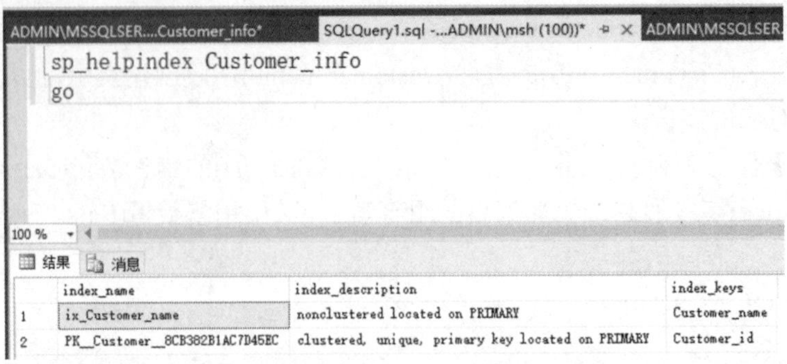

ADMIN\MSSQLSER....Customer_info*　SQLQuery1.sql -...ADMIN\msh (100))*　ADMIN\MSSQLSER

```
sp_helpindex Customer_info
go
```

100 %

结果　消息

	index_name	index_description	index_keys
1	ix_Customer_name	nonclustered located on PRIMARY	Customer_name
2	PK__Customer__8CB382B1AC7D45EC	clustered, unique, primary key located on PRIMARY	Customer_id

图 6-11　使用系统存储过程 sp_helpindex 查看索引信息

三、使用 T-SQL 命令删除索引

当不再需要某个索引时，可以将其删除，使用 drop index 命令可以删除一个或多个当前数据库中的索引。

【任务导学】使用 T-SQL 命令删除索引的语法结构：

```
drop index<表名.索引名>
```

【任务 6-8】删除客户表中的 ix_Customer_name 索引。

对应的 T-SQL 语句如下：

```
drop index Customer_info.ix_Customer_name
```

注意：删除的索引一定要有表前缀。

项 目 小 结

1. 关键知识

(1)　索引的概念和分类。

(2)　索引的创建原则。

(3)　聚集索引和非聚集索引的特点。

(4)　创建、查看和删除索引的语法结构。

2. 关键技能

(1)　使用 unique 创建唯一索引时，存储在表中的数据不能有重复数据，如果不使用这个关键字，创建的索引就不是唯一索引。

(2)　创建索引，如果不指定 clustered | nonclustered 关键字，默认为非聚集索引。

(3)　查看索引使用系统存储过程 sp_helpindex。

(4)　使用 drop index 命令删除索引时，索引名前面一定要有表前缀。

思考与练习

一、选择题

(1) 数据库设计每个阶段都有自己的设计内容，“为哪些关系、在哪些属性上创建什么样的索引”这一设计内容应该属于(　　)设计阶段。

A. 概念设计　　B. 逻辑设计　　C. 物理设计　　D. 全局设计

(2) (　　)不适合建立索引。

A. 经常参与连接操作的属性

B. 经常出现在 group by 子句中的属性

C. 经常出现在 where 子句中的属性

D. 经常需要进行更新操作的属性

(3) (　　)是索引的类型。(多选)

A. 唯一索引　　B. 聚集索引　　C. 非聚集索引　　D. 区索引

(4) 一张表中至多可以有(　　)个非聚集索引。

A. 1　　B. 249　　C. 3　　D. 无限多

(5) (　　)是对数据库表中一列或多列的值进行排序的存储结构，用于快速访问数据库表中的特定数据。

A. 索引　　B. 视图　　C. 查询　　D. 存储过程

(6) 关于索引，(　　)不属于索引的缺点。

A. 创建和维护索引要消耗时间，并且随着数据量的增加所耗费的时间也会增加

B. 索引需要占用磁盘空间，除了数据表占用数据空间外，每一个索引还要占用一定的物理空间，如果有大量的索引，索引文件可能比数据文件更快到达最大文件容量

C. 对数据表中的数据进行增、删、改的时候，索引也要动态地维护，降低了数据的维护速度

D. order by 和 group by 子句在进行检索数据时，可以显著减少查询中分组和排序的时间

(7) 创建索引时，下列情况不适合创建索引的是(　　)。(多选)

A. 经常更新的表　　B. 数据量小的表

C. 经常用于查询的字段　　D. 频繁进行排序或分组的列

(8) 关于聚集索引的特点，下列说法错误的是(　　)。

A. 检索效率比较高，但对数据新增、修改和删除的影响比较大

B. 如果表中没有创建其他的聚集索引，则在表的主键列上自动创建聚集索引

C. 频繁修改的所有列，不应创建聚集索引

D. 一个表可以有多个聚集索引

(9) 下列关于非聚集索引特点的描述错误的是(　　)。

A. 索引中的项目按索引键值的顺序存储，而表中的信息按另一种顺序存储

B. 在搜索数据时，先对非聚集索引进行搜索，找到数据值在表中的位置，然后从该位置直接检索数据

C. 非聚集索引检索效率比聚集索引高，对数据新增、修改和删除影响较大

D. 如果从表中检索的数据进行排序时经常要用到某一列，则可以考虑将该表在该列上进行非聚集索引

(10) 通过(   )T-SQL 语句可以创建索引。

A. create index　　B. create database

C. create table　　D. create view

二、简答题

(1) 为什么要创建索引？

(2) 简述索引的优缺点。

信息安全案例分析：数据提供风险

在数据提供环节，风险威胁来自政策因素、外部因素、内部因素等。政策因素主要指不合规的提供和共享；内部因素指缺乏数据复制的使用管控和终端审计、行为抵赖、数据发送错误、非授权隐私泄露/修改、第三方过失而造成数据泄露；外部因素指恶意程序入侵、病毒侵扰、网络宽带被盗用等情况。

【案例描述】掉进短信链接“陷阱”被骗 3.6 万余元

2017 年 3 月 18～19 日，顾某收到“车辆违规未处理”短信，在点击链接后，其银行账户被开通天翼电子商务、易宝支付、苏宁易付宝、北京百付宝、快钱支付、美团大众点评、支付宝、财付通、电 e 宝、拉卡拉、上海盛付通、某易宝等十余个第三方快捷支付服务，并通过其中部分第三方支付平台连续扣款 52 笔，每笔金额从 1～2500 元，共计 36960.79 元。顾某报警后，在公安机关和银行等机构的协作下，部分款项被追回并转入原告银行卡中，剩余 17728.94 元未能追回。

法院认为，被告银行汝阳支行在为原告顾某办理银行卡时提供的相关格式文件条款中，未能反映出原告顾某主动申请并书面确认开通网上银行或电子银行等业务，原告因点击手机不明链接导致账户资金被盗取，较大可能系不法分子通过网上银行或电子银行操作，被告未能严格按照上述通知要求执行，对此应承担相应的责任。

拓展训练：创建学生成绩管理系统数据库索引

【任务单】创建索引

(请扫二维码查看 学生成绩管理系统“创建索引”任务单)

任务要求:

分别使用企业管理器和 T-SQL 命令创建和管理以下索引。

(1) 在教师信息表(Teacher)的 Phone(联系电话)字段上创建唯一性非聚集索引。

(2) 在教师信息表(Teacher)的教师姓名(TeacherName)字段上创建一个非聚集索引。

(3) 在学生成绩表(Mark)的成绩(Score)字段上建立一个非聚集索引。

(4) 为教学计划安排表(Schedule)的课时(Period)字段和学分(Credit)字段创建一个组合索引，且课时(Period)字段的索引列为降序排序。

(5) 查看上述索引，并删除。

(请扫二维码 1 学习 “使用图形用户界面创建索引_操作视频”)

(请扫二维码 2 学习 “使用 T-SQL 命令创建索引_操作视频”)

二维码 1

二维码 2

【任务考评】

“创建学生成绩管理系统数据库索引”考评记录表

<table>
<tr><td>学生姓名</td><td></td><td>班级</td><td></td><td>任务评分</td><td colspan="2"></td></tr>
<tr><td>实训地点</td><td></td><td>学号</td><td></td><td>完成日期</td><td colspan="2"></td></tr>
<tr><td rowspan="19">任务实现步骤</td><td>序号</td><td colspan="3">考核内容</td><td>标准分</td><td>评分</td></tr>
<tr><td rowspan="6">01</td><td colspan="3">一、使用图形用户界面创建和管理索引</td><td>45</td><td></td></tr>
<tr><td colspan="3">(1)在教师信息表(Teacher)的联系电话(Phone)字段上创建唯一性非聚集索引</td><td>10</td><td></td></tr>
<tr><td colspan="3">(2)在教师信息表(Teacher)的教师姓名(TeacherName)字段上创建一个非聚集索引</td><td>10</td><td></td></tr>
<tr><td colspan="3">(3)在学生成绩表(Mark)的成绩(Score)字段上建立一个非聚集索引</td><td>10</td><td></td></tr>
<tr><td colspan="3">(4)为教学计划安排表(Schedule)的课时(Period)字段和学分(Credit)字段上创建一个组合索引，且课时(Period)字段的索引列为降序排序</td><td>10</td><td></td></tr>
<tr><td colspan="3">(5)查看上述索引，并删除</td><td>5</td><td></td></tr>
<tr><td rowspan="6">02</td><td colspan="3">二、使用 T-SQL 命令创建和管理索引</td><td>45</td><td></td></tr>
<tr><td colspan="3">(1)在教师信息表(Teacher)的联系电话(Phone)字段上创建唯一性非聚集索引</td><td>10</td><td></td></tr>
<tr><td colspan="3">(2)在教师信息表(Teacher)的教师姓名(TeacherName)字段上创建一个非聚集索引</td><td>10</td><td></td></tr>
<tr><td colspan="3">(3)在学生成绩表(Mark)的成绩(Score)字段上建立一个非聚集索引</td><td>10</td><td></td></tr>
<tr><td colspan="3">(4)为教学计划安排表(Schedule)的课时(Period)字段和学分(Credit)字段创建一个组合索引，且课时(Period)字段的索引列为降序排序</td><td>10</td><td></td></tr>
<tr><td colspan="3">(5)查看上述索引，并删除</td><td>5</td><td></td></tr>
<tr><td rowspan="5">03</td><td colspan="3">职业素养：</td><td>10</td><td></td></tr>
<tr><td colspan="3">实训管理：态度、纪律、安全、清洁、整理等</td><td>2.5</td><td></td></tr>
<tr><td colspan="3">团队精神：创新、沟通、协作、积极、互助等</td><td>2.5</td><td></td></tr>
<tr><td colspan="3">工单填写：清晰、完整、准确、规范、工整等</td><td>2.5</td><td></td></tr>
<tr><td colspan="3">学习反思：发现与解决问题、反思内容等</td><td>2.5</td><td></td></tr>
<tr><td colspan="6"></td></tr>
<tr><td>教师评语</td><td colspan="6"></td></tr>
</table>

项目 7　查询商品管理系统数据库的数据

学习引导

在项目 6 中，学习了如何创建和使用数据库索引。本项目是在上一个项目的基础上进一步学习如何查询数据表中已经存在的数据。查询是数据库管理系统最核心的功能。人们使用数据库管理数据的主要目的就是为了查询数据以满足特定的任务要求。本项目以商品管理系统数据库为依托，重点介绍如何使用简单查询、条件查询、分组查询、连接查询和子查询来完成相应的数据查询任务，同时为了巩固学习效果，引入学生成绩管理系统数据库作为拓展项目，帮助读者更好地理解各类查询的使用。

1. 学习前准备

(1) 学习简单查询的微课。
(2) 学习条件查询的微课。
(3) 学习分组查询的微课。
(4) 学习内连接查询的微课。
(5) 学习外连接查询的微课。
(6) 学习自连接查询的微课。
(7) 学习子查询的微课。
(8) 能打开 SQL Server 数据库，并操作数据库系统软件。
(9) 附加商品管理系统数据库。

2. 与后续项目的关系

查询是数据库管理系统最核心的功能，也是后续创建视图的基础。

学习目标

1. 知识目标

(1) 掌握简单查询语句的语法格式与使用。
(2) 掌握条件查询语句的语法格式与使用。
(3) 掌握分组查询语句的语法格式与使用。
(4) 掌握连接查询的语法格式与使用。
(5) 掌握子查询的语法格式与使用。

2. 能力目标

(1) 能使用简单查询完成特定的数据查询任务。
(2) 能使用条件查询完成特定的数据查询任务。
(3) 能使用分组查询完成特定的数据查询任务。
(4) 能使用内连接查询完成特定的数据查询任务。
(5) 能使用外连接查询完成特定的数据查询任务。
(6) 能使用自连接查询完成特定的数据查询任务。
(7) 能使用子查询完成特定的数据查询任务。

3. 素质目标

(1) 培养分析问题、解决问题的能力。
(2) 培养代码规范意识。
(3) 培养独立思考、自主学习的能力。

背景及任务

1. 背景

经过前期的辛苦工作，项目组已经创建了商品管理系统的数据库表，并且为保证更好地使用数据，为每张数据库表都添加了必要的索引。同时，数据库系统与业务系统也进行了对接，数据库表中保存了业务系统添加的业务数据。

项目组中的实习生陈梵觉得好像没有什么事情可以做了，就问他的企业导师肖力：“肖老师，我们的商品管理系统数据库设计与开发任务是不是已经完成了？”

肖力微笑着说：“没这么简单，我们的重头戏还没有开始呢。前面我们所做的都是基础工作，比如创建数据库、数据库表以及索引，还有与业务系统进行对接往数据库表中添加、修改或删除数据等。其实数据库管理系统最核心的功能是查询。如果说数据库管理系统只是用来存储数据，那就太小看它了。存储数据的目的是为了使用这些数据，找出数据之间的关系来满足人们日常的需求任务。有的需求任务很简单，我们可以采用简单查询来满足要求，有的需求任务很复杂，我们可以采用条件查询、分组查询甚至连接查询或子查询来满足要求。”

陈梵不好意思地说：“没想到数据库管理系统功能这么强大，看来还有很多知识要学习。”

这时，项目经理大军走过来对肖力说：“我们下周开始要给客户那边的技术人员做一个培训，告诉他们怎么使用数据库中的数据。培训时间为三天，我建议你先与他们的技术人员进行沟通，了解清楚他们日常生产中有哪些查询需求，然后把这些需求整理好，按照先易后难的方式给他们进行培训，这样他们接受起来就容易些。”

项目组成员肖力和实习生陈梵根据大军经理的安排，开始去客户那边了解需求，准备培训资料了。

2. 任务

根据调研，收集了生产中常见的需求任务，按照先易后难的方式将培训内容分解为以下 5 个任务。

(1) 使用简单查询查询商品管理系统数据库中的数据，具体任务如下。

① 找出所有客户的姓名和联系电话。

② 找出所有客户的编号、姓名、性别、出生年月日、联系电话和收货地址。

③ 请使用三种方式，为任务 7.1 中的子任务 2 查询出来的列名(数据库表中是英文)添加中文别名。

④ 请在销售信息表中查找出所有销售员的员工编号，注意一个员工编号只显示一次。

⑤ 在客户信息表中，请查找出 3 名客户去参加满意度调查。

(2) 使用条件查询查询商品管理系统数据库中的数据，具体任务如下。

① 找出所有女性客户的姓名和联系电话。

② 找出所有年龄大于 25 岁的客户的姓名和联系电话。

③ 找出所有没有填写出生日期的客户的姓名和联系电话。

④ 找出所有年龄在 20～25 岁之间的客户的姓名和联系电话。

⑤ 找出所有年龄大于 25 岁并且是女性的客户的编号、姓名和联系电话。

⑥ 找出性别是男性或者收货地址为“武汉武昌区八一路武汉大学”的客户，显示他(她)们的姓名和联系电话。

⑦ 找出客户编号为“kh1001”“kh1002”“kh1003”和“kh1006”的客户的所有信息。

⑧ 检索出既不姓'王'也不姓'李'的客户的所有信息。

⑨ 找出年龄大于等于 25 岁的客户编号、客户姓名和联系电话，并将结果以姓氏拼音首字母倒序进行显示。

(3) 使用分组查询查询商品管理系统数据库中的数据，具体任务如下。

① 统计出客户表中男性客户和女性客户的人数。

② 统计出销售明细表中每件商品的销售总数。

③ 统计出销售明细表中每件商品的销售均价。

④ 统计出销售明细表中每件商品的最高售价和最低售价。

⑤ 在销售明细表中找出销售均价高于 1500 元的商品编号。

⑥ 在销售明细表中找出所有畅销商品的商品编号。

备注：畅销商品是指商品销售总数量超过 50 的商品。

(4) 使用连接查询查询商品管理系统数据库中的数据，具体任务如下。

① 用内连接查询连接员工信息表(Employees_info)和销售信息表(Sales_info)查看员工销售订单的信息，员工信息表内和销售信息表内没有匹配的信息会丢掉吗？为什么？

② 在商品管理系统数据库中，列出员工的销售订单信息，显示信息如下：员工编号、员工姓名、员工性别、销售订单编号、客户编号、销售时间等。

要求：列出员工的销售订单信息，没有销售订单的员工信息不用显示。

③ 在商品管理系统数据库中，列出员工“王小妮”的销售订单信息，显示信息如下：员工编号、员工姓名、员工性别、销售订单编号、客户编号、销售时间等。

要求：列出员工的销售订单信息，没有销售订单的员工信息不用显示。

④ 使用带 where 子句的查询完成第 3 题。

⑤ 用外连接查询连接员工信息表(Employees_info)和销售信息表(Sales_info)查看员工销售的订单信息，员工信息表内和销售信息表内没有匹配的信息会丢掉吗？为什么？

⑥ 用左外连接查询实现，在商品管理系统数据库中，列出员工的销售订单信息，显示信息如下：员工编号、员工姓名、员工性别、销售订单编号、客户编号、销售时间等。

要求：列出员工的销售订单信息，没有销售订单的员工信息也要显示。

⑦ 用左外连接查询和右外连接查询实现，在商品管理系统数据库中，对商品信息表中的每种商品统计销量(目的：根据每种商品的销量可以评估该商品的热销程度)。

(5) 使用子查询查询商品管理系统数据库中的数据，具体任务如下。

① 子查询进行基础分类有哪几种？从应用的角度观察，又怎么分类？

② 在商品管理系统数据库中，查询与“王道友”在同一个岗位的员工信息。

③ 在商品管理系统数据库中，查询成功推销编号为“xm1002”产品的员工信息。

④ 在商品管理系统数据库中，查询编号为“xs1001”的销售岗最迟入职的销售员信息。

⑤ 在商品管理系统数据库中，查询所有购买过“hw1002”编号商品的客户姓名，用exists谓词实现。

⑥ 在商品管理系统数据库中，查询商品编号为“hw1002”的卖价、均价以及两者之间的差价。

⑦ 在商品管理系统数据库中，查询采购数量比该商品的平均采购量低的商品编号、采购数量及平均数量。

(请扫二维码1查看 商品管理系统“简单查询”任务单)

(请扫二维码2查看 商品管理系统“条件查询”任务单)

(请扫二维码3查看 商品管理系统“分组查询”任务单)

(请扫二维码4查看 商品管理系统“内连接查询”任务单)

(请扫二维码5查看 商品管理系统“外连接查询”任务单)

(请扫二维码6查看 商品管理系统“子查询(1)”任务单)

(请扫二维码7查看 商品管理系统“子查询(2)”任务单)

二维码1

二维码2

二维码3

二维码4

二维码5

二维码6

二维码7

任务7.1　使用简单查询查询商品管理系统数据库中的数据

预备知识

【知识点】查询的概念和分类

(请扫二维码学习 微课“查询的概念和分类”)

【场景】已知商品管理系统数据库中已经保存了客户的信息，如图7-1所示。

Customer id	Customer na...	Customer sex	Customer Bir...	Telephone	Address
kh1001	李思	女	NULL	13879008970	武汉武昌区八一路武汉大学
kh1002	王天	男	1987-08-09 0...	13879008971	武汉洪山区珞喻东路华中科技大学
kh1003	柳田	女	1996-09-12 0...	13879008972	武汉汉阳区动物园路1号
kh1004	王武斌	男	1993-04-01 0...	13879008974	武汉武昌区丁字桥路88号
kh1005	钱小凤	女	1989-06-22 0...	13879008975	武汉汉阳区沌口路27号
kh1006	王武斌	男	1993-04-01 0...	13879008976	武汉汉口江汉路66号

图 7-1　客户表中的记录信息

那么该怎么使用这些数据呢？比如，需要查看所有客户的信息；再如，需要查看客户的姓名、性别和联系电话。这就涉及数据的查询。

1. 查询的概念

数据保存到数据库中的主要目的就是为了使用这些数据，而查询就是使用这些数据的主要手段。

数据查询是数据库管理系统中最基本也是最重要的操作，是用户通过设置某些查询条件，从数据库表、视图或者其他查询结果中选取全部或者部分数据，返回给用户的过程。

2. 查询的作用

从数据库管理系统中按照用户设置的查询条件检索数据，并将查询结果返回给用户。

3. 查询的语法格式

查询的语法格式如下：

```
select  [select 选项] <列名列表|列名表达式>
from <数据源>
[where <查询条件>]
[group by<分组表达式>] [having <分组统计表达式>]
[order by <排序表达式>[asc|desc]]
```

【语法说明】

(1) select 查询语句共有 5 个子句，其中 select 和 from 子句是必选子句，而 where 子句、group by 子句和 order by 子句是可选子句，要根据查询的需要去选用。

(2) select 子句：用于指定查询返回的列，各列在 select 子句中的顺序决定了它们在返回结果集中的顺序；此外还可以指定 select 选项，其包含 all、distinct、top 三个值，用于对查询结果集进行过滤。其中 all 是 select 选项的默认值。

(3) from 子句：用于指定数据来源，它可以是一张数据库表或视图，也可以是多张关联的数据库表或视图，甚至可以是其他查询语句返回的结果。

(4) where 子句：用来限定返回行的查询条件。在连接查询中则可以用来设置多个表之间的连接条件。

(5) group by 子句：用来指定查询结果的分组条件，一般用在统计查询中。而 having 子句不能单独使用，其依附于 group by 子句，用于设置分组统计表达式。

(6) order by 子句：用来指定查询结果的排序方式。asc 表示升序排序，desc 表示降序排序。默认值是 asc。

4. 查询的分类

查询语句可以根据查询条件和多表连接等进行分类，具体分类如下。

1) 简单查询

简单查询就是从一张数据库表或视图中查询出某些列的信息，其返回的是数据库表或视图中的所有记录。

2) 条件查询

条件查询是在简单查询的基础上增添了 where 子句，也就是说设置了查询的条件。因此其返回的不再是数据源中的全部记录，不符合 where 子句条件的记录就不会出现在查询结果中。

3) 分组查询

分组查询是在条件查询的基础上增添了 group by 子句，是对条件查询返回的结果进行分组，还可以使用 having 子句对每个分组继续进行条件过滤。分组查询一般用于对数据进行统计的场合中。

4) 连接查询

当查询的数据源涉及多张数据库表或视图时，就需要使用连接查询把多张数据库表或视图连接起来进行综合查询。

连接查询分为内连接查询、自连接查询和外连接查询三种。

5) 子查询

当一个 select-from-where 查询语句块嵌入另一个查询语句的 from 子句或 where 子句中时，这种查询语句就称为子查询。子查询一般用在比较复杂的查询场合。

(请扫二维码学习 微课“简单查询”)

子任务 1　查询商品管理系统数据库表中的数据列

【语法】简单查询的语法结构：

```
select [select选项] <列名列表|列名表达式>
from <表名> | <视图名>
```

【说明】

(1) select 是选择的意思，后面跟着的是可选的 select 选项和必选的列名列表或列名表达式。

(2) select 选项有三个可选值，分别是 all、distinct 和 top，默认值为 all，表示返回查询结果所有的行记录。

(3) 列名列表表示数据库表或视图中的列名，若有多个列名，则列名之间使用逗号隔开。

(4) from 表示对哪个数据库表或视图进行查询操作，后面跟着的是数据库表名或视图名。

下面通过具体的案例来学习简单查询的使用。

【任务 7-1】在商品管理系统数据库的 Customer_info(客户信息)表中，查找出客户的姓名和联系电话。

【分析】已知客户表的表结构如表 7-1 所示。

表 7-1　客户表结构定义(Customer_info)

字段名称	字段含义	类　型	长　度	备　注
Customer_id	客户编号	char	6	主键
Customer_name	客户姓名	varchar	30	非空
Customer_sex	性别	char	2	“男”或“女”，默认值为“男”
Customer_Birth	生日	datetime		
Telephone	电话	char	11	非空，唯一，电话号码为 11 位，且每一位都是 0～9 的数字
Address	地址	varchar	50	非空

要从该表中查询出客户的姓名和联系电话，那么简单查询语句中的列名列表对应的应该是 Customer_name 和 Telephone 这两个属性列。具体的查询语句如下：

```
select  Customer_name, Telephone from Customer_info
```

接下来在 SQL Server 2016 Management Studio(SSMS)的查询分析器中输入上面的查询语句，执行结果如图 7-2 所示。

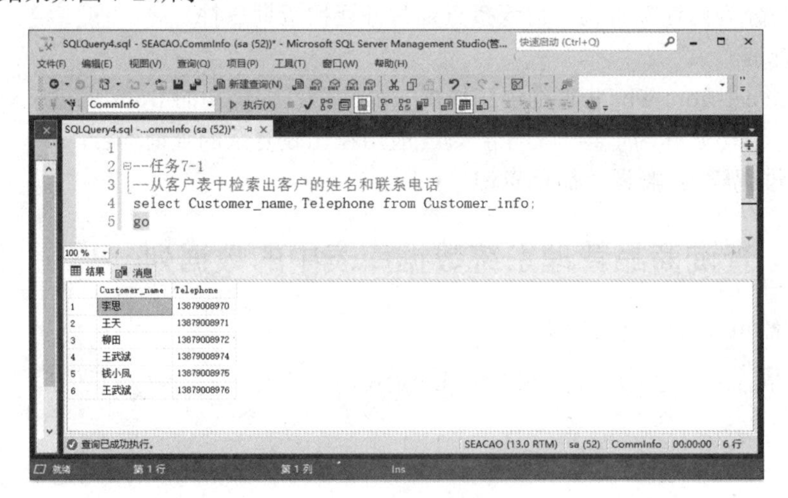

图 7-2　简单查询语句执行结果

通过对比图 7-1 和图 7-2 有如下发现。

(1)　两者的记录数相同，都是 6 条记录，代表有 6 个客户，这也说明了简单查询会返回数据源中所有的记录。

(2)　图 7-1 中显示了客户的所有列信息，而图 7-2 中只显示了客户的姓名和联系电话这两个列，与查询语句 select 后面的列名相同，显然满足了任务 7-1 的查询需求。

【动动脑】在商品管理系统数据库的 Customer_info(客户信息表)中，查找客户的全部属性信息，该如何书写查询语句呢？

【分析】从表 7-1 中可以看出，客户信息表一共有 6 个属性列，要想得到客户的全部属性信息，就要在查询语句的 select 子句中把这 6 个属性列都列出来。

解决方法 1：

```
Select Customer_id, Customer_name, Customer_sex, Customer_Birth,
    Telephone, Address
from Customer_info
```

在 SQL Server 2016 Management Studio(SSMS)的查询分析器中执行上述查询语句，执行结果如图 7-1 所示。

如果一张表的属性列有很多，那书写上面的查询语句显然就会非常烦琐而且容易出错，那有没有简便的书写方式呢？

解决方法 2：

```
select * from Customer_info
```

在查询语句的 select 子句中，可以使用*(星号)来代表数据库表或视图中的所有属性列，其执行结果与书写所有的属性列完全相同，因此在需要查询出数据库表或视图的所有属性列信息时，一般都会在 select 子句中使用*(星号)来代表所有的属性列，书写更简便而且不容易出错。

子任务 2　为商品管理系统数据库表的列名取别名

【任务 7-2】在商品管理系统数据库的 Customer_info(客户信息表)中，查找出客户的姓名和联系电话，要求查询结果中的列名分别使用“客户姓名”和“联系电话”进行显示。

【分析】从图 7-1 和图 7-2 中可以看出，查询结果中的列名与数据源中的列名是一致的，都是使用英文单词。但任务 7-2 指定了查询结果中的列名必须使用“客户姓名”和“联系电话”，显然与数据库表中的列名不一致。此时就涉及给列名取别名的知识点了。

在 SQL Server 数据库中，给查询语句 select 子句的列名取别名有三种实现方式。下面先介绍前两种方式来完成任务 7-2。

1. 第一种为列名取别名的方式

```
select 列名 1  as 别名 1,列名 2 as 别名 2,… from 数据库表
```

【说明】

(1) 列名在前，别名在后，中间使用关键字 as。

(2) 列名必须是数据库表(或视图)中存在的。

(3) 别名是按照实际需要取的名字。

(4) 关键字 as 前后都必须留有空格。

(5) 列名可以是表达式。

采用第一种给列名取别名的方式来完成任务 7-2，则查询语句如下：

```
select Customer_name as 客户姓名,Telephone as 联系电话
from Customer_info
```

在 SQL Server 2016 Management Studio(SSMS)的查询分析器中执行上述查询语句，执行结果如图 7-3 所示。

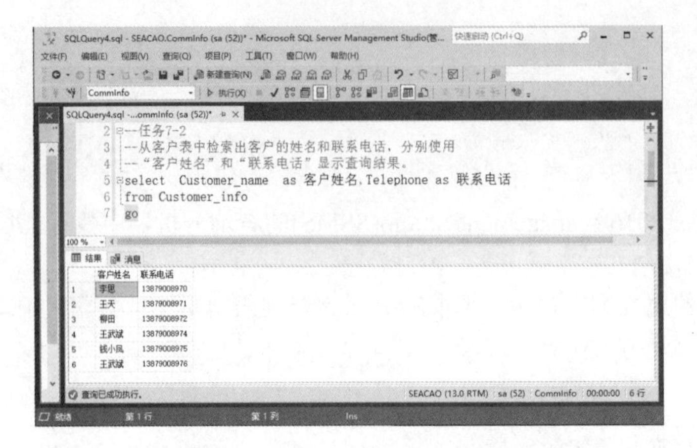

图 7-3　使用 as 关键字为列名取别名

从图 7-3 中可以看出，查询结果中的列名不再是客户表中的列名，而是查询语句取的别名。

2. 第二种为列名取别名的方式

```
select 列名1 别名1,列名2 别名2, … from 数据库表(或视图)
```

【说明】

(1) 列名在前，别名在后。

(2) 列名与别名中间不再有关键字 as，而是空格。

(3) 列名可以是表达式。

采用第二种为列名取别名的方式来完成任务 7-2，则查询语句如下：

```
select Customer_name 客户姓名,Telephone 联系电话 from Customer_info
```

在 SQL Server 2016 Management Studio(SSMS)的查询分析器中执行上述查询语句，执行结果如图 7-4 所示。

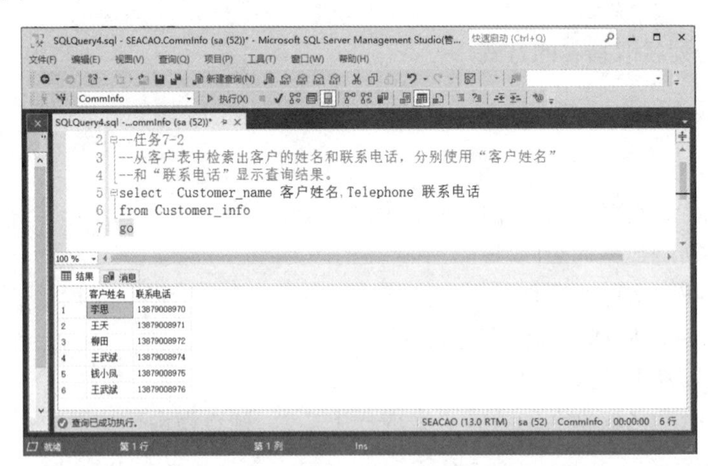

图 7-4　使用空格为列名取别名

从图 7-4 中可以看出，查询结果中的列名也是查询语句取的别名。仔细观察图 7-3 和图 7-4 可以发现，采用关键字 as 为列名取别名和采用空格为列名取别名，效果是完全相同的。为了方便起见，在实际应用中，采用空格为列名取别名更为常见。

【任务 7-3】在商品管理系统数据库的 Customer_info(客户信息表)中，请查找出所有客户的客户编号、姓名和联系电话，在查询结果中使用“客户编号_姓名”和“联系电话”进行显示。

【分析】从任务 7-3 可知，查询结果中有一列是数据库表中两列的拼接，即客户编号与客户姓名两列进行拼接。

3. 第三种为列名取别名的方式

```
select 别名 1 = 列名或表达式 1,别名 2 =列名或表达式 2,…
from 数据库表(或视图)
```

【说明】

(1) 别名在前，列名在后，中间使用等号连接。

(2) 列名可以是表达式。

再来看任务 7-3，可以采用第三种为列名取别名的方式来实现，查询代码如下：

```
select 客户编号_姓名 = Customer_id+'_'+Customer_name,
Telephone 联系电话 from Customer_info
```

在 SQL Server 2016 Management Studio(SSMS)的查询分析器中执行上述查询语句，执行结果如图 7-5 所示。

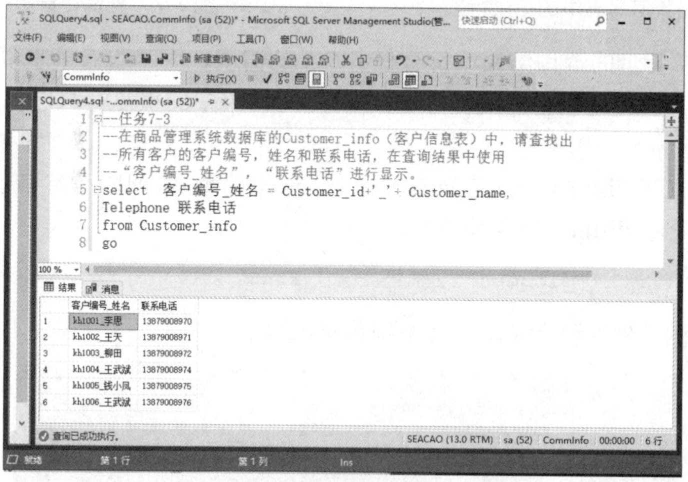

图 7-5 使用等号(=)为列名取别名

以上三种为列名取别名的方式，使用最广泛的是前面两种，第三种使用较少。

子任务 3 消除查询结果的重复记录

前面学习的是简单查询中对列的查询，简单查询中还可以对记录行进行选择。尽管简单查询会返回数据源中所有的记录行，但还可以设置查询语句中的 select 选项来限制返回的记录行。

【任务 7-4】在商品管理系统数据库的 Sales_info(销售信息表)中，请查找出所有销售员的编号(不能有重复的编号)。

【分析】仔细观察销售信息表中的记录，如图 7-6 所示。

从图 7-6 中可以看出，销售员编号有重复的值，6 条记录中实际上只包含有两个销售员编号，分别是 xs100101 和 xs100102。如果使用下面的语句查询销售员的编号，查询结果如图 7-7 所示。

```
Select Employees_id 销售员编号 from Sales_info
```

```
select *  from Sales_info
```

	Sales_id	Customer_id	Sales_time	Employees_id
1	201804080001	kh1001	2018-04-08 00:00:00.000	xs100101
2	201806170003	kh1003	2018-06-17 00:00:00.000	xs100101
3	201809030005	kh1005	2018-09-03 00:00:00.000	xs100102
4	201810210006	kh1006	2018-10-21 00:00:00.000	xs100102
5	201811180004	kh1004	2018-11-18 00:00:00.000	xs100102
6	201812060002	kh1002	2018-12-06 00:00:00.000	xs100101

图 7-6　销售信息表中的记录行

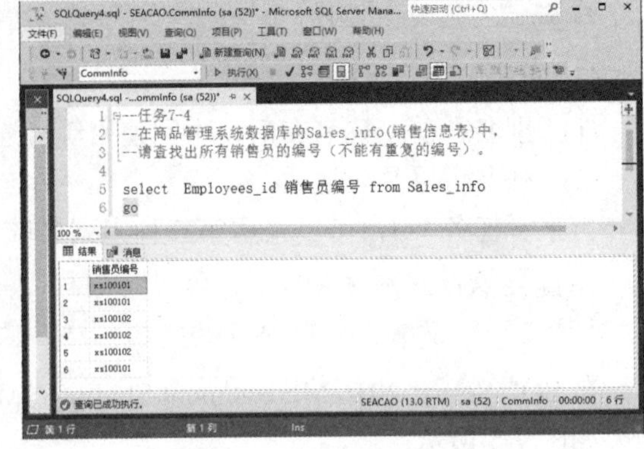

图 7-7　查询销售员编号

显然，图 7-7 所示的查询结果不符合任务 7-4 的需求，因为包含了重复的销售员编号。

【解决方法】select 选项中的关键字 distinct 是对结果中的重复行只选择一个，保证行的唯一性。

注意：关键字 distinct 必须紧跟在关键字 select 后面，中间除了空格不能有其他内容。下面是使用了关键字 distinct 的查询语句。

```
Select distinct Employees_id 销售员编号 from Sales_info
```

执行结果如图 7-8 所示，显示了 2 个销售员编号。

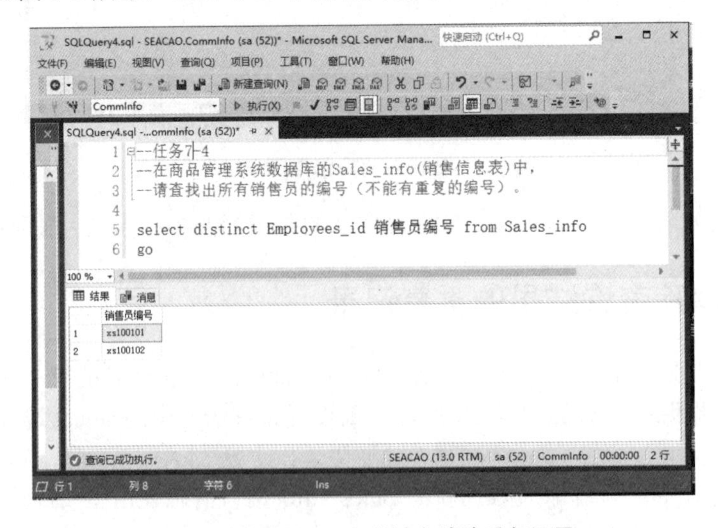

图 7-8　使用 distinct 关键字消除重复记录

显然，图 7-8 所示的执行结果完全满足任务 7-4 的要求，与图 7-7 相比，其对重复的行只保留了一条记录。

与关键字 distinct 相反，当使用关键字 all 时，将保留结果中的所有行。在省略 distinct 和 all 的情况下，select 选项默认值为 all。

子任务 4　提取查询结果中前面若干条记录

如果 select 语句返回的结果行数很多，而用户只需要返回满足条件的前面几条记录，则可以使用 top n[percent]子句。其中，n 是一个正整数，表示返回查询结果的前 n 行。如果使用 percent 关键字，则表示返回结果的前 n%行。

【任务 7-5】在商品管理系统数据库的 Customer_info(客户信息表)中，请查找出 3 名客户去参加满意度调查。

【分析】从图 7-1 可以看出，客户信息表中目前有 6 名客户，而任务 7-5 要求只找出 3 名客户，此时需要使用 top 3 子句才能从 6 名客户中找出前 3 名客户去参加满意度调查，查询语句如下：

```
Select top 3  * from Customer_info
```

执行结果如图 7-9 所示，只返回了 3 名客户的信息。

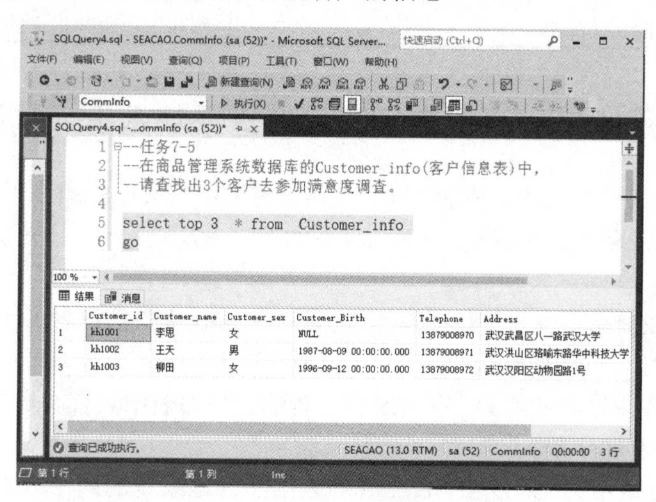

图 7-9　使用 top n 子句限制返回结果的行数

任务 7.2　使用条件查询查询商品管理系统数据库中的数据

预备知识

【知识点】条件查询的概念

(请扫二维码 1 学习 微课“条件查询(一)”)
(请扫二维码 2 学习 微课“条件查询(二)”)

二维码 1

二维码 2

前面学习的简单查询，会返回数据库或视图中所有的数据行，但在实际应用中，一般只需要查找满足条件的部分数据行而不是所有数据行，此时就会使用到条件查询。

条件查询是使用频次最多的一种查询方式，通过在 where 子句中设置查询条件来筛选满足要求的数据，其本质就是对表中的数据行进行筛选。

条件查询的语法结构如下：

```
select [select 选项] <列名列表|列名表达式>
from <表名> | <视图名>
where <查询条件>
```

其中查询条件的使用主要有以下几种情况，如表 7-2 所示。

表 7-2　常用的查询条件运算符

运算符类型	运 算 符	说　明
比较运算符	=、>、<、>=、<=、<>、!=、!>、!<	比较值的大小
空值运算符	is null、is not null	判断值是否为空
范围运算符	between…and、not between … and	判断值是否在范围内
列表运算符	in、not in	判断值是否在列表中
逻辑运算符	and、or、not	用于逻辑判断
模式匹配符	like、not like	判断值是否与指定的字符串匹配

子任务 1　使用比较运算符查询商品管理系统数据库的数据

比较运算符用来比较表达式值的大小，包括=(等于)、>(大于)、<(小于)、>=(大于等于)、<=(小于等于)、!=(不等于)、<>(不等于)、!>(不大于)、!<(不小于)。比较运算符的运算结果为 true 或 false。

【任务 7-6】在商品管理系统数据库的 Customer_info(客户信息表)中，查询所有年龄大于 25 岁的客户的姓名与联系电话。

【分析】任务要求客户的年龄大于 25 岁，但客户信息表中只有客户的出生日期，此时需要将出生日期转换为年龄。

这种转换需要使用到 SQL Server 2016 数据库管理系统的两个内部函数 getdate()和 year()。getdate 函数可以得到当前的日期，而 year 函数则可以得到参数日期所对应的年份。故而客户的年龄就是当前日期的年份减去出生日期的年份。

完成任务 7-6 的查询语句如下：

```
Select Customer_name, Telephone
from Customer_info
where (year(getdate()) - year(Customer_Birth)) > 25
```

执行结果如图 7-10 所示，显示有 5 名客户的年龄大于 25 岁。

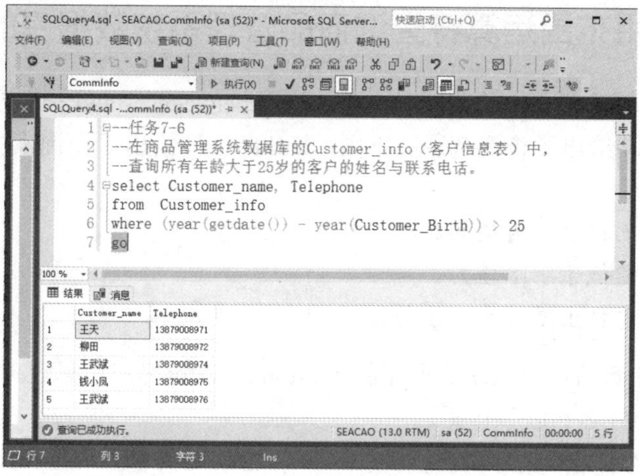

图 7-10　在查询条件中使用比较运算符

子任务 2　使用空值运算符查询商品管理系统数据库的数据

值为“空”并非没有值，而是一个非常特殊的符号“NULL”。一个字段是否允许为空，是在创建表结构时设置的。要判断一个表达式的值是否为空值，可以使用 is null 关键字。

【任务 7-7】在商品管理系统数据库的 Customer_info(客户信息表)中，查询出所有没有填写出生日期的客户姓名和联系电话。

【分析】没有填写出生日期，也就是意味着出生日期的值为空值，就需要使用 is null 关键字来进行判断。

查询语句如下：

```
select Customer_name, Telephone
from Customer_info
where Customer_Birth is null
```

执行结果如图 7-11 所示，显示只有一名客户没有填写出生日期。

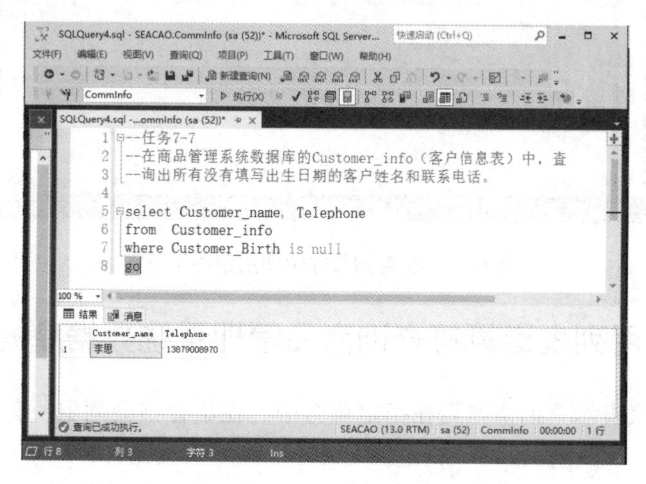

图 7-11　在查询条件中使用空值运算符

子任务 3　使用范围运算符查询商品管理系统数据库的数据

当要查询的条件是某个值的范围时，可以使用 between ... and 来确定值的查询范围。其中关键字 and 的左端给出了查询范围的下限，and 的右端给出了查询范围的上限。

注意：

(1) 一般用于比较数值类型的数据。

(2) 上限值不能低于下限值。

(3) 检索范围包括上限值和下限值。

【任务 7-8】在商品管理系统数据库的 Customer_info(客户信息表)中，查询所有年龄在 25～35 岁的客户的姓名和联系电话。

【分析】任务要求客户的年龄在 25～35 岁，也就是要求查询值在某个范围之内，需要使用 between...and 运算符来进行判断。

查询语句如下：

```
select Customer_name, Telephone
from Customer_info
where (year(getdate())-year(Customer_Birth))
      between 25 and 35
```

执行结果如图 7-12 所示，显示有 5 名客户的年龄在 25～35 岁。

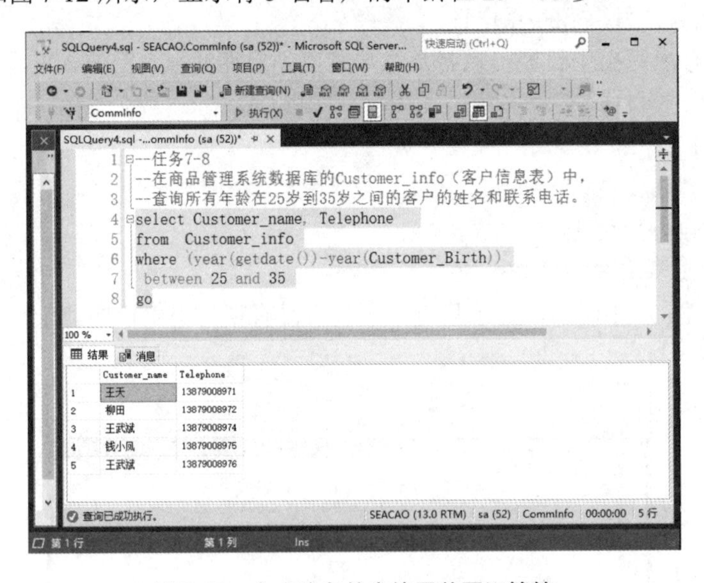

图 7-12　在查询条件中使用范围运算符

子任务 4　使用列表运算符查询商品管理系统数据库的数据

关键字 in 用来表示查询值是否在指定集合中。在集合中会列出所有可能的值，当查询值与集合中的任意一个值匹配时，则返回 true，即满足查询条件。

【任务 7-9】在商品管理系统数据库的 Customer_info(客户信息表)中，查询客户编号为

“kh1001”“kh1002”“kh1003”和“kh1006”的客户信息。

【分析】任务要求客户的编号属于指定的编号中的一个，此时可以使用列表运算符 in 来实现。

查询语句如下：

```
select * from Customer_info
where Customer_id in ('kh1001', 'kh1002', 'kh1003', 'kh1006')
```

执行结果如图 7-13 所示，显示了符合条件的 4 名客户的所有信息。

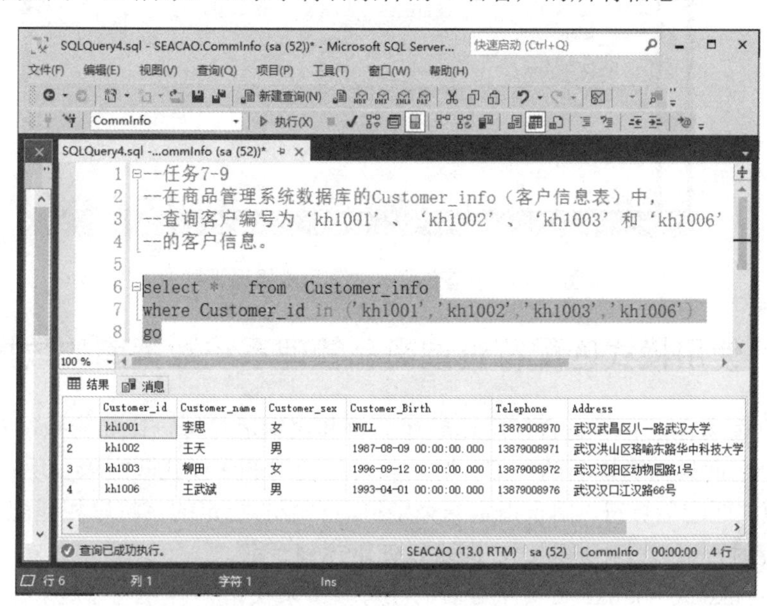

	Customer_id	Customer_name	Customer_sex	Customer_Birth	Telephone	Address
1	kh1001	李思	女	NULL	13879008970	武汉武昌区八一路武汉大学
2	kh1002	王天	男	1987-08-09 00:00:00.000	13879008971	武汉洪山区珞喻东路华中科技大学
3	kh1003	柳田	女	1996-09-12 00:00:00.000	13879008972	武汉汉阳区动物园路1号
4	kh1006	王武斌	男	1993-04-01 00:00:00.000	13879008976	武汉汉口江汉路66号

图 7-13 在查询条件中使用列表运算符

子任务 5 使用逻辑运算符查询商品管理系统数据库的数据

逻辑运算符包括 and、or 和 not，一般用来连接 where 子句中的多个查询条件。当查询条件同时包含有多个逻辑运算符时，取值的优先顺序为 not、and 和 or。

【任务 7-10】在商品管理系统数据库的 Customer_info(客户信息表)中，查找出年龄大于 25 岁的所有女性客户的客户编号、姓名和联系电话。

【分析】查询条件中有两个子条件，一个是年龄大于 25 岁，另一个要求是女性客户，而且这两个条件要同时满足，此时需要使用 and 逻辑运算符。

查询语句如下：

```
Select Customer_id, Customer_name, Telephone
from Customer_info
where (year(getdate())-year(Customer_Birth)) > 25 and Customer_sex = '女'
```

执行结果如图 7-14 所示，显示了符合条件的 2 名客户的所有信息。

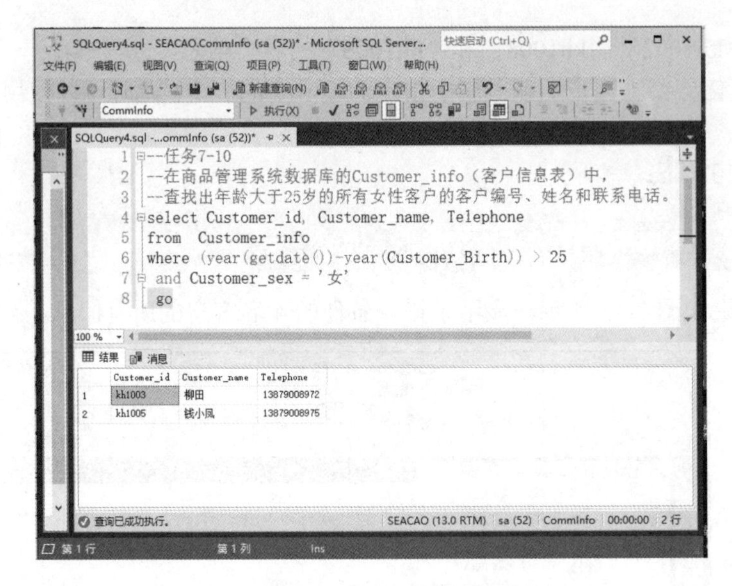

图 7-14　在查询条件中使用逻辑运算符

子任务 6　使用模式匹配符查询商品管理系统数据库的数据

在某些查询场合，并不适合使用比较运算符和逻辑运算符，比如查找客户信息时，不知道客户的全名而只知道姓名的一部分时，就可以使用 like 模式匹配来实现。

like 是模式匹配运算符，用于指定一个字符串是否与指定的字符串相匹配。使用 like 进行字符串匹配时，可以使用通配符，即可以使用模糊查询。

注意：like 或 not like 关键字后面的字符串必须使用单引号包含起来。

在 SQL 语句中使用的通配符及含义如表 7-3 所示。

表 7-3　通配符及含义

通 配 符	含　义
%	表示 0 到任意多个字符。例如，'%a%'表示包含有字母 a 的字符串
_	表示单个字符。例如，'_a'表示包含有两个字符，第二个字符是 a 的字符串
[]	表示指定范围内的单个字符。例如，'%[a-f]% '表示包含 a～f 之间的单个字符的字符串
[^]	表示不在指定范围内的单个字符，与[]的含义相反。例如，[^a-f]表示不在 a～f 之间的单个字符

【任务 7-11】在商品管理系统数据库的 Customer_info(客户信息表)中，查询既不姓“王”也不姓“李”的客户的姓名和联系电话。

【分析】客户既不姓“王”也不姓“李”，表示姓不在“王”和“李”之中，此时可以使用[^]匹配符，而名字至少有一个字符，则可以使用“_”通配符，名字还可以有多个字符，则可以继续使用“%”通配符。

查询语句如下：

```
select Customer_name, Telephone
from Customer_info
```

```
where  Customer_name like '[^王李]_%'
```

执行结果如图 7-15 所示，显示了 2 名客户既不姓“王”也不姓“李”。

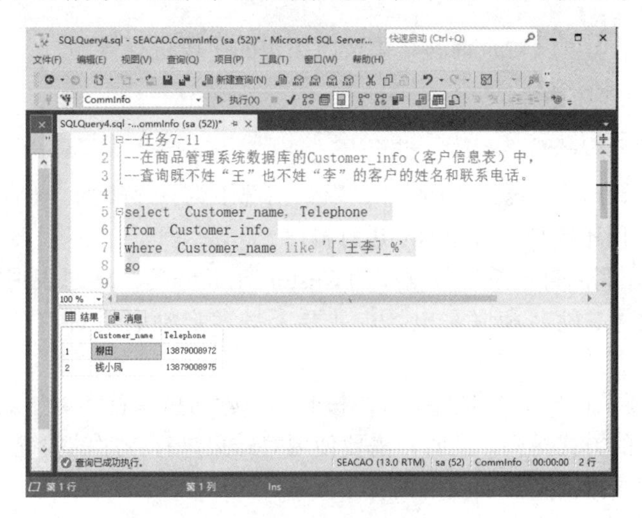

图 7-15　在查询条件中使用 like 关键字

【动动脑】如果要求使用 not like 关键字来完成任务 7-11，查询语句中的通配符又该如何书写呢？

【分析】任务要求客户既不姓“王”也不姓“李”，但又要求使用 not like，综合这两个条件，模式匹配字符串应该使用'[王李]_% '而不是' [^王李]_% '。

使用 not like 关键字的查询语句如下：

```
select Customer_name, Telephone
from Customer_info
where  Customer_name not like '[王李]_%'
```

执行结果如图 7-16 所示，显示了 2 名客户既不姓“王”也不姓“李”，与图 7-15 的结果是完全相同的。

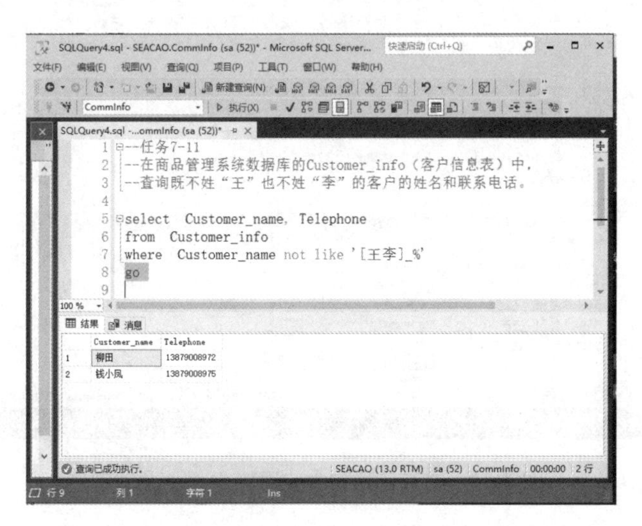

图 7-16　在查询条件中使用 not like 关键字

子任务 7　查询商品管理系统数据库的数据并排序

利用 order by 子句可以对查询的结果按照指定的字段进行排序。

Order by 子句的语法格式如下：

```
order by <排序表达式> [asc | desc]
```

其中，asc 表示升序，desc 表示降序，默认情况下为升序排列。对于数据类型为 text、ntext 和 image 的字段不能使用 order by 进行排序。

【任务 7-12】在商品管理系统数据库的 Customer_info(客户信息表)中，查询年龄大于等于 25 岁的客户编号、姓名和联系电话，并要求按客户姓名拼音首字母 z-a 的方式进行显示。

【分析】任务要求在显示查询结果时，按照客户姓名拼音首字母 z-a 的方式显示，也就是拼音首字母倒序的方式排列，此时，需要使用对结果进行排序的关键字 order by，排序字段是客户姓名，倒序排列则需要使用关键字 desc。

查询语句如下：

```
select Customer_id, Customer_name, Telephone
from Customer_info
where (year(getdate())-year(Customer_Birth)) >= 25
     order by Customer_name desc
```

执行结果如图 7-17 所示，显示了 5 名客户的信息，这些客户按照姓名拼音首字母进行排序。

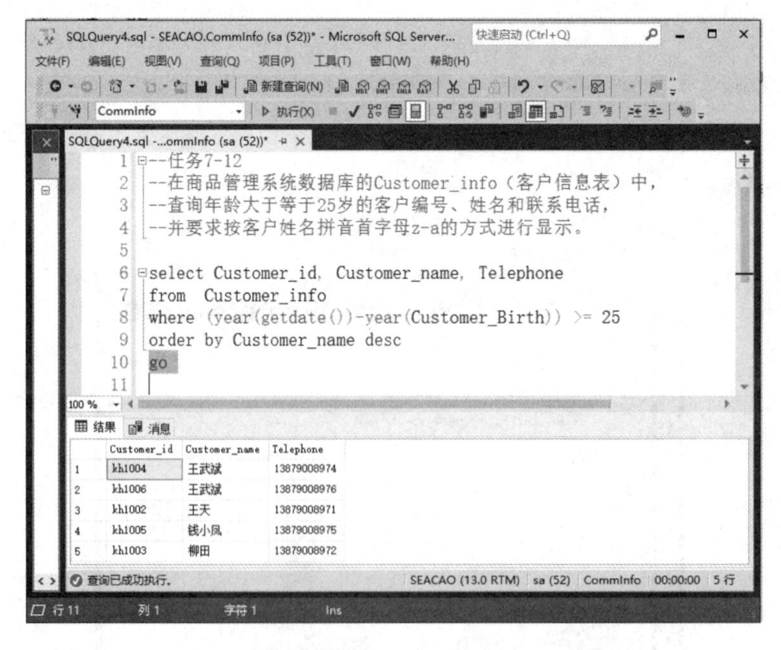

图 7-17　在查询语句中使用 order by 关键字

任务 7.3 使用分组查询查询商品管理系统数据库中的数据

预备知识

(请扫二维码 1 学习 微课“分组查询(一)”)
(请扫二维码 2 学习 微课“分组查询(二)”)

二维码 1

二维码 2

【知识点】分组查询的概念

前面学习的条件查询，是设置查询条件从数据库表或视图中筛选出满足条件的数据行。但在实际应用中，经常需要对数据库表中的数据进行统计，比如统计客户表中男性客户与女性客户的人数，这就需要进行分组汇总。

分组需要使用 group by 子句，而进行汇总时需要使用聚合函数。聚合函数能够基于列进行计算，并返回单个数值。常用的聚合函数有 sum(求和函数)、avg(求平均值函数)、max(求最大值函数)、min(求最小值函数)和 count(求记录数函数)，如表 7-4 所示。

表 7-4 常用的聚合函数

聚合函数名	说 明
sum([distinct|all] 列名|表达式)	计算列值或表达式中所有值的总和
avg([distinct|all] 列名|表达式)	计算列值或表达式的平均值
max([distinct|all] 列名|表达式)	计算列值或表达式的最大值
min([distinct|all] 列名|表达式)	计算列值或表达式的最小值
count([distinct|all] 列名|*)	统计记录个数

注意：

(1) sum 函数和 avg 函数后的列或表达式的值必须是数值型。

(2) 除了 count 函数外，如果没有满足 where 子句的数据行，则施加在列或表达式上的聚合函数将返回一个空值(null)，而 count 函数返回的值是 0。

(3) count 函数不忽略对空值的统计，而其他聚合函数会忽略空值。

(4) 可以在统计函数的参数列名或表达式前面添加关键字 distinct，表示在计算时会去掉重复值。

(5) count 函数可以使用*号作为参数。

(6) 聚合函数不能在 where 子句中使用。

分组查询的语法结构如下：

```
select 分组列名|分组表达式 [,聚合函数(列名|表达式)]
from 表名|视图名
[where <查询条件>]
group by 分组列|分组表达式 [having 分组统计表达式 ]
[order by <排序表达式> [ asc | desc]]
```

注意：

(1) 关键字 group by 用于指定分组列或分组表达式。

(2) 聚合函数用于对分组数据进行统计，其作用于每一个分组，也就是说每一个分组上都会有聚合函数。

(3) select 子句中只能包含分组列、分组列表达式以及聚合函数。其中，聚合函数作用的列可以不是分组列。

(4) having 子句是对每一个分组中的数据进行条件过滤。在过滤条件中可以使用聚合函数。

子任务 1　使用聚合函数查询商品管理系统数据库的数据

【任务 7-13】在商品管理系统数据库的 Sales_list(销售明细表)中，统计出有多少种商品已经销售过。

【分析】任务要求查找已经销售过的商品种类数，可以使用 count 函数进行统计，但一种商品可能销售多次，此时可以使用关键字 distinct 去掉重复的商品编号。

统计查询语句如下：

```
select count(distinct Commodity_id) 已销售商品种类数
from Sales_list
```

执行结果如图 7-18 所示，显示了 8 种商品已经销售过。

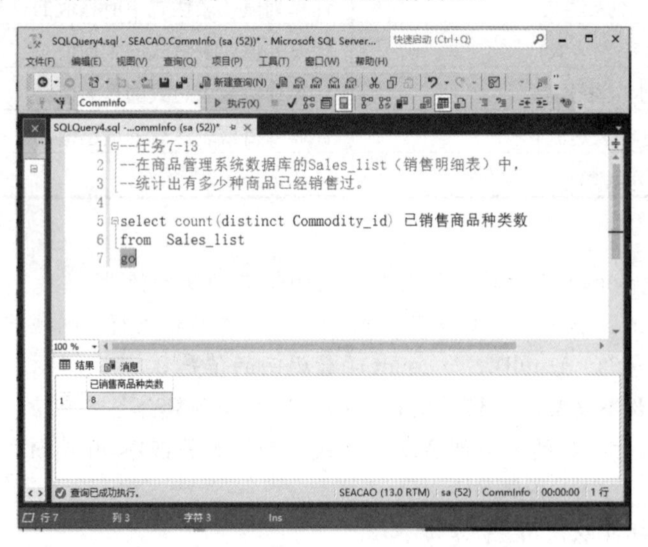

图 7-18　使用统计记录个数的统计函数

【任务 7-14】在商品管理系统数据库的 Sales_list(销售明细表)中，统计出商品编号为“hw1002”的手机的最高售价、最低售价以及销售总额。

【分析】任务要求统计出已知商品的最高售价、最低售价和销售总额，可以先使用 where 子句过滤出已知商品，然后在已知商品上施加 max、min 和 sum 函数分别统计出最高售价、最低售价和销售总额。

统计查询语句如下：

```
select max(Sales_price) 最高售价,min(Sales_price) 最低售价,
sum(Sales_price*Sales_Number) 销售总额
from  Sales_list  where Commodity_id = 'hw1002'
```

执行结果如图 7-19 所示，显示了指定商品的最高售价、最低售价和销售总额。

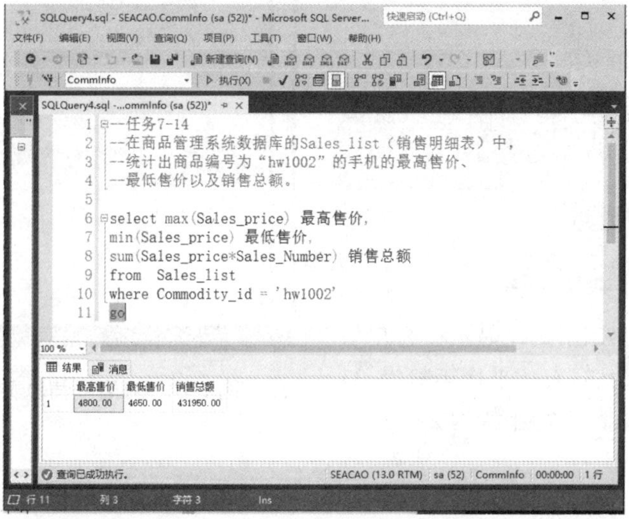

图 7-19　使用求和、求最大值和最小值统计函数

子任务 2　查询商品管理系统数据库的数据并分组

【任务 7-15】 在商品管理系统数据库的 Sales_list(销售明细表)中，统计出每种手机的最高售价、最低售价以及销售总额。

【分析】 任务要求统计出每种手机的最高售价、最低手机和销售总额，对比任务 7-14 可以发现，要想得到每种手机的统计数据，就需要对手机进行分组，也就是说分组列是 Commodity_id(商品编号)。

分组统计查询语句如下：

```
select  Commodity_id  商 品 编 号 ,
max(Sales_price) 最高售价,
min(Sales_price) 最低售价,
sum(Sales_price*Sales_Number)   销
售总额
from  Sales_list group by Commodity_id
```

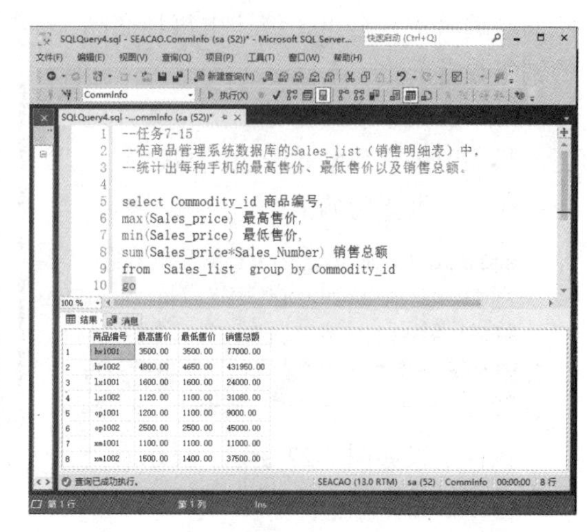

图 7-20　在销售明细表中使用分组查询

执行结果如图 7-20 所示，显示了 8 种商品的最高售价、最低售价和销售总额。

【任务 7-16】 在商品管理系统数据库的 Customer_info(客户信息表)中，统计出男性客户与女性客户的人数以及各自的平均年龄。

【分析】首先要根据性别进行分组(只有男性和女性两个组别)，然后统计每个分组的人数，可以使用 count 函数得到男性和女性的人数，最后使用 avg 函数分别得到男性和女性的平均年龄。

统计查询语句如下：

```
select Customer_sex 性 别 ,count
(Customer_id) 人数,
avg(year(getdate())-year(Custome
r_Birth)) 平均年龄
from Customer_info
group by Customer_sex
```

执行结果如图 7-21 所示，显示在客户信息表中，男性人数为 3 人，平均年龄为 31 岁，女性人数为 3 人，平均年龄为 29 岁。

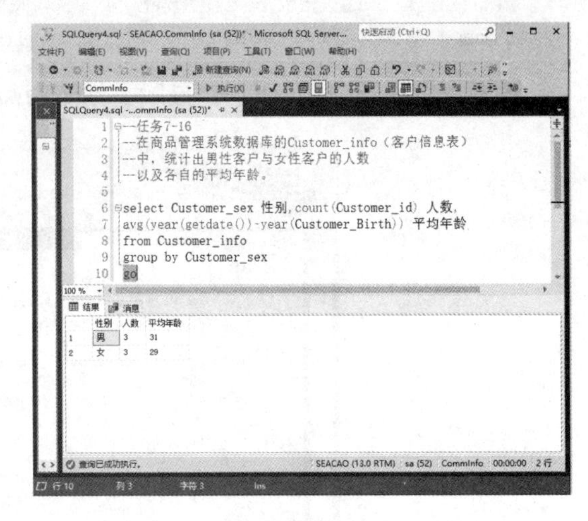

图 7-21　在客户信息表中使用分组查询

子任务 3　使用 having 子句查询商品管理系统数据库的数据

【任务 7-17】在商品管理系统数据库的 Sales_list(销售明细表)中，请查找出畅销商品的商品编号和销售数量。畅销商品是指销售数量超过 50 的商品。

【分析】

(1) 找出商品编号和销售数量，按照商品编号进行分组，统计出每种商品的销售数量。

(2) 在第一步的基础上进行条件过滤，只保留销售数量高于 50 的商品。

统计查询语句如下：

```
select Commodity_id 商品编号,
sum(Sales_Number) 销售数量
from Sales_list
group by Commodity_id having
sum(Sales_Number) > 50
```

执行结果如图 7-22 所示，显示有一种商品是畅销商品，销售数量为 91。

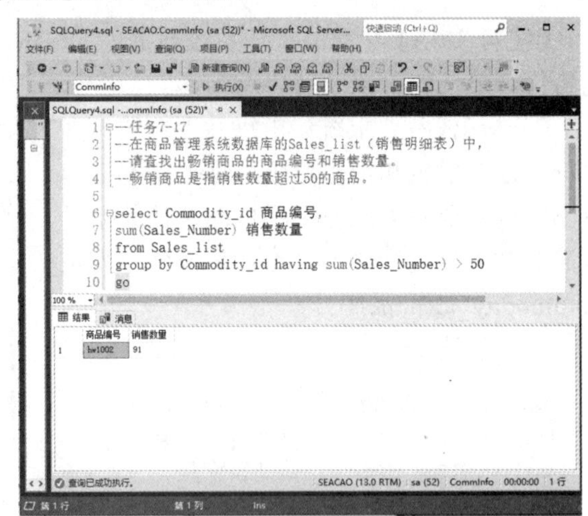

图 7-22　在销售明细表中使用带 having 子句的分组查询

任务 7.4 使用连接查询查询商品管理系统数据库中的数据

预备知识

【知识点】连接查询的概念

二维码 1

二维码 2

(请扫二维码 1 学习 微课“内连接查询”)
(请扫二维码 2 学习 微课“外连接查询”)

前面学习条件查询和分组查询时，其讲解都是涉及一个表的操作，但在实际应用中，往往不是按一个表的信息显示，而显示的内容会涉及多个表，连接查询就是为了解决涉及多表信息显示的问题。

如果将前面学习的条件查询、分组查询与连接查询进行综合应用，就能解决更复杂的问题，解决应用中遇到的绝大多数信息显示的问题。

下面先学习一下概念和分类。

1. 基本概念

在实际查询应用中，用户所需要的数据并不全部都在一个表中，而可能在多个表中，需要用多个表中的数据来组合，再从中获取所需要的数据信息，这就是连接查询。

2. 分类定义

连接查询可以解决很多复杂的问题，下面根据连接查询的不同状态进行常规分类。

(1) 内连接查询：内连接查询是根据两表中共同的列来进行匹配，将两个表中满足连接条件的行组合起来，返回满足条件的行。

(2) 外连接查询：参与外连接的表有主、从之分，以主表的所有行去匹配从表的行，符合连接条件的行数据将直接返回到结果集中。如果主表中的某行数据在从表中找不到符合连接条件的行时，主表的行数据会返回到结果集，而结果集中与从表相关的数据列均会填上 null(空)。

(3) 自连接查询：表可以通过自连接与自身相连。自连接中一个表被引用两次，必须在 from 子句中使用别名区分两个引用。自连接相当于两个内容完全一样的表的连接。

下面根据分类详细讲解连接查询的内容。

子任务 1 使用内连接查询查询商品管理系统数据库的数据

通过内连接查询定义知道主要是根据两表的共同列进行匹配，在使用过程中，共同列如何进行取舍？下面先了解一下其特点和实现方法。

内连接查询的特点如下。

(1) 参与查询的两表之间存在主、外键关系。

(2) 两表之间是平等地位，无主次之分。

内连接查询的实现方法如下。

(1) 在 from 子句中使用 inner join…on 实现内连接查询。

(2) 使用 where 子句实现内连接查询。

从这里可以看出，内连接查询的实现方法很灵活，两种方法都必须熟练掌握。

1. 使用 inner join...on 实现内连接查询

其语法如下：

```
select  字段列表  from  表1  inner join  表2
   [ on <连接条件> ]
   [ where  <查询条件> ]
[ order  by  <排序表达式> ]
```

【说明】

(1) 字段列表必须取自表 1 和表 2 的列，即表 1 和表 2 为源表。

(2) 表 1 和表 2 是平等地位，无主从之分。

(3) 连接条件用于指定两个表的关系，由两个表的字段名和关系比较运算符组成。

(4) 查询条件用于对查询结果进行条件过滤，把符合查询条件的结果保留下来。

(5) 排序表达式用于对结果集按要求进行排序。

【任务 7-18】在商品管理系统数据库中，列出员工的销售订单信息，显示信息如下：员工编号、员工姓名、员工性别、销售订单编号、客户编号、销售时间等。

【要求】列出员工的销售订单信息，没有销售订单的员工信息不用显示。

【分析】这个任务中显示的内容是来自员工信息表和销售信息表两个表的组合信息，根据定义需要对两表中共同的列进行匹配，将两个表中满足连接条件的行组合起来，返回满足条件的行。这里员工信息表和销售信息表的共同列就是 Employees_id，即员工编号。

完成任务 7-18 的查询语句如下：

```
select E.Employees_id as 员工编号,
   E.Employees_name as 员工姓名,
   E.Employees_sex as 员工性别,
   S.Sales_id as 销售订单编号,
   S.Customer_id as 客户编号,
   convert(char(10),S.Sales_time,120) as 销售时间
from Employees_info E inner join Sales_info S
on E.Employees_id=S.Employees_id
```

执行结果如图 7-23 所示，列出存在订单的员工的销售订单信息。

【说明】

(1) 字段的标准写法：先提供列的表名，然后写一个点号(.)和列名，即“表名.列名”。为了简化代码，常为表名提供一个别名，使用时同样是别名接点号(.)和列名，即“别名.列名”。

(2) convert()为转换函数，此处是将时间转换为字符串。

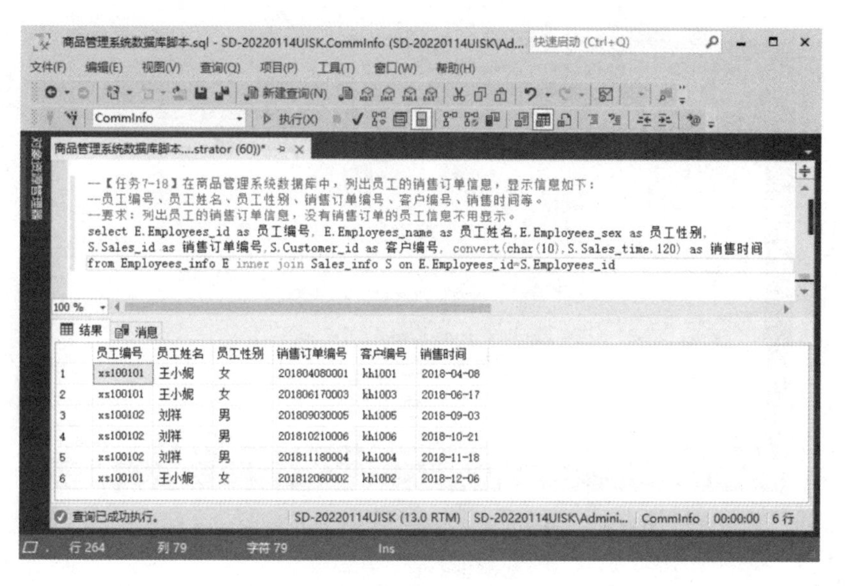

	员工编号	员工姓名	员工性别	销售订单编号	客户编号	销售时间
1	xs100101	王小妮	女	201804080001	kh1001	2018-04-08
2	xs100101	王小妮	女	201806170003	kh1003	2018-06-17
3	xs100102	刘祥	男	201809030005	kh1005	2018-09-03
4	xs100102	刘祥	男	201810210006	kh1006	2018-10-21
5	xs100102	刘祥	男	201811180004	kh1004	2018-11-18
6	xs100101	王小妮	女	201812060002	kh1002	2018-12-06

图 7-23　内连接查询实现指定显示信息

【任务 7-19】在商品管理系统数据库中，列出员工“王小妮”的销售订单信息，显示信息如下：员工编号、员工姓名、员工性别、销售订单编号、客户编号、销售时间等。

【要求】列出员工的销售订单信息，没有销售订单的员工信息不用显示。

【分析】这个任务中显示的内容与上一个任务的一样，只是多了一个条件就是只列出员工“王小妮”的销售订单信息。根据上一任务实现的方法，设计出本任务的实现步骤如下。

(1) 查询出所有员工的销售订单信息，与上一个任务的实现结果一样。

(2) 使用 where 子句对查询的结果进行二次筛选，保留满足要求的记录。

根据语法格式定义需要一个 where 子句进行过滤，实现内连接查询的 T-SQL 语句如下：

```
select E.Employees_id as 员工编号,
   E.Employees_name as 员工姓名,
   E.Employees_sex as 员工性别,
   S.Sales_id as 销售订单编号,
   S.Customer_id as 客户编号,
   convert(char(10),S.Sales_time,120) as 销售时间
from Employees_info E inner join Sales_info S
on E.Employees_id=S.Employees_id  where E.Employees_name ='王小妮'
```

执行结果如图 7-24 所示，带条件后列出存在订单的员工的销售订单信息。

【说明】where 子句可以对连接查询第一次结果进行二次筛选，将筛选后的结果显示。

2. 使用 where 子句实现内连接查询

前面是使用标准的内连接语法格式实现功能，但数据库技术在使用过程中，提供了灵活的实现方法，下面使用 where 子句同样可以实现内连接查询功能，这里将 inner join 连接后的 on 连接条件和 where 子句的查询条件合并了，只需要直接在 where 子句中写出条件即可。

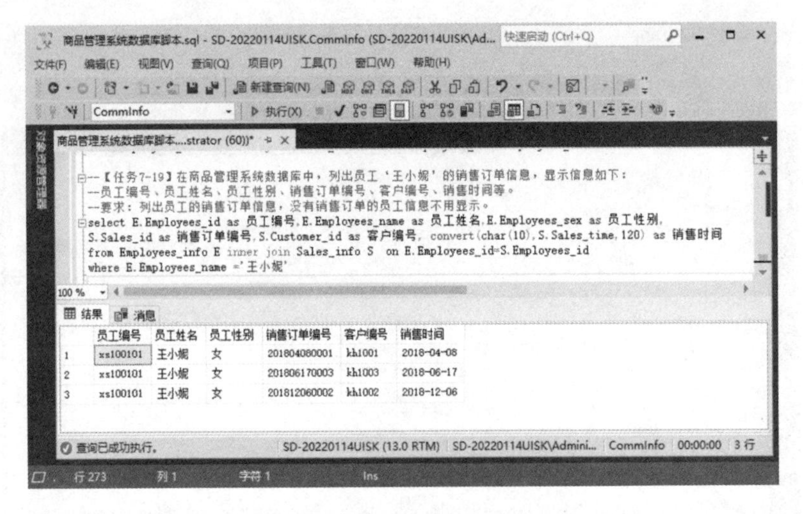

图 7-24　带条件的内连接查询实现指定显示信息

【语法】

```
select  字段列表  from  表1,表2
      where  <条件表达式>
```

【说明】

(1)　表 1 和表 2 必须用英文逗号隔开。

(2)　<条件表达式>包含了两表的连接条件及筛选条件。

可以看出 where 子句显得更简洁，但这两种方法都必须熟练掌握。

【任务 7-20】在商品管理系统数据库中，列出员工“王小妮”的销售订单信息，显示信息如下：员工编号、员工姓名、员工性别、销售订单编号、客户编号、销售时间等。

【要求】用 where 子句实现。

【分析】这个任务与上一个任务是一样的，只是实现要求变了，现在不能使用 inner join 实现，根据 where 子句实现的语法可知，<条件表达式>包含了两表的连接条件及筛选条件。按语法格式实现内连接查询的 T-SQL 语句如下：

```
select E.Employees_id as 员工编号,
   E.Employees_name as 员工姓名,
   E.Employees_sex as 员工性别,
   S.Sales_id as 销售订单编号,
   S.Customer_id as 客户编号,
   convert(char(10),S.Sales_time,120) as 销售时间
from Employees_info E,Sales_info S
where E.Employees_id=S.Employees_id and E.Employees_name ='王小妮'
```

执行结果如图 7-25 所示，用 where 子句实现带条件后列出存在订单的员工的销售订单信息。

【说明】对比 inner join 实现和 where 子句实现的两段代码可知，都是只返回满足规定标准的记录。

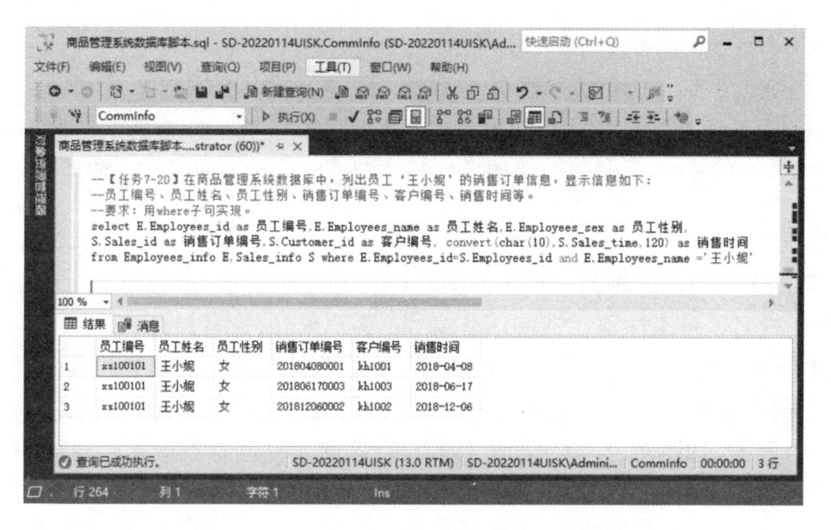

图 7-25　where 子句实现带条件的内连接查询

子任务 2　使用外连接查询查询商品管理系统数据库的数据

下面通过一个案例来说明问题，比如有一个单位除了正常发放工资之外，还需要根据每位员工的业绩发放业绩奖励，那么这里就有一个问题，有些部门的员工基本没有业绩只有工资，但是在统计时，我们需要统计每一位员工的业绩，即使业绩是零也要统计，所以就出现了必须列出所有员工的信息，如果没有业绩也要显示的情况，这就是外连接查询的应用。按内连接查询的定义，没有业绩的员工是不会显示的，但在统计应用中要求显示，这就需要用外连接查询解决问题了。

外连接查询的特点如下。

(1)　两表有主、从之分。

(2)　符合连接条件的数据，将直接返回到结果集中。

(3)　不符合连接条件的行时，主表的行数据会填入结果集，而与从表相关的数据列均会填上 null(空)。

从上面特点的描述可以看出，主表中相关列的数据全部都写入了结果集，而从表中相关列的数据只有匹配的数据才会写入结果集中，主表中没有匹配的行数据，结果集中是直接填上空的。

下面对外连接查询进行分类。

(1)　左外连接查询：主表在 join 的左边的，则称左外连接，使用 left join 实现。

(2)　右外连接查询：主表在 join 的右边的，则称右外连接，使用 right join 实现。

(3)　全外连接查询：若要在连接结果中保留两表中不匹配的行，可以使用全外连接语句 full join 或 full outer join 实现，即不管哪一个表是否有匹配的值，结果都包括两个表中的所有行。这里对全外连接查询将不详细展开学习。

【语法】

```
select 字段列表 from 表1
<left/right> [outer] join 表2
 on <连接表达式>
```

【说明】

(1) 字段列表必须是取自表 1 和表 2 的列，即表 1 和表 2 为源表。

(2) 表 1 和表 2 有主、从之分，以主表所在的方向区分外连接，主表在 join 左边的，则称左外连接，使用 left join 实现，主表在 join 右边的，则称右外连接，使用 right join 实现。

1. 左外连接查询

【任务 7-21】在商品管理系统数据库中，列出员工的销售订单信息，显示信息如下：员工编号、员工姓名、员工性别、销售订单编号、客户编号、销售时间等。

【要求】列出所有员工的销售订单信息，没有销售订单的员工信息也显示。

【分析】根据外连接的定义可知，参与外连接的表有主、从之分，主表中的所有行数据都会返回到对应的结果集中，而从表中只有符合匹配条件的行数据才会返回到结果集中，在结果集中其他与从表相关的数据列均会填上 null(空)。由此可以看出，左外连接有以下两个特点。

(1) 左外连接 left join 以左表为主，返回左表的所有记录。

(2) 如果左表中的某些行在右表中没有匹配的将用 null 值代替。

根据语法格式实现左外连接的 T-SQL 语句如下：

```
select E.Employees_id as 员工编号,
   E.Employees_name as 员工姓名,
   E.Employees_sex as 员工性别,
   S.Sales_id as 销售订单编号,
   S.Customer_id as 客户编号,
   convert(char(10),S.Sales_time,120) as 销售时间
from Employees_info E left join Sales_info S
on E.Employees_id=S.Employees_id
```

执行结果如图 7-26 所示，左外连接实现了列出所有员工销售信息的功能，不管有没有销售信息都要显示。

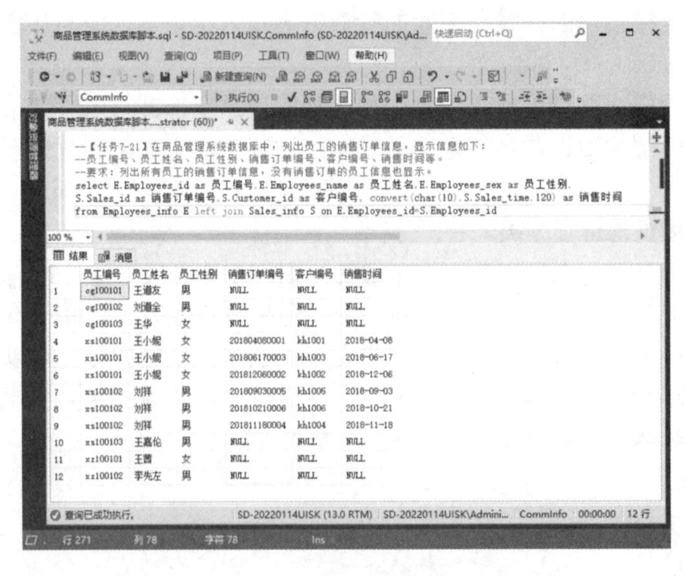

图 7-26　左外连接查询列出所有员工的销售信息

【说明】主表在左边就必须要用 left [outer] join。

2. 右外连接查询

【任务 7-22】在商品管理系统数据库中，对商品信息表中的每种商品统计销量 (目的：根据每种商品的销量可以评估该商品的热销程度)。

【分析】很显然我们必须先了解每种商品的总销量后，才能知道每种商品的热销程度，不管这个商品有没有销量，都必须要列出来，以便于后期决策处理，使用外连接查询很轻松就能解决这个问题。下面列出解决的思路。

(1) 了解每一种商品的销量，必须显示商品信息表中的每一种商品。

(2) 在销售明细表中某一种商品可能有多个销售记录，也可能没有销售记录，需要进行统计。

(3) 根据题意可知，主表为商品信息表，从表为销售明细表，使用外连接查询可以达到要求。

根据语法格式实现右外连接的 T-SQL 语句如下：

```
select Commodity_name as 商品名称,sum(Sales_Number) as 商品数量
from Sales_list S
right join Commodity_info C
on S.Commodity_id=C.Commodity_id
group by Commodity_name
```

执行结果如图 7-27 所示，右外连接统计每种商品的销量。

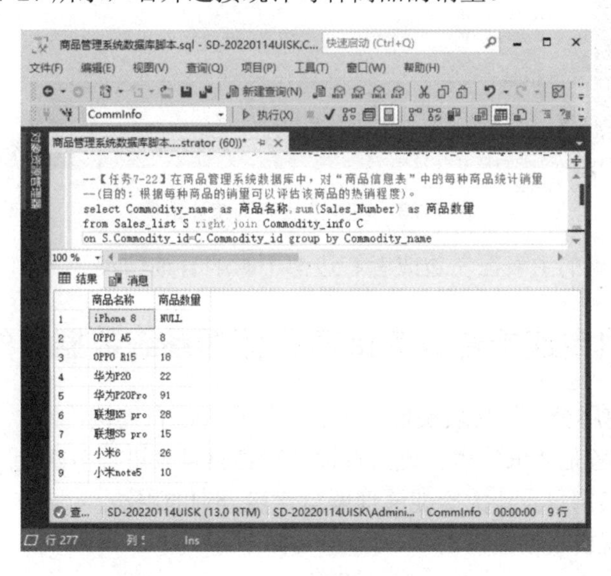

	商品名称	商品数量
1	iPhone 8	NULL
2	OPPO A5	8
3	OPPO R15	18
4	华为P20	22
5	华为P20Pro	91
6	联想K5 pro	28
7	联想S5 pro	15
8	小米6	26
9	小米note5	10

图 7-27　右外连接查询统计销量

【说明】主表在右边就必须要用 right [outer] join。

3. 左外连接与右外连接互换查询

【任务 7-23】在商品管理系统数据库中，对商品信息表中的每种商品统计销量(目的：根据每种商品的销量可以评估该商品的热销程度)。

【要求】用左外连接实现。

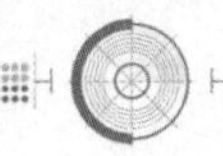

【分析】这个任务与上一个任务是一样的，只是实现要求变了，现在不能使用右外连接实现，而要求用左外连接实现。

按语法格式实现左外连接的 T-SQL 语句如下：

```
Select Commodity_name as 商品名称,
   sum(Sales_Number) as 商品数量
from Commodity_info C left join Sales_list S
on C.Commodity_id=S.Commodity_id
group by Commodity_name
```

执行结果如图 7-28 所示，完成同样的任务用左外连接实现了统计每种商品的销量。

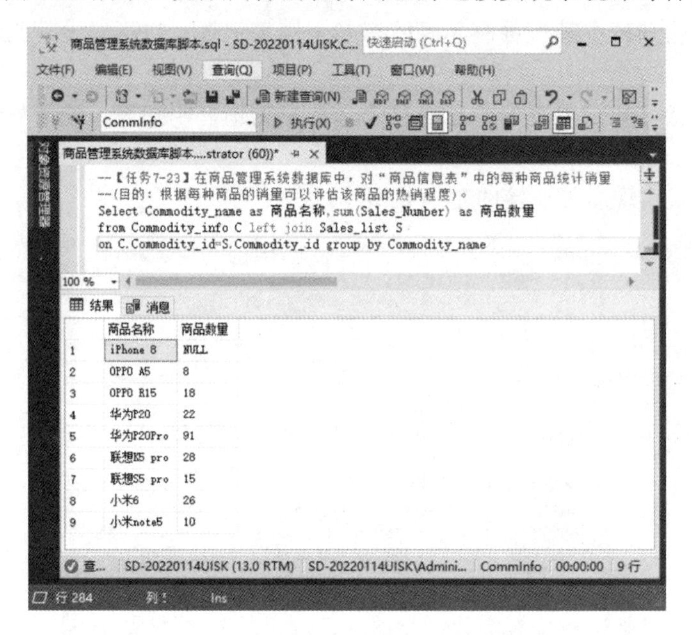

图 7-28　左外连接查询统计销量

【说明】符合题意的主表在左边或者右边都不影响查询结果。

子任务 3　使用自连接查询查询商品管理系统数据库的数据

【任务 7-24】使用员工信息表实现一个员工信息表的自连接。

【分析】这个任务是要求使用自连接查询实现将自身表进行多次使用，从而显示完整的员工信息，举这个案例只是让大家能够理解自连接查询的用法。

按语法格式实现自连接查询的 T-SQL 语句如下：

```
select a.Employees_id as 员工编号,
   a.Employees_name as 员工姓名,
   b.Employees_sex as 员工性别,
   b.Hiredate as 入职时间,
   c.Post_id as 岗位编号
from Employees_info a inner join Employees_info b
on a.Employees_id =b.Employees_id
inner join Employees_info c
```

```
on b.Employees_id =c.Employees_id
```

执行结果如图 7-29 所示，自身被引用三次，实现了同样的查询功能。

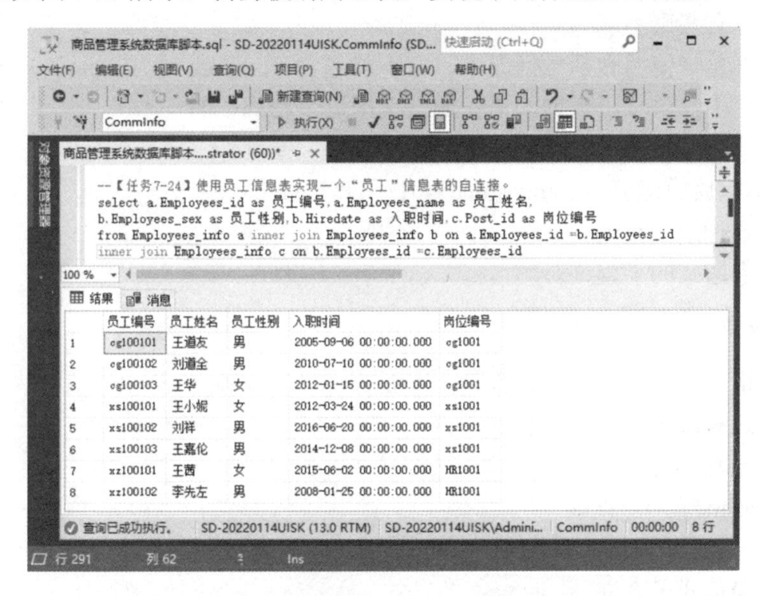

图 7-29 自连接查询实现员工信息表的自连接

【说明】

(1) 自连接中一个表被引用两次，必须在 from 子句中使用别名区分两个引用，自连接相当于两个内容完全一样的表的连接。

(2) 这里连续两次使用到了内连接，这就是多表(三个或三个以上表)连接的问题，多表连接只需多次使用两表连接即可实现。

任务 7.5 使用子查询查询商品管理系统数据库中的数据

预备知识

【知识点】子查询的概念

二维码 1 二维码 2

(请扫二维码 1 学习 微课“子查询(一)”)

(请扫二维码 2 学习 微课“子查询(二)”)

子查询是查询内容中最灵活的部分，也是功能最强大的命令，只有熟练使用子查询命令，才可以解决更多复杂的问题，前面学习的连接查询也可以使用子查询来实现。

任何允许使用表达式的地方都可以使用子查询。子查询也称为内部查询或内部选择，而包含子查询的语句也称为外部查询或外部选择。下面来详细介绍子查询。

select 语句可以嵌套在其他许多语句中，这些语句包括 select、insert、update 和 delete 等，这些嵌套的 select 语句被称为子查询。

子查询的特点如下。

(1) 任何允许使用表达式的地方都可以使用子查询。

(2) 连接查询可以改成由多个简单的嵌套子查询来构造，但有些嵌套的子查询可以用连接查询替代，有些则不能。

(3) 子查询总是使用圆括号括起来，它不能包含 compute 或 for browse 子句。

在实际应用中，包含子查询的语句通常采用以下格式中的一种。

(1) 表达式 [not] in (子查询)。

(2) 表达式 比较运算符 [any |some |all] (子查询)。

(3) [not] exists (子查询)。

(4) 替代表达式的子查询。

1. 基础分类

根据以上格式的内容进行基础分类，主要分为以下五种。

(1) 比较运算符子查询。

(2) [not] in 子查询。

(3) [any |some |all]子查询。

(4) [not] exists 子查询。

(5) 替代表达式子查询。

只要掌握了这五种基础分类的用法，就可以根据需要按应用格式书写子查询的命令，但是要熟练掌握还必须要了解应用的分类，知道命令运行过程中，产生了什么样的结果，还要知道命令是按什么样的流程去执行的。

2. 应用分类

由于子查询使用非常灵活，任何允许使用表达式的地方都可以使用子查询，下面从不同观察角度进行应用分类。

1) 根据返回的结果进行分类

(1) 多行子查询：指查询返回的结果是一个数据表类型的数据集。

(2) 单值子查询：指查询返回的结果是一个具体的值，这个值可以直接参与数据运算。

(3) 存在子查询：指查询返回的结果是一个布尔值，即存在为真，不存在为假。

2) 根据执行过程的复杂性进行分类

(1) 相关子查询：指子查询执行过程中需要依赖于外部查询来重复执行。

(2) 无关子查询：指子查询只需要执行一次，并且独立于外部查询。

子任务 1 使用比较运算符子查询查询商品管理系统数据库的数据

在使用子查询进行比较运算时，通过使用比较运算符(=、<>、>、>=、<、!>、!< 或 <=)将一个表达式的值与子查询返回的单值进行比较，如果比较运算的结果为 true，则比较测试也返回 true。

比较运算符子查询的特点如下。

使用比较运算符时，要知道子查询必须返回单值。

【任务 7-25】在商品管理系统数据库中，查询与“王道友”在同一个岗位的员工信息。

【分析】这里有两层含义，先要确定“王道友”的岗位，然后在员工信息表中查询所有相同岗位的员工信息。下面列出实现步骤。

(1) 找出“王道友”的岗位。

(2) 以此岗位找到所有在此岗位的员工。

按语法格式实现比较运算符子查询的 T-SQL 语句如下：

```
use CommInfo
select * from Employees_info
where Post_id=(select Post_id from Employees_info  where Employees_name='
王道友')
```

执行结果如图 7-30 所示，岗位编号都是“cg1001”。

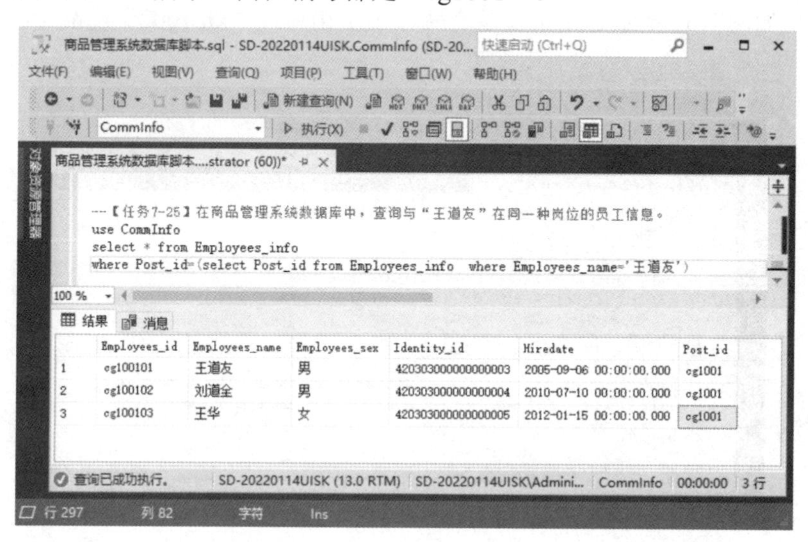

图 7-30 比较运算符子查询应用

【说明】

(1) 在嵌套子查询过程中，都是先执行内部查询，再执行外部查询。

(2) 使用比较运算符时，子查询必须返回单值。

子任务 2 使用[not] in 子查询查询商品管理系统数据库的数据

通过 in(或 not in)引入的子查询结果是包含零个值或多个值的列表。子查询返回结果之后，外部查询将利用这些结果。in 操作符的含义是“等于子查询所返回的列表”，not in 操作符的含义是“不等于子查询所返回的列表”。

[not] in 子查询的特点如下。

使用 in(或 not in)时，子查询结果必须是包含零个值或多个值的列表。

【任务 7-26】在商品管理系统数据库中，查询成功推销编号为“xm1002”产品的员工信息。

【分析】销售明细表记录了销售的详细信息，通过销售单号可以在销售信息表中找到员工的编号，通过员工编号就可以在员工信息表中找到员工的信息。下面列出实现的步骤。

(1) 在销售明细表 Sales_list 中，通过查询找到商品编号为“xm1002”的信息并获取对应的 Sales_id。

(2) 在销售信息表 Sales_info 中，通过 Sales_id 可以获取对应的员工编号 Employees_id。

(3) 在员工信息表 Employees_info 中，通过存在的 Employees_id 可以查询到对应的员工信息。

按语法格式实现[not] in 子查询 T-SQL 语句如下：

```
use CommInfo
select * from Employees_info
where Employees_id
in (select distinct Employees_id from Sales_info where Sales_id
in (select Sales_id from Sales_list where Commodity_id='xm1002'))
```

执行结果如图 7-31 所示，结果显示有两位员工销售过“xm1002”产品。

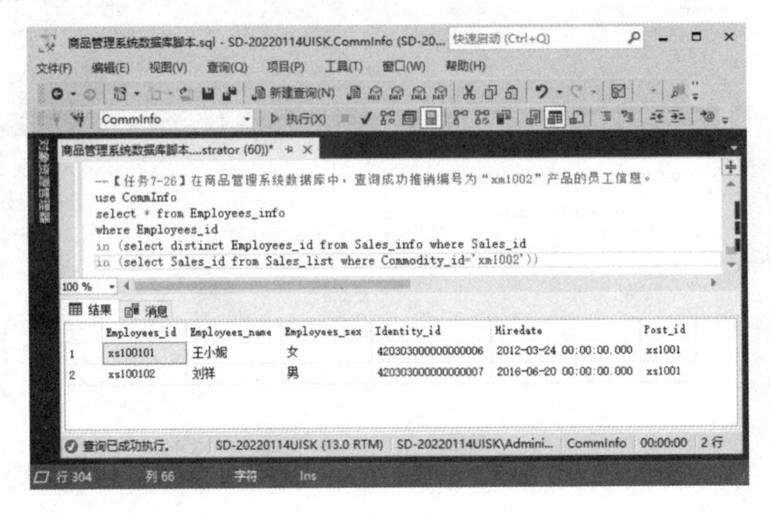

图 7-31 [not] in 子查询应用

【说明】

(1) 使用 in 查询时，结果有可能出现重复数据，可以加上 distinct 关键词去掉重复数据。

(2) 结果为多数据集合就不要用比较运算符，否则会出错。

(3) 嵌套查询求解顺序是先内后外，可以多次嵌套使用(最多不能超过 32 层)。

(4) 注意 not in 取值是子查询结果之外的值。

子任务 3 使用 [any | some | all] 子查询查询商品管理系统数据库的数据

any 和 all 操作符的常见用法是结合比较操作符对子查询的结果进行测试。子查询的结果是返回零个值或多个值的列表，并且可以包括 group by 或 having 子句。some 与 any 同义。

【举例】以>比较运算符为例，>all 表示大于每一个值。换句话说，它表示大于最大值。例如，>all (1, 2, 3)表示大于 3。>any 表示至少大于一个值，即大于最小值。因此>any(1, 2, 3)表示大于 1。

[any | some | all] 子查询的特点如下。

(1) 子查询的结果是返回零个值或多个值的列表，并且可以包括 group by 或 having 子句。

(2) all 表示满足每一个值，any 表示至少满足一个值，some 与 any 同义。

【任务 7-27】在商品管理系统数据库中，查询编号为 xs1001 的销售岗最迟入职的销售员信息。

【分析】这里只涉及员工信息表中的记录信息，先把编号为 xs1001 的销售岗的员工都找出来，然后比较入职的时间就能找到最迟入职的销售员信息。下面列出实现的步骤。

(1) 在员工信息表 Employees_info 中，通过查询岗位编号 xs1001 获取所有销售员的入职时间 Hiredate。

(2) 要想获得最迟入职的销售员信息，在销售员中使用>=all(所有 Hiredate 列表)就可以找到，即最近时间(最大值)满足>=最大值的条件。

按语法格式实现[any | some | all]子查询的 T-SQL 语句如下：

```
use CommInfo
select * from Employees_info
where Post_id='xs1001'and  Hiredate
>=all(select Hiredate from Employees_info where Post_id='xs1001')
```

执行结果如图 7-32 所示，与图 7-29 比较，可以看出结果正是最迟入职的销售员信息。

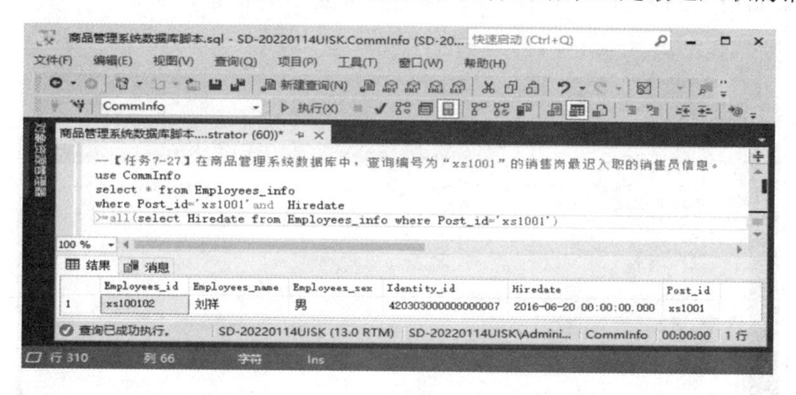

图 7-32　[any |some |all]子查询应用

【说明】使用>=all(子查询)是满足大于等于最大值，很显然外层数据等于最大值也是满足>=all(子查询)条件的。

子任务 4　使用[not] exists 子查询查询商品管理系统数据库的数据

使用 exists(或 not exists)关键字引入子查询后，子查询的作用就相当于进行存在测试。外部查询的 where 子句用于测试子查询返回的行是否存在。子查询实际上不产生任何数据，它只返回 true 或 false 值。

[not] exists 子查询的特点如下。

(1) exists 关键字前面没有列名、常量或其他表达式。

(2) 由 exists 引入的子查询的选择列表通常都是由星号(*)组成。由于只是测试是否存在符合子查询中指定条件的行，因此不必指定列名。

【任务 7-28】在商品管理系统数据库中，查询所有购买过“hw1002”编号商品的客户姓名，用 exists 谓词实现。

【分析】首先在销售明细表中检测是否存在“hw1002”记录，如果没有，可以立即结束查询，如果有就可以获取销售订单，然后在销售信息表中获取客户编号，最后在客户信息表中获取客户姓名。下面列出实现步骤。

(1) 在销售明细表 Sales_list 中，检验是否存在购买过“hw1002”的记录。

(2) 如果存在购买过“hw1002”的记录，则将销售表 Sales_info 与销售明细表 Sales_list 连接，获取 Customer_id，使用 distinct 去掉可能重复的 Customer_id。

(3) 通过 in 将获取的客户编号 Customer_id (可能多个)取出，在客户信息表 Customer_info 中查找对应的客户姓名。

按语法格式实现[not] exists 子查询的 T-SQL 语句如下：

```
select Customer_name from Customer_info C
where  C.Customer_id in
    (select distinct Customer_id from Sales_info S1
    where exists (select * from Sales_list S2
    where S1.Sales_id=S2.Sales_id and S2.Commodity_id='hw1002'))
```

执行结果如图 7-33 所示，用 exists 谓词先判断是否有销售记录。

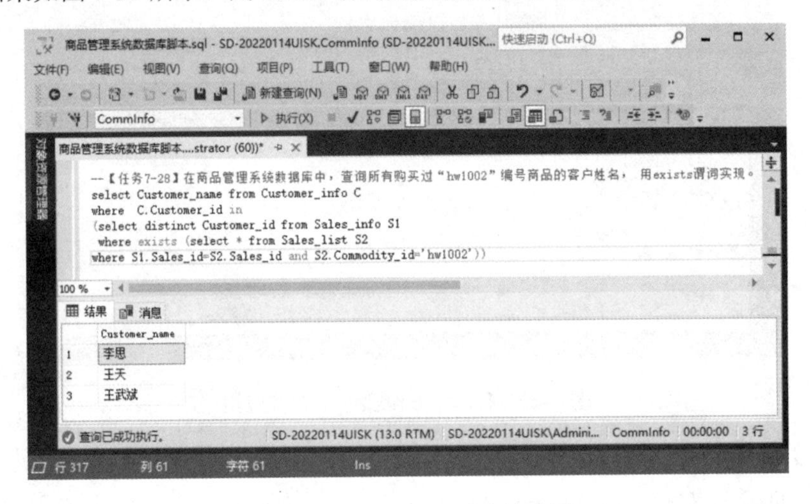

图 7-33　[not] exists 子查询应用

【说明】

(1) 使用 exists 检验是否存在满足条件的记录。

(2) 在子查询中加入 S1.Sales_id=S2.Sales_id 表达式，这就形成相关性子查询，由于相关性问题较复杂，后面会专门讲解。

(3) 当获取的数据有多个时，可能存在重复，可以使用 distinct 去掉。

(4) 返回的是多个数据时，不能使用比较运算符，此处用 in 来读取。

子任务 5　使用替代表达式子查询查询商品管理系统数据库的数据

在 T-SQL 中，除了在 order by 列表中以外，在 select、update、insert 和 delete 语句中任何能够使用表达式的地方都可以用子查询替代。

替代表达式子查询的特点如下。

(1) 子查询完全代替了表达式，可以当作列字段使用。

(2) 作为代替表达式，要求子查询返回单值。

【任务 7-29】在商品管理系统数据库中，查询商品编号为“hw1002”的卖价、均价以及两者之间的差价。

【分析】本次任务是列出卖价、均价以及两者之间的差价，卖价可以直接获得，均价需要运算获得，差价由卖价和均价运算获得。下面列出实现的步骤。

(1) 均价使用子查询可以获得数据。

(2) 很显然使用销售明细表 Sales_list 中的记录，除了显示商品编号、卖价，还要显示均价，以及两者间的差价，差价为卖价−均价。

按语法格式实现替代表达式子查询的 T-SQL 语句如下：

```
select S3.Commodity_id as 编号,S3.Sales_price as 卖价,
    (select avg(S1.Sales_price)
   from Sales_list S1
 where S1.Commodity_id='hw1002') as 均价,
S3.Sales_price-(select avg(S2.Sales_price)
from Sales_list S2
where S2.Commodity_id='hw1002') as 差价
from Sales_list S3
where S3.Commodity_id='hw1002'
```

执行结果如图 7-34 所示，通过统计产生了均价和差价列。

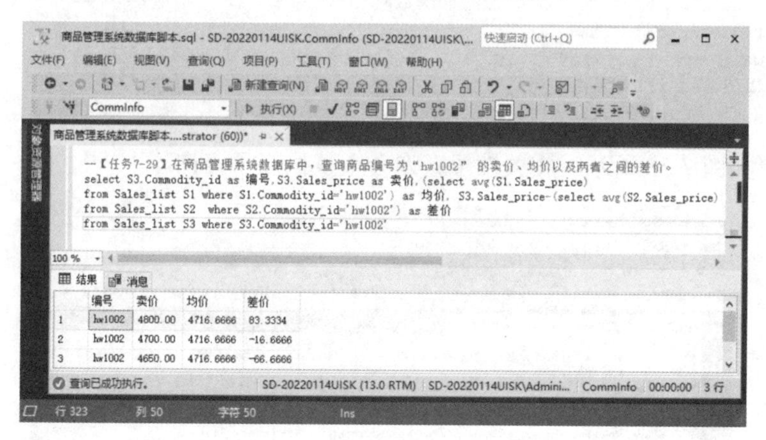

图 7-34 替代表达式子查询应用

【说明】使用替代表达式时，返回的结果必须是单值，否则会出错。

子任务 6 使用相关性子查询查询商品管理系统数据库的数据

在实际应用中，子查询多数情况下都是一次执行结果返回到外层查询作为条件使用，但某些时候也有一些特殊用法，子查询需要依赖于外部查询来重复执行。

相关性子查询的特点如下。

(1) 在相关性子查询中，子查询的执行依赖于外部查询，在多数情况下是子查询的 where 子句中引用了外部查询的表。

(2) 相关性子查询的执行过程与无关性子查询完全不同，无关性子查询只执行一次，而相关性子查询需要重复执行。

相关性子查询的执行过程如下。

(1) 子查询为外部查询的每一行执行一次，外部查询将子查询引用的列值传给子查询。

(2) 如果子查询的任何行与其匹配，外部查询就返回结果行。

(3) 回到第(1)步，直到处理完外部表的每一行。

【任务 7-30】在商品管理系统数据库中，查询采购数量比该商品的平均采购数量低的商品编号、采购数量及平均数量。

【分析】平均采购数量是一个动态的数据，所以必须先求出平均采购数量，然后与每次采购的数量进行比较，就可以得到低于平均采购数量的信息。下面列出实现的步骤。

(1) 求出平均采购数量。

(2) 将外部查询中的采购数量值与平均值进行比较，小于平均值就返回行数据，否则就过滤掉该行数据。

(3) 外部查询中每取一行数据，都要依据商品编号对子查询进行一次求平均值操作，所以必须加相关性的连接条件。

按语法格式实现相关性子查询的 T-SQL 语句如下：

```
select Commodity_id 商品编号,Purchase_Number 采购数量,
(select AVG(Purchase_Number)
from  Purchase_list a1 where a1.Commodity_id=b.Commodity_id
group by a1.Commodity_id) as 平均数量
from Purchase_list b
where Purchase_Number<  (select AVG(Purchase_Number)
from  Purchase_list a2
where a2.Commodity_id=b.Commodity_id group by a2.Commodity_id)
```

执行结果如图 7-35 所示，相关性子查询会重复执行子查询。

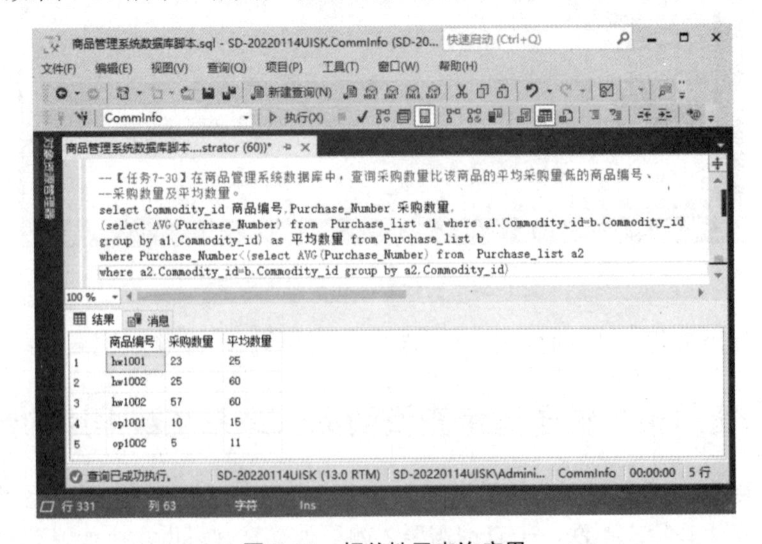

图 7-35 相关性子查询应用

【说明】

(1) 以外部查询记录中每一行的 Commodity_id 为依据，子查询依照 Commodity_id 统计 Purchase_Number 的平均值，外部查询每执行一次，子查询都会重新执行一遍。

(2) 将外部查询记录中的 Purchase_Number 与平均值比较，满足小于条件就返回行数据。

项目小结

本项目详细介绍了如何使用 T-SQL 语句查询数据表中的数据，涉及的关键知识和关键技能如下。

1. 关键知识

(1) 使用 top n、distinct 和为字段取别名等方法实现简单查询。

(2) 使用比较运算符、空值运算符、范围运算符、列表运算符、逻辑运算符和模式匹配符实现条件查询。

(3) 使用聚合函数、group by 子句、having 子句实现分组查询。

(4) 使用 inner...join 实现内连接查询。

(5) 使用 left | right...join 实现外连接查询。

(6) 使用比较运算符、[not] in、[any | some | all]、[not] exists 及替代表达式子查询实现子查询。

2. 关键技能

(1) 简单查询是针对单表查询，而不是针对多表，而且后面没有 where 子句。

(2) where 子句中的列名必须是表中存在的属性列。

(3) 进行分组查询时，select 后面的查询列，要么是分组的列，要么是使用了聚合函数的列，除此之外，不能出现其他的列。

(4) 内连接查询的字段列表必须是取自表 1 和表 2 的列，即表 1 和表 2 为源表，表 1 和表 2 是平等地位，无主从之分。

(5) 外连接查询的字段列表必须是取自表 1 和表 2 的列，即表 1 和表 2 为源表，表 1 和表 2 有主从之分。以主表所在的方向区分外连接，主表在 join 的左边，则称左外连接，用 left join 表示，主表在 join 的右边，则称右外连接，用 right join 表示。

(6) 在嵌套子查询过程中，都是先执行内部查询，再执行外部查询。

(7) 使用比较运算符时，子查询必须返回单值。

思考与练习

一、选择题

(1) 在查询语句中，(　　)对象可以放在关键词 from 后面。

A. 列名　　B. 数据库　　C. 数据库表　　D. 数据库函数

(2) 下列关于 distinct 的描述，正确的是(　　)。

A. 删除错误列信息

B. 过滤掉重复的数据

C. distinct 关键字放在 from 子句后

D. distinct 关键字放在字段名后

(3) 模糊查询语句(　　)，可以检索出以“Tc”开头的所有字符串。

A. like 'Tc_'　　B. like '%Tc_'

C. like 'Tc%'　　D. like '%Tc%'

(4) 查找工资在 600 元以上并且职称为工程师的记录，逻辑表达式为(　　)。

A. "工资">600 or 职称="工程师"　　B. 工资>600 and 职称=工程师

C. "工资">600 and "职称"=工程师　　D. 工资>600 and 职称='工程师'

(5) 查找学生表中男生与女生的人数，下面查询语句正确的是(　　)。

A. select 性别 from student group by 姓名

B. select 性别 from student group by 性别

C. select 性别，sum(*)人数 from student group by 性别

D. select 性别，count(*)人数 from student group by 性别

(6) 统计出考试平均分大于 70 分的课程及平均分，下面查询统计语句正确的是(　　)。

A. select 课程，avg(score) from student_score where score > 70

B. select 课程，avg(score) from student_score where avg(score) > 70

C. select 课程，avg(score) from student_score having avg(score) > 70

D. select 课程，avg(score) from student_score group by 课程 having avg(score) >70

(7) 关于 having 子句，下面描述正确的是(　　)。

A. having 子句不能使用聚合函数

B. having 子句中不能使用没有出现在 group by 子句中的列

C. having 子句中可以使用没有出现在 group by 子句中的列

D. having 子句可以直接跟在 from 子句后面

(8) 连接查询中，参与查询的两表之间是(　　)。

A. 不平等地位，有主次之分　　B. 不平等地位，无主次之分

C. 平等地位，无主次之分　　D. 平等地位，有主次之分

(9) 左外连接查询中，主表在(　　)。

A. left outer join 的左边　　B. left outer join 的右边

C. right outer join 的左边　　D. right outer join 的右边

(10) 在嵌套子查询过程中，一次执行过程都是(　　)。

A. 内部与外部交叉执行　　B. 先执行外部查询，再执行内部查询

C. 先执行内部查询，再执行外部查询　　D. 随机执行

二、简答题

(1) 已知储户表 accountInfo，包含 accountNo(账号)、accountName(姓名)和 balance(余额) 三个属性列，请查询存款额在 2000～5000 元的所有储户的账号、姓名和余额。

(2) 有一条分组查询语句“select 部门，sum(amount) from 销售表 group by 部门 having

sum(amount) > 100000”，请解释该查询语句的真实意图。

(3) 例如：“select * from StuInfo S1 inner join Score S2 on S1.StuID=S2.StuID”，这是标准的内连接查询语句，用简化的 where 子句如何实现？

(4) 例如：“select * from StuInfo S1 Left outer join Score S2 on S1.StuID=S2.StuID”，这是左外连接查询语句，用右外连接查询语句如何实现同样的功能？

(5) 请简述 [not] exists 子查询的特点。

信息安全案例分析：数据公开风险

在数据公开环节，泄露风险主要是很多数据在未经过严格保密审查、未进行泄密隐患风险评估，或者未意识到数据情报价值或涉及公民隐私的情况下随意发布的。

【案例描述】微信朋友圈中流传着某医院数千人名单。

2020 年 4 月 13 日，微信群里出现某医院出入人员名单信息，内容涉及 6000 余人的姓名、住址、联系方式、身份证号等个人身份信息，造成了不良社会影响。

依据《中华人民共和国治安管理处罚法》第二十九条规定，有下列行为之一的，处 5 日以下拘留；情节较重的，处 5 日以上 10 日以下拘留：违反国家规定，对计算机信息系统中存储、处理、传输的数据和应用程序进行删除、修改、增加的。公安机关依法对叶某、姜某、张某给予行政拘留的处罚。

拓展训练：查询学生成绩管理系统数据库中的数据

(请扫二维码查看 学生成绩管理系统“简单查询”任务单)

【任务单 1】简单查询

任务要求：

(1) 找出该表中所有学生的姓名和电子邮箱。

(2) 找出该表中所有学生的学号、姓名、性别、出生年月日、电子邮箱、登录密码、状态和班级编号。

(3) 请使用三种方式为子任务 2 查询出来的列名(数据库表中是英文)添加中文别名。

(4) 请从学生表中查询出学生学号、姓名和性别，其中学号和姓名拼接在一起显示，如“学号_姓名”。

(5) 请在学生表中查找出学生所在班级的编号，注意一个班级编号只显示一次。

(6) 请找出学生表中前 5 个学生的姓名和电子邮箱。

(请扫二维码学习 微课“简单查询_操作视频”)

【任务单 2】条件查询

(请扫二维码查看 学生成绩管理系统“条件查询”任务单)

任务要求：

(1) 找出该表中所有女性学生的姓名和电子邮箱。

(2) 找出该表中所有年龄大于 20 岁的学生的姓名和电子邮箱。

(3) 找出该表中所有没有登录密码的学生的姓名和电子邮箱。

(4) 找出该表中所有年龄在 18～21 岁之间的学生的姓名和电子邮箱。

(5) 找出该表中所有年龄大于 21 岁并且是女性的学生的学号、姓名和电子邮箱。

(6) 找出该表中性别是“男”或者状态是“在校”的学生，显示他们的姓名和电子邮箱。

(7) 在该表中找出学生编号为“jd100104”“jd100107”“xx100103”和“xx100106”的学生的所有信息。

(8) 在该表出检索出既不姓'刘'也不姓'李'的学生的所有信息。

(9) 在该表中找出所有毕业的学生学号、姓名和电子邮箱，并将结果以姓氏拼音首字母倒序进行显示。

(请扫二维码学习 微课“条件查询_操作视频”)

【任务单 3】分组查询

(请扫二维码查看 学生成绩管理系统“分组查询”任务单)

任务要求：

(1) 统计出学生表中男性学生和女性学生的人数。

(2) 统计出学生成绩表中每门课程的选课人数(sum)。

(3) 统计出学生成绩表中每门课程的平均分数(avg)。

(4) 统计出学生成绩表中每门课程的最高分和最低分(max，min)。

(5) 请在学生成绩表中找出至少有 4 名学号前两位为“jd”的学生的选修课程的平均分数(分组)。

(6) 请在学生表中找出每门课成绩都在 70～80 分之间的学生的学号(条件分组)。

(请扫二维码学习 微课“分组查询_操作视频”)

【任务单 4】内连接查询

(请扫二维码查看 学生成绩管理系统“内连接查询”任务单)

任务要求：

请参考“项目 4：数据库设计——物理设计(实施数据完整性)”拓展训练的学生成绩管理信息系统数据库对应的表结构，完成如下任务。

(1) 使用 inner join…on 实现查询学生课程成绩情况，显示信息包括：学号、姓名、课程编号、课程名称、分数。

(2) 使用 inner join…on 实现查询“信息系”的所有学生基本情况，显示信息包括学号、姓名、性别、出生日期、电子邮件、班级编号、班级名称。

(3) 使用 where 子句实现查询“信息系”的所有老师的基本情况，显示信息包括教师编号、教师姓名、性别、职称、联系电话、电子邮件、所属系部编号、所属系部名称。

(请扫二维码学习 微课“内连接查询_操作视频”)

【任务单 5】外连接查询

(请扫二维码查看 学生成绩管理系统“外连接查询”任务单)

任务要求：

请参考“项目 4：数据库设计——物理设计(实施数据完整性)”拓展训练的学生成绩管理信息系统数据库对应的表结构，完成如下任务。

(1) 使用左外连接实现查询所有学生(包括未参加考试的学生)的成绩情况，显示信息包括：学号、姓名、性别、课程编号、分数。

(2) 使用右外连接实现查询“机电一体化 1801”班的所有学生(包括未参加考试的学生)的成绩情况，显示信息包括：学号、姓名、性别、班级名称、课程编号、分数。

(3) 使用左外连接实现查询“机电一体化 1801”班的所有学生(包括未参加考试的学生)的成绩情况，显示信息包括：学号、姓名、性别、班级名称、课程编号、分数。

(请扫二维码学习 微课“外连接查询_操作视频”)

【任务单 6】子查询

(请扫二维码 1 查看 学生成绩管理系统“子查询 1”任务单)

(请扫二维码 2 查看 学生成绩管理系统“子查询 2”任务单)

二维码 1

二维码 2

任务要求：

请参考“项目 4：数据库设计——物理设计(实施数据完整性)”拓展训练的学生成绩管理信息系统数据库对应的表结构，完成如下任务。

(1) 使用比较运算符子查询实现查询“汽车电子技术 1801”班的“刘珊珊”同学的所有课程的成绩情况。

(2) 使用[not] in 子查询实现查询“计算机基础”课程的成绩在 80 分以上的学生信息。

(3) 学会使用[any | some | all]子查询实现查询“C 语言程序设计”课程的最高成绩的学生基本情况。

(4) 使用[not] exists 子查询实现查询“机电一体化 1801”班的课程编号为“kc1006”的成绩。

(5) 使用替代表达式子查询实现统计课程编号为“kc1006”的平均成绩、最高成绩和最低成绩。

(6) 使用相关性子查询实现查询“计算机基础”课程中低于平均成绩的学生基本情况。

((1)～(3)任务 请扫二维码 1 学习微课“子查询(一)_操作视频”)

((4)～(6)任务 请扫二维码 2 学习微课“子查询(二)_操作视频”)

二维码 1

二维码 2

【任务考评】

“查询学生成绩管理系统数据库的数据”考评记录表

<table>
<tr><td colspan="2">学生姓名</td><td></td><td>班级</td><td></td><td>任务评分</td><td></td></tr>
<tr><td colspan="2">实训地点</td><td></td><td>学号</td><td></td><td>完成日期</td><td></td></tr>
<tr><td rowspan="28">任务实现步骤</td><td>序号</td><td colspan="3">考核内容</td><td>标准分</td><td>评分</td></tr>
<tr><td rowspan="7">01</td><td colspan="3">任务单 1：简单查询</td><td>15</td><td></td></tr>
<tr><td colspan="3">(1)找出该表中所有学生的姓名和电子邮箱</td><td>2</td><td></td></tr>
<tr><td colspan="3">(2)找出该表中所有学生的学号、姓名、性别、出生年月日、电子邮箱、登录密码、状态和班级编号</td><td>2</td><td></td></tr>
<tr><td colspan="3">(3)请使用三种方式为子任务(2)查询出来的列名(数据库表中是英文)添加中文别名</td><td>3</td><td></td></tr>
<tr><td colspan="3">(4)请从学生表中查询出学生学号、姓名和性别，其中学号和姓名拼接在一起显示，如“学号_姓名”</td><td>2</td><td></td></tr>
<tr><td colspan="3">(5)请在学生表中查找出学生所在班级的编号，注意一个班级编号只显示一次</td><td>3</td><td></td></tr>
<tr><td colspan="3">(6)请找出学生表中前 5 个学生的姓名和电子邮箱</td><td>3</td><td></td></tr>
<tr><td rowspan="10">02</td><td colspan="3">任务单 2：条件查询</td><td>20</td><td></td></tr>
<tr><td colspan="3">(1)找出该表中所有女性学生的姓名和电子邮箱</td><td>2</td><td></td></tr>
<tr><td colspan="3">(2)找出该表中所有年龄大于 20 岁的学生的姓名和电子邮箱</td><td>2</td><td></td></tr>
<tr><td colspan="3">(3)找出该表中所有没有登录密码的学生的姓名和电子邮箱</td><td>2</td><td></td></tr>
<tr><td colspan="3">(4)找出该表中所有年龄在 18～21 岁之间的学生的姓名和电子邮箱</td><td>2</td><td></td></tr>
<tr><td colspan="3">(5)找出该表中所有年龄大于 21 岁并且是女性的学生的学号、姓名和电子邮箱</td><td>2</td><td></td></tr>
<tr><td colspan="3">(6)找出该表中性别是“男”或者状态是“在校”的学生，显示他们的姓名和电子邮箱</td><td>2</td><td></td></tr>
<tr><td colspan="3">(7)在该表中找出学生编号为“jd100104”“jd100107”“xx100103”和“xx100106”的学生的所有信息</td><td>2</td><td></td></tr>
<tr><td colspan="3">(8)在该表中检索出既不姓'刘'也不姓'李'的学生的所有信息</td><td>3</td><td></td></tr>
<tr><td colspan="3">(9)在该表中找出所有毕业的学生学号、姓名和电子邮箱，并将结果以姓氏拼音首字母倒序进行显示</td><td>3</td><td></td></tr>
<tr><td rowspan="7">03</td><td colspan="3">任务单 3：分组查询</td><td>15</td><td></td></tr>
<tr><td colspan="3">(1)统计出学生表中男性学生和女性学生的人数</td><td>2</td><td></td></tr>
<tr><td colspan="3">(2)统计出学生成绩表中每门课程的选课人数(sum)</td><td>2</td><td></td></tr>
<tr><td colspan="3">(3)统计出学生成绩表中每门课程的平均分数(avg)</td><td>2</td><td></td></tr>
<tr><td colspan="3">(4)统计出学生成绩表中每门课程的最高分和最低分(max，min)</td><td>2</td><td></td></tr>
<tr><td colspan="3">(5)请在学生成绩表中找出至少有 4 名学号前两位为“jd”的学生的选修课程的平均分数(分组)</td><td>3</td><td></td></tr>
<tr><td colspan="3">(6)请在学生表中找出每门课成绩都在 70～80 分之间的学生的学号(条件分组)</td><td>4</td><td></td></tr>
</table>

续表

任务实现步骤	04	**任务单 4：内连接查询**	10	
		(1)使用 inner join...on 实现查询学生课程成绩情况，显示信息包括：学号、姓名、课程编号、课程名称、分数	3	
		(2)使用 inner join...on 实现查询“信息系”的所有学生基本情况，显示信息包括学号、姓名、性别、出生日期、电子邮件、班级编号、班级名称	3	
		(3)使用 where 子句实现查询“信息系”的所有老师的基本情况，显示信息包括教师编号、教师姓名、性别、职称、联系电话、电子邮件、所属系部编号、所属系部名称	4	
	05	**任务单 5：外连接查询**	10	
		(1)使用左外连接实现查询所有学生(包括未参加考试的学生)的成绩情况，显示信息包括：学号、姓名、性别、课程编号、分数	3	
		(2)使用右外连接实现查询“机电一体化 1801”班的所有学生(包括未参加考试的学生)的成绩情况，显示信息包括：学号、姓名、性别、班级名称、课程编号、分数	3	
		(3)使用左外连接实现查询“机电一体化 1801”班的所有学生(包括未参加考试的学生)的成绩情况，显示信息包括：学号、姓名、性别、班级名称、课程编号、分数	4	
	06	**任务单 6：子查询**	20	
		(1)使用比较运算符子查询实现查询“汽车电子技术 1801”班的“刘珊珊”同学的所有课程的成绩情况	3	
		(2)使用[not] in 子查询实现查询“计算机基础”课程的成绩在 80 分以上的学生信息	3	
		(3)学会使用[any |some |all]子查询实现查询“C 语言程序设计”课程的最高成绩的学生基本情况	3	
		(4)使用[not] exists 子查询实现查询“机电一体化 1801”班的课程编号为“kc1006”的成绩	3	
		(5)使用替代表达式子查询实现统计课程编号为“kc1006”的平均成绩、最高成绩和最低成绩	4	
		(6)使用相关性子查询实现查询“计算机基础”课程中低于平均成绩的学生基本情况	4	
	07	**职业素养：**	10	
		实训管理：态度、纪律、安全、清洁、整齐等	2.5	
		团队精神：创新、沟通、协作、积极、互助等	2.5	
		工单填写：清晰、完整、准确、规范、工整等	2.5	
		学习反思：发现与解决问题、反思内容等	2.5	
教师评语				

项目 8　商品管理系统数据库视图的创建和使用

学习引导

在项目 7 中，学习了根据应用场景的需要采用不同的方式查询数据库中的数据。本项目是在上一个项目的基础上进一步学习如何更好地使用数据表中的数据。视图是一种常用的数据库对象，常用于集中、简化和定制显示数据库中的数据信息，为用户以多种视角观察数据库中的数据提供方便。本项目以商品管理系统数据库为依托，重点介绍视图的概念和作用，以及如何创建视图和使用视图，同时为了巩固学习效果，引入学生成绩管理系统数据库作为拓展项目，帮助读者更好地理解创建和使用视图。

1. 学习前准备

(1) 学习视图导论的微课。
(2) 学习创建视图的微课。
(3) 学习使用视图的微课。

2. 与后续项目的关系

视图是一种常用的数据库对象，创建视图的目的是为了定制显示数据库中的数据信息，而查询视图则是更好地使用数据库中的数据，其与项目 7 中查询数据库中的数据密切相关。

学习目标

1. 知识目标

(1) 理解视图的概念及其作用。
(2) 掌握基于单表、多表、表达式和视图创建视图的语法格式。
(3) 掌握基于分组、检查约束创建视图的语法格式。
(4) 掌握创建加密视图的语法格式。
(5) 掌握查询视图的语法格式。
(6) 掌握在视图中插入、修改、删除数据的规则。
(7) 掌握修改及删除视图的语法格式。

2. 能力目标

(1) 能基于单表、多表、视图正确创建视图。
(2) 能基于表达式、分组及检查约束正确创建视图。

(3) 能正确创建加密视图。
(4) 能正确修改视图的定义。
(5) 能正确删除视图。
(6) 能在视图中正确插入数据。
(7) 能正确修改、删除视图中的数据。

3. 素质目标

(1) 培养分析问题、解决问题的能力。
(2) 培养代码规范意识。
(3) 培养独立思考、自主学习的能力。

背景及任务

1. 背景

为期三天的培训工作告了一个段落。

项目组实习生陈梵很感慨地对肖力说："数据库查询的功能对客户太有用了，能够查询到对客户很有价值的信息。不过，客户那边的技术人员也向我反映了他们的两个困惑：一是那些经常用到的查询或者复杂的查询，能不能采用某种方式把查询语句保存在数据库中，而不是在每次查询时都要输入相同的查询语句呢？二是有些数据库表中的数据很敏感，对企业而言是非常重要的数据资产，有没有办法把这些数据与使用人员隔离但同时又可以访问这些数据呢？"

肖力点头说："看来这三天你是非常认真地在学习数据库的查询知识。刚才你提到的两个问题，在数据库管理系统中可以采用视图技术来解决。特别是既要保护数据的安全性又要能访问数据，正是视图技术所要解决的核心问题。这样吧，你先整理客户技术人员反馈的问题，然后收集客户经常用到的查询需求，我去跟项目经理汇报情况，看能不能找个时间对客户再进行一次培训。"

项目组成员肖力向项目经理大军反映了相关的情况并建议下周对客户再进行一次培训，大军经理赞赏了肖力的工作态度说："为客户提供优质服务是我们的工作使命，及时发现客户的痛点并挖掘客户的需求，有助于提升客户的满意度和我们的服务质量，这也是我们能长期快速发展的核心竞争力之一，下周的培训我非常支持。"

得到项目经理的认可后，肖力和陈梵就各司其职开始为下周的培训忙乎起来了。

2. 任务

根据收集的常见查询需求并按照先创建后使用的顺序将培训内容分解为两个任务。

(1) 创建商品管理系统数据库视图，具体任务如下。

① 创建名为 v_customer_info 的视图，视图中有客户编号、客户姓名、性别和联系电话。

② 创建一个男性客户视图(客户编号、客户姓名、性别和联系电话)，并要求进行修改和插入操作时仍需保证该视图只包含指定员工服务过的客户信息(视图名：v_male_customer)。

③ 创建一个男性客户购买过指定商品(hw1002)的客户视图(客户编号、客户姓名、联系电话、购买数量)(视图名：v_customer_commodity)。

④ 创建一个男性客户购买过指定商品(hw1002)数量超过 20 件的客户视图(客户编号、

客户姓名、联系电话、购买数量)(视图名：v_cus_sale)。

⑤ 创建一个反映客户年龄的视图(客户编号、客户姓名、性别、年龄和联系电话)(视图名：v_customer_age)。

⑥ 创建一个以客户编号为分组，购买商品均价的视图(客户编号、商品均价)(视图名：v_cus_avg_price)。

⑦ 创建一个女性的员工视图(编号、姓名、性别、入职时间、岗位编号)(视图名：v_employee_info)。

(2) 使用商品管理系统数据库视图，具体任务如下。

① 请在视图 v_customer_info 中查询所有女性客户的信息。

② 请在视图 v_cus_avg_price 中查询商品购买均价超过 3000 元的顾客编号和购买均价信息。

③ 请在视图 v_customer_info 中插入一个新客户的信息，客户编号为“kh1020”，客户姓名为“张靓”，客户性别为“女”，联系电话为“13879992345”。

④ 请在视图 v_customer_commodity 中插入一条新记录，具体信息：客户编号为“kh1025”，客户姓名为“王大行”，客户联系方式为“13071962505”，购买商品数量为“300”。

⑤ 在视图 v_customer_info 中，请把客户编号为“kh1020”的客户的姓名修改为“章靓”。

在视图 v_male_customer 中，把客户编号为“kh1002”的客户的姓名修改为“王亮”。

⑥ 在视图 v_customer_commodity 中，把客户编号为“kh1002”的客户的姓名修改为“王田”，购买商品数量修改为 22。

⑦ 在视图 v_customer_info 中，删除客户编号为“kh1020”的客户信息。

⑧ 在视图 v_customer_commodity 中，把客户编号为“kh1002”的购买信息和用户信息都删除。

(请扫二维码 1 查看 商品管理系统“创建视图”任务单)

(请扫二维码 2 查看 商品管理系统“使用视图”任务单)

二维码 1 二维码 2

预备知识

【知识点】视图的概念、作用及语法结构

(请扫二维码学习 微课“视图的概念、作用及语法结构”)

【应用场景 1】在商品管理系统数据库的客户表中包含了客户的很多隐私信息，比如客户地址、出生日期等。为了保护客户的隐私，这些信息应该是越少的人知道越好。如果普通用户能直接访问客户表，那么这些隐私信息就会暴露给外界，显然是不利于隐私保护的。那能不能只把客户表中不涉及隐私的信息暴露给外界呢？

【应用场景 2】对于经常要使用的多表查询，每次使用都要编写 SQL 语句，是不是显得很烦琐呢？比如，在商品销售明细表中，有商品编号、销售价格、销售数量和销售订单编号。而在实际查询中，需要把商品名称和销售时间也一起查询出来，这时会涉及商品销售信息表、商品销售明细表和商品信息表三张表的连接查询。那能不能将这三张表连接查询的 SQL 语句预先保存好，实际使用时直接在该 SQL 语句执行的结果集中进行查询呢？

要想解决上述问题，就要用到视图的相关知识。学习视图，主要需要解决以下几个问题。

(1) 什么是视图？视图的作用是什么？

(2) 如何创建、修改和删除视图？

(3) 如何使用视图？

1. 视图的概念

视图是一张虚拟表，它表示一张表的部分数据或多张表的综合数据，其结构和数据是建立在对表的查询基础上。

表是视图的基础，数据库中只存储了视图定义，而不存放视图所对应的数据，视图所对应的数据仍存放在视图所引用的基表中。

当基表中的数据发生变化时，从视图中查询出来的数据也会发生变化。

2. 视图的作用

(1) 视图可以满足不同用户的需求。用户可以从多个角度看待同一数据(把用户感兴趣的属性列集中在一个视图中，将该视图当作一张表来查询)。

(2) 视图可以简化用户的数据读取操作(将经常用到的复杂查询语句定义为视图，从而简化查询操作)。

(3) 视图保证了基表中数据与应用程序的逻辑独立性(应用程序要访问基表中的数据必须通过视图作为中间桥梁)。

(4) 视图可以为数据提供安全保护(限制了应用程序对基表数据的访问)。

3. 创建视图的语法格式

创建视图的语法格式：

```
create view <视图名>[<列名>[,<列名>]…]
[with encryption]
as <select 查询语句>
[with check option]
```

【说明】

(1) create view：创建视图的关键字。

(2) with encryption：表示对视图定义语句加密。

(3) as：用于引导创建视图的 select 查询语句。

(4) select 查询语句：视图建立在查询语句基础上，select 查询语句必须符合查询语法规则。

(5) with check option：在使用视图时，若需要往视图中插入数据，修改、删除视图中的数据，此时必须满足创建视图时 select 查询语句中的 where 子句的条件。

注意：

(1) 视图名后面的列可以省略。若省略了视图名后面的列，则视图结果集中的列是关键字 as 后面的查询语句返回的列。

(2) 若指定了视图名后面的列，则视图中列的数目必须与 select 查询语句中列的数目相等。

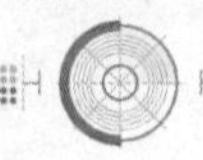

4. 修改视图的语法格式

修改视图的语法格式：

```
alter view <视图名>[<列名>[,<列名>]…]
[with encryption]
as <select 查询语句>
[with check option]
```

其参数说明与创建视图的相同。

修改视图时，一般是修改视图定义中的 select 查询语句，还可以修改视图是否加密、是否带检查约束。

5. 删除视图的语法格式

删除视图的语法格式：

```
drop view <视图名>[,视图名,…]
```

使用 drop view 命令可以删除多个视图，各个视图名之间用逗号分隔。

在删除视图时将从数据库管理系统目录中删除视图的定义和有关视图的其他信息，还将删除视图的所有权限。

任务 8.1　创建商品管理系统数据库视图

用户可以在 SSMS 的查询分析器中使用 SQL 语句实现视图的创建、修改和删除。而视图的创建可以分为以下八种情况。

(1) 基于单表创建视图。

(2) 基于检查约束创建视图。

(3) 基于多表创建视图。

(4) 基于视图创建视图。

(5) 基于表达式创建视图。

(6) 基于分组创建视图。

(7) 不指定属性列创建视图。

(8) 创建加密视图。

(请扫二维码 1 学习 微课“使用 T-SQL 语句创建视图(一)”)

(请扫二维码 2 学习 微课“使用 T-SQL 语句创建视图(二)”)

二维码 1

二维码 2

子任务 1　基于单表创建视图

【任务 8-1】在商品管理系统数据库中，创建名为 v_customer_info 的视图，视图中有客户编号、客户姓名、性别和联系电话。

【分析】通过分析视图 v_customer_info 的属性列可以发现，这些列都来自客户信息表 customer_info，也就是说该视图的数据都来自一张表的部分数据。这种创建数据都来自一张表的视图，叫做基于单表创建的视图。

具体创建视图的 SQL 语句如下：

```
create view v_customer_info
as
select Customer_id,Customer_name,Customer_sex,Telephone
from Customer_info   --基于单表创建视图
```

在上述创建视图的 SQL 语句中，并没有在视图名后加上属性列，那么视图的属性列就是 select 查询语句中的列。

接下来在 SSMS 的查询分析器中输入上面创建视图的 SQL 语句，然后分析执行该语句，就会创建名为 v_customer_info 的视图，最后就可以通过查询语句查询视图中的数据了，如图 8-1 所示。

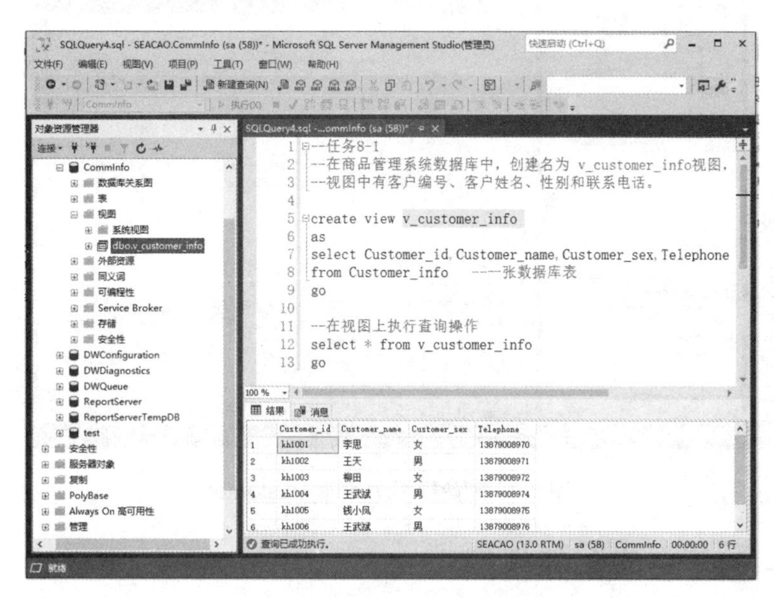

图 8-1　创建视图 v_customer_info

【扩展】若一个视图是从单个基本表导出的，并且只是去掉了基本表的某些行和某些列，但保留了主码，称这类视图为行列子集视图。

子任务 2　基于检查约束创建视图

【任务 8-2】在商品管理系统数据库中，创建男性客户视图 v_emp_customer，包含客户编号、客户姓名、性别和联系电话四个属性列，并要求对视图进行修改和插入操作时仍需保证该视图只包含男性客户信息。

【分析】该视图包含的属性列都是客户表中的列，因此可以直接基于客户表来创建该视图。此外，任务要求视图中只包含男性客户，也就是带有约束条件，此时要用到关键词 with check option，表示对视图数据进行更新时必须满足约束条件的限制。

具体创建视图的 SQL 语句如下：

```
create view v_emp_customer
as
select Customer_id,Customer_name,Customer_sex,Telephone
```

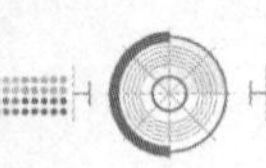

```
from Customer_info where Customer_sex='男'
with check option   --带检查约束创建视图
```

在上述创建视图的 SQL 语句中，在 select 查询语句部分添加 where 子句，该子句就是约束条件。

接下来在 SSMS 的查询分析器中输入上面带检查约束创建视图的 SQL 语句，然后分析执行该语句，就会创建名为 v_emp_customer 的视图，最后就可以通过查询语句查询视图中的数据了，如图 8-2 所示。

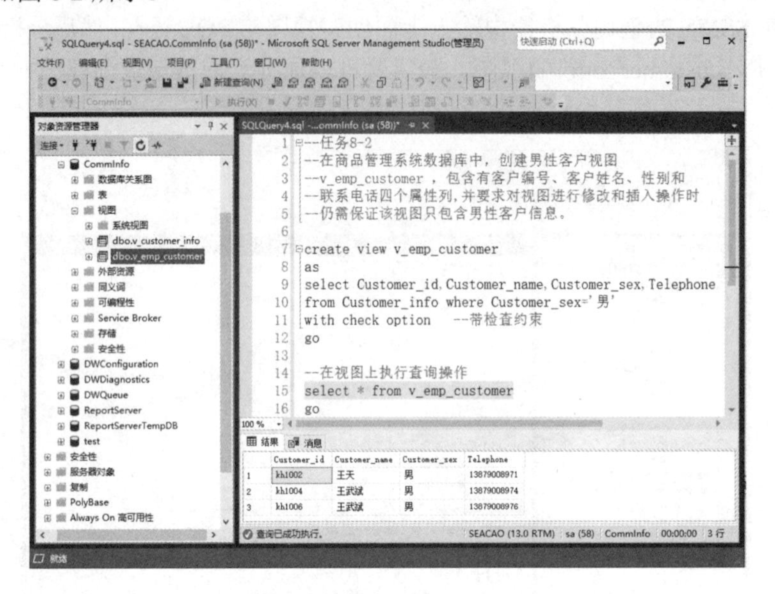

图 8-2　创建视图 v_emp_customer

子任务 3　基于多表创建视图

【任务 8-3】在商品管理系统数据库中，创建一个视图 v_sales_info，包含销售编号、客户编号、客户姓名、销售时间、员工编号和员工姓名。

【分析】该视图包含的销售编号、客户编号、销售时间和员工编号这些属性列来自销售信息表(Sales_info)，而属性列客户姓名来自客户信息表(Customer_info)，员工姓名来自员工信息表(Employees_info)，也就是说该视图的属性列来自不同的数据表。

具体创建视图的 SQL 语句如下：

```
create view v_sales_info
as
select s.sales_id, s.Customer_id, c.Customer_name,
s.Sales_time, s.Employees_id, e.Employees_name
from Sales_info s,Customer_info c,Employees_info e --基于多表创建视图
where s.customer_id = c.customer_id and s.employees_id = e.employees_id
```

在上述创建视图的 SQL 语句中，通过连接查询将三张数据库表关联起来。

接下来在 SSMS 的查询分析器中输入上面的基于多表创建视图的 SQL 语句，然后分析执行该语句，就会创建名为 v_sales_info 的视图，最后就可以通过查询语句查询视图中的数

据了，如图 8-3 所示。

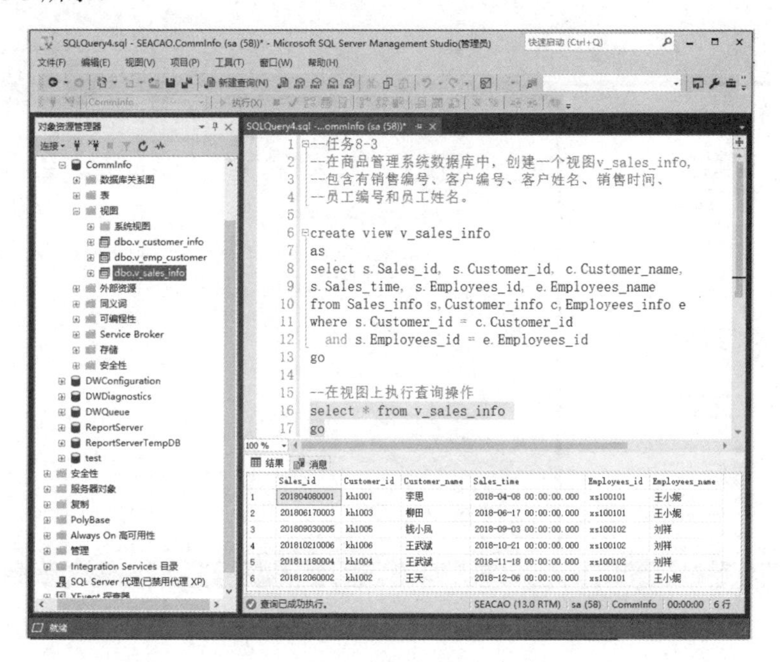

图 8-3 创建视图 v_sales_info

子任务 4 基于视图创建视图

【任务 8-4】在商品管理系统数据库中，创建一个视图 v_sales_before，包含销售编号、客户编号、客户姓名、销售时间、员工编号和员工姓名，要求销售时间在 2018 年 10 月份之前。

【分析】通过分析任务 8-4 可以发现，该视图包含的属性列与视图 v_sales_info 的列完全相同，唯一的区别是前者要求销售时间在 2018 年 10 月之前，而后者则没有做限制。此时可以在视图 v_sales_info 的基础上来创建新的视图 v_sales_before。

具体创建视图的 SQL 语句如下：

```
create view v_sales_before
as
select  sales_id,  Customer_id,  Customer_name,Sales_time,  Employees_id,
Employees_name from v_sales_info     --基于视图创建新视图
where sales_time < '2018-10-1 00:00:00.000'
```

接下来在 SSMS 的查询分析器中输入上面的基于视图创建新视图的 SQL 语句，然后分析执行该语句，就会创建名为 v_sales_before 的视图，最后就可以通过查询语句查询视图中的数据了，如图 8-4 所示。

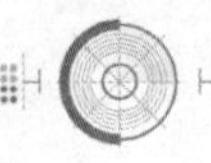

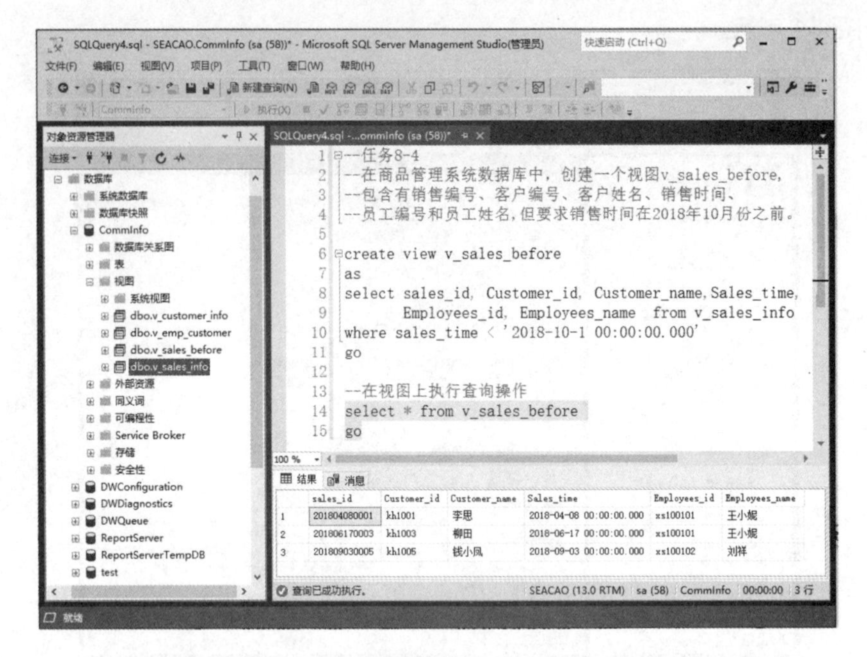

图 8-4　创建视图 v_sales_before

子任务 5　基于表达式创建视图

【任务 8-5】在商品管理系统数据库中，创建一个反映客户年龄的视图 v_customer_age，其包含客户编号、客户姓名、性别、年龄和联系电话五个属性列。

【分析】通过分析视图 v_customer_age 的属性列可以发现，客户编号、客户姓名、性别和联系电话都来自客户信息表，但年龄无法直接从客户信息表中得到，需要对客户信息表中的出生日期进行计算后才能获取。也就是说视图 v_customer_age 中的年龄属性列对应着查询语句中的表达式。

具体创建视图的 SQL 语句如下：

```
create  view v_customer_age(id,name,sex,age,telephone)
as
select Customer_id,Customer_name, Customer_sex,
year(getdate())-year(customer_birth) Age,  --基于表达式创建视图
Telephone from Customer_info
```

接下来在 SSMS 的查询分析器中输入上面的基于表达式创建视图的 SQL 语句，然后分析执行该语句，就会创建名为 v_customer_age 的视图，最后就可以通过查询语句查询视图中的数据了，如图 8-5 所示。

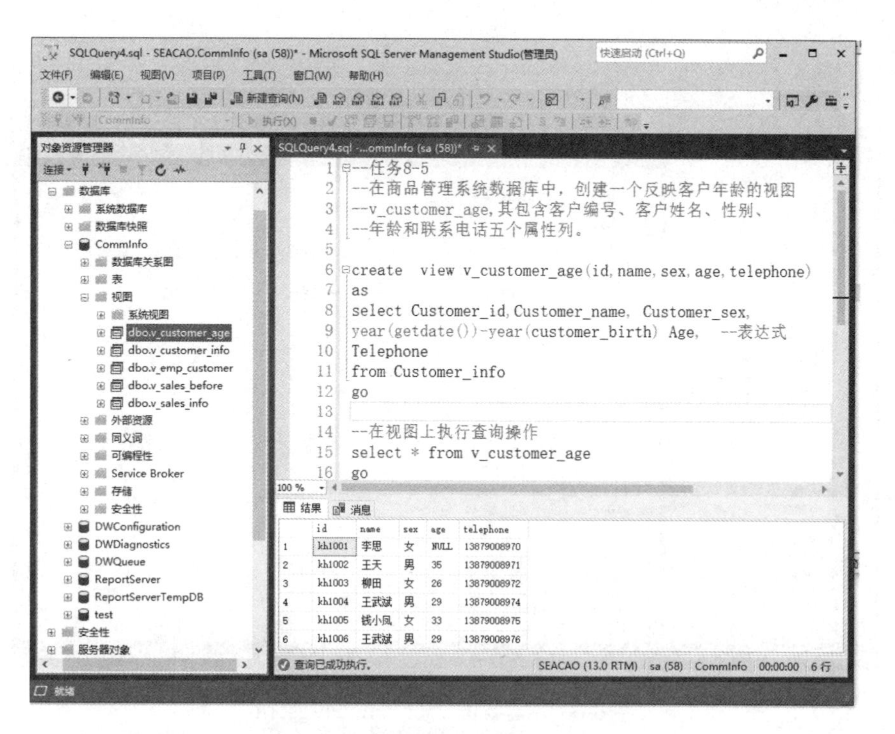

图 8-5 创建视图 v_customer_age

子任务 6 基于分组创建视图

【任务 8-6】在商品管理系统数据库中，创建一个视图 v_commodity_sum，包含商品编号、销售最高价、最低价和销售总额。

【分析】通过分析任务 8-6 可以发现，该视图的基表是 Sales_list(商品销售明细表)，但要以商品编号作为分组列才能得到商品销售的最高价、最低价和销售总额。

具体创建视图的 SQL 语句如下：

```
create view v_commodity_sum(commodity_id,max_price,min_price,sum_price)
as
select Commodity_id, max(Sales_price),min(Sales_price),
sum(Sales_price * Sales_Number)
from Sales_list group by Commodity_id  --基于分组创建视图
```

接下来在 SSMS 的查询分析器中输入上面的基于分组创建视图的 SQL 语句，然后分析执行该语句，就会创建名为 v_commodity_sum 的视图，最后就可以通过查询语句查询视图中的数据了，如图 8-6 所示。

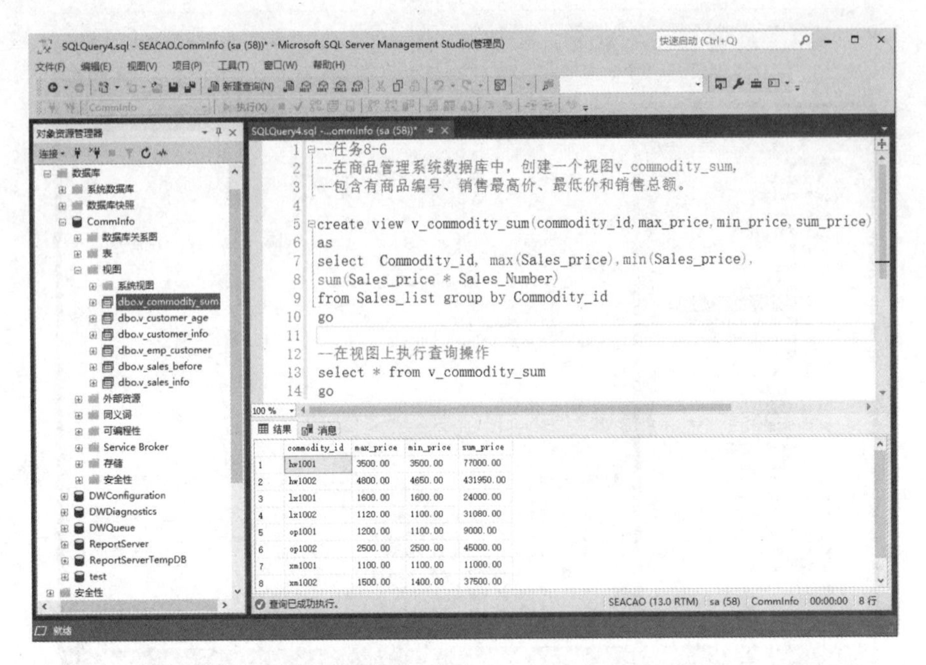

图 8-6　创建视图 v_commodity_sum

子任务 7　不指定属性列创建视图

【任务 8-7】在商品管理系统数据库中，创建一个女性员工视图 v_female_employees，包含员工编号、姓名、性别、入职时间、岗位编号这五个属性列。

【分析】通过分析视图 v_female_employees 的属性列发现，它们都来自 Employees_info(员工信息表)，而且 Employees_info 表中也只包含了这五个属性列，也就是说视图 v_female_employees 与 Employees_info 表的属性列完全相同。此时，在创建视图 v_female_employees 时，可以在视图名后面指定属性列，而在查询语句中不用指定属性列，直接使用*(星号)代替 Employees_info 表中的所有列。

具体创建视图的 SQL 语句如下：

```
create view v_female_employees(id,name,sex,hiredate,post_id)
as
select *                        --不指定属性列创建视图
from Employees_info where   Employees_sex = '女'
```

接下来在 SSMS 的查询分析器中输入上面的不指定属性列创建视图的 SQL 语句，然后分析执行该语句，就会创建名为 v_female_employees 的视图，最后就可以通过查询语句查询视图中的数据了，如图 8-7 所示。

注意：采用不指定属性列的方式创建视图，在创建视图时无须指定基表的属性列，非常方便，但也存在隐患。如果基表的结构发生了改变，比如增加属性列或者减少属性列，此时基表属性列的数目与视图属性列的数目不再相等，会造成视图创建出错而无法继续使用的后果。

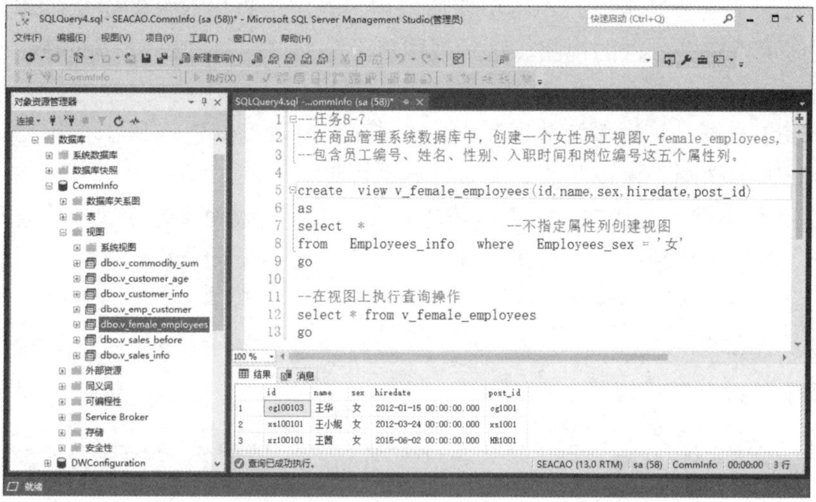

图 8-7 创建视图 v_female_employees

子任务 8 创建加密视图

SQL Server 数据库管理系统提供了系统存储过程 sp_helptext 来查看指定视图的定义脚本。比如，可以使用如下 SQL 语句来查看视图 v_female_employees 的定义脚本：

```
exec  sp_helptext  v_female_employees
```

其中，exec 是执行的意思，sp_helptext 是存储过程的名称，v_female_employees 是存储过程的参数，即一个数据库对象。

在 SSMS 的查询分析器中输入上面的 SQL 语句，然后分析执行该语句，就能看到视图 v_female_employees 的定义脚本，如图 8-8 所示。

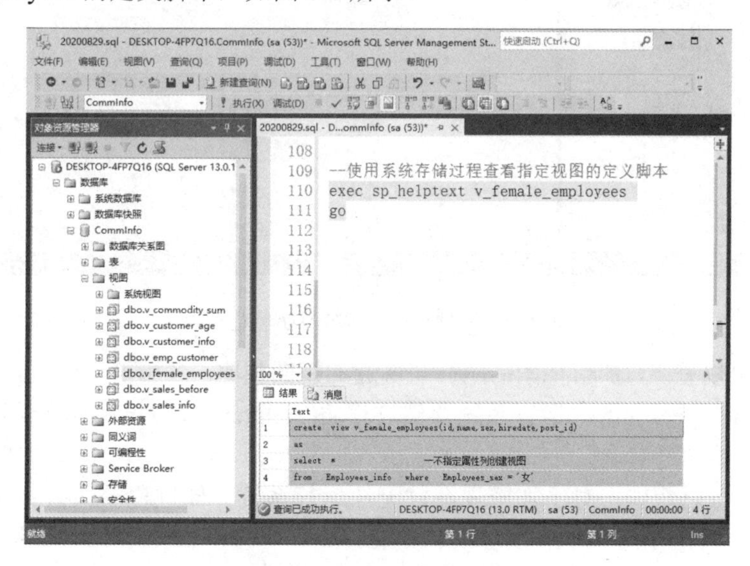

图 8-8 查看视图定义的脚本

但是有时为了安全的考虑，不希望普通的用户查看数据库对象的定义脚本，又该如何处理呢？此时可以定义加密的视图，这种视图就无法通过存储过程 sp_helptext 查看其定义了，请看任务 8-8。

【任务 8-8】在商品管理系统数据库中，在员工信息表上创建一个显示员工编号、姓名、性别、雇佣日期的视图。该视图的定义对外界不可见。

【分析】该任务要求视图的定义对外界不可见，实际上就是要求定义一个加密视图。而定义加密视图就要求在视图定义时在关键字 as 前加上 with encryption。

具体创建视图的 SQL 语句如下：

```
create  view  v_employees_info
with encryption  --加密
as
select Employees_id,Employees_name,Employees_sex,Hiredate
from Employees_info
```

接下来在 SSMS 的查询分析器中输入上面创建加密视图的 SQL 语句，然后分析执行该语句，就会创建名为 v_employees_info 的视图，最后就可以通过查询语句查询视图中的数据了，如图 8-9 所示。

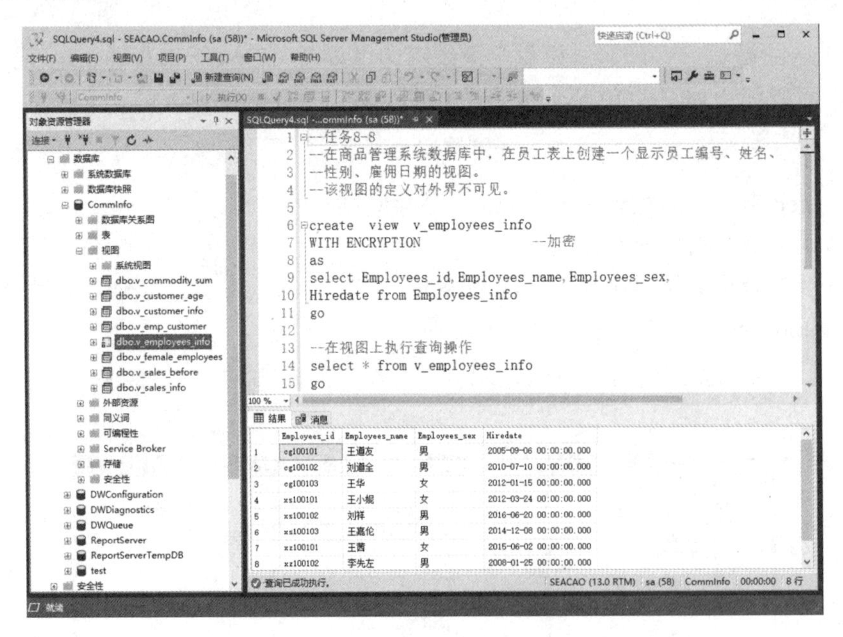

图 8-9　创建视图 v_employees_info

从图 8-9 可以看出，加密视图的图标与普通的视图相比，多加了一把锁。而对于新建的加密视图 v_employees_info，运行系统存储过程 sp_helptext 又会出现什么情况呢？详情如图 8-10 所示。

从图 8-10 可以看出，对于加密视图，无法运行系统存储过程 sp_texthelp 查看其定义脚本。

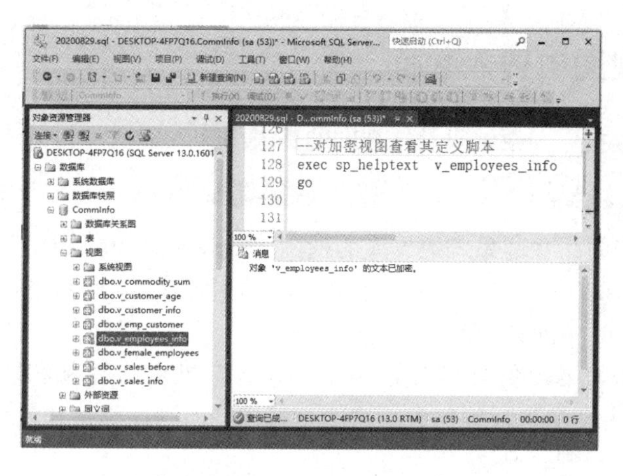

图 8-10　查看加密视图 v_employees_info 的定义脚本

任务 8.2　使用商品管理系统数据库视图

定义好视图后，就要使用视图。使用视图分为三种情况：第一种是查询视图中的数据，第二种是修改视图中的数据，第三种是删除视图中的数据。

(请扫二维码 1 学习 微课“使用 T-SQL 语句使用视图(一)”)

(请扫二维码 2 学习 微课“使用 T-SQL 语句使用视图(二)”)

二维码 1　二维码 2

子任务 1　查询视图中的数据

【任务 8-9】在商品管理系统数据库的视图 v_customer_info 中，查询出所有女性客户的信息。

【分析】已知视图 v_customer_info，需要查询该视图中女性客户的信息，此时要用到条件查询，使用 where 子句来进行条件过滤，只保留女性客户的信息。

具体查询视图的 SQL 语句如下：

```
select *  from v_customer_info where Customer_sex = '女'
```

在 SSMS 的查询分析器中输入上述 SQL 语句，然后分析执行，就能得到如图 8-11 所示的结果。

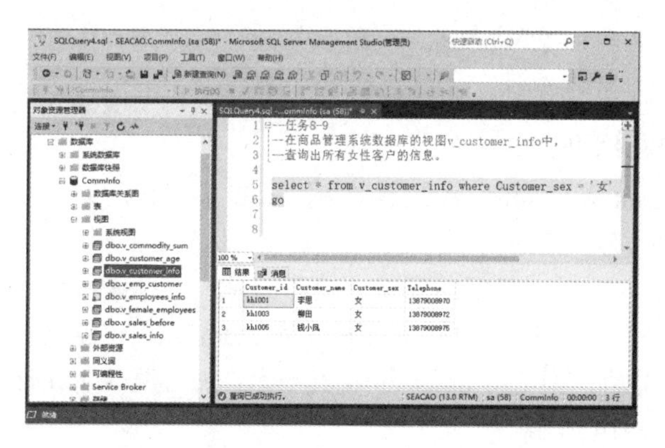

图 8-11　查询视图 v_customer_info

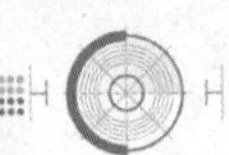

子任务 2　在视图中插入数据

往视图中插入数据，归根结底是往视图的基表中插入数据，其语法格式如下：

```
insert [into] <视图名> [(<列名>[,<列名>]…)] values(<值>[,<值>]…)
```

【任务 8-10】在商品管理系统数据库的视图 v_customer_info 中，插入一条新客户的信息，客户编号为“kh1020”，客户姓名为“张靓”，性别为“女”，联系电话为“13879992345”。(假设表 Customer_info 中的列 Address 允许空值)

【分析】要插入的客户信息包括客户编号、客户姓名、性别和联系电话，而在视图 v_customer_info 的定义中正好也包含了这四个属性列，因此满足插入语法的要求。具体的插入 SQL 语句如下：

```
insert v_customer_info (Customer_id,Customer_name,Customer_sex,Telephone)
values('kh1020', '张靓', '女', '13879992345')
```

在 SSMS 的查询分析器中输入上述 SQL 语句，然后分析执行，最后查询视图 v_customer_info 中的数据，发现新增的客户信息也在查询结果中，具体如图 8-12 所示。

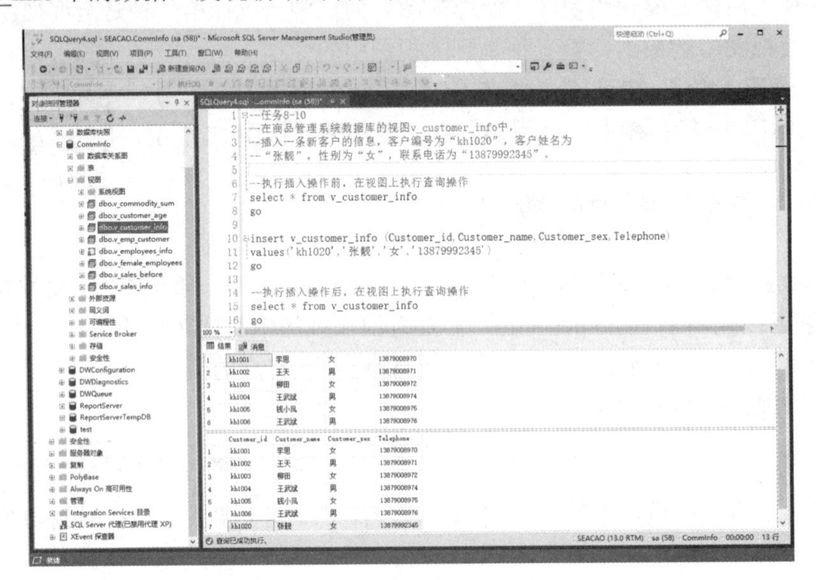

图 8-12　往视图 v_customer_info 中插入客户信息

此时查询视图 v_customer_info 的基表 Customer_info，发现插入视图中的客户信息最终保存在基表中，如图 8-13 所示。

【动动脑】若 Customer_info 表的属性列 Address 不允许为空，还能正常往视图 v_customer_info 中插入客户信息吗？

【分析】往视图插入数据，归根结底是往视图的基表中插入数据。视图 v_customer_info 的基表是 Customer_info 表，视图中并没有属性列 Address，也就是往该视图插入数据时不会插入属性 Address 的值，但 Customer_info 表不允许属性列 Address 存在空值，两者存在冲突。具体情况如图 8-14 所示。

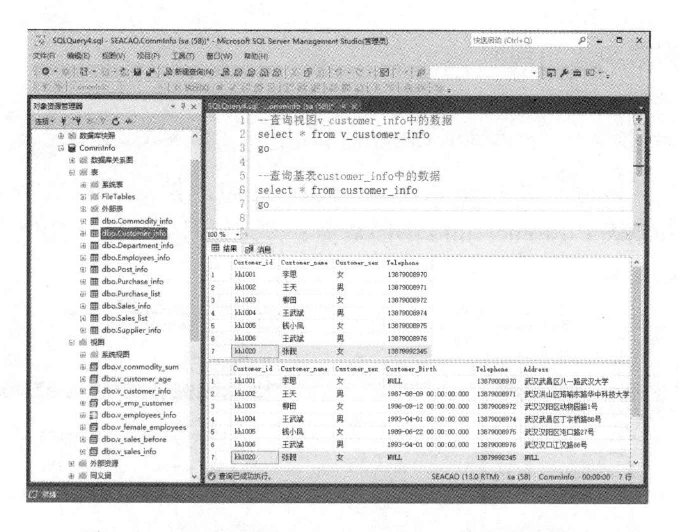

图 8-13　查询视图 v_customer_info 基表中的数据

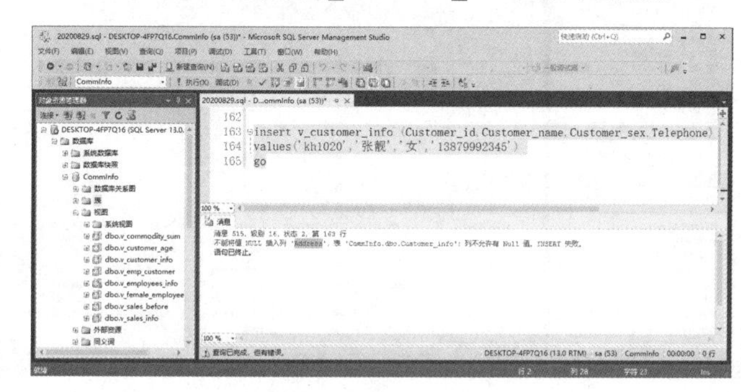

图 8-14　往视图 v_customer_info 中插入客户信息失败

通过任务 8-10 可以总结出往视图中插入数据的规则。

(1) 若视图是基于单表创建的，且视图中没有列出的列在基表中的定义允许为空或有默认值或是自动增长列，则往视图插入信息都能执行成功(显然修改和删除操作也能执行成功)。

(2) 在基于多表创建的视图上执行插入操作时，只有当视图可插入并且所编写的 insert 语句只往视图的一个基表插入数据时，insert 语句才能成功。

子任务 3　修改视图中的数据

修改视图中的数据归根结底是修改视图的基表中的数据，其语法格式如下：

```
update  <视图名>
set 列名 = 值[,列名=值,…][where 子句]
```

【任务 8-11】在商品管理系统数据库的视图 v_customer_info 中，把客户编号为 kh1020 的客户的姓名修改为“章靓”。

【分析】任务要求将客户编号为 kh1020 的客户姓名修改为“章靓”，此时需要使用 where 子句。

修改视图数据的 SQL 语句如下：

```
update  v_customer_info
set Customer_name= '章靓'where Customer_id = 'kh1020'
```

在 SSMS 的查询分析器中输入上述 SQL 语句，然后分析执行，最后查询视图 v_customer_info 和基表 Customer_info 中的数据，发现编号为“kh1020”的客户姓名已经变更为“章靓”，如图 8-15 所示。

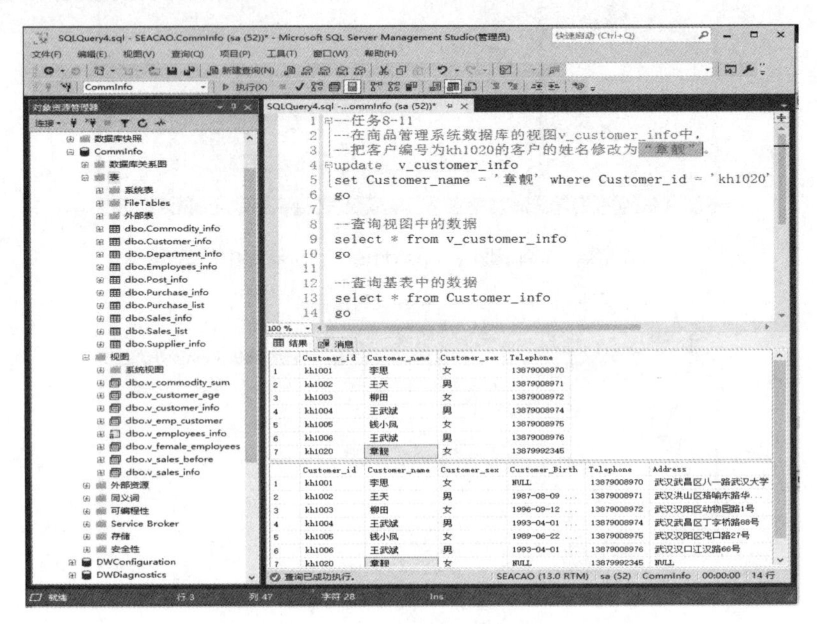

图 8-15　修改视图 v_customer_info 中的数据

通过任务 8-11 可以总结出修改视图中数据的规则。

(1) 若视图是基于单表创建的，则修改视图的数据都能执行成功。

(2) 在基于多表创建的视图上执行修改操作时，只有当视图可修改并且所编写的 update 语句只修改视图的一个基表中的数据时，update 语句才能成功。

子任务 4　删除视图中的数据

删除视图中的数据，归根结底是删除视图的基表中的数据，其语法格式如下：

```
delete from <视图名> [where 子句]
```

【任务 8-12】在商品管理系统数据库的视图 v_customer_info 中，删除客户编号为“kh1020”的客户信息。

【分析】任务要求删除客户编号为“kh1020”的客户信息，此时要使用 where 子句进行条件过滤。

删除视图数据的 SQL 语句如下：

```
delete from  v_customer_info where Customer_id = 'kh1020'
```

在 SSMS 的查询分析器中输入上述 SQL 语句，然后分析执行，最后查询视图

v_customer_info 和基表 Customer_info 中的数据，发现编号为“kh1020”的客户记录已经被删除了，如图 8-16 所示。

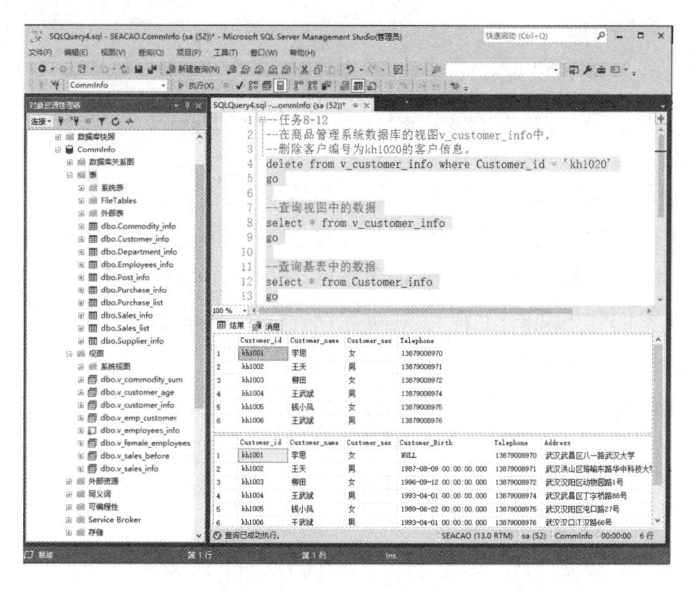

图 8-16　删除视图 v_customer_info 中的数据

【任务 8-13】在商品管理系统数据库的视图 v_sales_info 中，删除销售编号为 201812060002 的销售信息。

【分析】任务要求删除销售编号为 201812060002 的销售信息，此时要使用 where 子句进行条件过滤。

删除视图数据的 SQL 语句如下：

```
delete from  v_sales_info where Sales_id = '201812060002'
```

在 SSMS 的查询分析器中输入上述 SQL 语句，然后分析执行，执行结果如图 8-17 所示。

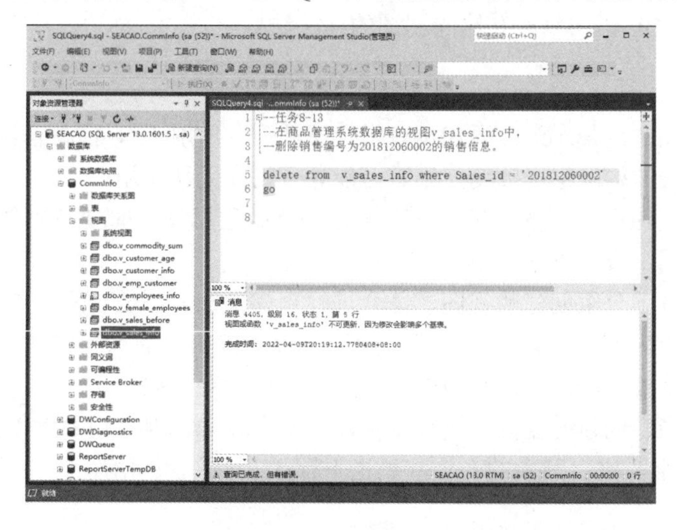

图 8-17　删除视图 v_sales_info 中的数据

从任务 8-13 可以发现，无法删除基于多表创建的视图的数据。

通过分析以上往视图中插入数据、修改或删除视图中的数据的任务案例，可以得到在视图上更新数据的规则如下。

(1) 若视图是基于单表创建的，并且视图中没有列出的列在基表中的定义允许为空或有默认值或是自动增长列，则往视图中插入数据、修改视图中的数据以及删除视图中的数据都能执行成功。

(2) 若基于单表创建的视图带检查约束，需要满足以下需求。

① 在往视图插入数据时，要保证插入的数据不违背检查约束的要求。

② 在修改视图中的数据时，要保证修改后的数据不违背检查约束的要求。

(3) 在基于多表创建的视图上执行更新操作时，需要注意以下两点。

① 无法删除基于多表创建的视图中的数据。

② 当插入的数据、修改的数据只涉及视图的一个基表时，才能执行成功。

项 目 小 结

本项目详细介绍了使用 SQL 语句创建、修改和删除视图的语法格式，并通过多任务详解了使用 SQL 语句多种方式创建视图，以及通过多任务总结了往视图中插入数据、修改视图中的数据和删除视图中的数据的规则。

视图可以简化用户操作，提高用户查询效率，同时视图还可以增强数据的安全性和可靠性。对应的关键知识和关键技能如下。

1. 关键知识

(1) 视图的概念及作用。

(2) 使用 T-SQL 语句创建视图的语法结构。

(3) 向视图中插入、修改和删除数据的规则。

(4) 使用 T-SQL 语句修改和删除视图的语法结构。

2. 关键技能

(1) 创建视图时，若 select 语句没有指定属性列，使用了*，而在视图名称后面使用了列名，那么若基表结构发生了改变，则有可能导致视图无法使用。

(2) 对带检查约束的视图，进行插入数据和修改数据操作时要特别注意，保证更新后的数据能从此视图中查询出来。

(3) 一般对基于分组创建的视图，适合进行查询操作，不适合进行更新操作。

(4) 对基于单表创建的视图，若带有检查约束，在执行插入和修改语句操作时，要保证插入的数据和修改后的数据满足检查约束，否则执行会失败。

(5) 对基于多表创建的视图，执行删除操作不会成功，因为删除操作会涉及多个基表。(哪怕视图中的列名只来自其中的一个基表也不行)

思考与练习

一、选择题

(1) 在标准 SQL 中，创建视图的命令是(　　)。

A. create schema　　B. create table

C. create view　　D. create index

(2) 下面对于视图的描述正确的是(　　)。

A. 视图与数据库表一样，都会存放数据

B. 视图是一张虚拟表，在数据库中只会存储视图的定义

C. 视图是对数据库表的补充，会存储多张数据库表的数据

D. 视图与数据库表没有关系

(3) 对于视图的作用，下面描述错误的是(　　)。

A. 视图是从不同的用户角度查看同一数据

B. 视图中的数据独立于其源数据

C. 视图可以对数据库的数据提供安全保护

D. 视图可以简化用户的数据查询，提高查询效率

(4) 在视图定义中若加了 with encryption 关键词，其含义是(　　)。

A. 表示该视图是一个附加检查约束的视图

B. 表示该视图需要指定特定的使用用户

C. 表示该视图不能被修改

D. 表示该视图是加密视图，不能随便查看其定义脚本

(5) 删除已经定义好的视图，下面语句脚本正确的是(　　)。

A. drop view 视图名　　B. alter view 视图名

C. create view 视图名　　D. delete view 视图名

(6) 在创建视图时不指定属性列，下面描述错误的是(　　)。

A. 不指定属性列需要在 select 查询语句中使用 * 表示

B. 视图名后面需要指定返回视图的列名

C. 视图后面的列名数量及数据类型需要与查询语句中*号表示的列名数量和对应位置的数据类型保持一致

D. 视图名后面的列名数量与*号表示的列名数量可以不一致

(7) (　　)能查看视图定义的 SQL 脚本的系统存储过程。

A. sp_helptext　　B. sp_help　　C. sp_helpdb　　D. sp_helpindex

(8) 往基于单表创建的视图中插入数据，下面描述错误的是(　　)。

A. 若视图中没有列出的列在基表中允许为空，则可以插入

B. 若视图中没有列出的列在基表中有默认值，则可以插入

C. 若视图中没有列出的列在基表中是自动增长列，则可以插入

D. 可以随意插入，都会成功

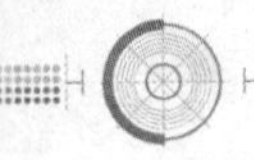

(9) 对基于多表创建的视图执行数据更新操作，下面描述正确的是(　　)。

A. 不能对该视图执行更新操作

B. 对该视图执行更新操作没有任何问题

C. 当更新数据只涉及一张基表时，则可以进行更新操作

D. 当更新数据涉及的基表少于两张时，则可以进行更新操作

(10) 对基于多表创建的视图执行删除数据操作，下面描述正确的是(　　)。

A. 不能对该视图执行删除数据操作

B. 可以对该视图执行删除数据操作

C. 执行删除的语句是 delete from 表名

D. 执行删除的语句是“delete from 表名 where 条件子句”

二、简答题

(1) 请描述创建视图语句的基本语法构成。

(2) 目前数据库系统中已经定义了两个视图 v_stu_info 和 v_teacher_info，已经没有存在价值，请使用 SQL 语句删除这两个视图。

(3) 请简要说明视图与数据库表的区别。

(4) 请简要说明视图使用的场合。

(5) 请描述往视图中插入数据时的注意事项。

拓展训练：创建和使用学生成绩管理系统数据库视图

【任务单 1】创建视图

(请扫二维码查看 学生成绩管理系统“创建视图”任务单)

任务要求：

(1) 创建名为 v_student 的视图，视图中有学生编号、学生姓名、性别和出生日期。(基于单表的视图)

(2) 创建班级编号为“jd1001”的学生视图(学生编号、学生姓名、性别和出生日期)，并要求进行修改和插入操作时仍需保证该视图只包含班级编号为“jd1001”的学生信息。(视图名：v_jd1001_student)(创建带检查约束的视图)

(3) 创建班级编号为“jd1001”、课程编号为“kc1001”的考试成绩视图(学生编号、学生姓名、课程编号、课程成绩)。(视图名：v_student_score)(创建基于多表的视图)

(4) 基于视图 v_student_score 创建新的视图，过滤掉考试成绩低于 60 分的记录。(视图名：v_student_score_pass)(创建基于视图的视图)

(5) 创建一个反映学生年龄的视图(学生编号、学生姓名、性别、年龄和电子邮箱)。(视图名：v_student_age)(创建带表达式的视图)

(6) 创建一个学生考试平均成绩的视图(学生编号、平均成绩)。(视图名：v_stu_avg_score)(创建分组视图)

(7) 创建一个女教师视图(教师编号、姓名、性别、职称、联系电话、电子邮件、出生日期、密码和所属系部编号)。(视图名：v_female_teacher)(创建不指定属性列的视图)

(请扫二维码学习 微课“创建视图_操作视频”)

【任务单 2】使用视图

(请扫二维码查看 学生成绩管理系统“使用视图”任务单)

任务要求:

(1) 在视图 v_student 中，查询所有女性学生的信息。(查询视图)

(2) 在视图 v_student_course_score 中，查询考试成绩大于 70 分的学生和课程信息。(查询视图)

(3) 向视图 v_student 中插入一条新的学生信息('xx100110','刘丽','女')。(向视图插入数据)

(4) 向视图 v_student_course_score 中插入数据('xx100111','张伟','kc1007','Java 编程基础',70)。(向视图插入数据)

(5) 将视图 v_student 中学生编号为“xx100110”的学生姓名修改为“刘莉”。(修改视图中的数据)

(6) 将视图 v_student_course_score 中学生编号为“xx100103”的学生姓名更新为“杨莉”。(修改视图中的数据)

(7) 将视图 v_student_course_score 中学生编号为“xx100104”的学生姓名更新为“张羽”，课程号为“kc1001”的考试成绩更新为 60。(修改视图中的数据)

(8) 在视图 v_student 中删除学生编号为“xx100110”的学生信息。(删除视图中的数据)

(9) 在视图 v_student_course_score 中删除学生编号为“xx100107”的考试记录。(删除视图中的数据)

(请扫二维码学习 微课“使用视图_操作视频”)

【任务考评】

“创建与使用学生成绩管理系统数据库视图”考评记录表

<table>
<tr><td>学生姓名</td><td colspan="2"></td><td>班级</td><td></td><td>任务评分</td><td colspan="2"></td></tr>
<tr><td>实训地点</td><td colspan="2"></td><td>学号</td><td></td><td>完成日期</td><td colspan="2"></td></tr>
<tr><td rowspan="6">任务实现步骤</td><td>序号</td><td colspan="4">考核内容</td><td>标准分</td><td>评分</td></tr>
<tr><td rowspan="5">01</td><td colspan="4">任务单 1：创建视图</td><td>36</td><td></td></tr>
<tr><td colspan="4">(1)创建名为 v_student 的视图，视图中有学生编号、学生姓名、性别和出生日期(基于单表的视图)</td><td>5</td><td></td></tr>
<tr><td colspan="4">(2)创建班级编号为“jd1001”的学生视图(学生编号、学生姓名、性别和出生日期)，并要求进行修改和插入操作时仍需保证该视图只包含班级编号为“jd1001”的学生信息。
(视图名：v_jd1001_student)(创建带检查约束的视图)</td><td>5</td><td></td></tr>
<tr><td colspan="4">(3)创建班级编号为“jd1001”、课程编号为“kc1001”的考试成绩视图(学生编号、学生姓名、课程编号、课程成绩)。(视图名：v_student_score)(创建基于多表的视图)</td><td>5</td><td></td></tr>
<tr><td colspan="4">(4)基于视图 v_student_score 创建新的视图，过滤掉考试成绩低于 60 分的记录。(视图名：v_student_score_pass)(创建基于视图的视图)</td><td>5</td><td></td></tr>
</table>

续表

<table>
<tr><td rowspan="18">任务实现步骤</td><td rowspan="3">01</td><td>(5)创建一个反映学生年龄的视图(学生编号、学生姓名、性别、年龄和电子邮箱)。(视图名：v_student_age)(创建带表达式的视图)</td><td>5</td><td></td></tr>
<tr><td>(6)创建一个学生考试平均成绩的视图(学生编号、平均成绩)。(视图名：v_stu_avg_score)(创建分组视图)</td><td>5</td><td></td></tr>
<tr><td>(7)创建一个女教师视图(教师编号、姓名、性别、职称、联系电话、电子邮件、出生日期、密码和所属系部编号)。(视图名：v_female_teacher)(创建不指定属性列的视图)</td><td>6</td><td></td></tr>
<tr><td rowspan="10">02</td><td>任务单 2：使用视图</td><td>54</td><td></td></tr>
<tr><td>(1)在视图 v_student 中，查询所有女性学生的信息。(查询视图)</td><td>6</td><td></td></tr>
<tr><td>(2)在视图 v_student_course_score 中，查询考试成绩大于 70 分的学生和课程信息。(查询视图)</td><td>6</td><td></td></tr>
<tr><td>(3)向视图 v_student 中插入一条新的学生信息('xx100110','刘丽','女')。(向视图中插入数据)</td><td>6</td><td></td></tr>
<tr><td>(4)向视图 v_student_course_score 中插入数据('xx100111','张伟','kc1007','Java 编程基础',70)。(向视图中插入数据)</td><td>6</td><td></td></tr>
<tr><td>(5)将视图 v_student 中学生编号为“xx100110”的学生姓名修改为“刘莉”。(修改视图中的数据)</td><td>6</td><td></td></tr>
<tr><td>(6)将视图 v_student_course_score 中学生编号为“xx100103”的学生姓名更新为“杨莉”。(修改视图中的数据)</td><td>6</td><td></td></tr>
<tr><td>(7)将视图 v_student_course_score 中学生编号为“xx100104”的学生姓名更新为“张羽”，课程“kc1001”的考试成绩更新为 60。(修改视图中的数据)</td><td>6</td><td></td></tr>
<tr><td>(8)在视图 v_student 中删除学生编号为“xx100110”的学生信息。(删除视图中的数据)</td><td>6</td><td></td></tr>
<tr><td>(9)在视图 v_student_course_score 中删除学生编号为“xx100107”的考试记录。(删除视图中的数据)</td><td>6</td><td></td></tr>
<tr><td rowspan="5">03</td><td>职业素养：</td><td>10</td><td></td></tr>
<tr><td>实训管理：态度、纪律、安全、清洁、整齐等</td><td>2.5</td><td></td></tr>
<tr><td>团队精神：创新、沟通、协作、积极、互助等</td><td>2.5</td><td></td></tr>
<tr><td>工单填写：清晰、完整、准确、规范、工整等</td><td>2.5</td><td></td></tr>
<tr><td>学习反思：发现与解决问题、反思内容等</td><td>2.5</td><td></td></tr>
<tr><td colspan="2">教师评语</td><td colspan="3"></td></tr>
</table>

项目 9　数据库的安全管理

学习引导

在前面几个项目中，主要学习了数据库设计、数据库操纵等与数据库相关的知识，本次项目重点是学习数据库的安全管理知识。数据库系统在运行过程中，可能会受到未经授权的非法入侵，或者合法用户超越自己的访问权限对数据进行越权访问等，这些行为不但会破坏数据的机密性、完整性，导致数据丢失，而且会影响数据库系统的正常运行。因此，数据库系统的安全问题变得尤为重要，数据库的安全管理也就成为数据库系统管理的重要内容。

1. 学习前准备

(1) 学习数据库安全知识讲解的微课。
(2) 学习创建和管理安全账户的微课。
(3) 学习数据库的备份和恢复的微课。

2. 与后续项目的关系

命令和图形方式下的数据操作是数据库操作中重要的环节，但也离不开对数据库账户的安全管理，只有两者都熟练以后，才能做到全面操作和管理数据库。

学习目标

1. 知识目标

(1) 掌握数据库安全知识。
(2) 掌握创建和管理安全账户的操作步骤和原理。
(3) 掌握数据库的备份和恢复的操作步骤和原理。

2. 能力目标

(1) 能创建和管理指定的账户任务。
(2) 能使用数据库的备份和恢复功能完成任务。

3. 素质目标

(1) 培养分析问题、解决问题的能力。
(2) 培养代码规范意识。
(3) 培养独立思考、自主学习的能力。

背景及任务

1. 背景

至此，数据库的所有数据操作相关问题已经设计完成。

项目经理大军吩咐：光有完整的数据库操作设计还远远不够，数据的安全性是数据库管理的又一重大任务，这不仅仅是涉及数据操作的安全性问题，还涉及数据操作的权限管理问题，以及数据出错后的恢复问题等。

2. 任务

项目组成员对公司所有岗位进行了详细分析，并确定了每个岗位的权限范围，经过详细分析和设计后，确定任务如下。

(1) 创建并管理用户账号信息，具体任务如下。

① 创建 SQL Server 身份验证登录账户 test1，初始密码为“123456”，登录默认数据库为 CommInfo。

② 创建 Windows 身份验证登录账户 admin，登录默认数据库为 CommInfo。

③ 更改登录账户 test 为禁止登录。

④ 更改登录账户 test 的密码为“123”。

⑤ 更改登录账户 test 为 test_m，并且强制用户下次登录时修改密码，默认数据库为 CommInfo。

(2) 根据岗位需求设置对应的角色，针对不同的角色设置对应的权限，具体任务如下。

对数据库 CommInfo 的用户 test 授予数据表 Department_info 的插入和更新权限。

(3) 给每个账户设置对应的角色，从而获得相应的权限，具体任务如下。

① 拒绝 CommInfo 数据库用户 test 在数据表 Department_info 上的 delete 权限。

② 撤销数据库用户 test 在数据表 Department_info 上的 insert、update 许可。

(4) 数据的备份与恢复，具体任务如下。

① 创建数据库备份设备，类型为磁盘文件，命名为 CommInfobackup。

② 查看数据库 CommInfo 的恢复模式，要求将恢复模式设置为完整恢复模式。

③ 将数据库 CommInfo 完整备份到备份设备 CommInfobackup。

④ 将数据库 CommInfo 差异备份到备份设备 CommInfobackup。

⑤ 将数据库 CommInfo 事务日志备份到备份设备 CommInfobackup。

⑥ 使用备份设备还原数据库 CommInfo。

(请扫二维码 1 查看 商品管理系统“创建和管理安全账户”任务单)

(请扫二维码 2 查看 商品管理系统“数据的备份和恢复”任务单)

二维码 1

二维码 2

预备知识

【知识点】数据库安全管理

(请扫二维码学习 微课“数据库安全管理知识讲解”)

如果不对数据库进行有效管理，数据库的不安全性可能带来不确定的危害，这种危害主要来自外界和自身。下面总结了两种情况。

第一种情况：数据管理对一个单位来说是非常重要的事情，甚至有一些数据还是机密，如果可以随意让人去访问，就会给一些不法分子违法的机会，很有可能对单位产生严重的后果！因此，我们要确保不合法的用户没有权限访问数据库，这是日常数据库管理非常重要的内容之一。

第二种情况：由于计算机硬件故障、系统错误、病毒、误操作等不可避免的因素，都可能导致数据库的数据受到破坏甚至丢失！因此，如何才能保证数据的安全完整，是数据库维护工作的核心内容之一。

从上面两种情况的描述可以看出，第一种是违法行为导致的后果，第二种是系统软硬件导致的后果，不管哪一种情况都有可能给公司带来无法预估的损失，所以掌握好数据库的安全管理是至关重要的。

1. SQL Server 的安全机制

SQL Server 提供访问控制机制，以保障服务器和数据库安全。其安全机制可以细分为四个等级，如图 9-1 所示。

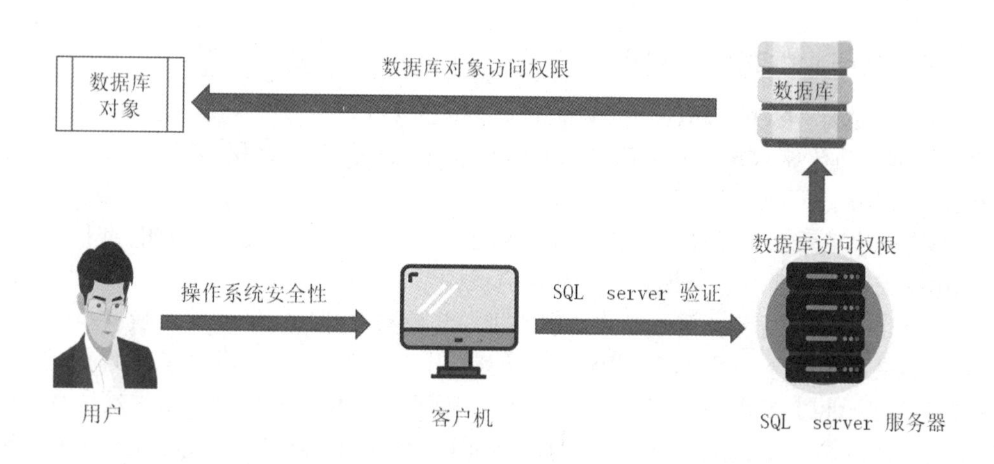

图 9-1　SQL Server 访问控制机制的四个等级

1)　操作系统的安全性

在使用客户计算机通过网络实现对 SQL Server 服务器的访问时，用户首先要获得客户计算机操作系统的使用权。这也告诉我们，如果用户连客户端都登录不上去，肯定是没有权限访问数据库的。

2)　SQL Server 的安全性

SQL Server 通过设置服务器登录账号和密码来实现 SQL Server 的安全性。

它采用了 Windows 身份验证登录和标准 SQL Server 登录两种方式。用户只有成功登录 SQL Server 服务器才能与 SQL Server 建立连接，才能获得 SQL Server 的相应访问权限。

3) 数据库的安全性

用户只有成为数据库的用户，才能在自己的权限范围内访问数据库。

在建立用户的登录账户信息时，SQL Server 会提示用户选择默认的数据库。以后用户每次连接上服务器后，都会自动转到默认的数据库上。如果在设置登录账户时没有指定默认的数据库，则用户的权限将局限在 Master 数据库以内。

默认情况下，数据库拥有者可以访问该数据库的对象，可以分配访问权限给别的用户，以便让别的用户也拥有针对该数据库的访问权限。

4) SQL Server 数据库对象的安全性

数据库对象的安全性是核查用户权限的最后一个安全等级。

在创建数据库对象时，创建者自动成为该数据库对象的拥有者。对象的拥有者可以实现对该对象的完全控制。

默认情况下，只有数据库的拥有者可以在该数据库下进行操作。当一个非数据库拥有者想访问数据库里的对象时，必须事先由数据库拥有者赋予用户对指定对象执行特定操作的权限后，才可以访问指定对象。注意指定对象没有赋予特定操作权限时，非数据库拥有者是无法访问的。

从上面四个层面的访问控制机制的描述可以看出，操作系统级别的权限管理最粗略，SQL Server 验证级别的权限管理次之，数据库的权限管理就比较细化，而 SQL Server 数据库对象的权限管理就是最小的管理单位。通过逐层的管理模式，可以根据实际需要放宽和缩紧权限管理。

2. SQL Server 的身份验证模式

前面已经提到了 SQL Server 有 Windows 身份验证登录和标准 SQL Server 登录两种方式。用户只有成功登录 SQL Server 服务器才能与 SQL Server 建立连接，才能获得 SQL Server 的相应访问权限。

这里有一个关系必须先理清，客户机与 SQL Server 服务器可以在一台电脑上，也可以在不同电脑上，那么两种登录模式又是如何完成的？

其中 Windows 身份验证登录模式是在本机安装数据库时，SQL Server 默认获取了操作系统的某登录用户为合法用户，当该用户登录到操作系统后，就默认获得了访问 SQL Server 服务器的权限，此时该用户就可以直接在本机上访问 SQL Server 数据库，这就是 Windows 身份验证登录模式。很显然，Windows 身份验证登录模式是客户机与 SQL Server 服务器在一台电脑上快速登录时使用的。

标准 SQL Server 登录则不限于本机，不管客户机和 SQL Server 服务器是否在一台机器上，只要设定的网络协议是打开的，它都可以通过用户和密码进行本机登录或者远程登录。

上面具体描述了登录与物理硬件的逻辑关系，下面描述三种登录模式。

1) Windows 身份验证模式

SQL Server 使用 Windows 的用户名和口令，就可以连接到 SQL Server。

Windows 身份验证是 SQL Server 中默认和推荐的验证模式。Windows 身份验证最大的优点是维护方便。此种方式特别适合在本机登录 SQL Server 的场合。

2) SQL Server 登录账户

每个用户必须有自己的 SQL Server 登录账户，这样才能具有登录到 SQL Server 服务器的能力，以获得对 SQL Server 实例的访问权限。

SQL Server 自动创建两个登录账户 Administrators 和 sa。

3) SQL Server 和 Windows 身份验证混合模式

用户既可以使用 Windows 身份验证，也可以使用 SQL Server 身份验证连接到一个 SQL Server 实例。

混合模式下，SQL Server 会优先采用 Windows 身份验证来确认用户，只有对于那些通过非信任连接协议登录系统的用户，系统才采用 SQL Server 认证确认用户的身份。

3. 用户、角色和权限管理

用户、角色和权限管理是为了解决复杂的数据库管理关系而设置的，首先理解其具体含义，然后理清三者之间的关系，就可以解决问题了。

1) 数据库用户

用户是基于数据库使用的名称，是与登录账户相对应的。

数据库用户确定用户可以访问哪一个数据库。一个登录账户在不同的数据库中可以映射成不同的数据库用户，从而可以具有不同的访问权限。

在 SQL Server 中，每个数据库都有自己的用户，每个用户都有对应的名称、对应的登录账户以及数据库访问权限。

2) 角色

SQL Server 授予一组选择好的权限，并命名为某一角色。即角色是一组权限的总称。

3) 权限

权限定义用户有权使用哪些数据库对象，以及用户可以使用这些对象做什么。

用户在数据库中拥有的权限取决于用户账户的权限和用户在该数据库中扮演的角色。每个数据库都有它自己的、独立的权限系统。

4) 用户、角色与权限的关系

数据库用户对应着数据库的权限操作，每个数据库用户都对应着一个或多个数据库角色，角色是一组预定义好的权限。图 9-2 列出了三者之间的逻辑关系。

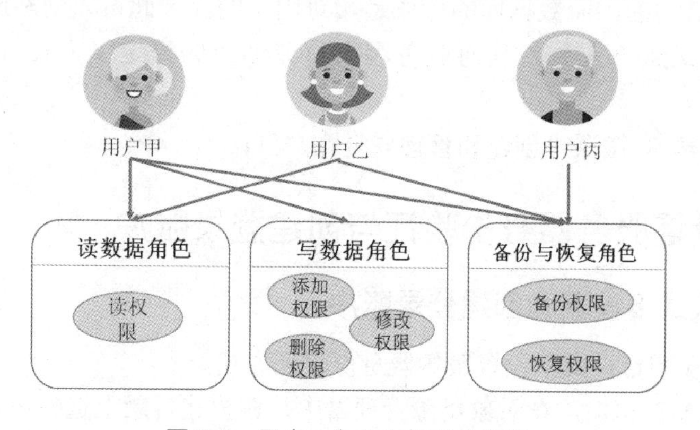

图 9-2 用户、角色和权限的关系

注意：一个用户可同时加入多个角色中，一个角色可以包含多个不同的用户。

4. 数据库的备份和还原

数据库的备份和还原操作其实很简单，但学会操作之前，必须理解其中的操作原理及基本概念，下面先学习四个重要的概念。

1) 备份

备份是指将数据库的一些重要文件进行复制并转储成备份文件的过程。注意，备份是一个动词，是一个操作过程，是复制并保存数据的过程，保存的数据不只是记录数据还包含结构的数据信息等。

2) 备份设备

备份设备是指存储数据备份的存储介质，可以是磁带机或磁盘文件。磁盘文件实际上是虚拟一个文件为存储设备，所有数据都存储在这个文件中，还原时只需加载此文件即可，即虚拟为存储设备进行还原。

3) 恢复模式

恢复模式是一个数据库配置的选项，即主要进行参数设置、控制如何记录事务日志、事务日志是否需要备份一级数据库可用的还原操作等。

4) 还原

还原是指数据库的数据受到破坏或者丢失后，用户利用存储设备或者备份文件对数据库的数据进行恢复的过程。还原后的数据库状态和完成备份操作时的数据库状态一致。这里备份文件实际也是虚拟为存储设备进行的还原。

任务 9.1　创建和管理安全账户

如果希望通过账号对数据库进行安全管理，如何制定策略？

为保护数据的安全，数据库管理员需要对每个人分配账号并授权。每个账号都有一定的访问范围，超过此范围的访问都视为非法访问，数据库管理系统会拒绝任何未经授权的非法访问。

由于人员是流动的，而数据库的操作是相对固定的，因此可以动态地把一些固定的操作通过授权的方式赋给人员，从而避免因人员流动而频繁定义人员的数据访问权限的操作。

(请扫二维码学习 微课“创建和管理安全账户”)

子任务 1　设置服务器身份验证与创建登录账户

一、图形模式下设置和创建登录账户

【任务 9-1】在图形模式下设置服务器身份验证方式。

(1) 打开 SSMS 窗口，在对象资源管理器中，在树状目录上选择根目录并右击，在弹出的快捷菜单中选择“属性”命令，如图 9-3 所示。

(2) 在弹出的对话框左侧列表框中选择“安全性”选项，然后在右侧选中“SQL Server 和 Windows 身份验证模式”单选按钮，单击“确定”按钮，如图 9-4 所示。

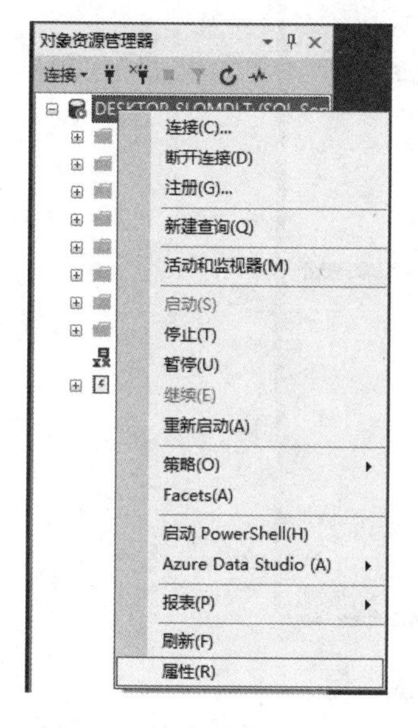

图 9-3 选择“属性”命令

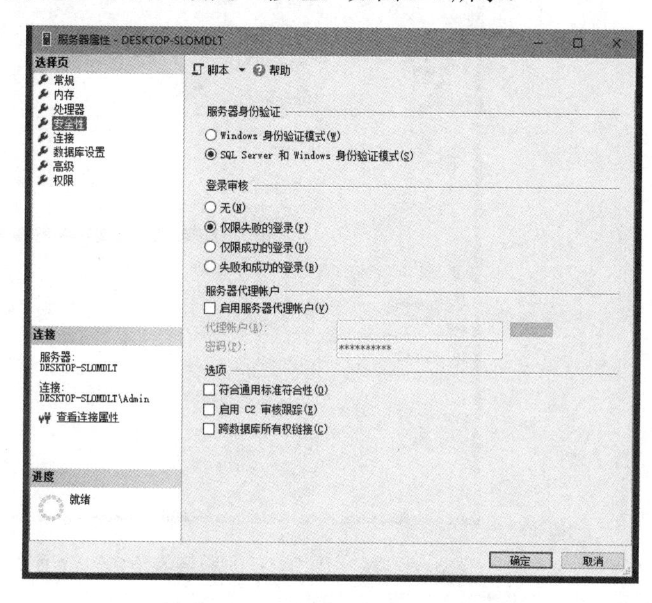

图 9-4 “安全性”选项设置

【任务 9-2】使用图形用户界面创建 SQL Server 身份验证登录账户。

(1) 打开 SSMS 窗口，在对象资源管理器中，在树状目录中展开“安全性”选项，选中“登录名”选项，右击，在弹出的快捷菜单中选择“新建登录名”命令，如图 9-5 所示。

(2) 在弹出的对话框左侧列表框中选择“常规”选项，然后在右侧的“登录名”文本框中输入“test”，选中“SQL Server 身份验证”单选按钮，输入密码并确认密码，取消选中“强制实施密码策略”复选框。然后在“默认数据库”下拉列表框中选择 CommInfo 选项，如图 9-6 所示。

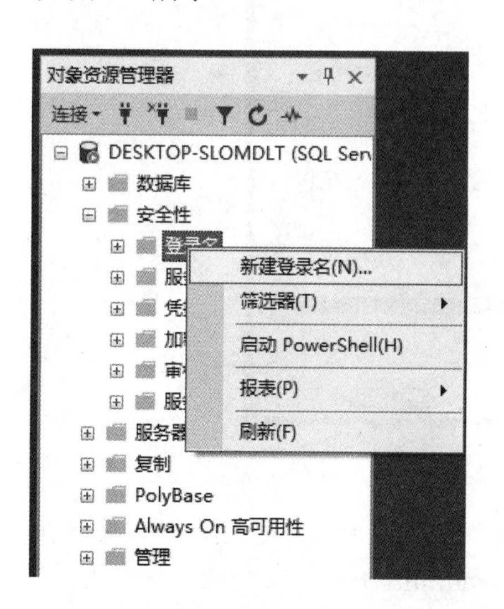

图 9-5 选择“新建登录名”命令

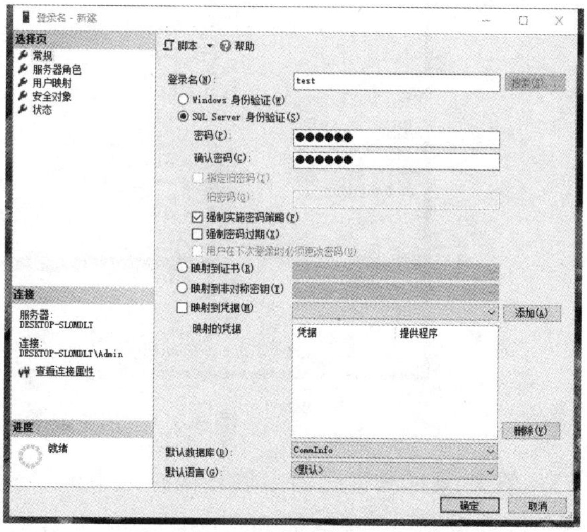

图 9-6 “常规”选项设置

(3) 在对话框左侧列表框中选中“服务器角色”选项，选中该账户的角色复选框，可以选择多个或不选。此处选中 sysadmin 复选框，如图 9-7 所示。

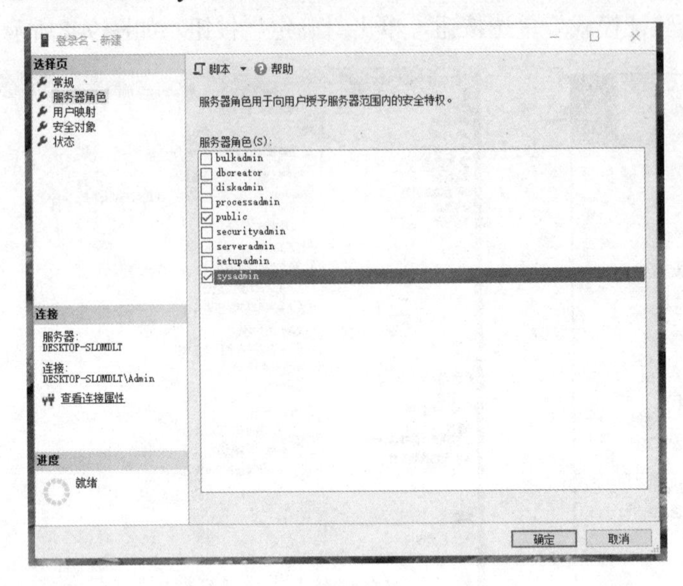

图 9-7 “服务器角色”选项设置

(4) 在对话框左侧列表框中选中“用户映射”选项，在“映射到此登录名的用户”列表框中选中 CommInfo 复选框，然后在“数据库角色成员身份”列表框中选中 db_owner 复选框。注意：public 是默认选中状态，不能取消。最后单击“确定”按钮，如图 9-8 所示。

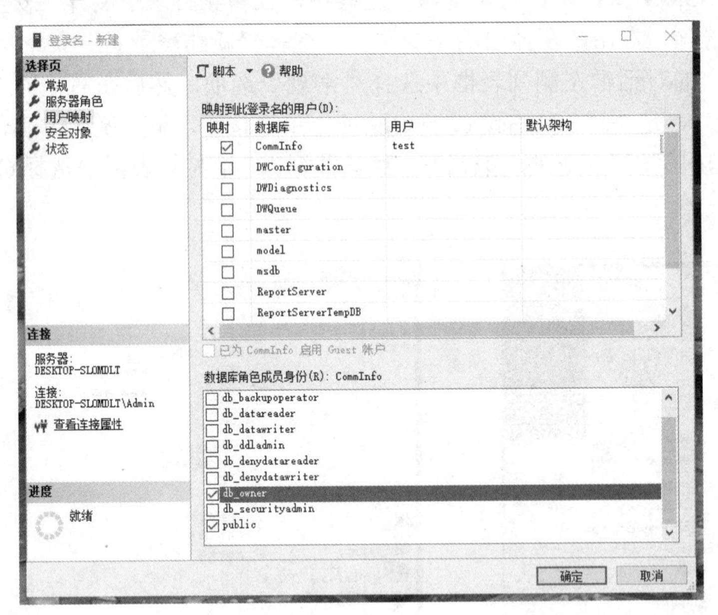

图 9-8 “用户映射”选项设置

(5) 在对象资源管理器中展开根目录下的“安全性”→“登录名”选项，可以看到在“常规”选项设置中的登录账户“test”。展开数据库 CommInfo 中的“安全性”→“用户”选项，可以看到在“用户映射”选项设置中的数据库用户“test”，如图 9-9 所示。

图 9-9　展开树型目录后看到的两个“test”用户名

小贴士　在“映射到此登录名的用户”列表框中选中希望此用户访问的数据库，系统会自动在“用户”列填上所映射的数据库用户名，并自动创建一个与登录名同名的数据库用户。用户可单击用户名更改名称。在“数据库角色成员身份”列表框中，可以根据需要为数据库用户选择合适的数据库角色，可进行多选。

【任务 9-3】使用图形用户界面创建 Windows 身份验证登录账户。

(1)　打开 SSMS 窗口，在对象资源管理器的树状目录中展开“安全性”选项，选中“登录名”选项，右击，在弹出的快捷菜单中选择“新建登录名”命令，如图 9-10 所示。

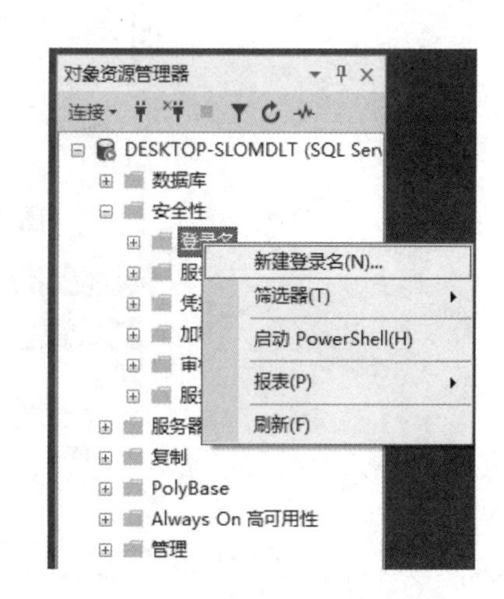

图 9-10　选择“新建登录名”命令

(2)　在弹出的对话框左侧列表框中选择“常规”选项，然后在右侧的“登录名”文本框右侧单击“搜索”按钮，如图 9-11 所示。

(3)　弹出“选择用户或组”对话框，然后单击“高级”按钮，如图 9-12 所示。

(4)　单击“立即查找”按钮。“搜索结果”列表框中会列出所有的用户名。这里选择操作系统的用户名“Administrator”，返回上一级“选择用户或组”对话框，单击“确定”按钮，如图 9-13 所示。

(5)　返回到“登录名”对话框后，可以看到“登录名”文本框中已经填入了“机器名\Administrator”，最后单击“确定”按钮，如图 9-14 所示。

(6)　在对象资源管理器中展开根目录下的“安全性”→“登录名”选项，可以看到在“常规”选项设置中的登录账户“机器名\Administrator”，如图 9-15 所示。

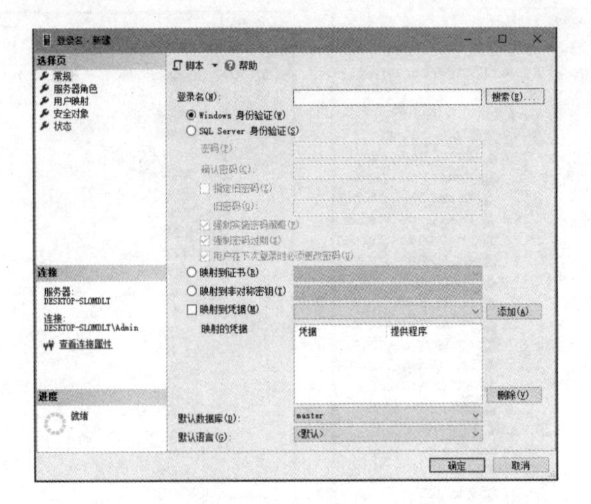

图 9-11 “常规”选项设置

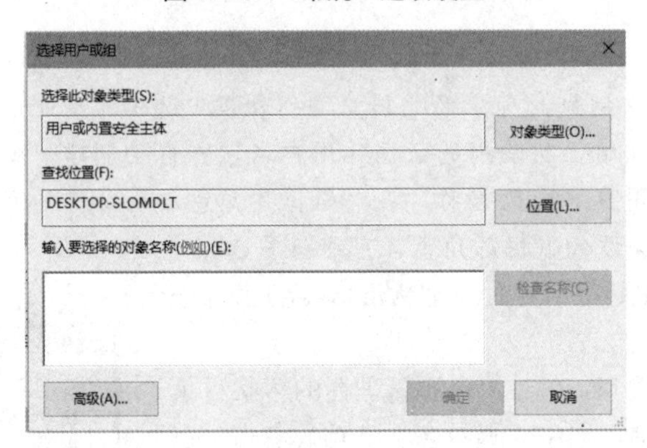

图 9-12 “选择用户或组”对话框

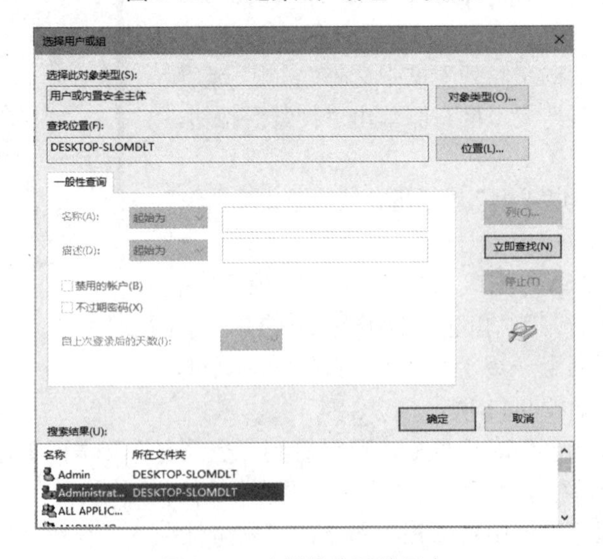

图 9-13 查找操作系统用户

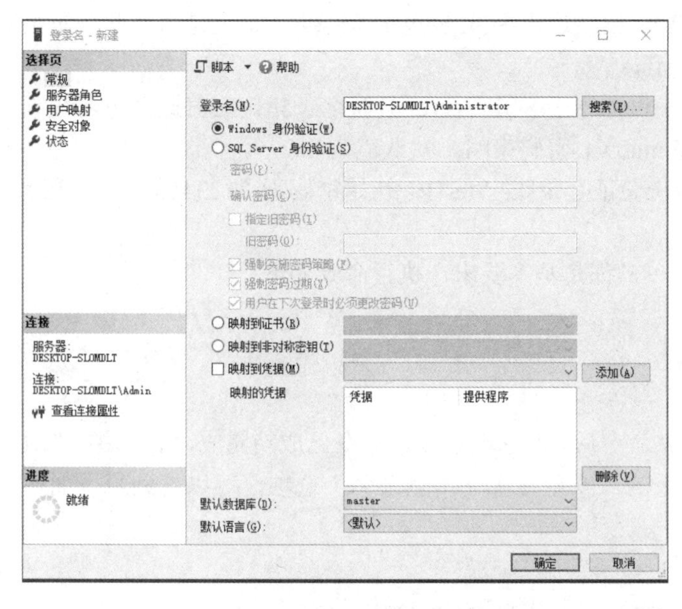

图 9-14 “登录名”对话框中已经填入用户名

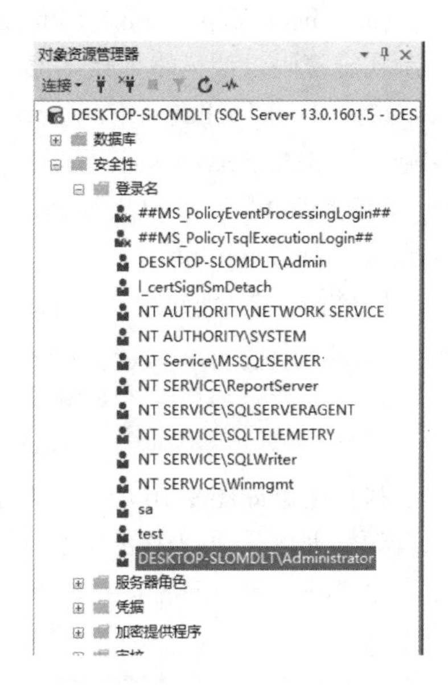

图 9-15 展开树状目录后看到的操作系统用户

二、命令模式下设置和创建登录账户

【语法】

```
creat login login_name {
with password ='password' [must_change] [,<options>]
| from windows [ with <windows_options> ] }
<options> ::= default_database = database_name
| default_language = language
| check_expiration = { on | off}
| check_policy = { on | off}
<windows_options> ::= default_database = database_name
| default_language = language
```

【说明】

(1) login_name：SQL Server 登录名或 Windows 登录名。如果从 Windows 域账户映射 login_name，则 login_name 必须用方括号“[ ]”括起来，并且以“[域\用户]”的形式使用。

windows：指定将登录名映射到 Windows 登录名。

(2) password = 'password'：仅适用于 SQL Server 登录名。指定正在创建的登录名的密码。

(3) must_change：仅适用于 SQL Server 登录名。如果包括此选项，则 SQL Server 将在首次使用新登录名时提示用户输入新密码。

(4) default_database = database_name：指定将指派给登录名的默认数据库。如果未包括此选项，则默认数据库将设置为 master。

(5) default_language = language：指定将指派给登录名的默认语言。如果未包括此选项，则默认语言将设置为服务器的当前默认语言。

(6) check_expiration = { on | off }：仅适用于 SQL Server 登录名。指定是否对此登录名强制实施密码过期策略。默认值为 off。

(7) check_policy = { on | off }：仅适用于 SQL Server 登录名。指定应对此登录名强制实施运行 SQL Server 的计算机的 Windows 密码策略。默认值为 on。

【任务 9-4】创建 SQL Server 身份验证登录账户 test1，初始密码为“123456”，登录默认数据库为 CommInfo。

【分析】这里创建用户要求很简单，都是基本要求，执行命令如下：

```
create login test1
with password = '123456', default_database = CommInfo
go
```

执行结果如图 9-16 所示，执行完命令后，消息框会显示命令已成功完成，在左边的“对象资源管理器”窗口中展开根目录下的“安全性”→“登录名”选项，可以看到最下面多了一个“test1”用户名。

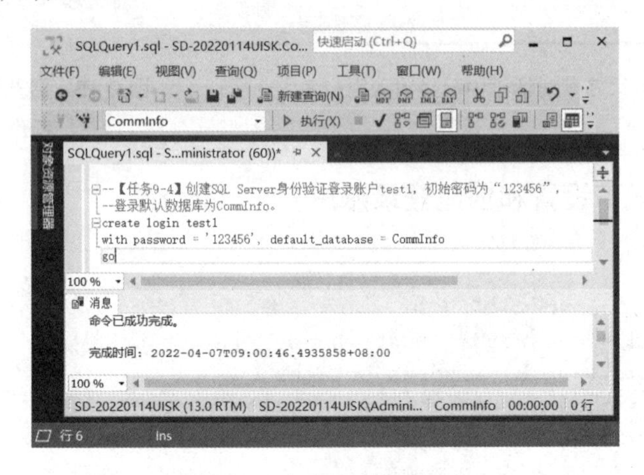

图 9-16　命令模式创建用户

【任务 9-5】创建 Windows 身份验证登录账户 admin1，登录默认数据库为 CommInfo。

【分析】这里创建 Windows 身份验证登录账户也很简单，都是基本要求，执行命令如下：

```
create login [DESKTOP-SLOMDLT\admin1]
from windows
with default_database = CommInfo
go
```

执行命令后出现如图 9-17 所示的结果，很显然提示操作系统找不到该用户。

【解决方法】这里是将操作系统的账户加入数据库中，所以先必须保证这个账户为操作系统账户，如果操作系统中没有这个账户，必须先在操作系统中创建这个用户，然后再在数据库中创建。如图 9-18 所示，创建了“admin1”用户后，再执行命令会出现如图 9-19 所示的结果，刷新左边的“对象资源管理器”窗口，展开根目录下的“安全性”→“登录名”选项，会看到 admin1 用户已经列在其中。

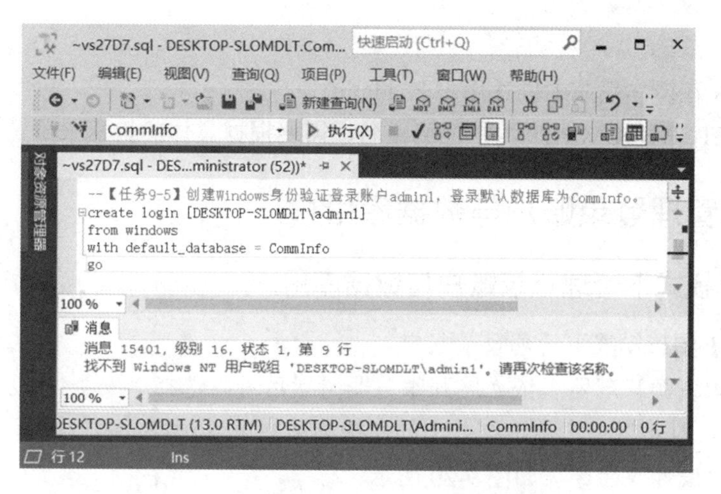

图 9-17　命令模式执行时出现用户不存在提示

图 9-18　在“控制面板”中添加用户

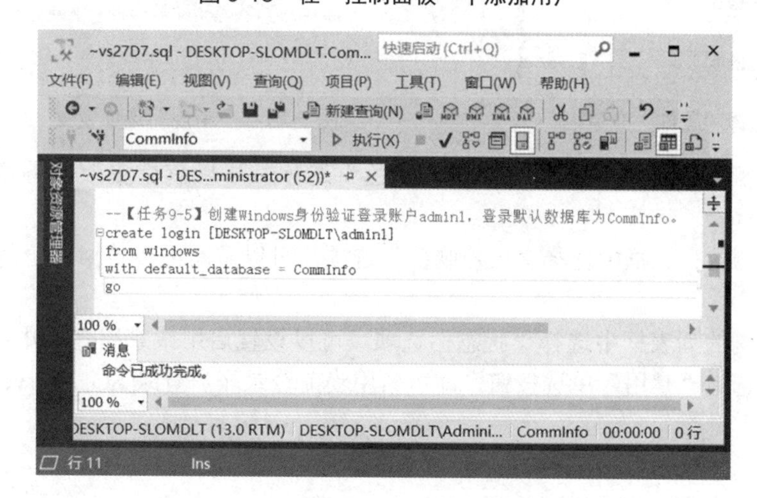

图 9-19　在数据库中创建操作系统用户

【说明】

(1) 必须先在操作系统中创建用户名 admin1。

(2) DESKTOP-SLOMDLT 为本地机器名，需要根据具体的机器来确定名称。

子任务 2 管理登录账户与数据库用户

一、图形模式下管理登录账户与数据库用户

【任务 9-6】图形模式下管理登录账户。

(1) 在对象资源管理器里依次展开服务器树状目录，选择“安全性”选项，展开“登录名”选项，在“test”上右击，在弹出的快捷菜单中可以对登录名进行重命名、删除等操作。此处选择“属性”命令，如图 9-20 所示。

(2) 弹出“登录属性”对话框，选择“常规”选项，可以修改密码、默认数据库和默认语言等，如图 9-21 所示。

图 9-20 选择“属性”命令

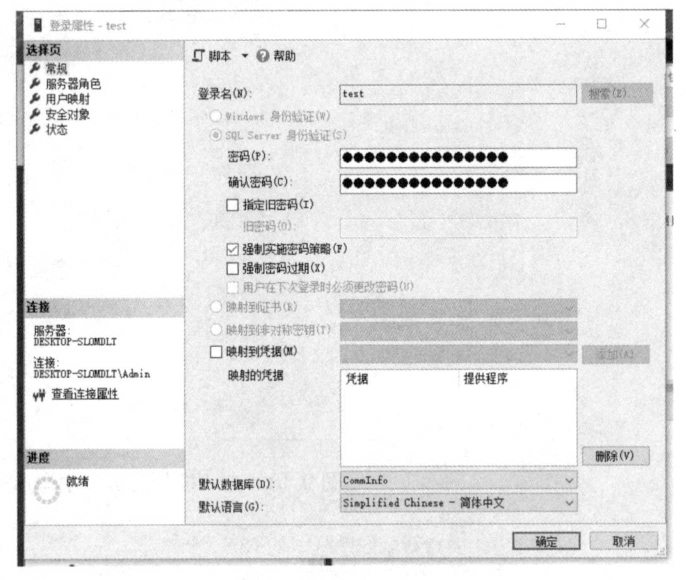

图 9-21 “常规”选项设置

(3) 在左侧的列表框中选择“服务器角色”选项，可以重新更改服务器的角色，如图 9-22 所示。

(4) 在左侧的列表框中选择“用户映射”选项，可以重新更改数据库角色，如图 9-23 所示。

(5) 在左侧的列表框中选择“状态”选项，可以设置启用或禁用登录账户。在“登录名”选项组中选中“禁用”单选按钮，即可禁用当前登录账户登录 SQL Server 服务器，如图 9-24 所示。

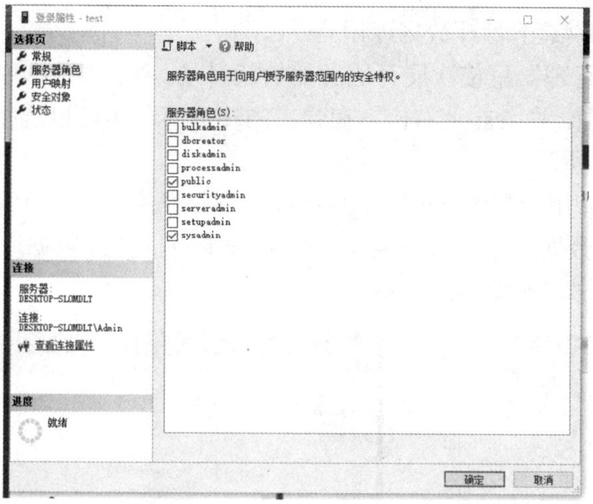

图 9-22 “服务器角色”选项设置

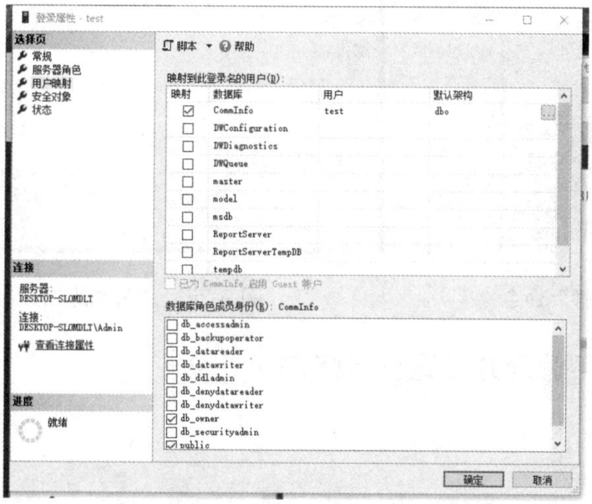

图 9-23 “用户映射”选项设置

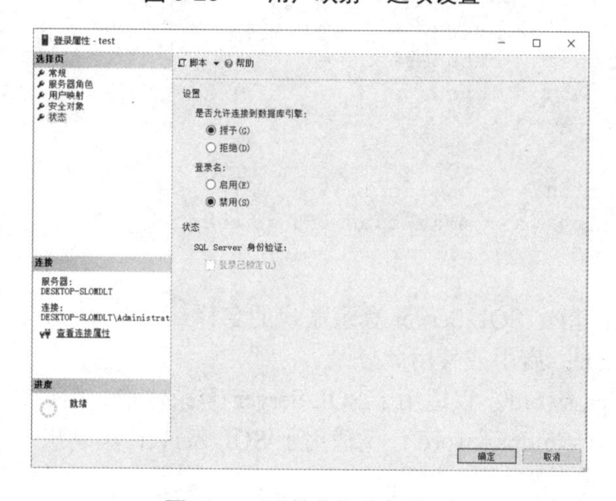

图 9-24 “状态”选项设置

【任务 9-7】图形模式下管理数据库用户。

(1) 在对象资源管理器里依次展开服务器树状目录，展开“数据库”→CommInfo→“安全性”→“用户”选项，在 test 上右击，在弹出的快捷菜单中可以选择“删除”命令或“属性”命令，如图 9-25 所示。

(2) 弹出“数据库用户”对话框，此时可以看到数据库用户名和登录名一样，选择“成员身份”选项，在“数据库角色成员身份”列表框中可以更改数据库角色，这和登录账户中修改数据库角色一样，如图 9-26 所示。

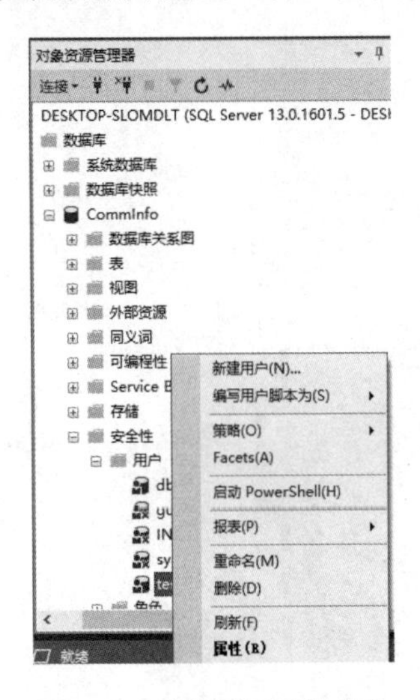

图 9-25　选择“属性”命令

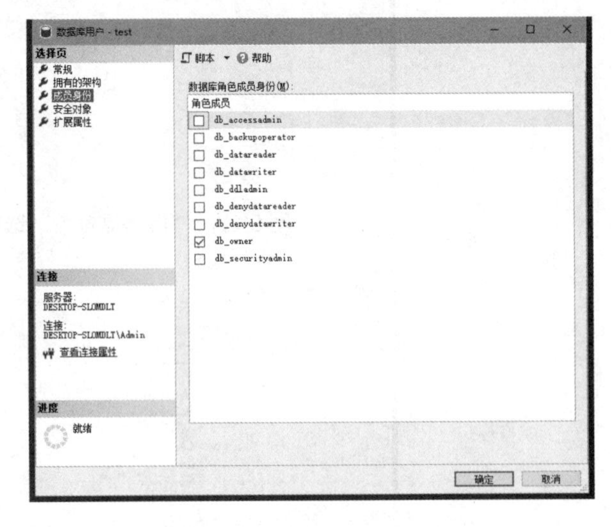

图 9-26　“数据库用户”对话框

二、命令模式下管理并配置登录账户

【语法】

```
alter login login_name
{ { enable | disable}| with <set_option>[,…] }
<set_option> ::= password = 'password'
[ old_password = 'oldpassword '|<secadmin_pwd_opt> [<secadmin_pwd_opt>]]
| default_database = database_name
| default_language = language
| name = login_name
| check_policy = { on | off }
| check_expiration = { on | off }
<secadmin_pwd_opt> ::= must_change | unlock
```

【说明】

(1) login_name：指定 SQL Server 登录账户的名称。

(2) enable | disable：启用或禁用此登录。

(3) password = 'password'：仅适用于 SQL Server 登录账户。指定登录账户的新密码。

(4) old_password = 'oldpassword'：仅适用于 SQL Server 登录账户。指定登录账户的旧密码。

(5) must_change：仅适用于 SQL Server 登录账户。如果包括此选项，则 SQL Server 将在首次使用已更改的登录时提示输入更新的密码。

(6) default_database = database_name：指定登录的默认数据库。

(7) default_language = language：指定登录的默认语言。

(8) name = login_name：指定登录的新账户。

(9) check_expiration = { on | off }：仅适用于 SQL Server 登录账户。指定是否对此登录账户强制实施密码过期策略。默认值为 off。

(10) check_policy = { on | off }：仅适用于 SQL Server 登录账户。指定应对此登录账户强制实施运行 SQL Server 的计算机的 Windows 密码策略。默认值为 on。

(11) unlock：仅适用于 SQL Server 登录账户。指定对被锁定的登录账户进行解锁。

【任务 9-8】更改登录账户 test 为禁止登录。

【分析】这里修改用户要求很简单，都是基本要求，执行命令如下：

```
alter login test disable
go
```

执行结果如图 9-27 所示，执行完命令后，消息框会显示命令已成功完成。

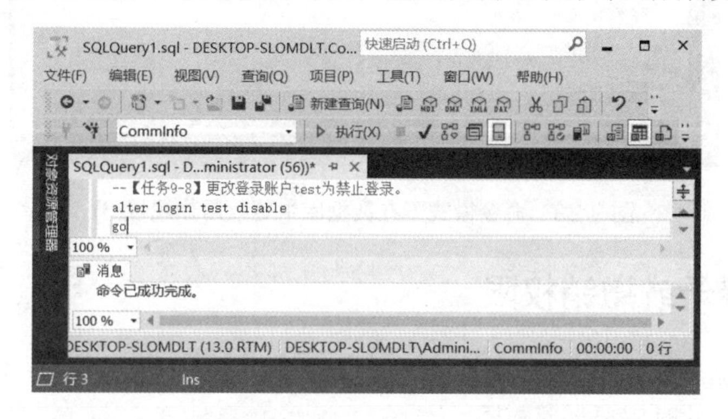

图 9-27　命令模式下在数据库中更改用户属性(1)

【任务 9-9】更改登录账户 test 的密码为“123”。

【分析】这里修改用户要求很简单，都是基本要求，执行命令如下：

```
alter login test
with password = '123'
```

执行结果如图 9-28 所示，执行完命令后，消息框会显示命令已成功完成。

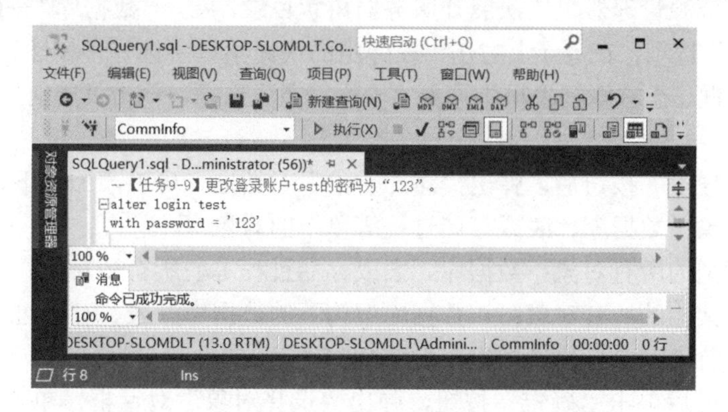

图 9-28　命令模式下在数据库中更改用户属性(2)

【任务 9-10】更改登录账户 test 为 test_m，并且强制用户下次登录时修改密码，默认数据库为 CommInfo。

【分析】这里修改用户要求很简单，都是基本要求，执行命令如下：

```
alter login test with password = '123' must_change,
name = test_m,
default_database = CommInfo,
check_expiration = on
```

执行结果如图 9-29 所示，执行完命令后，消息框会显示命令已成功完成。

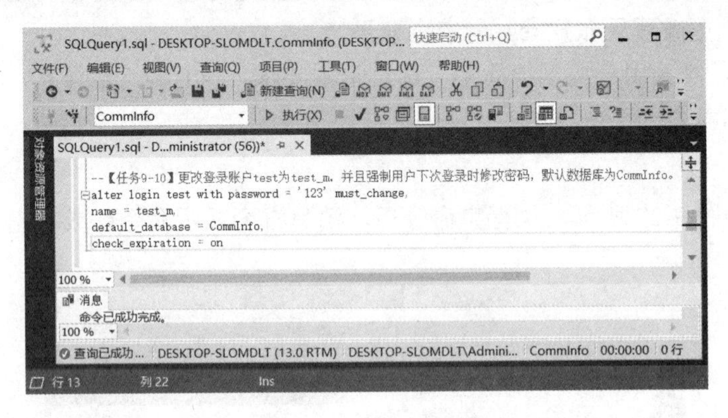

图 9-29　命令模式下在数据库中更改用户属性(3)

子任务 3　授予或撤销权限

当用户对数据库执行本身并不具备权限的操作时，系统会提示用户不具备权限，说明用户的权限不够，此时需要调整权限。

很多时候，由于实际需要，预定义的数据库角色并不能完全满足用户的权限需要，数据库角色定义的权限或者太小而不够用，或者太大而不安全。这时可对数据库用户的权限进行重新调整，以满足实际工作需要。这就需要进行权限的授予或撤销操作。

一、图形模式下管理权限

【任务 9-11】图形模式下管理权限。

(1) 在对象资源管理器里依次展开服务器树状目录，展开“数据库”→CommInfo→“安全性”→“用户”选项，在 test 上右击，在弹出的快捷菜单中选择“属性”命令，弹出“数据库用户”对话框。在右侧列表框中选择“安全对象”选项，单击“搜索”按钮，如图 9-30 所示。

(2) 单击“搜索”按钮后，弹出“添加对象”对话框，可以添加以下几种对象。

① 特定对象：数据库、表或存储过程等单个的对象。

② 特定类型的所有对象：数据库、表或存储过程等的所有子对象。

③ 属于该架构的所有对象：该数据库架构下的数据库、表、存储过程等所有对象。

这里选中“特定对象”单选按钮，如图 9-31 所示。

(3) 设置完成后单击“确定”按钮，弹出“选择对象”对话框，单击“对象类型”按钮，如图 9-32 所示。

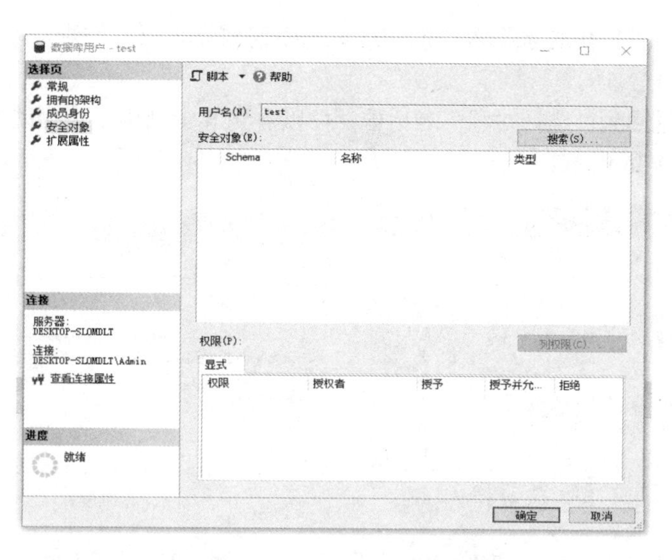

图 9-30 “安全对象”选项设置

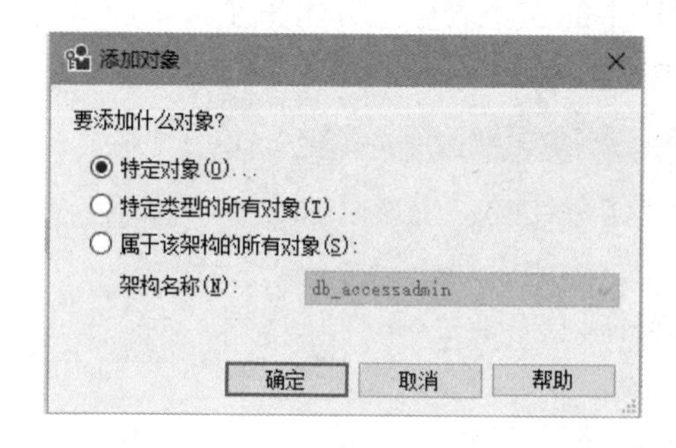

图 9-31 “添加对象”对话框

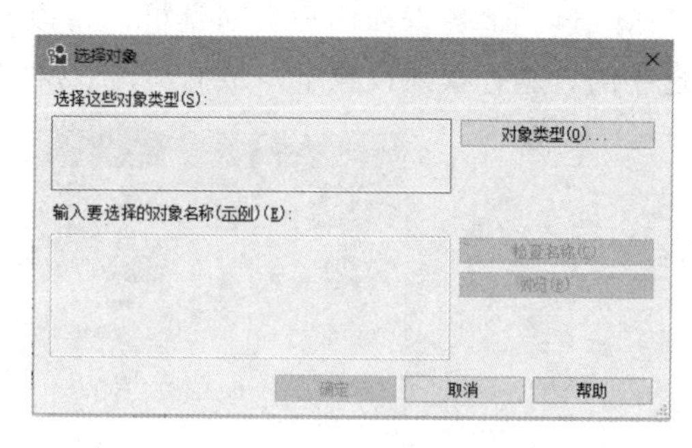

图 9-32 “选择对象”对话框

(4) 弹出“选择对象类型”对话框，其中列出了所有可选的对象，这里选中“表”复选框后，单击“确定”按钮，如图 9-33 所示。

(5) 此时返回到“选择对象”对话框，“表”对象已经列出来，然后单击“浏览”按钮，如图 9-34 所示。

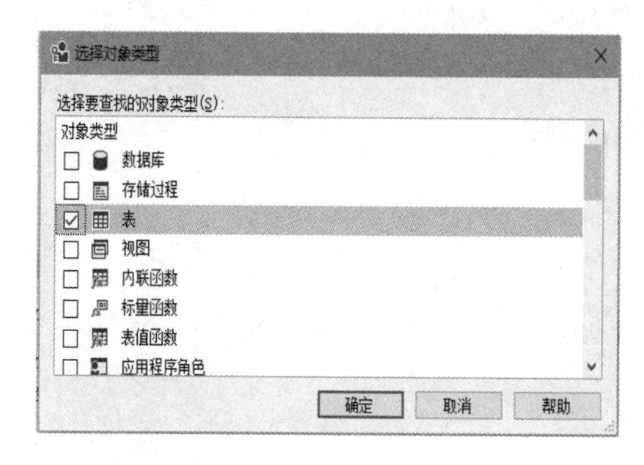

图 9-33 “选择对象类型”对话框

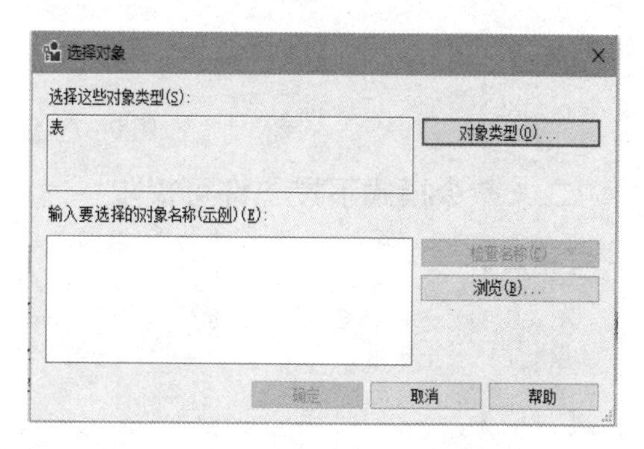

图 9-34 显示出“表”选项

(6) 此时弹出“查找对象”对话框，这里选中需要设置权限的表，单击“确定”按钮，如图 9-35 所示。

(7) 此时又返回到“选择对象”对话框，可以看到其中列出了选中的表名称，单击“确定”按钮，如图 9-36 所示。

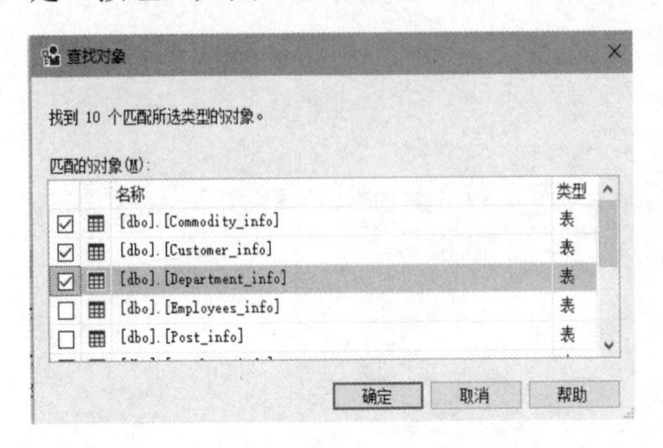

图 9-35 “查找对象”对话框

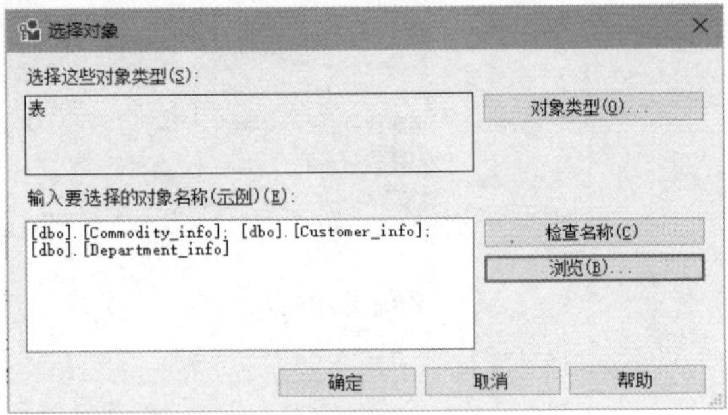

图 9-36 显示选择对象后的信息

(8) 返回“数据库用户”对话框，可以看到选中的三个表信息列出来了，下面就可以对选中的表进行权限设置了，最后单击“确定”按钮，如图 9-37 所示。

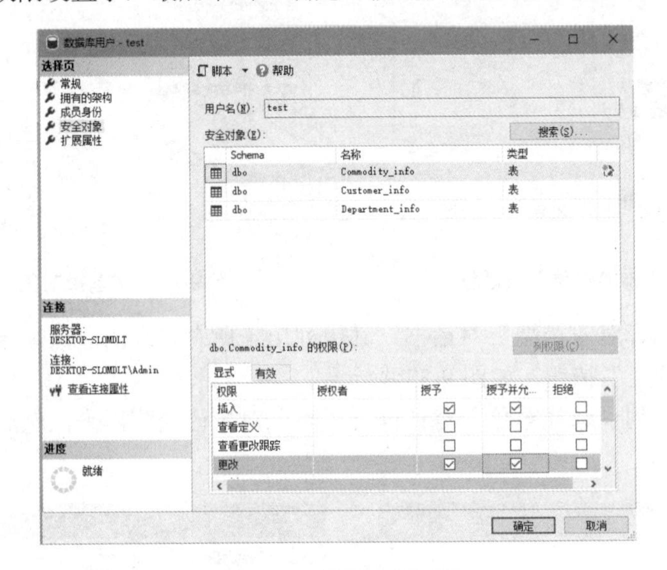

图 9-37 设置用户权限

二、命令模式下授予许可权限

【语法】

```
grant { all [privileges] } | 许可[ ( column [ ,...n ] ) ] [ ,...n ] [ on 安全对象] to 安全账号[ ,...n ] [ as { 分组| 角色} ]
```

【说明】

(1) all：参数 all 表示授予全部许可。只有系统管理员和数据库所有者才能使用该参数。

(2) privileges：是可以包含在符合 SQL-92 标准的语句中的可选关键字。

(3) 许可：是要授予的对象权限。

(4) column：是当前数据库内授予权限的列名。

(5) 安全对象：是当前数据库内要授予权限的对象。

(6) 安全账号：是当前数据库内要授予权限的账户。

(7) n：是一个占位符，表示在以逗号分隔的列表内可以重复的项目。

(8) 分组 | 角色：所属的权限范围。

【任务 9-12】对数据库 CommInfo 的用户 test 授予数据表 Department_info 的插入和更新权限。

【分析】重新修改用户权限要求很简单，执行命令如下：

```
use CommInfo
grant insert,update on Department_info to test
go
```

执行结果如图 9-38 所示，执行完命令后，消息框会显示命令已成功完成。

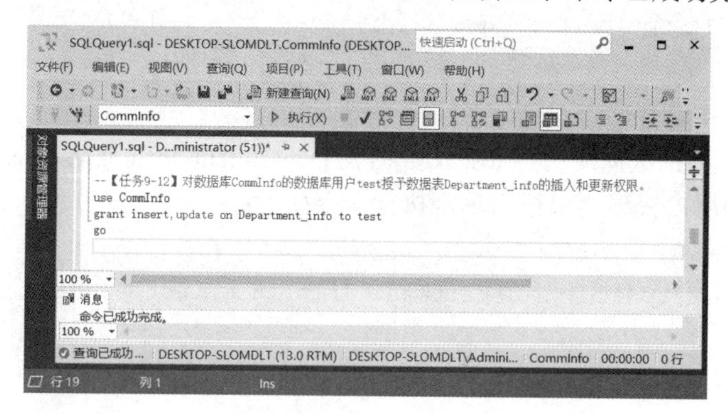

图 9-38　修改权限后显示命令已成功完成

注意：如果一次要授予多个权限，权限之间要用逗号分隔；如果要同时授予多个用户，用户之间也需要逗号分隔。

三、命令模式下拒绝许可权限

【语法】

```
deny { all [privileges] } | 许可[ ( column [ ,...n ] ) ] [ ,...n ] [ on 安全对象] to 安全账号[ ,...n ][cascade]
```

【说明】参数使用方法同 grant，在此不再说明。

【任务 9-13】拒绝 CommInfo 数据库用户 test 在数据表 Department_info 的 delete 权限。

【分析】设置拒绝用户权限要求很简单，执行命令如下：

```
use CommInfo
deny delete on Department_info to test cascade
go
```

执行结果如图 9-39 所示，执行完命令后，消息框会显示命令已成功完成。

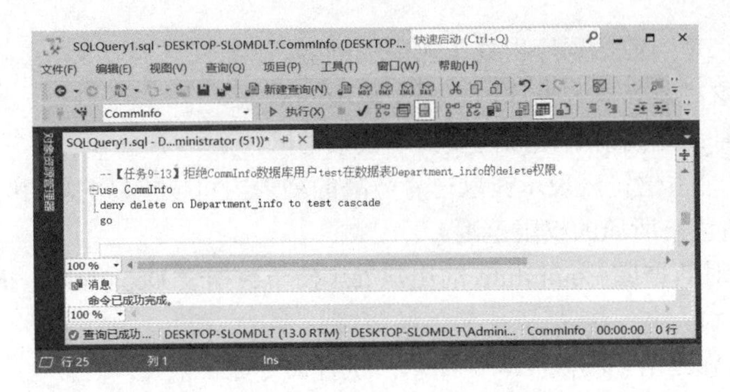

图 9-39　设置拒绝权限后显示命令已成功完成

四、命令模式下撤销许可权限

【语法】

```
revoke [ grant option for ] { all [privileges] } | 许可[ ( column [ ,...n ] ) ]
[ ,...n ] [ on 安全对象] from 安全账号[ ,...n ][cascade]
```

【说明】参数使用方法同 grant，在此不再说明。

【任务 9-14】撤销数据库用户 test 在数据表 Department_info 上的 insert、update 许可。

【分析】撤销用户权限要求很简单，执行命令如下：

```
use CommInfo
revoke insert,update on Department_info from test cascade
go
```

执行结果如图 9-40 所示，执行完命令后，消息框会显示命令已成功完成。

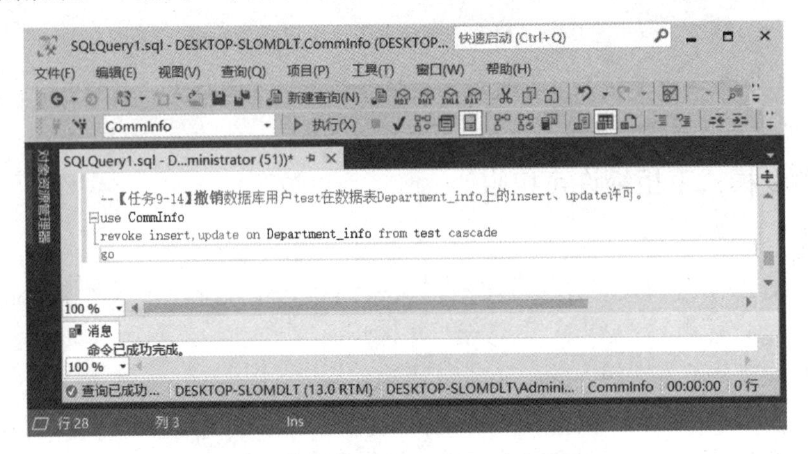

图 9-40　撤销权限后显示命令已成功完成

任务 9.2　数据的备份与恢复

日常数据管理当中，经常会出现硬件或软件错误，做好数据维护工作就相当重要了，我们如何实现呢？

由于计算机硬件故障、系统错误、病毒、误操作等不可避免的因素，都可能导致数据库的数据受到破坏甚至丢失，因此，如何才能保证数据的安全完整，是数据库维护工作的核心内容。数据库备份与还原是用户在数据受到破坏或者是丢失、数据资源已经损失的情况下，对损失进行补救的一种方法。

(请扫二维码学习 微课“数据的备份与恢复”)

子任务 1　创建备份设备

在进行数据库备份操作之前，我们必须计划数据库的备份设备，并建立相应的备份设备。备份设备的计划主要考虑存储空间和备份文件的大小是否匹配，是否方便管理。

经常性备份模式一般比较固定，建议创建一个备份设备进行数据的日常备份和恢复操作，下面使用文件虚拟技术创建一个备份设备。

【任务 9-15】创建数据库备份设备，类型为磁盘文件，命名为 CommInfobackup。

(1) 在磁盘上创建一个 CommInfobackup 目录，下面将使用这个目录进行备份设备的虚拟，如图 9-41 所示。

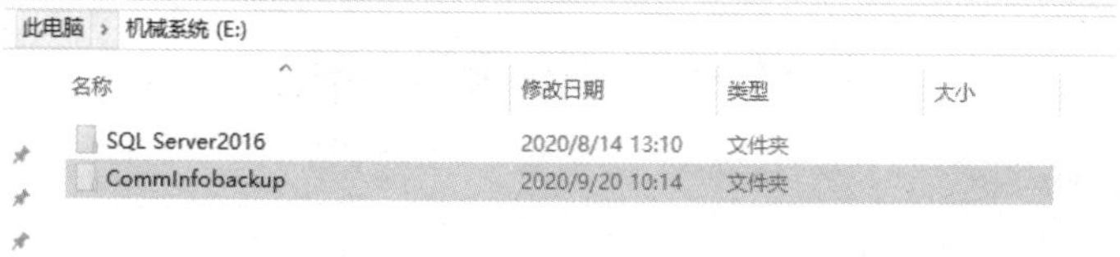

图 9-41　在磁盘上创建目录

(2) 打开 SSMS 窗口，在对象资源管理器中展开“服务器对象”选项，右击“备份设备”选项，在弹出的快捷菜单中选择“新建备份设备”命令，如图 9-42 所示。

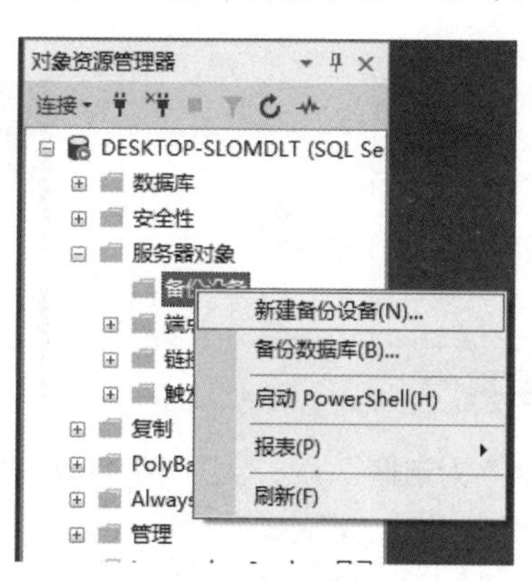

图 9-42　选择“新建备份设备”命令

(3) 弹出“备份设备”对话框，在“设备名称”文本框中输入“CommInfobackup”，如图 9-43 所示。单击“文件”文本框右侧的 [...] 按钮，弹出“定位数据库文件”对话框，找到刚创建的 CommInfobackup 目录，然后在“文件名”文本框中输入“CommInfobackup.bak”，如图 9-44 所示，单击“确定”按钮结束文件的选择。观察对象资源管理器，在“备份设备”选项下多了一个 CommInfobackup 设备，如图 9-45 所示。

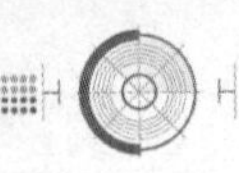

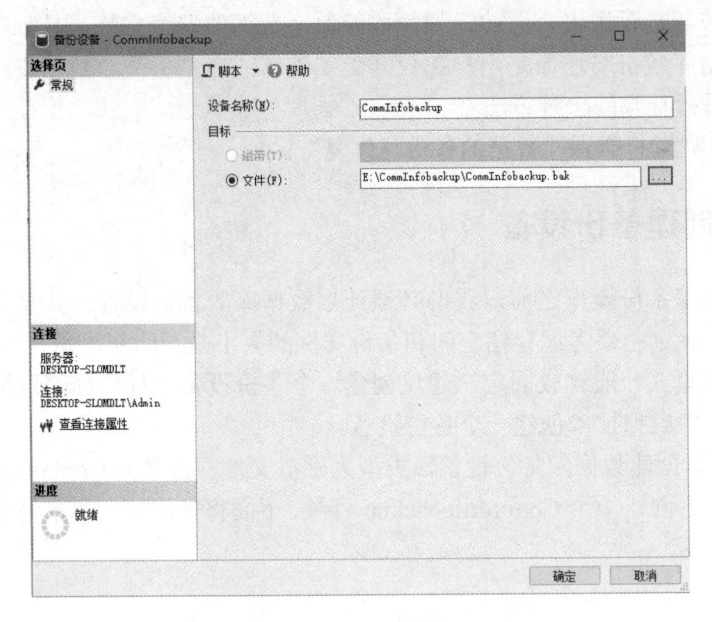

图 9-43 “备份设备”对话框

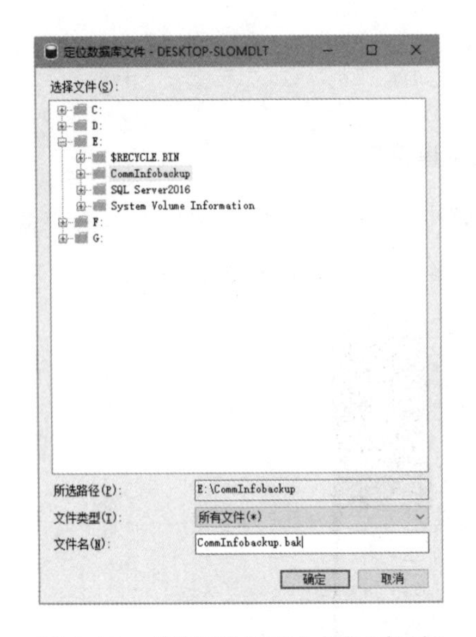

图 9-44 “定位数据库文件”对话框

图 9-45 “备份设备”下的新设备选项

子任务 2 设置数据库的恢复模式

数据库建立时 SQL Server 默认的数据恢复模式是完整模式。也有可能有人进行了修改，所以在第一次进行备份之前，必须保证恢复模式是完整模式，这样就能保证基础备份数据是完整的。

【任务 9-16】查看数据库 CommInfo 的恢复模式，要求将恢复模式设置为完整恢复模式。

(1) 打开 SSMS 窗口，在对象资源管理器中，在树状目录中展开“数据库”选项，右击需要备份的数据库，这里选择 CommInfo 选项，在弹出的快捷菜单中选择“属性”命令，如图 9-46 所示，弹出“数据库属性”对话框。

(2) 在左侧的列表框中选择“选项”选项，在右侧可以对恢复模式后的选项进行设置。第一次备份必须选择完整恢复模式，单击“确定”按钮，如图 9-47 所示。

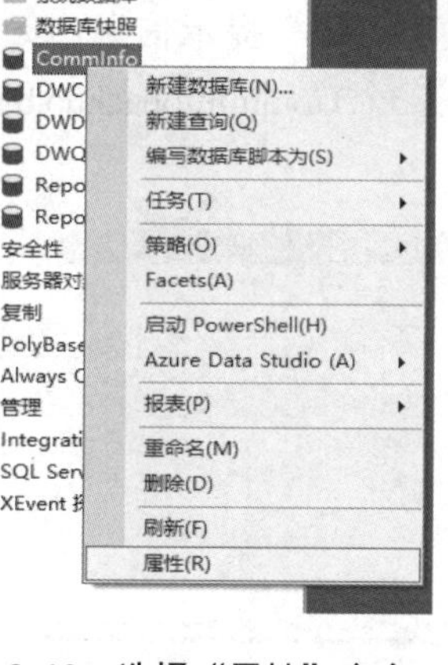

图 9-46 选择“属性”命令

图 9-47 设置恢复模式

子任务 3 对数据库执行完整数据备份

第一次进行数据备份必须记得要进行完整数据备份，这样可以保证基础数据的完整性。

【任务 9-17】将数据库 CommInfo 完整备份到备份设备 CommInfobackup 中。

(1) 在对象资源管理器中，选择要进行备份的数据库 CommInfo，右击，在弹出的快捷菜单中选择“任务”→“备份”命令，如图 9-48 所示。

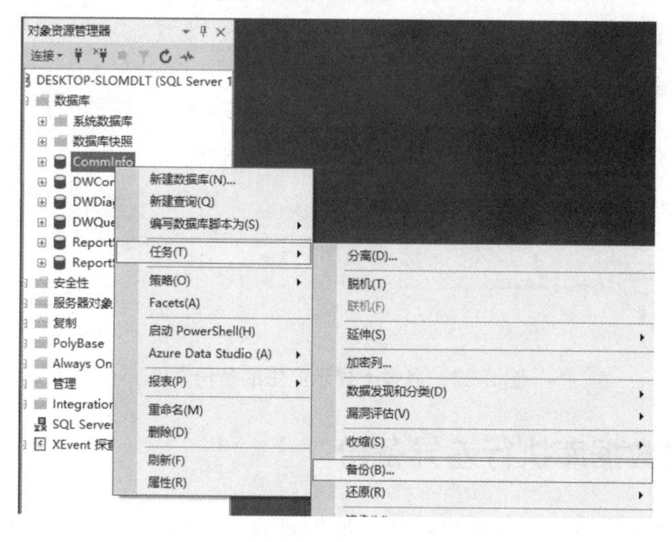

图 9-48 选择“备份”命令

(2) 在弹出的“备份数据库”对话框中，选择 CommInfo 数据库，将“备份类型”设置为“完整”，“备份组件”设置为“数据库”，“目标”设置为备份到磁盘，单击“添加”按钮，弹出“选择备份目标”对话框，并选择 CommInfobackup 备份设置，完成后单击“确定”按钮，如图 9-49 所示。回到“备份数据库”对话框，选择 CommInfobackup 设备，“备份数据库”对话框设置完成后的效果如图 9-50 所示。

(3) 在“备份数据库”对话框中单击“确定”按钮，系统开始进行 CommInfo 的备份任务，任务完成后出现“对数据库‘CommInfo’的备份已成功完成”提示信息，如图 9-51 所示。最后打开磁盘上的 CommInfobackup 目录，可以看到多了一个 CommInfobackup.bak 文件，如图 9-52 所示。

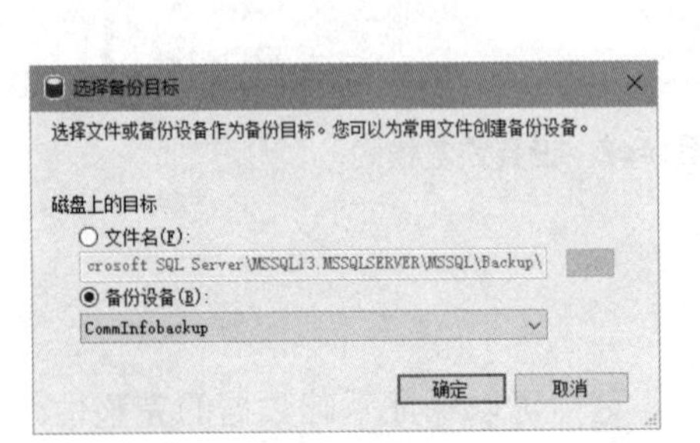

图 9-49　选择备份设备

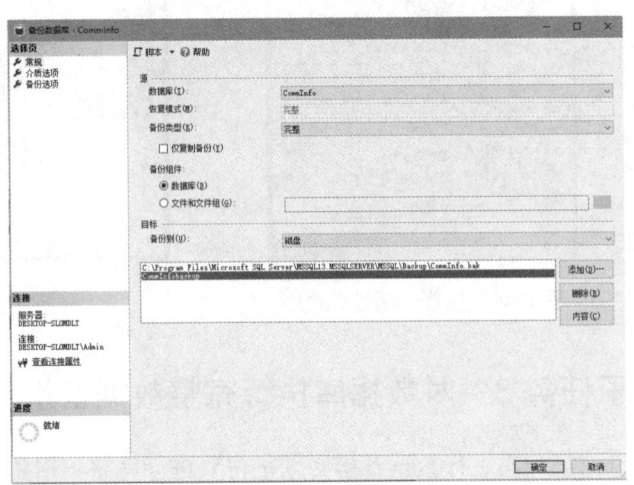

图 9-50　“备份数据库”对话框设置完成后的效果

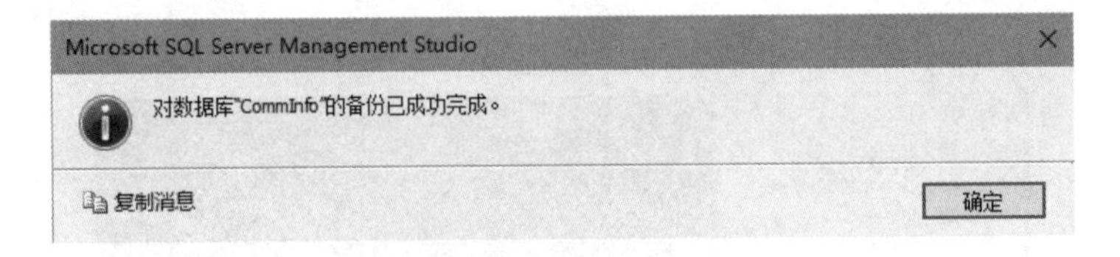

图 9-51　完成后的提示对话框

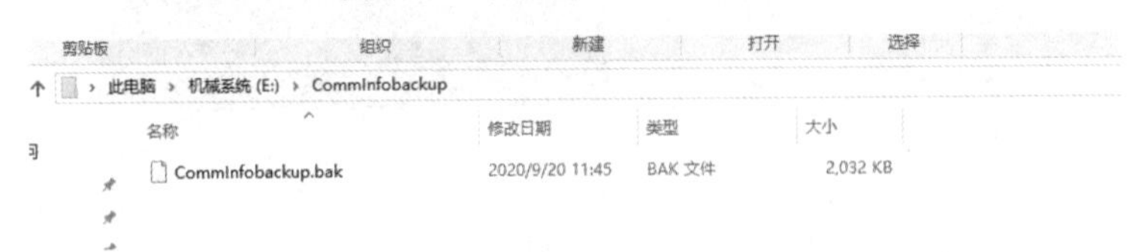

图 9-52　目录上显示产生的备份文件

子任务 4　对数据库执行差异备份

当进行过第一次基础数据备份后，如果后期进行日常数据备份，数据为递增性增加时，可以进行差异备份操作。

【任务 9-18】将数据库 CommInfo 差异备份到备份设备 CommInfobackup。

(1) 重复任务 9-17 中的步骤 1，打开“备份数据库”对话框，在该对话框中选择源数据库 CommInfo，将“备份类型”设置为“差异”，“目标”设置为备份到磁盘，然后选择下面列出的 CommInfobackup 虚拟设备，如图 9-53 所示。

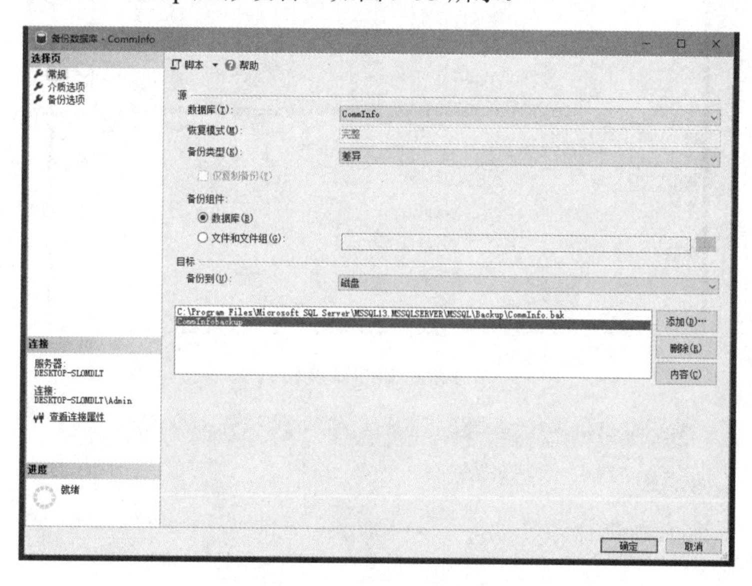

图 9-53 设置差异备份

(2) 在“备份数据库”对话框中单击“确定”按钮，系统开始进行 CommInfo 的备份任务，任务完成后出现提示备份完成的对话框，如图 9-54 所示。

图 9-54 备份完成后的提示对话框

子任务 5 对数据库执行事务日志备份

事务日志记录了数据管理的操作轨迹，一旦出现失误操作或者违法操作，我们都能从事务日志中找到操作的痕迹，并且能通过事务日志进行回滚操作或者查找原因等。所以事务日志备份是非常有必要的。

【任务 9-19】将数据库 CommInfo 的事务日志备份到备份设备 CommInfobackup。

(1) 重复任务 9-17 中的步骤 1，打开“备份数据库”对话框，在该对话框中选择源数据库 CommInfo，将“备份类型”设置为“事务日志”，“目标”设置为备份到“磁盘”，然后选择“目标”列表框中的 CommInfobackup 虚拟设备，如图 9-55 所示。

(2) 在“备份数据库”对话框中单击“确定”按钮，系统开始进行 CommInfo 的备份任务，任务完成后出现备份完成提示信息，如图 9-56 所示。

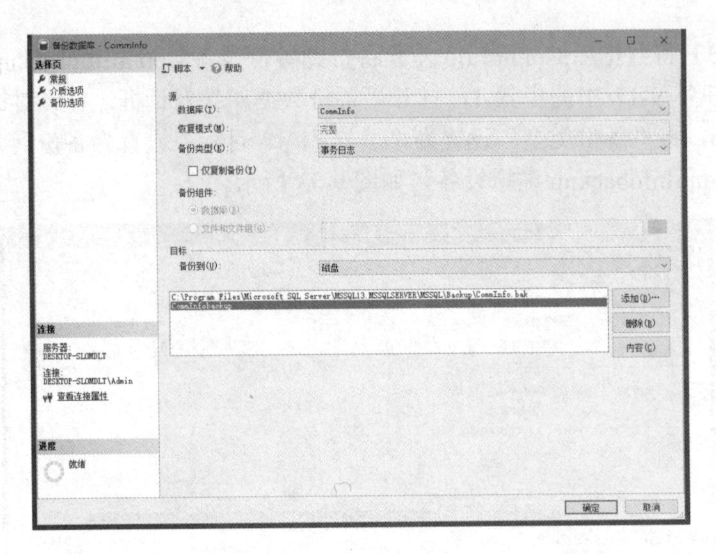

图 9-55　设置事务日志

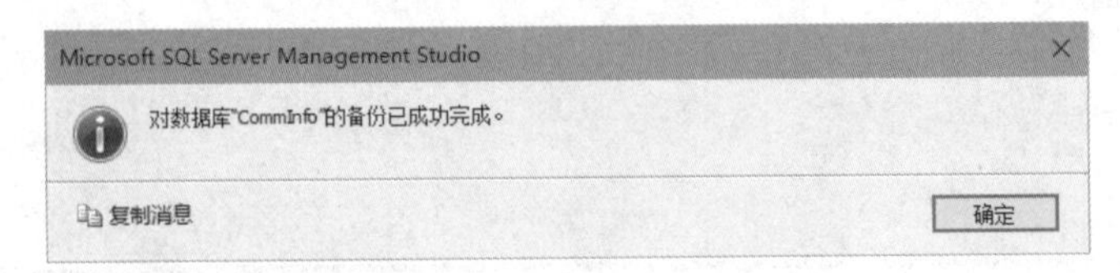

图 9-56　备份完成后的提示对话框

子任务 6　使用备份设备对数据库进行还原

【任务 9-20】使用备份设备还原数据库 CommInfo。

(1) 在对象资源管理器中，选择数据库 CommInfo，右击，在弹出的快捷菜单中选择“任务”→“还原”→“数据库”命令，如图 9-57 所示。

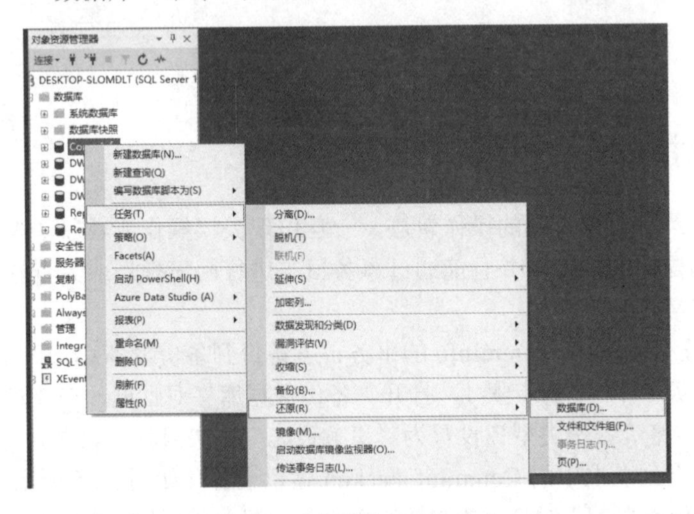

图 9-57　选择“数据库”命令

(2) 在“还原数据库”对话框中，有需要确定还原的源和还原的目标两部分内容。其中还原的源是指用于还原数据库的镜像数据库或者备份设备，因为备份时选择的备份组件为数据库，这里我们选中“数据库”单选按钮，并在其下拉列表框中选择 CommInfo 选项，在“还原计划”中列出了 CommInfo 的三个备份数据库，根据情况进行勾选。还原的目标是指希望还原的数据库，目标设置为 CommInfo，如图 9-58 所示。

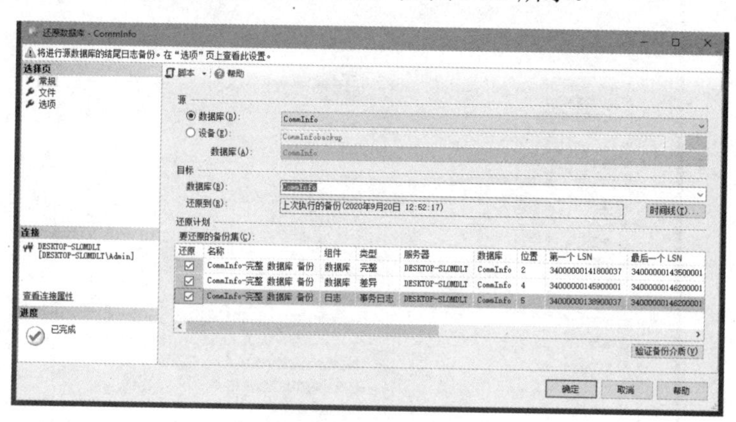

图 9-58　还原设置

(3) 在还原数据库对话框中单击“确定”按钮，立即开始执行还原操作，最后会出现还原成功的提示对话框，如图 9-59 所示。

图 9-59　还原成功的提示对话框

任务 9.3　数据的导入和导出

SQL Server 提供了一种简单、直观的方式来实现 SQL Server 数据库或其他种类数据库，如 Excel 文件、Access 数据文件、其他关系型数据库(Oracle)与 SQL Server 数据库之间的转换。当然也可以在不同的 SQL Server 数据库之间进行转移。

导入是将数据库之外的数据导入到数据库中；导出是导入的反操作，将 SQL Server 数据库的数据导出到外部某种数据的形式。

子任务 1　数据的导出

【任务 9-21】将商品管理系统数据库(CommInfo)表中的数据导出，文件名为“CommInfo.xls”，并保存到 D 盘。

(1) 打开 SSMS 窗口，在对象资源管理器中，连接到 SQL Server 数据库引擎实例，然后展开该实例。

(2) 展开“数据库”选项，选中 CommInfo 数据库，右击，在弹出的快捷菜单中选择“任务”→“导出数据”命令，如图 9-60 所示。

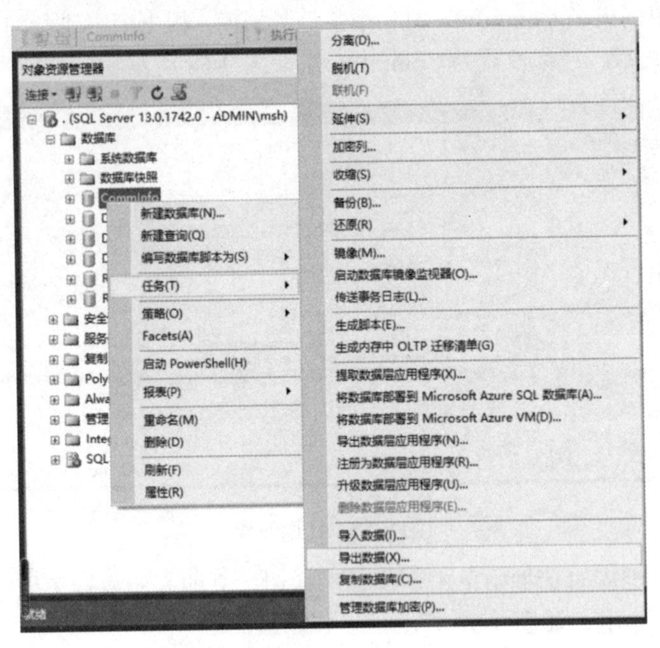

图 9-60 选择“导出数据”命令

(3) 打开“SQL Server 导入和导出向导”对话框，单击“下一步”按钮，如图 9-61 所示。

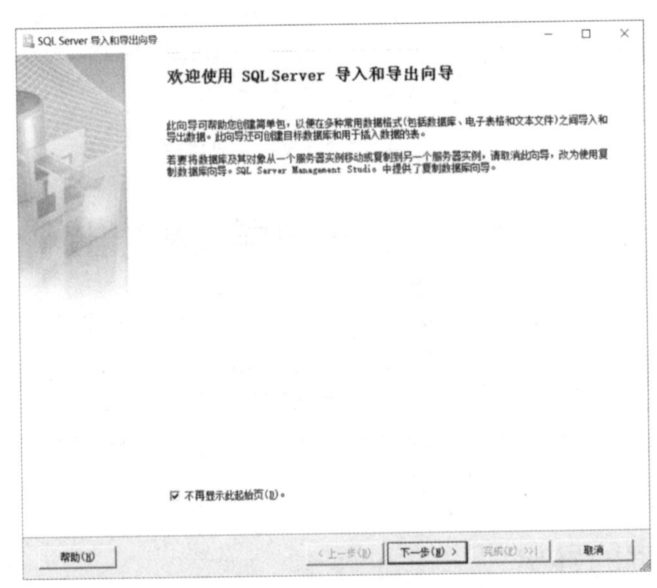

图 9-61 “SQL Server 导入和导出向导”对话框

(4) 进入“选择数据源”设置界面，设置“数据源”为 SQL Server Native Client 11.0，同时确认服务器名称(服务器是本机时，可用“.”表示)、身份验证方式、数据库等参数，单击“下一步”按钮，如图 9-62 所示。

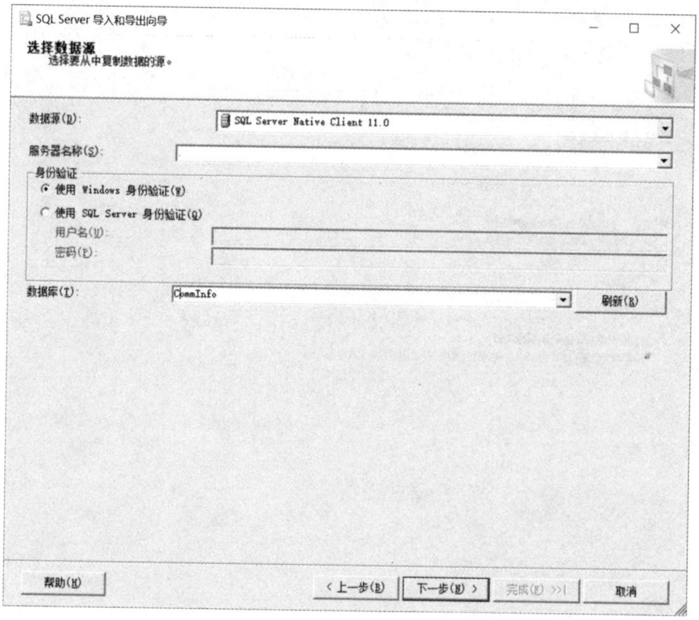

图 9-62　“选择数据源”设置界面

(5) 打开“选择目标”设置界面，设置“目标”为 Microsoft Excel，在“Excel 文件路径”文本框中输入“D:\CommInfo.xls”(注：也可以单击“浏览”按钮，选择要保存文件的路径，并为文件命名)，设置“Excel 版本”为 Microsoft Excel 97-2003，单击“下一步”按钮，如图 9-63 所示。

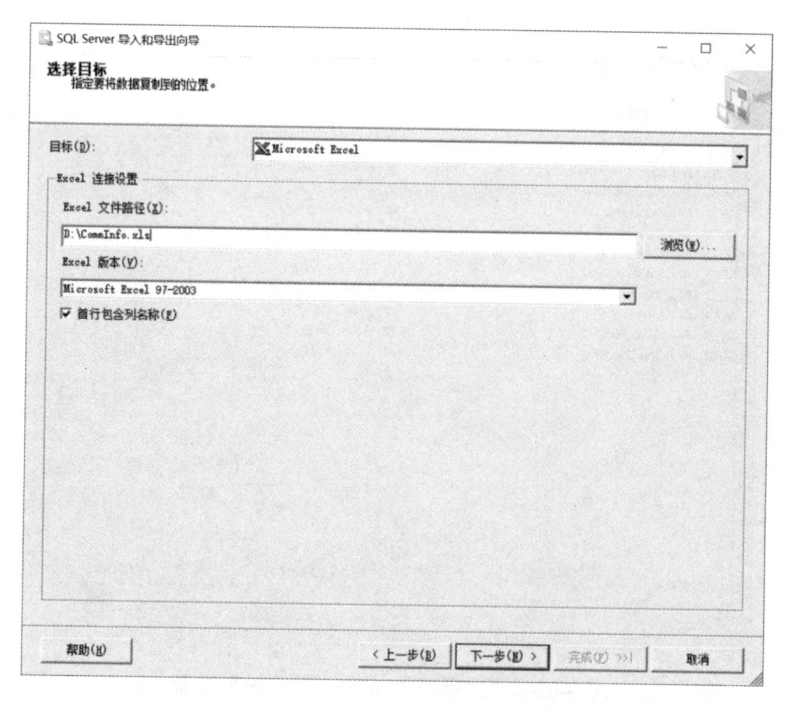

图 9-63　“选择目标”设置界面

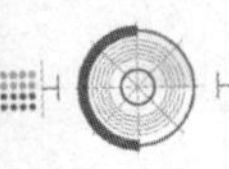

(6) 打开“指定表复制或查询”设置界面，选中“复制一个或多个表或视图的数据”单选按钮，单击“下一步”按钮，如图 9-64 所示。

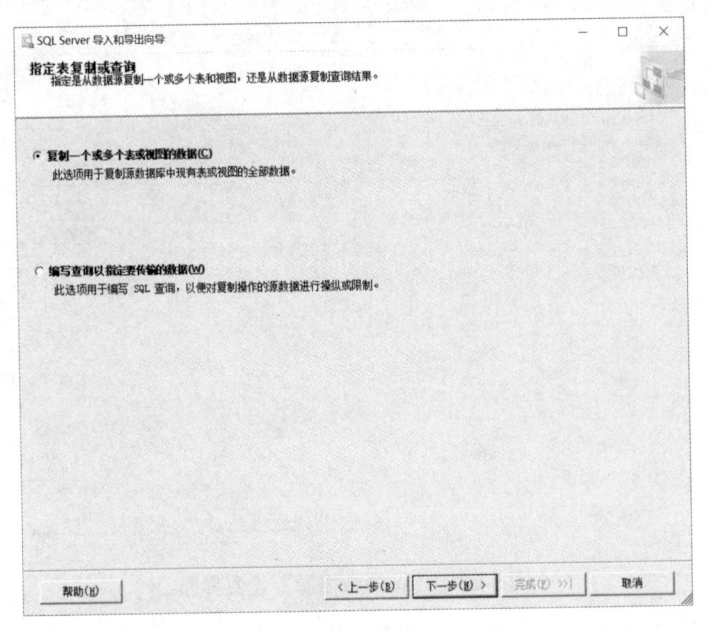

图 9-64 “指定表复制或查询”设置界面

(7) 打开“选择源表和源视图”设置界面，选择源表，目标表的名称可以选择默认，也可以修改名称，单击“下一步”按钮，如图 9-65 所示。

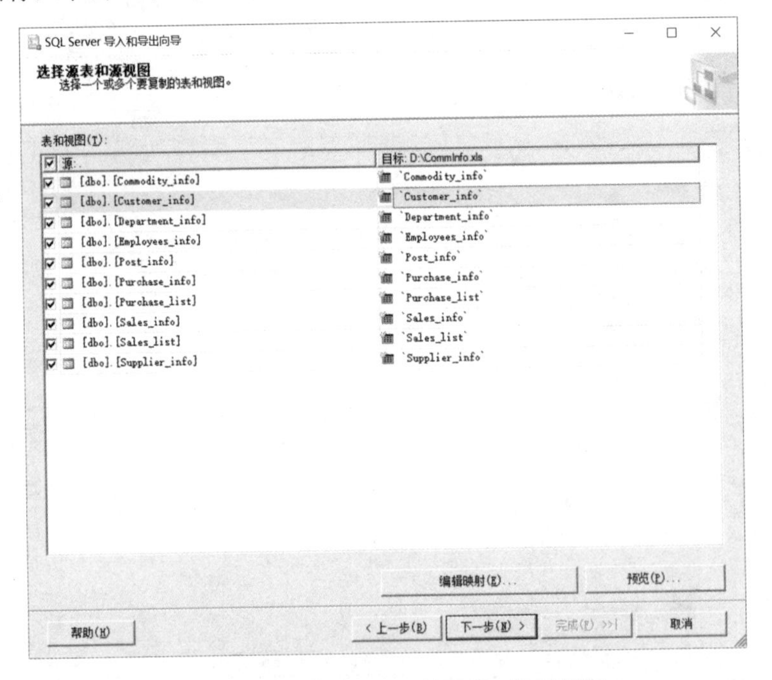

图 9-65 “选择源表和源视图” 设置界面

(8) 打开“查看数据类型映射”对话框，单击“下一步”按钮，如图 9-66 所示。

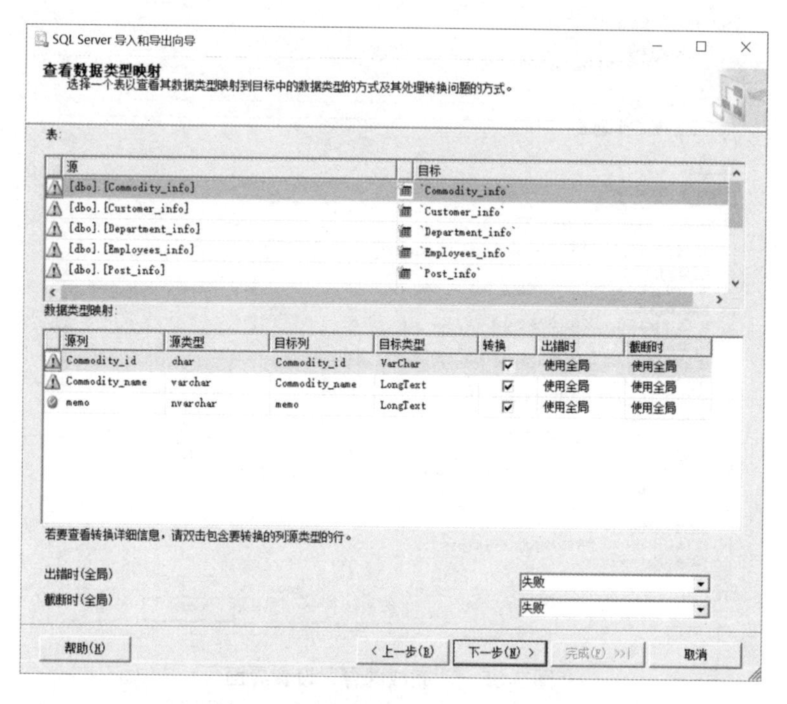

图 9-66　“查看数据类型映射”设置界面

(9) 打开“保存并运行包”设置界面，选中“立即执行”复选框，单击“下一步”按钮，如图 9-67 所示。

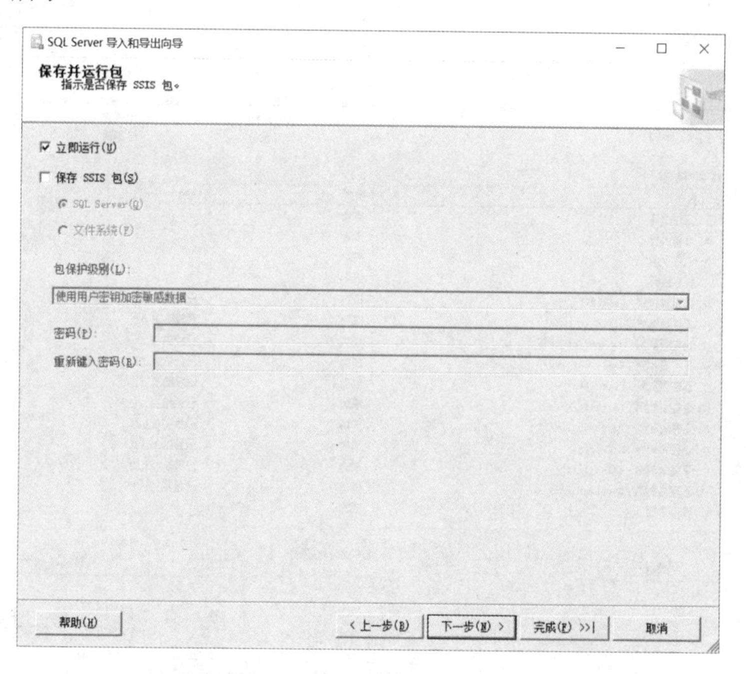

图 9-67　“保存并运行包” 设置界面

(10) 打开“完成向导”设置界面，单击“完成”按钮，如图 9-68 所示。

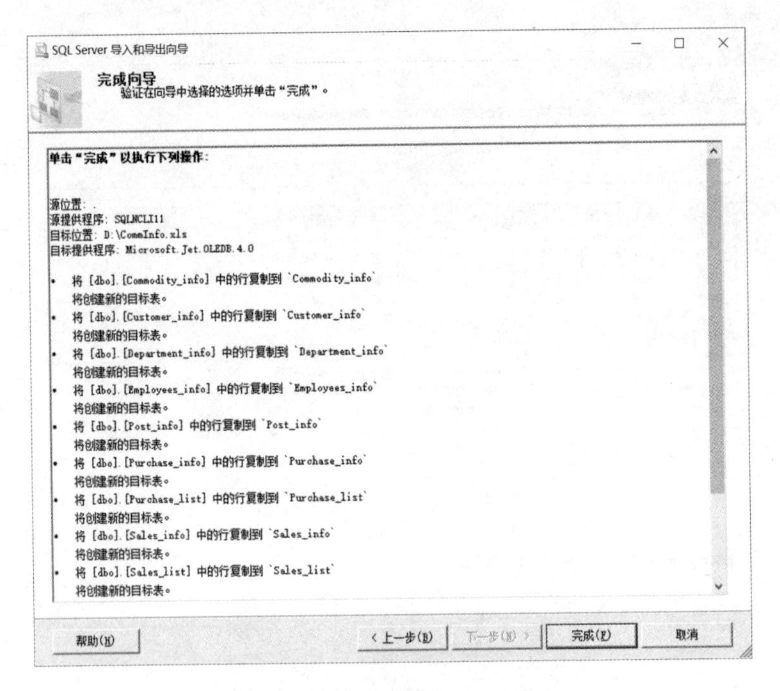

图 9-68 “完成向导”设置界面

(11) 进入执行界面，执行完毕后显示“执行成功”设置界面，单击“关闭”按钮，完成导出操作，如图 9-69 所示。

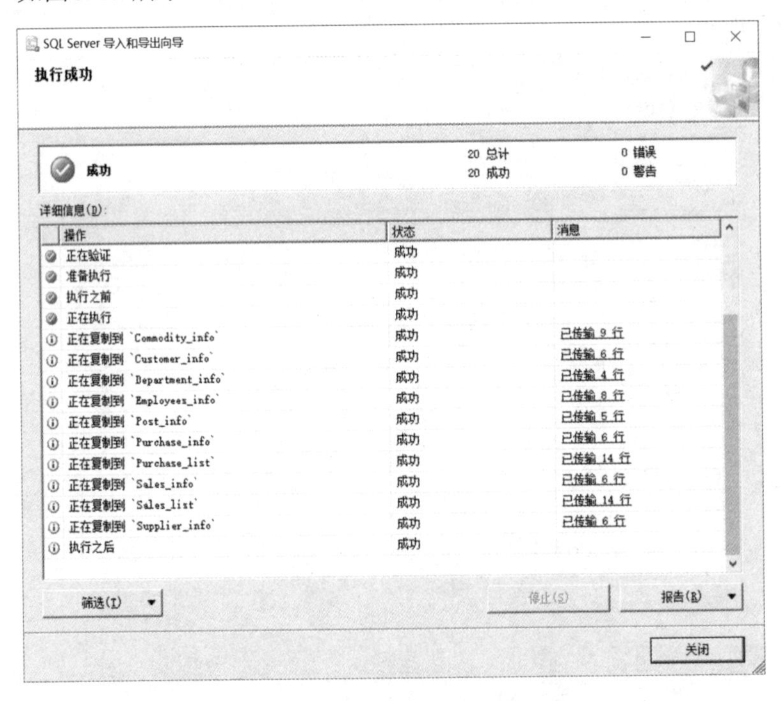

图 9-69 “执行成功”设置界面

(12) 打开 D 盘，检查文件 CommInfo.xls 是否存在，并打开此文件，检查文件中的数据记录，确保数据全部已经导出到 D 盘。

子任务 2　数据的导入

【任务 9-22】新建一个名为“商品管理系统数据库”的数据库，将任务 9-21 的 CommInfo.xls 文件导入到商品管理系统数据库中。

(1) 打开 SSMS 窗口，在对象资源管理器中，连接到 SQL Server 数据库引擎实例，然后展开该实例。

(2) 展开“数据库”选项，选中商品管理系统数据库，右击，在弹出的快捷菜单中选择“任务”→“导入数据”命令。进入导入和导出向导欢迎界面，单击“下一步”按钮，打开“选择数据源”设置界面，设置“数据源”为 Microsoft Excel，并设置 Excel 文件路径和 Excel 版本，最后单击“下一步”按钮，如图 9-70 所示。

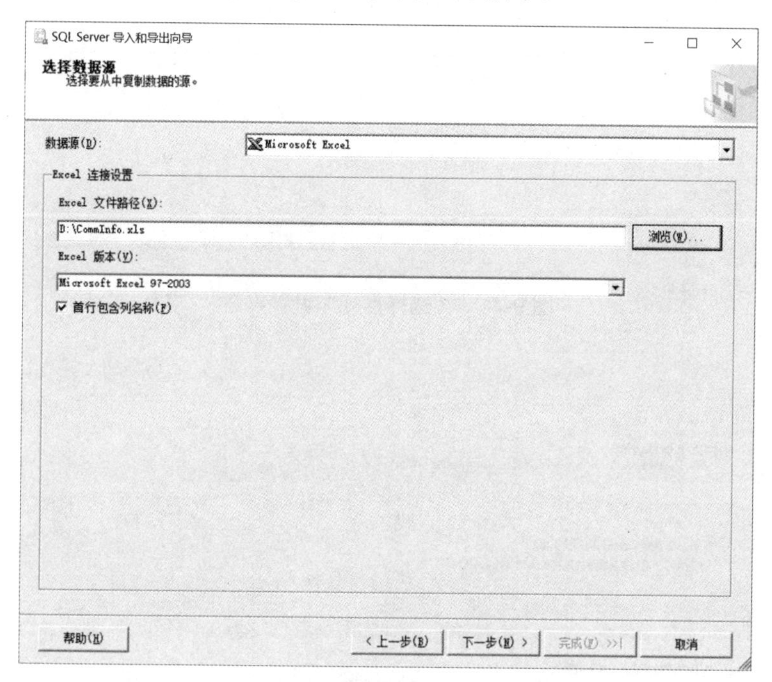

图 9-70　“选择数据源”设置界面

(3) 打开“选择目标”设置界面，确定目标的数据类型为“SQL Server Native Client 11.0”，并确定服务器名、身份验证、数据库等各参数，单击“下一步”按钮，如图 9-71 所示。

(4) 打开“指定表复制或查询”设置界面，选中“复制一个或多个表或视图的数据”单选按钮，单击“下一步”按钮，如图 9-72 所示。

(5) 打开“选择源表和源视图”设置界面，选择源表，目标表的名称可以选择默认，也可以修改名称，单击“下一步”按钮，如图 9-73 所示。

(6) 打开“保存并运行包”设置界面，选中“立即执行”复选框，并单击“下一步”按钮，打开“完成向导”设置界面，单击“完成”按钮，如图 9-74 所示。

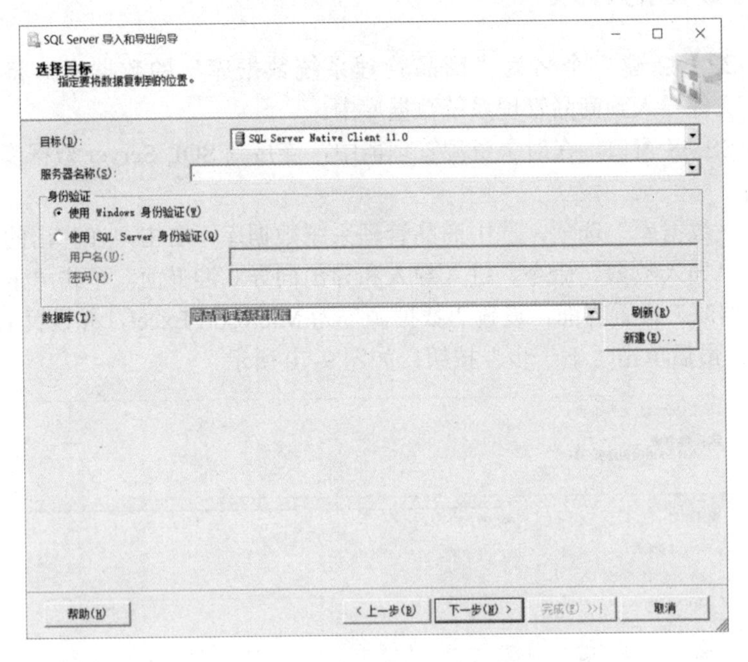

图 9-71 “选择目标”设置界面

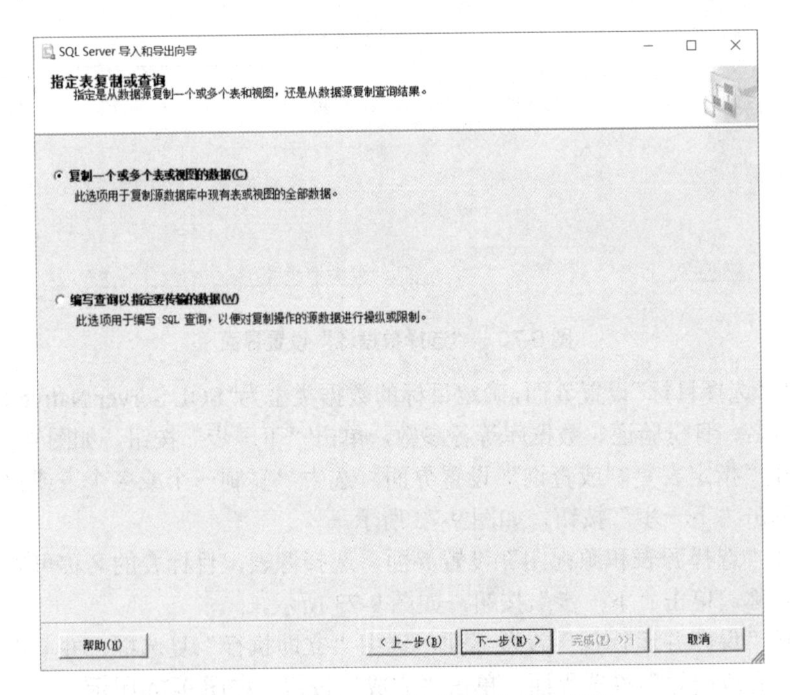

图 9-72 “指定表复制或查询”设置界面

图 9-73 “选择源表和源视图”设置界面

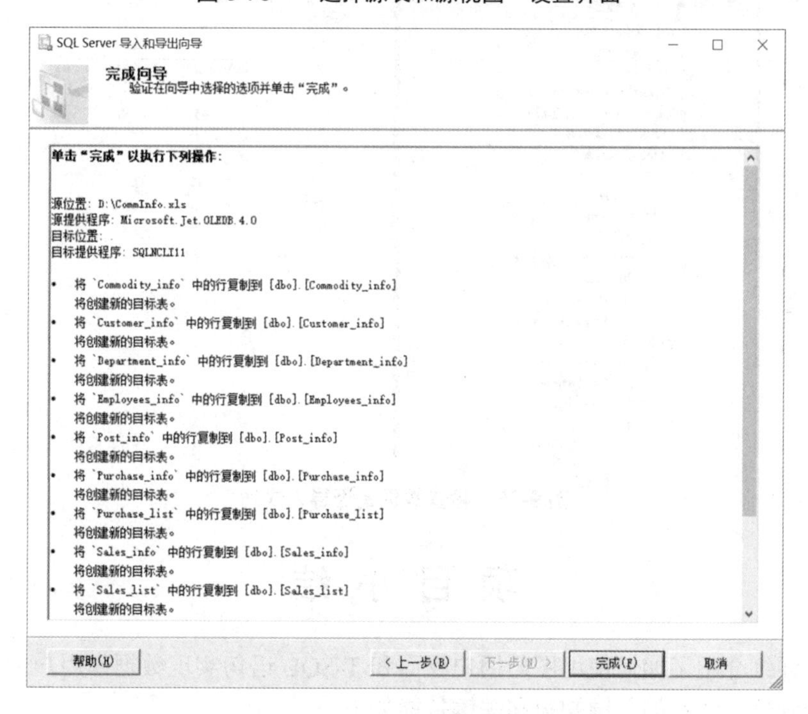

图 9-74 “完成向导”设置界面

(7) 进入执行界面，执行完毕后显示“执行成功”设置界面，然后单击“关闭”按钮，完成导入操作，如图 9-75 所示。

(8) 展开“商品管理系统数据库”选项，再展开“表”树状文件，检查导入的表是否存在，并可打开表，检查数据是否成功导入，如图 9-76 所示。

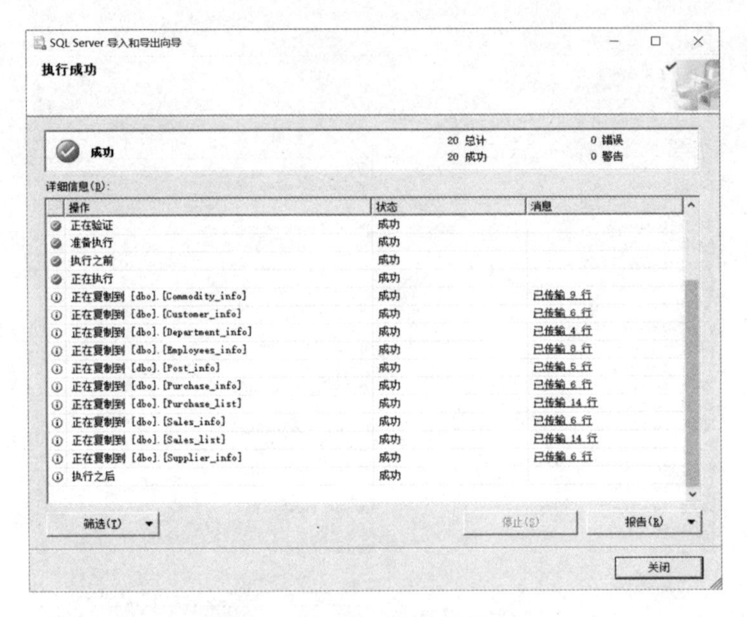

图 9-75 “执行成功”设置界面

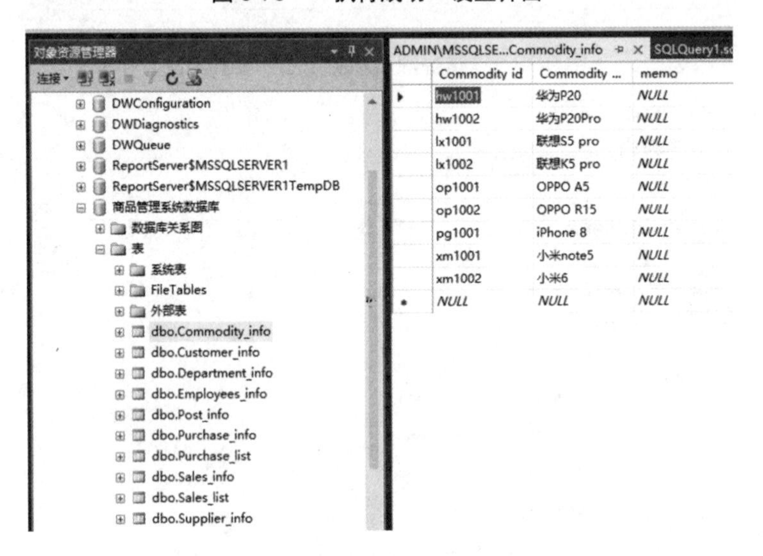

图 9-76 检查数据是否导入成功

项 目 小 结

本项目详细介绍了如何使用图形用户界面和 T-SQL 语句实现数据库用户的操作以及数据库的安全管理，涉及的关键知识和关键技能如下。

1. 关键知识

(1) 掌握 SQL Server 的安全机制。

(2) 掌握 SQL Server 的身份验证模式。

(3) 掌握用户、角色和权限管理。

(4) 掌握数据库的备份和还原。

2. 关键技能

(1) 通过图形用户界面和 T-SQL 语句实现创建和管理安全账户的操作，包括设置服务器身份验证与创建登录账户、管理登录账户与数据库用户、授予或撤销权限。

(2) 通过图形用户界面实现数据的备份与恢复，包括创建备份设备，设置数据库的恢复模式、对数据库执行完整数据备份、差异备份和事务日志备份，使用备份设备对数据库进行还原等。

(3) 通过图形用户界面实现数据的导入和导出。

思考与练习

一、选择题

(1) 为了保证数据库应用系统正常运行，数据库管理员在日常工作中需要对数据库进行维护。下列一般不属于数据库管理员日常维护工作的是( )。

A. 数据内容的一致性维护　　B. 数据库备份与恢复

C. 数据库安全性维护　　D. 数据库存储空间管理

(2) 数据库的运行管理与维护主要由数据库管理员负责，工作内容主要包括日常维护、系统监控与分析、性能优化等。下列关于数据库管理员工作内容的说法错误的是( )。

A. 数据库的备份和恢复是重要的维护工作，数据库管理员应根据不同的应用要求制定不同的备份计划，在备份计划中应包含备份的时间、周期、备份方式和备份内容等

B. 性能优化是数据库管理员的重要工作，性能优化的主要手段有查询优化、索引调整、模式调整等，这些工作一般无须开发人员参与

C. 数据库管理员应监控数据库中各种锁的使用情况，并处理可能出现的死锁情况，若发现问题应及时通知相关人员

D. 数据库管理员需要定期检查存储空间的使用情况并根据需求扩展存储空间，这些工作一般无须最终用户参与

(3) SQL Server 提供了很多预定义的角色，下列关于 public 角色说法正确的是( )。

A. 它是系统提供的服务器级的角色，管理员可以在其中添加和删除成员

B. 它是系统提供的数据库级的角色，管理员可以在其中添加和删除成员

C. 它是系统提供的服务器级的角色，管理员可以对其进行授权

D. 它是系统提供的数据库级的角色，管理员可以对其进行授权

(4) SQL Server 采用的身份验证模式有( )。

A. 仅 Windows 身份验证模式　　B. 仅 SQL Server 身份验证模式

C. 仅混合模式　　D. Windows 身份验证模式和混合模式

(5) dbo 代表的是( )。

A. 数据库拥有者　　B. 用户

C. 系统管理员　　D. 系统分析员

(6) 当采用 Windows NT 验证方式登录时，只要用户通过了 Windows 用户账户验证，就可以(　　)到 SQL Server 数据库服务器。

A. 连接　　B. 集成　　C. 控制　　D. 转换

(7) 在“连接”组中有两种连接认证方式，其中在(　　)方式下，需要客户端应用程序连接时提供登录的用户标识和密码。

A. Windows 身份验证　　B. SQL Server 身份验证

C. 以超级用户身份登录　　D. 其他方式登录

(8) (　　)不属于实现数据库系统安全性的主要技术和方法。

A. 存取控制技术　　B. 视图技术

C. 审计技术　　D. 出入机房登记和加锁

(9) SQL 中的视图提高了数据库系统的(　　)。

A. 完整性　　B. 并发控制

C. 隔离性　　D. 安全性

(10) SQL 语言的 GRANT 和 REVOKE 语句主要是用来维护数据库的(　　)。

A. 完整性　　B. 可靠性

C. 安全性　　D. 一致性

二、简答题

1. 简述 SQL Server 身份验证和 Windows 身份验证的优缺点。
2. 简述用户、角色、权限之间的关系。

思考与练习参考答案

项目 1　设计商品管理系统数据库

一、选择题

(1)A　(2)B　(3)D　(4)A　(5)A　(6)A　(7)D　(8)C
(9)C　(10)C　(11)B　(12)D　(13)C　(14)A　(15)C

二、简答题

(1)　解：本题对应的 E-R 图如下图所示。

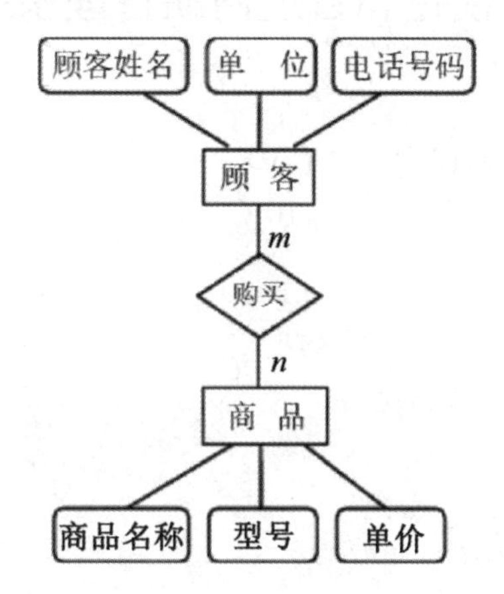

(2)　答：
学生(学号，姓名，性别，年龄，系号)
课程(课程号，课程名，学分)
选课(学号，课程号，成绩)
教师(教师号，姓名，性别，职称，系号)
任课(教师号，课程号，学期)
系(系号，系名，电话)
(3)　答：
班级(班级号，班级名，专业，人数)
主键：班级号
运动员(运动员号，姓名，性别，年龄，班级号)
主键：运动员号　外键：班级号
项目(项目号，项目名，比赛地点)
主键：项目号
比赛(运动员号，项目号，成绩，名次)
主键：运动员号，项目号　外键：运动员号，项目号

项目 2　创建商品管理系统数据库

一、选择题

(1)D　(2)C　(3)A　(4)A　(5)C　(6)B　(7)C
(8)D　(9)C　(10)B　(11)D　(12)D

二、填空题

(1) Windows 验证模式，混合验证模式
(2) 数据库对象
(3) 结构化查询语言(或 Structured Query Language)

项目 3　创建和管理商品管理系统数据表

一、选择题

(1)A　(2)B　(3)C　(4)B　(5)D
(6)B　(7)C　(8)B　(9)D　(10)C

二、简答题

(1) 答：

```
create table StuInfo
(
  StuID char(6) primary key,
  StuName varchar(20) not null,
  StuSex char(2) not null,
  BirthDate  datetime
)
```

(2) 答：有错误。未设置主键标识 primary key；产品名称的数据类型长度有误；最后一列结束不应写逗号。正确语句应为：

```
create table Product
(
ProductID char(4) primary key,
ProductName varchar(20) not null,
Price money not null
)
```

项目 4　实施商品管理系统数据库的数据完整性

一、选择题

(1)A　(2)D　(3)C　(4)C　(5)C
(6)B　(7)A　(8)C　(9)A　(10)B

二、简答题

(1) 答：

主键约束用来强制数据的实体完整性，它是在表中定义一个主键来唯一标识表中的每行记录。主键约束有以下特点：每个表中只能有一个主键，主键可以是一列，也可以是多列的组合；主键值必须唯一并且不能为空，对于多列组合的主键，某列值可以重复，但列的组合值必须唯一。

唯一性约束用来强制数据的实体完整性，它主要用来限制表的非主键列中不允许输入重复值。唯一性约束有以下特点：一个表中可以定义多个唯一约束；每个唯一约束可以定义到一列上，也可以定义到多列上；空值可以出现在某列中一次。

(2) 答：

CHECK 约束实际上是字段输入内容的验证规则，表示一个字段的输入内容必须满足 CHECK 约束的条件，若不满足，则数据无法正常输入。

默认约束(default)通过指定列的默认值，强制域的完整性，在输入数据时，如果该字段没有输入值，则由 default 约束提供默认数据，目的是提高输入速度。

(3) 答：以另一个关系的外键作主关键字的表被称为主表，具有此外键的表被称为主表的从表。

主键表是被引用的表，外键表是引用其他表的表。

项目 5　操作商品管理系统数据库的数据表记录

一、选择题

(1)B　(2)A　(3)B　(4)C　(5)D
(6)B　(7)D　(8)D　(9)B　(10)B

项目 6　创建商品管理系统数据库索引

一、选择题

(1)C　(2)D　(3)BC　(4)B　(5)A
(6)D　(7)AB　(8)D　(9)C　(10)A

二、简答题

(1) 答：创建索引可以大大提高系统的性能。第一，通过创建唯一性索引，可以保证每一行数据的唯一性。第二，可以大大加快数据的检索速度，这也是索引的最主要原因。第三，可以加速表与表之间的连接，特别是对实现数据的参照完整性方面很有意义。第四，在使用 order by 和 group by 子句进行数据检索时，同样可以显著减少查询中分组和排序的时间。第五，通过使用索引，可以在查询过程中使用查询优化器，提高系统性能。

(2) 答：优点是可以大大加快数据检索速度；可以加速表与表之间的连接；可以显著减少查询中分组和排序的时间；应用索引可以在检索数据的过程中使用优化器，提高系统的性能。

缺点是创建和维护索引要消耗时间；需要占用磁盘空间；对数据表中的数据进行增删改的时候，索引也要动态地维护，降低了数据的维护效率。

项目 7　查询商品管理系统数据库的数据

一、选择题

(1)C　(2)B　(3)C　(4)D　(5)D
(6)D　(7)C　(8)C　(9)A　(10)C

二、简答题

(1) 答：

```
select  accountNo, accountName, balance from  accountInfo where
 balance between 2000 and 5000
```

(2) 答：
统计出销售业绩高于 10 万元的部门及销售业绩信息。

(3) 答：select * from StuInfo S1,Score S2 where S1.StuID=S2.StuID

(4) 答：select　*　from Score S2 right outer join StuInfo S1 on S1.StuID=S2.StuID

(5) 答：特点是 exists 关键字前面没有列名、常量或其他表达式；由 exists 引入的子查询的选择列表通常都是由星号(*)组成的。由于只是测试是否存在符合子查询中指定条件的行，因此不必指定列名。

项目 8　商品管理系统数据库视图的创建和使用

一、选择题

(1)C　(2)B　(3)B　(4)D　(5)A
(6)D　(7)A　(8)D　(9)C　(10)A

二、简答题

1. 答：

```
create view  视图名 [列名列表]
[with encryption]
 as
select 查询语句
[with check option]
```

2. 答：

```
drop view  v_stu_info, v_teacher_info
```

3. 答：

(1) 视图是已经编译好的 SQL 语句，是基于 SQL 语句的结果集的可视化表，而表不是。

(2) 视图(除过索引视图)没有实际的物理记录，而基本表有。

(3) 表占物理空间，而视图不占物理空间，视图只是逻辑概念的存在。

(4) 视图是查看数据表的一种方法，可以查询数据表中某些字段构成的数据，只是一些 SQL 语句的集合。从安全角度来说，视图可以防止用户接触数据表，从而不知表结构。

(5) 视图的建立和删除只影响视图本身，不影响对应的基本表。

4. 答：

(1) 经常用到的查询，或较复杂的联合查询应当创立视图，这时可以优化查询性能。

(2) 涉及权限管理方面，比如某表中的部分字段含有机密信息，不应当让低权限的用户访问到的情况，这时给这些用户提供一个适合他们权限的视图，供他们阅读自己的数据就行了。

5. 答：

(1) 插入的数据存放在视图对应的基表中，而不是存放在视图中。

(2) 如果视图定义中有多张基表，则 insert 语句插入的列必须属于同一张基表。

(3) 创建视图时定义了 with check option 选项，则使用视图向基表中插入数据时，必须保证插入后的数据满足定义视图的限制条件。

项目 9 数据库的安全管理

一、选择题

(1)C (2)B (3)D (4)D (5)A
(6)A (7)B (8)D (9)D (10)C

二、简答题

1. 答：

(1) SQL Server 可以使用 Windows 的用户名和口令，就可以连接到 SQL Server。

(2) Windows 身份验证是 SQL Server 中默认和推荐的验证模式。Windows 身份验证最大的优点是维护方便。

2. 答：

数据库用户对应着数据库的权限操作，每个数据库用户都对应着一个或多个数据库角色，角色是一组预定义好的权限。注意：一个用户可同时加入多个角色中。一个角色可以包含多个不同的用户。

参 考 文 献

[1] 高云. SQL Server 数据库技术实用教程[M]. 2 版. 北京：清华大学出版社，2018.

[2] 黄能耿. SQL Server 2016 数据库应用与开发[M]. 北京：高等教育出版社，2017.

[3] 倪春迪. 数据库原理及应用[M]. 北京：清华大学出版社，2015.

[4] 汤承林. SQL Server 数据库应用基础[M]. 北京：电子工业出版社，2011.

[5] 詹英. 数据库技术与应用[M]. 北京：清华大学出版社，2018.

[6] 曲武江. Oracle 数据库应用技术项目化教程[M]. 大连：大连理工大学出版社，2018.

[7] https://mp.weixin.qq.com/s?__biz=MzkyNzE5MDUzMw==&mid=2247493613&idx=1&sn=fd920aacdc088a0ae4aa2e0f8471e0af&chksm=c2297c87f55ef59123092919e0b6ae4c2d3e2b5511a70d7e8544ac64720c0dce2e64677f08a8&mpshare=1&srcid=1101NwjFepdazbkceva8ieeE&sharer_sharetime=1635764353382&sharer_shareid=953c127ef1ef55001c62e17098d5863e&from=timeline&scene=2&subscene=2&clicktime=1638887722&enterid=1638887722&ascene=2&devicetype=android-29&version=28001057&nettype=WIFI&abtest_cookie=AAACAA%3D